基于网络的设计制造及智能集成

主　编　顾寄南

副主编　郑立斌　陈四杰

江苏大学专著出版基金资助出版

科学出版社

北　京

内 容 简 介

基于网络的设计制造及智能集成通过采用先进的网络技术、制造技术及其他相关技术,构建面向企业特定需求的基于网络的制造系统,并在该系统的支持下,突破空间对企业生产经营范围和方式的约束,开展覆盖产品整个生命周期全部或部分环节的企业业务活动,实现企业内部和企业之间的协同和各种社会资源的共享与集成。本书创造性地应用各种前沿技术,如现代设计技术、制造自动化技术、系统工程方法、动态联盟方法、并行工程方法、供应链管理技术、Agent 技术、分布式数据库管理技术、Internet 和 Web 技术以及网络通信技术等,在计算机网络和分布式数据库支撑下,将信息、过程、组织和知识有机集成,并实现整个系统的综合优化。

本书可作为高等院校、科研院所、制造企业等师生、研究开发人员、工程技术人员和管理人员的参考用书,同时对于相关专业的研究生也具有参考价值。

(江苏大学专著出版基金资助出版)

图书在版编目(CIP)数据

基于网络的设计制造及智能集成/顾寄南主编.—北京:科学出版社,2011

ISBN 978-7-03-031995-1

Ⅰ.基… Ⅱ.顾… Ⅲ.制造-网络技术-研究 Ⅳ.TH164

中国版本图书馆 CIP 数据核字(2011)第 158685 号

责任编辑:余 丁 杨 然 / 责任校对:李 影
责任印制:赵 博 / 封面设计:耕 者

科 学 出 版 社 出版
北京东黄城根北街 16 号
邮政编码:100717
http://www.sciencep.com

新 蕾 印 刷 厂 印刷
科学出版社发行 各地新华书店经销
*
2011 年 8 月第 一 版 开本:B5(720×1000)
2011 年 8 月第一次印刷 印张:29 1/2
印数:1—2 500 字数:581 000

定价:90.00 元
(如有印装质量问题,我社负责调换)

前　言

　　基于网络的设计制造及智能集成是指制造企业利用网络技术开展设计、制造、资源检索、商务、管理等一系列活动，它是基于网络技术的先进制造模式，是在Internet和企业内外网络环境下，企业组织和管理其产品开发、生产和经营过程的理论和方法。

　　本书是以作者近十年来主持完成的有关基于网络的设计制造方面的国家863项目、国家信息产业部项目、国家重点实验室开放基金项目、省科技攻关项目、省工程研究中心开放基金项目、省重点实验室开放基金项目、市信息化重大专项项目的研究成果为基础编写而成，有较高的学术水平与工程应用价值。全书阐述了基于网络的协同设计及参数化技术、网络制造的若干关键技术、基于网络的制造资源智能检索和集成技术、基于网络的产品协同商务及竞价系统等，其内容和体系具有明显的特色。

　　本书可作为高等院校、科研院所、制造企业等师生、研究开发人员、工程技术人员和管理人员全面了解基于网络的设计制造及智能集成技术的详细科研文献和技术资料，并为其进一步开展该领域的研究工作和技术工作奠定了基础；此外，本书为制造企业实施网络制造技术和开发网络制造公共服务平台提供了重要的参考，同时为机械工程、电子信息、航空航天、车辆工程、工业工程、计算机应用和管理工程等领域的研究生提供了有价值的参考。

　　本书由江苏大学组织编写，全书由顾寄南任主编，郑立斌、陈四杰任副主编。第一篇由顾寄南、吕晓凤、姚玉杰、牛金奇、朱新云、周小青编写，第二篇由顾寄南、陈四杰、杨文佳、张刚、任一新、王佳、陈应春、郭昌林编写，第三篇由郑立斌、陈四杰、吕晓凤、唐敏、陈晓燕、代亚荣、王瑞盘编写，第四篇由郑立斌、顾寄南、崔京朋、鲁立峰、孙宏伟编写。

　　由于时间仓促和水平所限，书中难免存在不足之处，敬请读者不吝赐教。

2011 年 3 月

目　　录

第一篇　基于网络的协同设计及参数化技术

第二篇　网络制造的若干关键技术

第一篇　基于网络的协同设计及参数化技术

　　协同环境下的产品开发过程是一项复杂的系统工程,建立产品开发过程模型对指导实际的产品开发和保障整个产品开发过程的有序进行有着重要的意义。本篇包括四章内容,第1章协同产品开发过程建模及集成方法;第2章网络化协同设计的机械资源库及其管理系统;第3章基于网络的零部件参数化设计技术;第4章基于机械资源库的零部件相似性技术。

第 1 章　协同产品开发过程建模及集成方法

任何正确、实用的模型必然源于不断的实践,以及对真实系统进行的多次模拟。因此,本章从易于实施的角度出发,针对机械产品典型开发过程,深入探讨并构建了过程建模的方法。

本章首先对现代产品开发过程的特点和发展趋势进行深入探讨,详细分析已有的建模方法及优缺点。在此基础上,以全局导航、局部决策的思想,提出基于统一建模语言(unified modeling language,UML)活动图和 Petri 网的分层建模方法。通过用 UML 活动图对产品开发全局过程进行描述,确定过程视图和其他派生图之间的关系,提出视图间的组织结构方法。同时,通过对具体生产环节的 Petri 网描述,达到使管理人员对局部进行有效控制的目的。

只研究模型,不便于工程技术人员理解与实施,无法真正地起到过程建模的作用。集成的产品开发过程管理系统是企业实施信息化的重点和难点。本章以过程模型为核心,以易于实施为目的,从系统的过程集成、基于 Web 与公共对象请求代理体系结构(common object request broker architecture,CORBA)技术对系统集成环境的构建,以及数字化产品全生命周期信息的表达这三个方面对协同产品开发过程系统进行详细描述。

1.1　协同产品开发过程建模的思想、方法及体系结构

协同环境下产品开发是建立在计算机集成制造、并行工程、敏捷制造等研究理论和成果基础上。通过对复杂产品设计过程的重组、建模优化,建立产品协同开发流程的过程,对企业健康、快速发展有重要意义。

1.1.1　过程建模概述

产品协同开发过程建模是协同设计系统的关键技术之一,与传统的设计过程建模相比,又具有其独特性以及复杂性。因此,它是一个比较复杂和重要的问题。健全的设计过程模型,不仅要反映设计过程的静态属性,而且还要反应设计过程的动态属性,同时设计过程模型又可以为后续工作有效地进行仿真提供技术支持。

产品开发过程是指从产品定义到产品批量生产之前这一阶段,包括与产品开发有关的所有技术活动和管理活动,它代表了特定组织进行产品开发的行为。产

品开发过程是一个将工程技术方法以及工具、人员集成并付诸产品开发实践活动的集合,它涉及技术和管理两个方面。从制订设计决策、解决问题的角度看,设计过程是一个问题不断解决的过程,包括获得需求信息,定义整个目标和任务,分解总任务为子任务,解决子任务,再将子任务的解决方案合并,最后提供整个产品的解决方案。

产品开发过程建模是进行产品开发过程研究和应用的首要问题。过程建模并不是一个新概念,国内外对此已经开展了大量研究。但是,在传统的产品开发环境下,由于涉及的开发人员相对比较容易组织等原因,一直没有得到充分的重视。随着现代企业竞争的加剧,新产品开发模式的应用,产品开发过程建模现已成为产品开发项目管理和规划中必不可少的一部分。

1.1.2　产品开发过程模型概念

产品开发过程模型是通过定义其组成活动,以及活动之间的逻辑关系来描述设计工作流程的,即产品开发过程模型是表示产品开发过程中的活动,及其相互之间的关系。过程建模就是建立过程模型的方法与技术,它通过定义活动和活动之间的关系来描述业务工作流程。在过程工程的活动中,过程概要设计、详细设计、项目试点和过程实施与监控,包括过程评估,都对产品开发过程建模提出了需求。

为了实现对产品开发过程的有效管理和控制,实现过程优化等目的,需要对产品开发过程中涉及的行为和信息进行描述和建模。具体来说,一个完整的理想化产品开发模型需要考虑以下内容:

(1) 产品开发过程模型应该描述在产品开发过程中大量的行为、各种现象。即需要描述产品开发过程中的反复性、预发布、设计迭代以及设计评审等特征;表征在各个产品开发任务间的相互关系,如顺序、并行、耦合等。

(2) 产品开发过程模型应该描述产品开发过程中涉及的时间、成本、组织管理等信息。以最小的成本和产品开发时间完成既定的产品开发任务是产品开发过程建模的最终目的,因而产品开发过程模型必须要包含上述信息。另外,实现对设计过程中的组织结构的描述,也是加强产品开发过程管理的重要手段。

(3) 产品开发过程模型应该对产品开发过程中涉及的资源进行建模。资源建模是产品开发过程建模的一个重要分支,因为在产品开发过程中,合理有效地分配有限的资源是加快产品开发速度,提高产品开发效率的有效途径。

(4) 产品开发过程模型应该描述产品开发过程的静态特性,同时应该描述其动态的执行,捕捉产品开发过程的动态特性。而且也能够通过建立的模型来定性和定量地分析设计过程。

1.1.3　基于导航思想的产品开发过程体系结构

1. 产品开发过程建模思想

在各个全局状态实现控制不仅是不可能的,而且还不能完整地描述系统的变化。"全国一盘棋"是对用全局状态实现控制得很准确的描述。听起来"全国一盘棋"显然比"各自为政"好,但对于稍微大一点的系统,其全局状态往往不是实时可知的。谁知道 Internet 上现在的全局状态? 谁也不知道。其实,各自为政是客观存在的,自然界如此,Internet 如此,一个企业产品开发过程的各个环节也是如此。自然界有自然规律,各自为政自然是良性的。产品开发过程受到企业流程规章制度的约束,由于规章制度的约束不完善,各级开发人员未必完全遵守,各种冲突的出现也就在所难免,它严重影响了产品开发的效率和质量。

另外,由于对产品的一次性全面而彻底的重组不仅成本非常高而且风险极大,容易引起生产流程的混乱和反弹,对我国大部分企业并不合适。

因此,为了有效地对企业产品开发流程进行管理,提高产品开发效率,本章提出基于全局导航的整体过程建模和局部优化的过程建模方法。

1) 全局导航

产品的协同开发是一个涉及各个领域人员交互复杂的过程,对该过程进行建模,并使得模型对于产品开发整个过程的各种人员、组织起到导航作用,无疑是提高产品开发效率的好方法。

2) 局部优化

以色列物理学家 Goldratt 所创立的约束理论(theory of constraints,TOC)认为一个公司不是由独立过程组成的集合体,而是一个完整的系统;它认为每个系统都要受到至少一个约束因素的支配,使其不能获得无限高水平的绩效。企业整个经营业务流程也是由产出率最低的环节决定着整体的产出水平,这就是所谓的"约束",即通常所说的"瓶颈"。在约束的作用下,试图通过提高所有系统或部门的工作能力来提高企业的经济效益,可能难以实现。

因此,产品开发过程系统中最为关键的环节会对生产系统整体的有效运作产生影响,进而限制整个企业的效益以及发展。因此,产品开发过程建模应该在分析整体的全局模型基础上,选择最为关键的生产环节或核心环节进行专业的建模和优化。提高该环节的生产能力,反复进行,最终达到优化整体产品开发过程,提高企业运作水平的目的。

2. 产品开发过程建模体系结构

为了对协同产品开发过程进行管理,首先需要建立协同产品开发过程的模型。在协同产品开发过程中,产品数据是产品开发的目标,人员、组织是产品开发的主体(subject),人员通过特定的过程生成数据。因此,协同产品开发过程模型需要包含产品、过程、组织等多种信息。

协同产品开发过程建模采用系统的方法来表达产品开发活动和对这些活动的影响,从而优化协同产品开发过程、工具和组织。协同产品开发过程模型是对协同产品开发过程的合理定义与描述,是实现协同产品开发过程管理的基础,如图 1-1 所示。

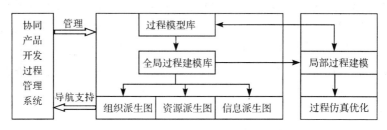

图 1-1　产品开发过程模型体系结构

关于协同产品开发过程建模以及过程管理系统的研究主要包括以下三个方面:

(1) 协同产品开发过程建模机制的表达。现有的各种过程建模方法不能满足全面表达协同产品开发过程之功能特性、组织特性、行为特性、信息特性的需要,因此需要探索新的模型表达机制。

在本章过程建模的体系结构中,全局过程视图是唯一的视图,其他的派生图是从全局过程视图中衍生出来的,处于从属的地位,其主要的信息在过程视图中已经表达出来了。从宏观角度而言,这些派生图是在过程视图的基础上,提取某种信息,通过加工、处理、转换,构成一个过程视图的派生图。派生图是从某一方面对过程模型进行分析的。

过程建模中可以生成相关的派生图,如组织派生图、资源派生图、信息派生图、功能派生图等。这些派生图和过程模型组合到一起,构成过程建模体系结构的空间维。过程建模和其派生图是从过程的角度,按照以过程为中心的描述方法对企业的业务流程进行描述。派生图是对过程模型有效的补充,可以是某一方面的特性或反映系统中某一方面的问题。通过过程视图和其派生图就可以从各个方面反映出企业的业务流程的主要内容及存在的问题,以便从整体上进行协调、管理与控制企业的运作。

(2) 选用合适的过程建模工具。传统的建模方法主要关注于技术层面上,不便于工程实施,本章不再增加新的方法。新的方法应该针对实际问题的分析理解。没有明确的目标和正确的主题思想,新的方法也就如无源之水、无本之木,毫无意义可言。因此,本章重点针对具体问题,从分析过程建模的方法出发,在整体导航、局部控制的思想指导下,选取适合于机械产品开发过程的建模方法。

(3) 协同产品开发过程建模管理系统的原型开发。复杂协同产品开发过程的建模工作需要有计算机系统的支持,现有的过程建模工具系统尚不能很好地满足全面建模协同产品开发过程之功能特性、组织特性、行为特性、信息特性的需要,本章将对此需求进行过程建模原型系统的开发,并在实践中加以改进和完善。

1.1.4　基于导航思想协同产品开发过程建模方法分析

1. 协同产品开发过程建模的系统元素

过程建模方法取决于过程建模所针对的问题领域和过程特点。因此,过程模型要支持产品开发及其管理工作的展开,首先应能描述产品开发系统的元素及元素状态和输入、输出等。

1) 系统元素

产品开发由一些元素或对象组成,这些元素或对象称为系统元素。产品开发的系统元素包括产品、活动、过程和资源等。其中,活动或过程是过程建模中最基本的系统元素。

2) 系统元素的属性

在表示产品、活动、过程和资源等系统元素的基础上,需要对其进一步描述。描述是通过系统元素的属性反映出来的。其中,活动属性是最基本的属性,活动属性包括活动名称、编号、活动关系(如结构关系、数据关系、时序关系等)和活动管理(如组织、进程、状态等)。

3) 系统元素之间的关系

系统元素之间的关系指系统元素及系统元素的属性之间是如何相互关联的。对协同产品开发过程或活动来说,至少应包括以下两种关系:

(1) 结构关系。结构关系包括层次关系和时序关系。通常产品开发由一些子过程或子活动组成,这些子过程或子活动可以由一些比其等级更低的子过程或子活动构成。这样就形成了分层的系统结构。过程模型应当能够表示这种层次结构。另外,产品开发是按一定时序展开的,过程模型应当能够描述这种时序关系。

(2) 输入、输出关系。输入、输出关系是指输入、输出如何通过活动或过程传递。

2. UML 活动图模型特点分析

UML 活动图(UML activity diagram)是 UML 对系统的动态行为建模的图

形工具之一。UML 活动图实质上也是一种流程图,表现的是从活动到活动的控制流,它描述活动序列,并且支持对并发行为和条件选择行为的表述,还支持数据流描述。它综合了以往许多系统建模技术的思想,如 Jim Odell 的事件图、系统描述语言(system descriptive language,SDL)状态建模技术以及 Petri 网等,特别适合于工作流和并发的处理行为。

UML 活动图是一种特殊形式的状态机,也就是一种特殊的状态图。如果在一个状态图中的大多数的状态是表示操作的活动,而转移则是由状态中的动作完成来触发,即全部或绝大多数的事件是由内部产生的动作来完成的,这就是活动图。因此,活动图描述的是响应内部处理的对象类的行为。它着重表现的是从活动到活动的控制流,是内部处理驱动的流程。通常,活动图假定在整个计算处理的过程中没有外部事件引起的中断。UML 活动图依据对象状态的变化来捕获动作(将要执行的工作或活动)与动作的结果,图中一个动作结束后将立即进入下一个活动。

UML 活动图与其他的 UML 图不同,它并不直接来源于 Booch、Rumbaugh、Jacobson 三位 UML 设计者以前的工作。UML 活动图的技术思想主要来源于 Jim Ocell 事件图、SDL 状态建模技术和 Petri 网技术,它本质上是面向对象的。引入它一方面是为了分析复杂的用例、包、类或操作,或者用于处理多线程应用,另一方面是用于描述过程。

图形化描述:UML 活动图提供了标准的图形元素,具有较强的直观性,而且它是基于事件的,与传统的流程比较相似,更接近人们对过程流程的直观理解。

支持信息流表示:UML 活动图能够把工作流过程涉及的重要对象加入到图中,采用对象传递表示信息流,人们可以非常直观的从中了解到过程语境以及交互的参与者,从而对产品生产过程有更深刻的理解。

UML 体系提供有力的帮助:虽然 UML 活动图根本上是面向对象的,但它是 UML 的一个重要部分,拥有有效的需求分析方法和建模方法论的指导。UML 活动图可以和 UML 的其他图形工具相配合,共同描述产品开发过程建模系统。

总体而言,目前 UML 活动图在过程建模的表现是有限的。首先,因为 UML 活动图本身语义限制其对过程状态和外部事件(包括时间事件和消息事件)的表达;其次,UML 活动图虽然能够以对象流表示信息流,但其表示的信息流单调、笼统,很多对象流本质上却是控制流,UML 活动图没有区分其表示。最后,也是最重要的,UML 活动图不支持模型验证和优化。

3. Petri 网特点分析

Petri 网是 Carl Adam Petri 博士在 1960 年提出的研究系统及其成员相互关

系的数学模型,它是一种适用于多种系统的图形化、数学化的建模工具,它为描述和研究具有并行、异步、分布式和随机性等特征的复杂系统提出了强有力的手段。在建模过程中,使用状态和事件的概念,分别用"库所"及"变迁"表示。一个变迁(事件)有一定数量的输入和输出库所,分别代表事件的前置状态和后置状态。库所中的托肯(Token)代表可以使用的资源或数据。

形式化语义:Petri 网具有规范的模型语义,严格的数学基础。基于 Petri 网的过程模型具有十分清晰和严格的定义。因此,Petri 网能够对系统的动态行为进行严密的数学分析和模拟,而不存在二义性,可以成为互相交流的基础。语义明确、概念一致有利于数据的交换。

图形化描述:Petri 网是一种图形化语言,具有直观易懂的特点,使得建模人员能比较方便地针对模型的含义与用户交流,以便准确地描述用户环境及改进模型。但是,Petri 网虽具有图形化的表示,但其描述方式与客户系统的理解方式仍存在明显的差距,其直观性有待提高。

基于状态而不是基于事件:Petri 网是基于状态的建模方法,它明确定义了模型元素的状态,而且它的演进过程也是状态驱动的。相对于基于活动或事件的建模方法,它在语义上严格区分活动的使能与活动的执行,并且直观地加以表示。对不同状态的明确区分,使其具有更丰富的表达能力和更好的柔性。与其他过程建模技术相比,在 Petri 网中案例的状态能够被清晰地描述。而大部分的过程建模方法,不论是非形式化方法还是形式化方法都是基于事件的,在这些技术中任务被明确地描述,但子任务之间的转移却是隐含的,系统的实现比较复杂,功能不易扩充。

丰富的分析技术:通过对 Petri 网的研究,人们找到了许多基于 Petri 网的分析技术,这也往往是我们采用 Petri 网进行建模的原因。这些分析技术可以用来验证安全性(safety)、不变性(invariance)、合理性(rationality)以及死锁(deadlock)等属性,也可以用来计算各种性能参数,如响应(response time)等待时间、占有率等。因此,同样也可以用这些分析方法来评价过程模型。

建模元素数量过多:Petri 网建模时经常出现节点过多的问题,随着业务过程复杂性的加大,Petri 网中变迁与库所的数目增多,其模型复杂程度急剧上升,不易于用户的理解。实际上,Petri 网基于状态的特点是在模型的构成上通过增加模型组成元素来实现的。与其他类似的模型相比,如活动网络图,Petri 网实际上是把过程的状态通过库所中的 Token 予以显式地表达,而活动网络图则因为没有库所及 Token 这样的元素定义只能隐式的或通过其他方法来表达相关状态。因此,这就给 Petri 网带来了一个必然的不良影响——组成模型的元素数量过多。即使是一个比较简单的过程,其响应的 Petri 网模型也会有较多的库所和变迁;对于复杂过程,这一问题则更加突出。

对于 UML 活动图和 Petri 网的特点属性比较见表 1-1。

表 1-1　UML 活动图与 Petri 网综合比较

属性	UML 活动图	Petri 网
语义是否清晰	清晰	模糊
基于状态/基于事件	基于状态	基于事件
逻辑描述能力	强	相对弱
图示直观性	差	好
数据流表示	无法体现数据流	用对象流表示
建模元素种类	很少	太多
模型组成元素数量	过多	较少
是否支持验证优化	是	否

1.1.5　综合比较

通过分析和比较,结合过程建模的主要思想,利用 UML 活动图的对于整体过程的清晰、简单、易于理解,更接近产品开发实际流程的特点,使用 UML 活动图针对机械产品典型的开发流程建立全局过程模型。对产品开发全过程中的组织、人员以及资源情况给予整体的描述,使得开发和管理人员能通过集成的过程管理系统对整个开发过程有一个实时的、准确的认识,并据此调整自己和相关人员的活动,从而对整个开发过程起到导航的作用。

考虑到 Petri 网专业的建模和分析优化能力,具体到产品开发的关键环节,采用 Petri 网建立过程模型,从而能够从局部对关键流程进行优化。

1.2　基于 UML 活动图和 Petri 网的过程建模探讨

产品开发过程是企业生产活动的核心,企业基于产品开发过程组织人员,合理配置资源,同时企业的功能也在产品生产开发整个过程上得以发挥和体现。

1.2.1　用 UML 活动图描述的整个产品开发过程模型

1. 协同环境下产品开发的典型过程

协同产品开发要求采用集成的、并行的、协同的方式设计产品及其相关过程。在整个过程中,各个产品开发部门通过统一的产品信息模型实现信息的交流与共享,协同进行产品开发任务。在产品开发的每一步都要充分考虑到下游各步骤的要求,通过与下游各步骤的交流协作,使得绝大多数修改工作控制在各开发环节内部,形成内部的"小周期"信息反馈,从而可以减小设计的整体改动量,并且大大缩短产品开发的周期,降低开发成本,提高产品质量。

2. UML 活动图的基本建模元素

活动(activity),是执行某项任务的状态,它可以是实现世界的一项工作,如打字、排版等,也可以是软件系统的程序,如对象的一个操作。一项操作可以描述为一系列相关的活动。活动仅有一个起始点,但可以有多个结束点。活动包括动作状态和活动状态。动作状态(action state),表达原子的或不可中断的动作或操作的执行。当它们处于执行状态时,不允许发生转换。动作状态通常用于短的操作,如记账等。活动状态(activity state),活动状态表示一个非原子的执行,一个活动状态拥有一组不可中断的动作或操作,活动本身是可以中断的,通常需要耗费一段时间才能完成。

动作流(action flow),也称控制流或转移,是不同活动之间的连续,说明控制流。它的图标是一条实箭线。

对象与对象流(object and object flow),在 UML 活动图中可以出现对象。对象可以作为活动的输入或输出,也可以与活动进行交互。由虚线箭头来表示的对象与活动之间的关系就是对象流,对输出值或调用而言,虚线箭头从活动指向对象,对输入值或被调用而言,虚线箭头从对象指向活动。如果对象起输入或输出作用,则对象流表示数据流,如果对象做交互作用,则对象流表示控制流。

泳道(swim lane),泳道被用来组合活动。通常情况下,根据活动功能来组合。泳道可以直接显示动作在哪一个对象中执行,也可以显示执行的是一项组织工作的哪一部分。泳道用纵向矩形来表示。属于一个泳道的所有活动均放在其矩形符号内。泳道的名字放在其矩形符号的顶部。将模型中的活动按照职责组织起来通常很有用。

控制节点(control node),UML 活动图表面上很像一个传统的流程图,但是它不仅能够表达顺序流程控制,还能够表达并发流程控制和分叉流程控制。一个活动可以顺序地跟在另一个活动之后,这是简单的顺序关系。如果在 UML 活动图中使用一个菱形的判断标志,则可以表达条件关系,判断标志可以有多个输入和输出转移,但在活动的运作中仅触发其中的一个输出转移。UML 活动图对表示并发行为也很有用,在 UML 活动图中,使用一个称为"同步棒"的水平粗线可以将一条转移分为多个并发执行的分支,或将多个转移合为一条转移。此时,只有输入的转移全部有效,同步棒条才会触发转移,进而执行后面的活动。

3. 全局过程模型

在对机械产品典型开发流程分析基础上采用 UML 活动图构建的协同产品开发过程模型(图 1-2)。具体流程说明如下:

　　客户快速在网上查询所需的子产品的功能、型号、性能等，并发出需求订单。

　　项目指挥和控制部门，对订单进行分析整理、立项，并根据自身产品开发能力向技术部门提交设计任务书。

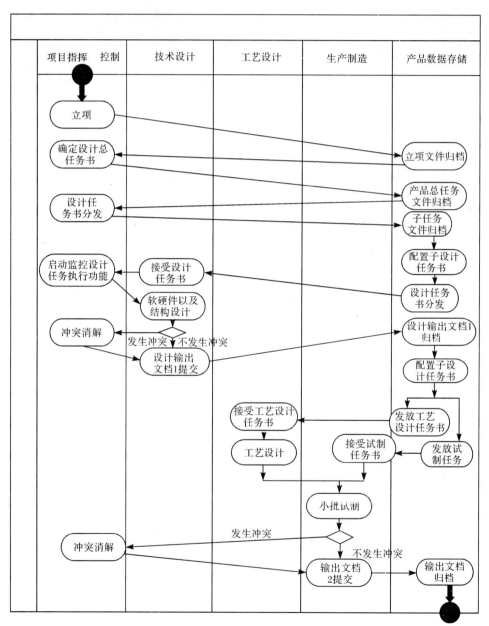

图 1-2　UML 活动图构建的协同产品开发过程模型

技术部门分解任务,并将任务分发到软件设计小组、硬件设计小组和结构设计小组。与此同时,项目指挥部门开始监控各个小组的任务执行情况。不同的小组根据所分配的任务开始自己的设计任务。项目指挥部门的管理人员使用约束管理工具进行约束建模和约束询查,当发现冲突时,将冲突信息反馈给相关设计人员,相关设计人员利用冲突消解工具及时进行冲突消解,并将冲突消解建议发布,以供相关人员参考,改进设计。技术部门设计完后,提交设计说明书给评审部门进行评审,同时通知过程监控部门已经完成。根据评审得到的技术说明书配置工艺设计说明书和试制说明书。按照工艺设计说明书和试制说明书进行小批试制,并接受监控部门评审。获得一致的试制结构后,输出设计说明书。

全局过程模型描述了为完成企业目标而进行的企业运作的流程及对企业进行管理和控制的过程,或者说描述的是“怎么做”的问题。这是过程建模的核心部分。过程模型是对功能的细化与分解,将大任务分解成更多的子任务,同时描述出子任务间的逻辑关系。所以,过程模型就是由功能对象、逻辑关系和事件组成的一个拓扑结构模型。另外,过程模型的执行过程中还需要输入数据、输出数据和负责组织等信息,以及调用的资源等。过程视图是模型视图间联系的核心与纽带,对其他视图间的关系起到链接作用。例如,执行企业过程时的输入输出数据或信息、负责组织、用到的知识、支持资源与机制等内容,与信息派生图、组织派生图、资源派生图等各个视图之间存在映射关系。

1.2.2　全局过程建模方法中各个视图及其组织方式

1.　全局过程建模方法中各个视图

企业的运作是以达到企业目标为最终目的,而目标的实现是由一系列的过程活动来完成。企业的经营是以过程为中心,而过程或活动的执行需要企业资源、信息、知识等的输入部分,需要由特定的组织机构或个人来负责,并产生特定的输出结果。在过程建模体系中过程视图是唯一的视图,其他的派生图是在过程模型的基础上抽象出来的。因此,在模型视图结构中,过程视图处于核心的位置(图 1-3),而其他派生视图与过程视图都有着密切的联系。其他视图间的关系都是通过过程视图来体现的。下面对视图框中的各个视图进行简要的介绍。

图 1-3　视图结构

1)　功能派生图

功能视图描述了企业内的功能结构。描述了系统各组成部门的功能和功能之间的联系。相对于过程视图来讲,这里的功能视图是一种相对静态的结构,不会因为市场环境的变化有太大的波动。当然这也是一种相对的说法。随着现代企业市场环境的动态多变,功能模型视图也会随着市场的变化、随着企业竞争策略与目标的变化出现较大的变动。功能视图常采用对功能分解(或细化)的树结构来表达(图 1-4),其中的每一个树节点都是一个功能模块对象。

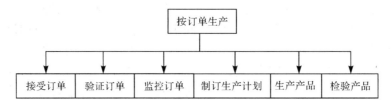

图 1-4　功能派生图

功能模型与其他视图模型之间有着密切的关系,这种关系是通过过程视图来体现的。例如,过程视图表达了对功能的实现过程,在对功能的实现过程中就把功能与资源、组织、数据、信息、知识等联系起来了。

2) 组织派生图

组织派生图的着眼点在于各个组织单元在过程中的协作关系,根据过程视图对活动序列和活动执行者的描述,按执行单元的先后顺序,将各个组织单元连成一个链条,可以直观地反映出组织单元间的交互程度。组织派生图用层次图来表达,但是这个描述总是局部的,是以过程视图的信息为准的,是描述与过程视图相关的组织的信息,而不是整个企业的组织情况(图 1-5)。

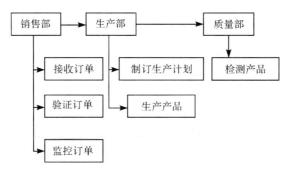

图 1-5　组织派生图

在传统的组织结构中,组织派生图常根据部门的划分来构造。然而,现代企业的组织结构正趋于扁平化,传统的按功能及职能划分的组织方式,正受到科技管理发展的挑战。组织结构的动态性日益成为一种现代企业的迫切需求。对动态组织的研究也日益受到国内外研究学者的关注。尤其随着信息网络技术的发展,出现了越来越多的知识工作者吸入流动的知识化自主工作人。因而,组织结构的形式更加趋于动态化与流动性。面向任务或面向工程的动态组织方式正受到重视。组织派生图将成为面向任务或项目的动态模型。组织机构或部门只成为行政管理上的一种需求,组织或部门内的员工为项目与任务工作,而不再仅为组织部门而工作。企业中的人越来越不能用上下级的关系来定义。人人是平等的,只是每个人从事不同的工作。在杜拉克的《21 世纪的管理挑战》一书中指出:"21 世纪的组织可能会是一种混合型的组织"。需要有多种组织形式并存,而且组织应该透明化。每个人都应该知道,并了解他工作环境里的组织结构。

企业基本组织对象包括组织单元、工作组(TEAM)和人员等。组织单元间的层次联系构成组织结构树,它描述了企业的静态组织结构,适用于企业传统的层次型组织方式。针对某一项目,企业可以组织项目 TEAM,TEAM 描述了企业的动态组织结构,适用于面向并行工程、敏捷制造等企业组织方式。通过同时使用组织结构树和 TEAM 两种描述方法,也可以描述混合型的企业组织方式。

3) 信息派生图

信息派生图着眼于过程之间的信息的流转情况(图 1-6)。信息派生图描述了执行某一过程或执行某一功能所需要的信息的情况。此派生图用来反映这些信息内容,以及它们间的相互关系,提供给用户关于企业的信息的需求情况。信息派生图是基于过程模型的附加记录的。信息派生图是数据库设计的基础,为数据库设计提供设计方案、数据结构等。信息视图常采用实体-联系模型描述。

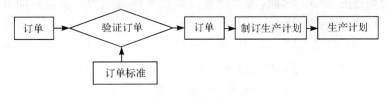

图 1-6 信息派生图

4) 资源派生图

资源派生图的着眼点在于各种资源在过程中的使用情况。根据过程视图中资源与活动,资源消耗量与活动运行时间的对应关系,可以形成反映资源负荷的图表,辅助建模者进行资源平衡与调配(图 1-7)。

通过资源派生图可以清楚地了解过程的瓶颈在什么地方。资源派生图有一定的分析功能,为过程的改进提供参考意见,这样就可以通过调整资源的配置和分配,来改进过程。

2. 全局过程建模中各个视图的组织方式

由前面的论述已经知道,过程建模中的过程视图和派生图都不是独立存在的。虽然是从不同的角度对企业进行描述,但相互之间有着密切的联系。派生图

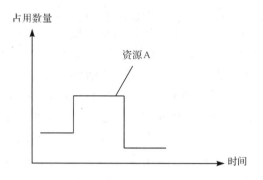

图 1-7　资源派生图

都是从过程视图转化出来的,过程视图是整个建模体系的核心,派生图是从不同的方面对过程视图进行必要的补充。

如果单纯从某个角度去分析问题,当然可以抛弃模型及派生视图间的这种复杂关系,但如果需要对企业进行控制与管理,就必须对过程进行全面的理解,进行综合的分析,就必须研究模型及派生视图间这种错综复杂的关系,并对其进行合理有效的组织与维护。

现代企业过程是个复杂的大系统。企业环境又动态多变,时常要变换经营策略以适应动态的市场。因而,现代企业过程模型也就成为一套复杂而多变的系统。那么在这种动态环境中如何维持模型的一致性和完整性,并使过程模型成为一个整体? 如何有效地进行模型的管理与维护? 这都是很重要的研究内容。

简单来讲,视图间的关系可分成两大类,一是相关模型或视图间的链接关系,即模块对象或属性字段与模型视图的链接(一般该模型视图是对模块对象或属性的进一步细化);另外就是模块对象间的拷贝关系,即两个视图中的某一模块对象是完全相同的。

1) 模型的链接关系

本章对模型链接关系是采用模型链接的方式来表达的。例如,把某一组织派生图中的某模块对象与过程视图中的某一模块的负责组织属性字段进行链接,以此来表达两个模型视图间的关系。通过对链接关系的定义,来实现整个模型的完整性与系统化。建模过程的逐层分解树为模型的定位提供了比较理想的目录结构。相应的模型视图就保存在树结构的相应节点下。接下来的问题就是如何定义这些视图间复杂的相互关系,即在树结构的主干支撑下,编织模型视图间的"连接网络"。

一般情况下,视图间的关系都是以过程视图为中心的。因而,分析或创建视图间的链接关系必须把过程视图作为主线。把过程视图中的相应模块或相应模块的属性与相关的视图或视图中的模块及属性相关联。例如,把过程模型中的功能模块与功能派生图中的相应功能模块相关联,把过程模型中的某功能模块的输入、输出属性与相应的信息派生图中的对应模块进行关联等。这是一项复杂的、庞大的工作,离开计算机技术的支持建立模型间的这种复杂关系是不可想象的。

2) 模块对象间的拷贝关系

模块对象间的拷贝关系会涉及模型的一致性问题,就是两个相同的对象在两个不同的模型视图中出现,如何保持二者的一致与同步的问题? 例如,对其中的一个模块进行了修改,那么另一个会不会同步修改呢? 显然这一同步过程是必需的,但同样离开计算机建模技术这一过程也是不可想象的。一般采用数据库的同步方式进行解决。两个相同的对象虽然在不同的视图中显示,但对象的信息却来源于数据库中相同的一组记录。当其中一个对象对数据记录进行修改,那么另外一个对象也就自动进行更新,只要先定义好两对象间的这种拷贝关联,那么他们之间的一致性问题就不需要用户担心了。

对于模块间的这种拷贝关系的另一种解决方案就是拷贝模块间的属性监听机制。例如,在模块 A 与模块 B 之间定义模块拷贝关系,那么当其中的任何一个模块的某一属性发生改变时,另外的模块都会接收到一个属性更改的事件通知,然后该模块也执行相关的属性更改,从而达到两个模块间的一致性。当然这仍然离不开计算机技术的支持。

1.2.3　基于 Petri 网的生产环节过程模型

1. 典型的 Petri 网表示方法

典型的 Petri 网是一个有向图,由两类的节点组成,一种是库所节点 S,用圆圈表示,对应于条件(condition);一种是变迁节点 T,用方框或者竖线表示,对应于事件(event);节点之间用有向弧连接,有向弧表示控制流,事件的发生与否由条件集合来控制。

Petri 网中一个库所是一个变迁的输入或输出。每个库所代表一类资源,资源的流动由流关系规定。当存在一个从库所到变迁的有向弧时,那么有向弧就是有向弧指向的变迁的输入。当有向弧时从变迁指向库所时,那么有向弧指向的库所就是该变迁 T 的输出。

用 Token(黑点)表示资源分布的标识,库所包含的资源在变迁发生时如箭头所示的方向流动。当 Token 位于节点时,该节点有箭头进入某矩形方框,而且和该矩形方框相关的其他条件也同时到达时,变迁就能发生,一旦触发,下一个节点就收到 Token。

任何时候 Petri 网中的库所总是包含整数(包括零)个 Token。在某一个时刻,Token 的分布状态就表达了系统的当前状态。Petri 网中状态的演变对应Token的演变,而 Token 的演变是由变迁的触发引起的。

有向网是系统的结构框架,活动在框架上的是系统中流动的资源,资源活动的规则由库所的容量函数 K、变迁与资源之间的数量关系权函数以及资源初始分布的标志决定的。

2. 局部控制规则

Petri 网的变迁规则用局部确定的方式明确指出变化发生的局部条件,也指明变化引起的局部变化。一个变迁如果它的每一个输入库所都包含至少一个Token,那么这个变迁就是使能的。一个源变迁总是使能的。一个使能的变迁可以被触发,一个变迁的触发将导致在该变迁的输入库所减少一个 Token,在其输出库所增加一个 Token。在 Petri 网中,如果一个变迁处于使能状态并不意味着它会被立即触发,只能说明这个变迁有被触发的可能性。

针对生产环节出现的冲突,本章采取的控制规则有以下两个方面:

1) 被动决策

冲突的产生是因为在分离系统和环境时,系统中所含变迁的外延不完整,因而解决冲突的办法是由环境提供信息,决定谁可以占用共享的资源。这里的环境可以是系统的管理程序,也可以是系统管理员。

2) 主动调控

人们往往在设计系统时有意识的留下冲突,以便在必要的时候做出决策,干预系统的行为。因此,本章认为只有满足所选取的局部生产流程变迁发生的外延条件,一个状态才会被触发。

3. 对于局部生产流程的控制模型

对 Petri 网赋予一定的物理意义,就可以描述实际的生产过程环节。库所表示组成业务过程的每一个工作的单元、任务或活动。每个任务都带有伴随的业务数据信息、角色、资源以及时间信息。在生产过程中,任务可以指装配过程中每一个装配工序;在文件管理系统中,任务可以指文件的发放、传阅过程中的每一个步骤,也可以指文件形成过程中各章节的起草、汇总、修改、校核、审批和批发的各个步骤。Token 表示工作对象,在生产过程中,工作对象是该过程所要生产或者装配的产品;在文件管理系统中,工作对象是文件。工作对象可以是一个最终产品,也可以是一个静态的对象,例如,一个 Token 可以通过整个网络提供必要的信息,换句话说,Token 可以仅仅是一个标记,它强迫工作向前流动和进展。

变迁是网络中的控制点,强迫工作对象通过工作流网络移动。它的动态行为是由“条件”(例如,等待某一个信息,等待一个用户事件——按一下按钮或者鼠标点一下等)和"动作"(例如,送一个信息给应用代理,启动执行一个协同程序等)来描述的。"条件"限制了使变迁能发生的 Token,即只有满足条件的 Token 才能从变迁的输入库所移动出来,"动作"描述了由变迁输出的 Token 和从变迁输入库所移动出来的 Token 的依赖关系。

一般一个过程模型中涉及任务较多,在定义过程模型时通常首先定义一个高层的、粗略的活动描述,其次对每个高层活动逐步细化描述直至基本的活动。图 1-8 是一个典型的生产加工环节的模型。使用一种 Petri 网的建模工具 STPN Play 构造。半成品在流水线上移动,每个生产环节再组装上一两个部件,直至生成成品。显然,生产环节是系统中的变迁元素,即 T 元素;而代表半成品、部件等种类和数量的是状态元素,即 S 元素。箭头代表资源流动的方向,箭头上的数字代表组装所需要或者产生该种资源的数量,称为弧上的权,没有写出来的数字均为 1。

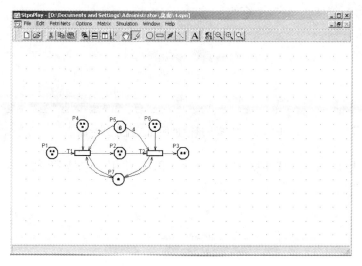

图 1-8　加工流水线片断

组装环节:T1,T2;
半成品:P1,P2,P3;
部件:P4,P6;
螺丝钉:P5;
工具:P7。

组装环节 T1 用两个螺丝钉把一个部件装配到半成品上产生一个新的半成品,现在 P7 中只有一个 Token,所以 T1,T2 不能同时组装:他们竞争共享的资源,网论中把这种竞争关系称为冲突。由于流水线上没有确定的占用规则,因此有可能 T1,T2 中有一个连续占用资源,而另一个没有机会使用。生产流水线的管理者不允许这样以不确定的方式让 T1,T2 竞争工具。

实践中,解决的方法有两种:

(1) 在 P2 上标明 $K=10$,即指出 P2 的容量,它至多容纳 10 个半成品。于是 T1 至多可以连续发生 10 次就不能再组装了,从而 T2 总有机会使用工具 (图 1-9)。

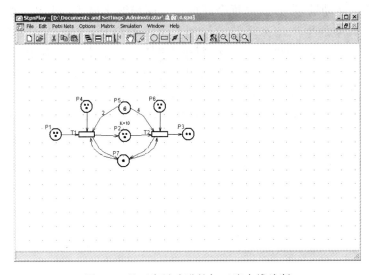

图 1-9　基于容量改进的加工流水线片断

(2) 让 T1,T2 交替使用工具,而且由 T1 先使用。这是 P2 的容量 $K=10$ 就是一种浪费,容量为 1 就足够了(图 1-10)。

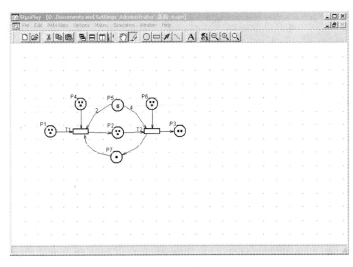

图 1-10　基于时序改进的加工流水线片断

1.3　协同产品开发过程管理系统集成研究

随着企业信息化进程的发展,集成方法从实现异构数据交换、异构系统互操作的信息集成,发展到实现企业过程整体优化的过程集成阶段。过程集成不仅是信息集成在广度上和深度上的扩展和延伸,而且更多地考虑系统的优化,即企业经营过程重构(business process reengineering,BPR)。在协同产品开发中,协同产品开发过程的重构和建模学科的协同工作小组、基于多元计算机辅助技术(computer aided X,CAX)和面向产品生命周期的设计(design for X,DFX)的各种工具以及协同工作环境和产品数据管理是主要的关键技术。

1.3.1　基于导航思想的协同产品开发过程管理系统集成

协同产品开发过程管理系统以全局过程模型及其派生图为基础,将孤立的应用过程集成起来,形成一个具有数据共享、资源共享、不同应用程序协同工作的运行环境。它存在于信息集成的基础上,同时又作为企业集成的基础,通过在各个过程之间开发各种接口,使各个过程能够互通信息、交互作用。

过程集成作为介于信息集成和企业集成之间的中间环节,直接影响企业集成的效果。通过过程集成,可以方便地协调各种企业应用系统的功能,把人和资源、资金及应用合理地组织在一起,获得最佳的运行效益。

1. 系统集成的需求分析

系统主要完成从项目需求分析到过程设计,直至任务完成的产品全生命周期的优化与协作,按照过程建模、过程分析、过程集成设计、过程配置、过程运行的工作思路,过程集成对集成技术提出了以下要求:

(1) 完成产品设计过程的计算机化定义。

(2) 开发工作流管理系统。在完成对过程模型的评价优化后,所生成的工作流模型将由工作流管理系统创建实例并控制其执行过程,实现在模型定义的设计过程与现实世界中实际过程之间的连接。工作流管理系统还承担对工作流进行控制的任务,保持企业范围内各工作过程之间固有的顺序关系,并控制过程实例与活动实例的状态转换。

(3) 提供性能可靠的通信机制,保障过程与活动的状态转换顺利实现。过程集成必须建立在适当的底层通信基础上,才能适应分布式计算环境。

2. 过程集成的内容

过程集成有横向和纵向两个方面。横向方面表现为平行或并行过程之间的集成,纵向方面表现为上下游过程之间或时间先后的过程之间的集成。在制造企业中,产品设计、工艺规划、工装设计、产品制造之间,上游考虑下游,相邻的过程之间互相支持,贯彻并行工程的哲理,这是制造业中最重要的过程集成表现。此外,要求各种相关过程都能实现优化经营的战略目标。在实际的过程集成中,横向和纵向集成是交织在一起的。

(1) 过程建模:通过建立过程模型,对独立的过程进行规范,明确各过程的权益相关者、过程之间的关系和运行中的约束条件,找出企业运作过程中存在的问题并加以改进,消除企业的冗余过程,尽可能减少或消除资源冲突等影响过程效率的各种障碍,为企业实施过程重构和过程集成提供基础。

(2) 获取过程模型:在建立的过程模型库基础上,后续工作可以借鉴前面的工作经验。从大量成功的过程模型中提取出过程参考模型,这种过程参考模型是一种关于某类过程的一般描述。在过程建模时,通过查询和调用已有的过程模型库,获取相关、相似的过程参考模型,可以大大减少过程建模工作量。

(3) 过程分析:针对集成的需要,分析集成所需解决的问题,分析过程之间是否存在冗余、资源冲突等问题,分析影响过程效率的串行、反复等问题的根源,并确定解决方案。

(4) 过程集成设计:将整个过程作为一个开放结构来对待,通过过程设计使得子过程之间能够互相沟通信息,子过程本身能够在一定范围内根据其他过程的需求进行自身调整。在此基础上,根据过程分析的结论,对过程模型进行调整,建立过程集成的模型。

(5) 过程配置:根据前面建立的过程集成模型,在信息集成的基础上,对过程集成模型进行实例化,通过授权保证过程在一定范围内可进行自身结构调整,以保证总体目标的实现。合理配置各种资源,并且在通过仿真验证和相应修改的基础上,将过程集成付诸实施运行。

(6) 过程运行:通过实例化过程集成模型,使得整个过程成为一个有机的系统,协调工作。这一步是所有前述任务的最终目标,而且对于所有过程分析优化的工作来说,过程运行时进行分析的对象,不可能一次性达到最佳的过程集成效果,它必然是一个不断反复完善的过程。

1.3.2 系统支持环境的构建

1. 系统的网络拓扑结构

随着 Internet/Intranet 的发展,为了能够满足分布式计算的要求,Web 必须具有分布式对象的功能。由此,Web 体系结构发展到动态应用发布阶段。把CORBA 与 Web 结合,可以大大方便 Web 应用的开发、发布和维护,有助于在

Web 上建立分布对象环境,推动 Web 进入动态的应用发展阶段,从而极大地提高 Web 的分布计算能力。

基于分布式对象标准 CORBA 和 Web 技术对信息化协同产品开发过程系统进行开发,系统采用分布式结构:数据库采用 Oracle9i;中间级上运行多个 COR-BA 对象,分别支持协同过程管理,协同组织管理,协同工具管理功能;客户端提供用户界面,处理用户交互,通过对象请求代理(object request broker,ORB)和中间级的服务进行通信。

系统的网络拓扑结构如图 1-11 所示。

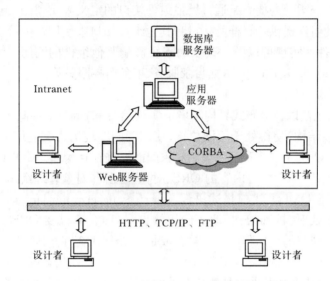

图 1-11　基于 Web 和 CORBA 的协同产品开发过程管理系统的网络拓扑结构

系统目前集成了 IE Browser、协同工具 Netmeeting、软件资源共享模块。首先 IE 采用超文本传输协议(hyper text transfer protocol,HTTP)向 Web 服务器发出请求,其次 Web 服务器调用相应的互联网服务器应用程序设计接口(Internet server application programming interface, ISAPI)处理请求,通过 CORBA 的 ORB,基于互联网内部对象请求代理协议(Internet inter object protocol,IIOP)调用中间级的服务对象决定适用哪种设计资源,最后把调用结果转变成超文本标记语言(hyper text mark-up language,HTML)文档,通过 Web 服务器返回给浏览器。对机械产品开发设计软件的集成采用相应的编程接口,并用 CORBA 进行封装。协同用户也可以通过 CORBA 集成环境直接调用系统的功能,如浏览、上传、存取数据库中文件、查看工作流等,从而使各系统开发工具具备了协同工作的能力,并与各协作伙伴成为紧密联系的整体。

2. 关键技术分析

1) 分布式系统结构

分布式系统结构是由多层 C/S 结构发展演变而来的。它不仅仅区分了业务逻辑和数据存取,而且把应用程序的所有功能都描述成不同的对象。任何一个对象都可以使用系统中甚至是其他系统中的对象所提供的服务,同时,因为客户组件也可以创建以服务器方式工作的对象,反之亦然,所以,这一结构也模糊了"客户"和"服务器"的概念。因此,分布式系统是真正的多层 C/S 系统,具有很高的柔性。分布式系统柔性的提高是通过增强组件接口的定义来实现的,组件的接口规定了它向其他组件提供什么样的接口和其他组件如何来使用这些接口,只要接口保持不变,组件的实现可以随意改变而不会影响其他组件的调用。同时,分布式系统通常提供一些附加的服务,如目录服务、事务监控服务等。

2) CORBA 规范

CORBA 规范以在分布式异构环境下实现信息和资源的共享为目的,提供了一种软件总线结构,使得处于不同位置、使用不同实现语言及应用不同运行平台的所有遵循 CORBA 规范开发的应用对象间能够进行互操作。CORBA 规范的主要组成部分包括:作为核心内容的 ORB、对象适配器、对象管理组织(object management group,OMG)、接口描述语言(interface description language,IDL)到具体编程语言的映射、桩和架构、动态调用接口、界面仓库以及 ORB 建的互操作。基于 CORBA 规范的应用程序可以被看成是一个个对象,它们通过 IDL 来定义和描述自己提供给外界的操作(即服务)的接口。每一个对象都可以请求或调用其他对象的服务,或者从其他对象获得有关的数据。所有的对象请求都由对象代理 ORB 中转。请求者可以指定服务的提供者或交给 ORB 决定,对象之间的通信可以通过传输控制协议/互联网协议(transmission control protocol/Internet protocol,TCP/IP)在局域网(local area network,LAN)中进行,也可以在广域网(wide area network,WAN)中进行。

3) 信息化协同产品开发的框架结构

信息化协同产品开发依赖于基于 Internet 的网络技术。随着 Internet 的发展,它为网络用户提供了标准的网络底层通信协议和功能众多的服务,这些服务能够满足网络数据共享和网络用户的远程通信与协同的要求。信息化协同产品开发的分布式网络环境典型框架结构如图 1-12 所示。

其中,应用程序服务器简单地说就是一个包含企业逻辑的应用程序,它是一种特定的组件形态,如美国微软公司的 COM/DCOM(distributed component object model,分布式组件对象模型)、OMG 组织的 CORBA 对象或是企业开发应用程序部件等,封装企业的逻辑程序代码。由于每个对象都封装了一定的企业业务过程逻辑,能够执行企业特定功能,不同领域的分布式对象可遵循相同的接口标准,对象之间通过服务的接口相互提供定向的或专用的服务来实现通信。这样,一方面,它不仅提供了对分布式网络环境下的互通信和互操作的支持,而且提高了系统各应用程序之间的一致性、兼容性和可拓展性;另一方面,通过不同对象之间的组合能够为系统提供更强大的功能,使得整个应用程序服务器构成一个庞大的分布式对象库。

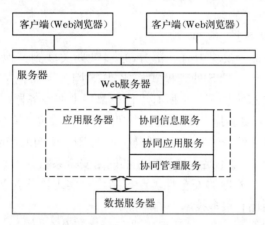

图 1-12　信息化协同产品开发的分布式网络结构

3. B/S 与 C/S 结合的运行模式

系统采用 B/S 与 C/S 混合模式,充分发挥各种模式的优越性,避免了 B/S 结构在安全性、保密性和响应速度,以及 C/S 结构在维护和灵活性等方面的缺点。下面从系统的性能、系统的开发及系统的升级维护三方面分析比较 B/S 与 C/S 两种模式的优缺点。

1) 系统的性能

在系统的性能方面,B/S 占有优势的是其灵活性。只要可以使用浏览器上网,就可以使用 B/S 系统的终端。近来使用智能终端的上网方式发展迅速,更加拓展了 B/S 结构的使用范围。不过,采用 B/S 结构,客户端只能完成简单的功能,大部分工作由服务器承担,增加了服务器的负担。采用 C/S 结构时,客户端和服务器端都能够处理任务,这虽然对客户机的要求较高,但可以减轻服务器的压力。

2) 系统的开发

最新的 C/S 结构是建立在中间件产品基础之上的,这些产品还缺乏作为企业级应用平台的一些特性,而且要求应用开发者自己去处理事务管理、消息队列、数据的复制和同步、通信安全等系统级问题。这对应用开发者提出了较高的要求,使得应用程序的维护、移植和互操作变得复杂。如果客户端是在不同的操作系统上,C/S结构的软件需要开发不同版本的客户端软件。如果产品更新换代会增加成本并带来额外的不安全因素,降低整个系统的通信效率,在一定程度上制约企业的应用。与B/S结构相比,C/S技术发展历史更为"悠久"。从技术成熟度及软件设计、开发人员的掌握水平来看,C/S技术应是更成熟、更可靠的。采用100%的B/S方式将造成系统响应速度慢、服务器开销大、通信带宽要求高、安全性差、总投资增加等问题。而且对于复杂的应用,完全采用B/S结构进行开发比较复杂。

3) 系统的升级维护

C/S系统的各部分模块中有一部分改变,就要关联到其他模块的变动,使系统升级成本比较大。与C/S处理模式相比,B/S则大大简化了客户端升级工作。对于B/S而言,开发、维护等几乎所有工作也都集中在服务器端,当企业对网络应用进行升级时,只需更新服务器端的软件就可以,这减轻了系统维护与升级的成本。如果客户端的软件系统升级比较频繁,那么B/S架构的产品优势明显。在系统安全维护上,B/S略显不足。毕竟现在的网络安全系数并不高,B/S结构需要考虑数据的安全性和服务器的安全性。B/S结构要实现协作过程中复杂的工作流控制与安全性控制还有很多技术上的难点。

具体的应用如下:在需要对数据库进行频繁操作(如添加、修改资料等)时使用C/S客户端,这样的客户端功能比较强、安全系数也高;管理层使用B/S客户端进行数据的查询,这样客户端比较灵活,只要能上网即可操作。

1.3.3　数字化产品信息的表达方式分析

1. 协同产品开发过程全生命周期数据模型

通常,协同产品设计开发过程的产品生命周期包括从需求分析、概念设计、详细设计、制造、试验与测试、使用与作战等多个阶段。在整个设计开发过程中,从需求生成、概念探索,到方案的初步设计,再到详细设计、加工制造和使用并装备使用的过程中,不同部门及不同学科的人员围绕着同一对象开展各种各样的活动。从方案评审开始,一直到使用维护直至报废处理,每一活动都需要接受其他人员及其活动产生的信息,并在自己对产品的活动中产生新的信息。考虑到各个应用部门之间不同的计算机软硬件系统,不同的信息表达格式,要有效地协调多学科多人员的协调设计与仿真评估工作,如何在它们之间有效地交换产品信息是关键所在。产品信息涵盖的领域相当宽广,现有的数据交换技术很难满足领域如此之多、跨度如此之大的应用之间对于信息共享的要求。为此,建立利于共享和交换信息的全生命周期的产品数据模型,对于协同产品设计开发过程至关重要。

产品模型技术可以作为在协同产品设计开发过程不同阶段应用期间进行信息交换的基础,协同产品设计开发过程全生命周期的产品模型如图 1-13 所示。

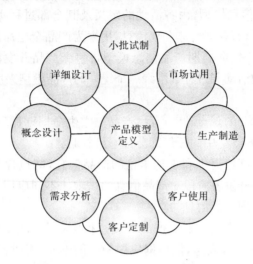

图 1-13　协同产品设计开发过程全生命周期的产品模型

可以看到,一个能够支持协同产品设计开发过程全生命周期各种活动的数据需求的产品模型的定义相当复杂。事实上,当前这方面的研究主要处于探索阶段,一般的情况是针对特定的应用,选取产品生命周期的某些阶段,利用产品模型技术来实现这些阶段应用间信息共享与交还,如在设计制造一体化中,产品模型强调设计结果能够直接生成工艺规划及数控(numerical control,NC)代码等。

设计开发过程集成的目标之一就是在概念设计阶段,综合考虑多学科和跨功能领域的需求目标。因为,在这个阶段考虑这些因素能最大限度地促进计算机数字模型的效率,能充分利用各种分析模型和仿真模型改进设计,尽可能地减少产品设计开发过程的全生命周期费用。

2. 全生命周期产品信息模型的表达

模型是为了理解事物而对事物的一种抽象,产品的信息模型简单来讲,就是反映产品信息系统的概况,是对产品的形状、功能、技术、制造和管理等信息的抽象理解和表示。产品模型及其建模理论是随着计算机辅助设计(computer aided design,CAD)技术的发展而产生,随着 CAD/CAM(computer aided manufacturing,计算机辅助制造)一体化技术的进步而得到迅速发展的。随着先进制造技术的发展,产品模型的应用突破了 CAD/CAM 集成的领域,扩展到整个制造自动化系统,已经成为实现自动化的一项关键技术。

全生命周期产品信息模型是基于信息理论和计算机技术,在现代设计方法学的指导下,以一定的数据模式定义和描述在开发设计、工艺规划、加工制造、检验装配、销售维护直至产品消亡的整个生命周期中关于产品的数据内容、活动过程及数据联系的一种信息模型,由各活动的定义及其全部过程实施的知识所构成,包括与产品有关的所有几何与非几何信息,用来为产品全生命周期各个阶段和各个部门提供服务。全生命周期产品信息模型将整个产品开发活动和过程视为一个有机整体,所有的活动和过程都围绕一个统一的产品模型来协调进行。

1) 特点

系统性:按"系统"的观点理解产品,产品是它生命周期循环过程的总和,从构思到生命循环周期的终结中的任何部分都不可忽略。

完整性:最大限度地提供和表达丰富的产品信息,即包含产品生命周期内的所有信息,满足产品开发各阶段对产品信息的需求。不同应用领域对同一产品有一致的信息描述,实现产品信息共享。

多样性:产品信息模型是提供产品开发过程中各种信息的途径,在表达上应既有整体表达,又有局部表达,能根据应用领域的不同,提供产品的多种"视图",以支持产品开发各阶段的活动。

支持双向建模全生命周期产品信息模型是一个开放的概念,只靠自上而下或自下而上的建模策略难以建造,必须支持自上而下从全局到局部和自下而上从局部到全局的双向建模。

2) 组成及结构

全生命周期产品信息集成模型由产品开发过程模型、产品主模型、产品应用模型组成,其组成结构如图 1-14 所示。

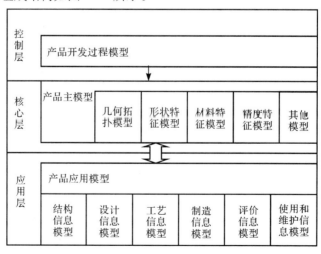

图 1-14　全生命周期产品信息集成模型

　　产品开发过程模型"过程"以活动为单位,它描述了活动之间的编序关系。产品开发过程模型是产品信息的控制层,用来定义产品开发模式,控制产品开发过程,协调各模型的关系,同时记录产品开发过程的各项活动,包括前期准备、设计、工艺、制造、装配、检验、使用、维护、成本估算、质量控制等。

　　产品主模型是产品信息的核心,也是应用领域主要信息来源以及交换、传递信息的中心媒介,它是一个全局的、统一的信息模型,一个支持产品开发过程各应用活动的并使冗余信息达到最少的标准化实体集合,在产品生命周期中协调全局,指导并保证数据过程共享和数据全局一致性。它由设计、分析和制造等所有应用领域的共性信息组成,包括几何拓扑模型、形状特征模型、材料特征模型、精度特征模型以及其他有关属性特征模型。产品主模型的物理层主要包括数据的交换模式和存储模式,其中交换模式是产品数据传输与交换标准(the standard of transfer and exchange of the product date,STEP)中性文件格式。

　　产品应用模型是各应用领域根据自身特点建立并使用的模型,为各应用领域提供专用信息,其信息从产品主模型中提取,并以合适的形式组织。由于不同的应用领域对产品的信息有不同的需求,所要处理的信息及信息的组织方式也有所不同。因此,产品应用模型又细分为有着不同表达形式和表达内容的应用子模型,每个子模型不仅包括产品描述性数据,而且包括产品应用性知识信息。

　　产品应用模型包括以下几个子模型:结构信息模型(描述产品的构成元素及其构成关系设计);设计信息模型(描述设计过程中用到的信息工艺规划);工艺信息模型(描述工艺阶段的信息);制造信息模型(描述制造阶段的信息);评价信息模型(描述产品评价指标及其权值大小、评价方法以及产品质量的优劣等);使用和维护信息模型(描述产品使用、售后服务、维修等方面的信息)。

第 2 章　网络化协同设计的机械资源库及其管理系统

随着全球市场竞争的加剧和现代信息技术的快速发展,制造业对信息化需求不断增加,在此背景下网络化制造技术应运而生。该技术充分利用网络、通信等技术的最新成果,使得企业能够及时获取市场需求信息,充分利用全球制造资源,加速新产品的开发过程,从而可以极大地提高企业的市场竞争能力。因此,制造网络化是现代制造业的主要发展趋势之一。当前,如何利用网络化制造环境进行异地产品开发过程的高效管理是网络化制造所研究的重大课题。本研究正是基于这一背景,提出一种产品协同设计过程管理模式,并通过建立开放式可扩展的面向网络化协同设计的机械资源库,为企业提供异地设计、制造和资源共享的支撑平台。

本章分析先进制造技术和各种现代制造模式,阐述基于动态服务器主页(active server page,ASP)模式的网络化制造以及计算机支持的协同设计的产生和发展;分析和比较协同设计平台的各种开发工具,提出使用 Java 技术及其 Jave 编程服务器网页(Jave server page,JSP)的方式,并使用 Tomcat 6.0.x 数据库服务器软件来进行机械资源库的开发;提出机械资源库及其管理系统的框架构造,并进行机械资源库管理权限问题和机械资源库运行计费模式的研究;分析基于机械资源库的协同设计应用实例模型;提出机械资源库与各系统的联调和集成的方法。

2.1　开发工具的选择及其分析

2.1.1　网络数据库技术

数据库(database,DB)是存储在计算机内、有组织、可共享的数据集合。数据库中的数据按一定的数据模型组织、描述和存储,具有较小的数据冗余度、较高的数据独立性和扩展性,并且数据库中的数据可以被各种合法的用户共享。数据库技术就是数据管理的技术。

数据库管理系统(database management system,DBMS)是一个软件系统,主要用来定义和管理数据库,处理数据库与应用程序之间的联系。它的主要功能有描述数据库、操作数据库、管理数据库和维护数据库。

本章主要是通过建立开放式可扩展的面向网络化协同设计的机械资源库,为企业提供异地设计、制造和资源共享的支撑平台,这就需要用到网络数据库技术。网络数据库又称为 Web 数据库,是动态网页开发所用的数据库。其模式简单地说就是首先用浏览器作为用户输入界面,其次输入所需的数据,浏览器将这些数据返回给网站,由网站对这些数据进行相应处理,最后网站将执行的结果返回给浏览器,通过浏览器显示给用户。基于 Web 的网络数据库系统一般由一个作为用户界面的 Web 浏览器、一个用作信息存储的数据库服务器和一个连接两者的 Web 服务器组成。

事实上 Web 数据库所用的系统和其他常用数据库系统基本上是相同的,与其他不同的是,Web 数据库是通过其他 Web 应用程序、用标准化的 HTML 标记(在某些情况下用供应商特定的扩展功能)开发的特殊形式的应用程序来访问的数据库。

现有的数据库系统都是基于某种数据模型的,数据模型是对数据的特点及数据之间关系的一种抽象表示,数据模型包括数据操作、数据完整性约束和数据结构三个部分。数据操作是对数据模型中各种对象的操作,数据完整性约束是对数据模型中数据的约束规则,数据结构则是对数据、数据类型和数据三者之间的关系的抽象描述。数据库系统中是按照数据结构的类型来命名数据模型的。目前,主要的数据模型有层次模型、网状模型和关系模型三种。层次模型使用树型结构表示各数据记录之间的关系,模型中任意两个节点之间只有一种联系,它适合于表现具有比较规范的层次关系的系统,如组织结构、图书分类等。网状模型比层次模型复杂得多,其中各实体之间允许存在多于一种的关系,网状模型的数据库在检索和处理时比较复杂。关系模型中数据的逻辑结构就像二维表,二维表结构不论是在数据表达还是数据检索上,都比网状模型和层次模型相应的处理要简单得多。

目前比较流行的 Web 数据库系统都是关系型数据库产品,关系模型的主要优点有:①数据结构简单、清晰,易于操作和管理;②具有比较高的数据独立性,有利于系统的扩充和维护;③具有能够处理复杂关系对象的能力。

关系型数据库的重要特征之一是数据的完整性约束。完整性是指数据的正确性和一致性。数据库管理系统提供了定义数据完整性约束条件的机制,能够检查数据是否满足完整性约束条件,从而防止数据库中存在不合语义的数据,防止由于错误的输入输出而造成错误的结果。

数据库的各项功能是通过数据库所支持的语言实现的,主要有数据定义语言、数据操作语言和数据控制语言。在关系数据库中,标准的数据库语言是结构化查询语言(structured query language,SQL),其实 SQL 语言的功能除了数据查询外,还有数据定义、数据操作和数据控制功能。SQL 语言功能强大、语法简单、使用灵活。SQL 语言可以用来定义数据库、基本表、视图和索引等,还支持对数据的更新、删除和检索操作。

　　基于 Web 的数据库访问采用浏览器/Web 服务器/数据库服务器结构。数据库应用系统的体系结构主要有集中式结构、文件服务器结构、客户机/服务器结构和浏览器/Web 服务器/数据库服务器结构 4 种。对于浏览器/Web 服务器/数据库服务器结构，客户端只要安装浏览器，就可以访问应用程序，对客户端的硬件和软件的要求都不太高，只要支持浏览器的运行即可。这种模式也称为三层客户机服务器模式，它实现了信息从静态发布到动态发布的转变。它具有客户机服务器模式的全部优点而无其缺点。浏览器能从内部和外部服务器上获得信息。而服务器可以在任何位置，运行在不同的操作系统上，通过浏览器为用户提供多种形式的信息。

　　三层 Web 结构模式的优越性如下所述。

　　在前端用户方面：

　　（1）拥有统一标准易用的浏览器界面；

　　（2）用户只需学习简单的 Web 页面与超链接（hyperLink）操作；

　　（3）可以大大减少对使用者的培训，有利于软件的推广使用。

　　在 Web 开发者方面：

　　（1）用户端不需要特殊设置与应用软件安装；

　　（2）应用软件集中在服务器端进行开发管理；

　　（3）减少构建维护成本，加快联机过程。

　　在系统环境方面：

　　（1）前端可使用任何浏览器（IE、Netscape 等）；

　　（2）后端可存取任何数据库（SQL、Access 等）；

　　（3）可使用各种脚本语言开发（VBScript、JavaScript、Perl 等）。

　　三层客户机/服务器模型的 Web 数据库应用体系结构是将应用系统分解为如下三个逻辑层的服务模型。

　　（1）用户服务层（user service）：用户服务层提供可视界面，用户通过可视界面观察信息和数据，用户服务层向商业服务层发出服务请求。

　　（2）商业服务层（business service）：商业服务层提供的服务实现正式的进程和商业逻辑规则，商业服务层响应用户服务请求，是用户服务与数据服务层的逻辑桥梁。

　　（3）数据服务层（data service）：在数据服务层实现所有的数据处理活动，包括数据的获取、修改、更新以及数据库相关服务。

　　远程数据服务是三层客户机/服务器模型的核心。三层客户机/服务器模型中的远程数据服务实现了对用户界面、商业逻辑规则、数据服务的逻辑分离和独立封装，因此，具有许多的优点：可重复使用、易于管理、升级、可跨平台、完全分布式。

　　由于关系型数据库一开始不是针对 Internet 设计的,通过 Web 连接数据库,通常需要采用中间接口。基于 Web 的数据库有多种数据库访问技术。主要有:

　　(1) 通用网关接口(common gateway interface)技术。CGI 是 Web 服务器与应用程序的一个标准接口。按 CGI 标准编写的 CGI 程序可以访问数据库,响应用户的请求,并动态地生成超文本网页。用户可以通过浏览器直接访问远端的数据库。CGI 程序可以用 C/C++或 Perl 等语言编写,程序代码保存在服务器上,并在其上运行。

　　(2) 应用编程接口(application programming interface)服务器。服务器 API 是驻留在 Web 服务器上的程序代码,是服务器端的动态链接库,其作用类似于 CGI。目前使用较广的服务器 API 有微软公司的 ISAPI 和 Netscape 的 NSAPI。可以利用服务器 API 开放 Web 应用程序与数据库服务器的接口程序。

　　(3) 开放式数据连接(open database connectivity, ODBC)。ODBC 基于 SQL,并把它作为访问数据库的标准。这个接口提供了最大限度的相互可操作性:一个应用程序可以通过一组通用的代码访问不同的数据库管理系统。ODBC 管理器(administrator)负责安装驱动程序,管理数据源,并帮助程序员跟踪 ODBC 的函数调用。在 ODBC 中,应用程序不能直接存取数据库,它必须通过管理器和数据库交换信息。通过 ODBC,可以很方便地编写 Client/Server 两层体系结构下的数据库应用程序,能够满足很多现实的需求。

　　(4) Java 数据库连接(Java database connectivity, JDBC)。JDBC 是支持Java 语言的标准 SQL 数据库访问接口。JDBC 是一种特殊的 API,在功能上类似于 ODBC。JDBC 定义了一系列 Java 类,用来表示数据库连接,SQL 语句及结果集等。

　　(5) ASP 及网络化多媒体数据对象(activeX date object, ADO)。ASP 是微软公司推出的 Web 服务器应用程序开发技术。ASP 是一种技术框架,它提供了构造 Web 服务器应用程序的方法及技术,它能够把脚本、HTML、组件以及 Web 数据库访问功能结合到一起,构成在服务器上运行的应用程序。ASP 使用了微软公司开发的 ActiveX 技术。ASP 提供一些基本组件,允许用户使用自行开发的组件。ASP 是在服务器端运行的软件,运行结果是标准的 HTML 页面,并被返回到浏览器,不受浏览器软件的影响。ASP 通过 ADO 访问数据库。ADO 是微软公司推出的一项数据库访问技术,使用它可以方便地访问数据库。ADO 支持客户机/服务器结构和浏览器/Web 服务器/数据库服务器结构,能够访问支持对象连接与嵌入数据库(object linking and embedding database, OLE DB)及 ODBC 的数据源,如 Microsoft SQL Server、Microsoft Access 和 Oracle 等不同厂家的数据库系统,甚至能够读取 Microsoft Excel 中的数据。

　　(6) OLE DB。OLE DB 是新的低层接口,是一种“通用的”数据访问模式。

OLE DB 并不局限于 ISAM、Jet 甚至关系数据源,它能够处理任何类型的数据,而不考虑它们的格式和存储方法。在实际应用中,这意味着可以访问驻留在 Excel 中的电子数据表、文本文件甚至邮件服务器,诸如 Microsoft Exchange 中的数据。

数据库的选择:

目前流行的主要 Web 数据库系统是 SQL Server 和 Oracle。SQL Server 是微软公司提供的运行在 Windows 操作平台上的关系数据库系统,其操作简便,常用在 APS 开发网站时,用其作为 Web 数据库,它属于大型数据库,功能稍逊色于 Oracle 数据库。由 Oracle 公司开发的 Oracle 数据库系统,几乎可以用于当今所有的操作系统平台上。其功能强大,查询快速,并且拥有极高的稳定性。它可与各种网站开发语言相配合,目前流行于 JSP 语言配合开发网站。Oracle 数据库支持最大长度高达数千兆字节的二进制大字段,适合于直接存储大型的机械 CAD 文件,故决定服务器端数据库系统选用 Oracle9i。

2.1.2　J2EE 标准和.NET 标准的比较

目前最主要的分布式技术标准是微软公司的.NET 标准和 SUN 公司的 J2EE(Java2 enterprise edition)标准。当前人们所说的分布计算技术是指在网络计算平台上开发、部署、管理和维护以资源共享和协同工作为主要应用目标的分布式应用系统。它们的共同特点是利用接口技术把软件功能的实现部分封装起来形成软件组件。接口独立于编程语言,用一种语言编写的组件可以从另一种语言中调用。组件可以被不同的应用程序重复使用,极大地提高了开发的效率。

1. 标准的广泛性

J2EE 是由 SUN 引导,各厂商共同发起的,并得到广泛认可的工业标准。现在已经超过 25 个不同的服务器端平台支持 J2EE 规范,所以用户的选择范围会更广泛。.NET 架构是由微软单独制订并完成的,是没有得到业界广泛支持的专有架构。采用它会妨碍客户将来采用其他供应商的产品。

2. 系统的重用性

J2EE 架构可以充分利用用户原有的投资,因为 J2EE 平台的产品几乎能够在任何操作系统和硬件配置上运行。采用 J2EE 方案,编写应用程序时可以利用已有代码,从而减少开发时间,加快进度,降低开发成本,同时也可以降低对供应商的依赖性。使用 J2EE 应用程序的系统可以随着时间的推移通过更换底层中间件、操作系统或硬件来进行放缩,而不会显著地更改应用程序。微软公司的.NET 架构没有提供像 J2EE 平台那种层次的对变化的适应性,而是与它的操作平台捆绑在一起,将用户限制在 Windows 平台下,在不改变操作平台的前提下,重用性也较高。

3. 平台的功能性

. NET Framework 提供一个能识别版本的类加载器,功能稍微强大一点,Windows. NET Framework 显示了语言层面上的类属性,这就使得编程更加简单。例如,在源代码中只用一个简单的属性就能把. NET 组件标志为处理模式。或者说,一个. NET 组件和可扩展标记语言(extensible markup language,XML)的串行化可以在一个属性中被定义。这个机制大大简化了编程任务。. NET Framework 简便性稍好,开发效率较高。但是客户采用. NET,就意味着客户和微软公司绑在一起。

4. 平台的成熟性

. NET 从 2000 年 6 月开始投放市场,效果一直不理想。而 J2EE 则是从 1998 年开始出现并经历了多个版本的调整,基本成熟。从可伸缩性角度讲,. NET 平台不如 J2EE 平台的伸缩性强。

2.1.3　各种开发工具实现方式的比较和选择

1. 动态交互技术的选择

由于系统的大部分功能需要客户端和服务器端动态交互才能实现,因此需要选择优秀的动态交互技术。目前,制作动态交互网页的 Web 应用开发技术主要有 ASP、PHP 和 JSP 三种。

1) ASP、PHP 和 JSP 简介

ASP 内含于网络信息服务器(Internet information server,IIS)当中,提供一个服务器端(server-side)的 script 环境,通过它可以快速建立动态、交互且高效的 Web 服务器应用程序。ASP 文件无须 compile 编译,且容易编写,可在服务器端直接执行。

超级文本预处理(professional hypertext preprocessor,PHP),它是一种 HTML 内嵌式的服务器端脚本语言(类似 IIS 上的 ASP)。PHP 独特的语法混合了 C、Java、Perl 以及 PHP 式的新语法,可以比 CGI 或者 Perl 更快速地执行动态网页。PHP 是完全免费的,而且易学易用,能够在大多数 Unix 平台,GUN/Linux 和微软 Windows 平台上运行。

JSP 是 SUN 公司推出的基于 JavaServerlet 以及整个 Java 系统的 Web 开发技术。JSP 提供了一种在网页中嵌入组件的方式,并且允许生成相应的网页,最终发送给客户。JSP 网页可以包含 HTML、Java 代码以及 JavaBean 组件。JSP 是在普通 HTML 中嵌入 Java 代码的一个脚本,与其他语言不同的是:其他脚本语言由服务器直接解释这个脚本,而 JSP 则由 JSP 容器(如 Tomcat)首先将其转化为 Servlet,其次再调用 Javac 将 Servlet 编译为 Class 文件,最后,服务器解释的是 Class 文件。它完全解决了目前 ASP、PHP 的一个通病——脚本级执行。它为基于 Java 环境开发多层结构的动态 Web 应用程序提供了一种方便、快捷的方法。

2) ASP、PHP 和 JSP 比较

(1) 理论体系比较。

从分布式应用系统的角度来看,一个网络项目至少分三层,即数据层(data layer)、业务层(business layer)、表示层(presentation layer),或者更多层。

PHP 的技术体系无法将表示层与业务层分离,不符合分布式应用体系。

ASP 的技术体系符合分布式应用体系。微软公司推出的 Windows 分布式的 Internet 应用体系结构(WindowsDNA)是一个建立现代化的多层次的分布式计算解决方案的体系结构,它可以通过任何网络进行传输。而在 WindowsDNA 体系中,用于解决表示层的技术之一就是 ASP 技术。

JSP 的技术体系符合分布式应用体系。在 SUN 公司推出的 J2EE 分布式企业计算体系中,利用 JavaBean、企业 Java 组件(enterprise Java bean,EJB)技术编写业务层的功能是非常强大的,但对于写表示层就很不方便,由 Servlet 发展而来的 JSP 就主要是为了方便写表示层而设计的。通过 JSP 调用 JavaBean,实现两层的整合,达到分布式应用。

(2) 开发平台比较。

PHP 具有良好的跨平台性,非常容易进行移植。PHP 代码可在 Windows、Unix、Linux 等各种系统下的 Web 服务器上正常运行,用户更换平台时,不需要改变 PHP 代码。

ASP 不具有跨平台性。ASP 是微软公司开发的动态网页语言,只能运行于微软的服务器产品 IIS(WindowsNT)和 PPS(Windows98)上。

JSP 同 PHP 类似,几乎可以运行于所有平台。著名的 Web 服务器 Apache 也支持 JSP。由于 Apache 广泛应用在 NT、Unix 和 Linux 上,因此 JSP 有更广泛的运行平台。从一个平台移植到另外一个平台,JSP 和 JavaBean 甚至不用重新编译,这种与服务器硬件和操作系统平台的无关性是 JSP 动态网页技术最大的一个优点。另外,从性能上比较,JSP 的性能优于 ASP、PHP。JSP 在要先编译成字节码(bytecode),再由 Java 虚拟机(Java virtual machine,JVM)解释执行,比源码解释的效率高;第一次调用 JSP 网页时因为存在编译过程,速度可能稍慢一点,以后再访问就会很快。

(3) 开发效率比较。

PHP 应用于小型的站点,开发效率很高,但不适合用于大型站点。

ASP 是使用 VBScript 等简单易懂的 Script 脚本语言编写，VBScript 非常容易掌握，可用其快速开发 Web 网站应用程序。另外，用户既可以直接在 ASP 页面中使用 VB 和 VC 各种功能强大的 COM 对象，还可以创建自己的 COM 对象。通过使用这些 COM 对象，可以大大节省开发人员编写代码的数量，提高开发效率。

JSP 与 ASP 相比较而言，JSP 的一些特点使得开发更迅速、更快捷。绝大多数 JSP 页面依赖于可重用的、跨平台的组件（JavaBean 或者 EJBTM 组件）来执行应用程序所要求的更为复杂的处理。开发人员能够共享和交换执行普通操作的组件，基于组件的方法加速了总体开发过程。在 JSP 页面中，声称内容的逻辑封装在处于业务层的 JavaBean 或 EJB 中，然后通过嵌入页面的脚本代码生成具体的内容，具体实现则是由页面文件负责完成的。网页内容的生成和实现是分离的，这就意味着 Web 设计人员可以方便的设计页面，而不影响内容的生成，而程序设计者只需要修改相应的业务逻辑，而不用管显示的形式。这样，对于一个大型的分布式应用系统来说，非常有利于协作开发。

（4）安全性比较。

安全性问题是一个要考虑的重要因素。PHP 的运行，是靠它的语言解释器来完成的，在 NT 或 WIN9X 下也就是 PHPEXE，PHPEXE 是一个解释器，它的作用是解释后缀为 PHP 或 PHP3 或 PHTML 或其他的文件，根据里边定义的程序来访问数据库，读写文件或执行外部命令，并将执行的结果组织成 String 返回给 Web 服务器，然后当做 HTML 格式的文件发送给浏览器读取文件和执行外部命令，PHP 的另外一个特性是执行外部命令，在 UNIX 比较多见，如 Is、Echo 等，这些都是安全隐患之所在。

ASP 只在服务器端运行，将执行结果以 HTML 形式返回客户端浏览器，由此屏蔽源码程序。但微软的 Web 服务器产品 IIS4.0 中存在一个严重的系统漏洞，可能导致任何二进制代码在服务器上运行。

JSP 要先编译成字节码，再由 Java 虚拟机执行，源码相对不易被下载，尤其在用了 JavaBean 后安全性更高。Java 能通过异常处理机制来有效防止系统的崩溃。

综合以上的比较，从应用前景分析，ASP、JSP、PHP 三者中，JSP 应该是最有发展前途的技术，是当今主流的动态交互技术，基于此，系统开发所需要的动态交互技术选择 JSP。

2. 操作系统和网络服务器的选择

在本课题的研究过程中，以针对的集团公司的计算机网络系统为基础。根据网络的实际配置情况，服务器端操作系统选用 Microsoft Windows2000 Server。因为 Tomcat 是一个 JSP 和 Servlet 的运行平台，具有跨平台性，不仅免费，而且其功能强大,更具有开放性,所以网络服务器系统选择 Tomcat5.0 作为应用服务器。

3. 开发工具的选择

由于确定了应用 JSP 作为系统的动态交互技术,因此在系统开发过程中要选择适合 JSP 编辑的软件开发环境。软件开发工具 Jbuilder9 能够比较方便地完成较复杂的 JSP 编程,便用 Dreamweaver mx2004 等工具可以很好地完成 Web 页面设计、站点的规划和简单的 JSP 编程。基于此,在系统开发过程中我们主要使用 Jbuilder9 和 Dreamweaver mx2004 两种开发工具。另外,使用 Photoshop7.0 用于开发过程中的图像处理。

2.2　机械资源库及其管理系统的框架构造

2.2.1　需求分析

建立机械资源库的一个主要目的就是实现如何加速公司各部门的运作过程,在不影响其他功能的前提下提高其运作效率,加速新产品的开发速度,提高设计质量,降低设计成本。公司的运作过程主要由新产品研发、生产、销售及售后服务 4 个主要部分构成,公司的信息传递可以划分为各部门之间(或各个企业之间)的信息传递和各部门内部之间的信息传递两个部分,如图 2-1 所示。

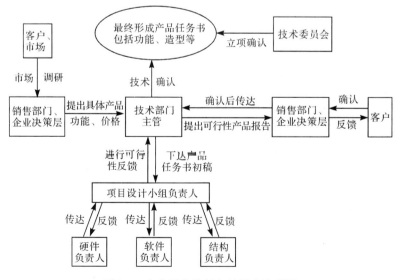

图 2-1　A 公司产品任务的提出流程图

建立机械资源库的另一个目的是加速或者减少一个部门或者相关部门内部

工作人员之间的信息传递过程。目前公司各部门之间（或各个企业之间）的信息传递主要是通过电话、传真、电子邮件和特快专递等手段解决的，如果用很小的代价可以通过一个可以分别装入在各个终端客户电脑上的协同设计平台或软件用来方便和加速这一过程的实现，并且不会因此而导致公司内部资料的泄密，多数企业还是可能会考虑接受这样一个平台或者软件。加速或者减少一个部门内部工作人员之间的信息传递过程的需求主要集中在新产品开发领域，主要是如何方便地实现设计资料的共享并且不至于影响到公司内部资料的泄密。基于这样一个情况，在本课题中决定以建立一个开放式可扩展的面向网络化协同设计的机械资源库为核心，为企业提供异地设计、制造和资源共享的支撑平台，如图 2-2 所示。

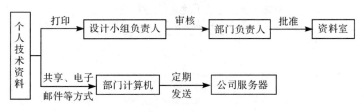

图 2-2　A 公司技术资料的输出和保存

机械资源库的直接使用者是设计部的结构设计室（或结构设计组）中的设计人员。资源库的主要作用（或功能）可以划分为两种：①帮助提高设计人员的设计绘图速度；②帮助提高设计出的产品部件性能，主要是可靠性和易制造性，如图 2-3 所示。

需求分析紧紧围绕以下两个目的展开。

1. 帮助提高设计绘图速度方面的需求

（1）加入资源库的所有部件均需要有完整的自动计算机辅助设计（auto computer aided design，AutoCAD）二维图（含尺寸标注和文字说明）、Pro/E 或 UG 三维图（要求具有参数驱动功能）；主要使用方式：下载后经过一定的修改，成为设计人员所需要设计的新图。

（2）可以方便、简单、直接找到所需的部件，在下载前一般需要确认该图即为所需，这需要能够预览所要下载图的内容，最好还能看到简要的关于部件的文字说明。

（3）提供 AutoCAD 适合我国机械制图标准的各种绘图模板。使用方式：下载到设计人员 AutoCAD 软件模板库，画图时调用所需模板，可以省去建立标题栏、图层、线型、文字类型、标注类型、打印类型的重复工作。要求：看名称就能知道图纸号数，主图绘图比例等。

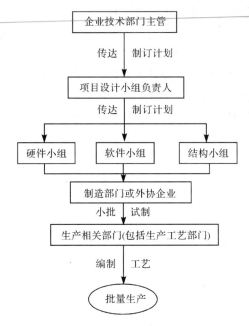

图 2-3　A 公司产品的研发及生产流程图

2. 帮助提高设计部件可靠性和易制造性方面的需求

（1）提供常见的工程材料的详细信息，包括使用案例，并且使用查找方便，相当于电子使用手册；

（2）提供常见的工艺信息，并且使用查找方便，相当于电子使用手册；

（3）提供常见的模具制造信息，并且使用查找方便，相当于电子使用手册；

（4）提供常见的部件、机构设计案例，并且使用查找方便，相当于电子设计手册；

（5）提供供应商、配套厂家信息一览表，供查询使用；

（6）零部件添加步骤简单、方便、通用；

（7）除了方便的零部件查找导航功能外，还提供可以通过名称或关键词搜索的功能。

附加说明一下，所有功能均需要在企业内部网中实现，因为所调查的企业禁止设计人员在工作时间上 Internet，并且目前国内绝大多数制造企业都如此。随着时间的推进，以后也许会达到允许所有设计人员自由上网的管理水平，所以机械资源库也应支持 Internet 模式。

具体的需求：一是需要建立机械标准件库，如各种规格的螺钉、螺母等符合国家标准的紧固件，需要分为公制标准件库、英制标准件库等；二是需要建立通用零部件库,主要分为关键零部件(如机芯)以及非关键零部件等;三是需要建立产品系列库,包括此产品各主要的功能组件。入库部件的属性需要包括二维 CAD 图、三维 CAD 图、尺寸规格、主要性能、生产厂家、价格、寿命等属性,还需要预留几个功能属性可以使设计人员个别添加。调用库中内容需要设置查用权限。其中,三维 CAD 图库应该可以被 Pro/E 或 UG 等不同三维设计软件调用。

平台主要功能包括:

协同。在平台中实现产品的协同设计功能,包括 A 公司上下游企业也能够用本平台使用公司的各种 CAD 软件进行协同设计。

检索。平台能够使企业集团以及相关的上下游企业设计人员快速查找到自己所需要的零部件二维、三维图形以及其他信息,以便供设计使用。

下载。A 公司以及相关的上下游企业设计人员可以从平台中将各种零部件和元器件资源下载到本地的 CAD 软件中使用。

浏览。企业集团以及相关的上下游企业设计人员可以对平台里的各种资源进行概括性了解。

上传。可以将已经审定的产品信息上传到平台中保存,以便以后使用。

相似件搜索。在平台中查找与目前零部件相似或相关的零部件,以便供设计使用。

权限。对不同部门、不同人员设置不同的权限,满足保密性的需求。权限管理服从总平台的管理。

计费。平台对使用者按照规则进行费用计算。

总之,搭建一个系统平台,它应具备开放式的机械零部件库,并且零部件入库需要一定的审核机制。

2.2.2　机械资源库总体框架的设计

1. 机械资源库总体模式设计

实现目标:构建面向网络化协同设计的机械资源库管理系统;建立维护方便,能实现典型应用的机械资源库;实现资源库查询、检索、上载、下载等应用服务。

根据 2.2.1 节中对机械资源库的各种需求的整体分析,机械资源库总体框架设计如下。

1) 管理结构

登录资源库的方式分为注册用户和过客浏览两种,注册用户采用会员制,分为普通会员、核心会员和系统管理员三种。

2）具体资源结构

资源库下分为并列的提供各种资源的子库,可以根据需求变化而增减,初步定为以下 8 个子库:

（1）标准件库。标准件库包括国际标准化组织（international organization for standards,ISO）及中国国家标准的典型紧固件、传动连接件、气动元器件等,根据企业需求提供部分英制标准件和部分非标准件。所含有的零部件的信息包括 AutoCAD 二维平面图、Pro/E 或 UG 三维立体图,同时提供标准件的一些文本属性,如价格、生产厂家、质量等,同时用户还可以根据需要添加所需的文本属性。用户可以申请添加或修改零部件的图形信息,用户提交后由管理人员审核后添加入库。

（2）通用件库。根据企业需求提供企业内部通用零部件资料。零部件信息的内容和修改过程与标准件库相同。

（3）相似母件库。根据企业需求特别制作。提供企业产品部件参数化设计模板,可以加快新品设计速度,还有利于将新、老部件对照分析设计,提高新品性能。零部件信息的内容和修改过程与标准件库相同。

（4）工程材料库。提供常见的工程材料的属性、特点、价格、提供商等信息。同时用户还可以根据需要添加所需的文本属性。用户可以申请添加或修改材料信息,用户提交后由管理人员审核后添加入库。

（5）工艺信息库。提供常见的工艺信息资料,以便设计人员参考或查询。用户还可以根据需要添加所需的属性。用户可以申请添加或修改工艺信息,用户提交后由管理人员审核后添加入库。

（6）模具资源库。提供常见的模具相关信息和知识,提供给产品设计人员参考查询,同时提供部分模具配件的图纸,零部件图纸内容和修改过程与标准件库相同。

（7）制造设备资源库。提供常见加工设备的供求信息和性能特点信息,同时提供设备的一些其他属性,如价格、生产厂家、质量等,同时用户还可以根据需要添加所需的属性。用户可以申请添加或修改设备信息,用户提交后由管理人员审核后添加入库。

（8）企业信息库。提供各种生产厂家信息,包括企业门户网站链接等服务。同时用户还可以根据需要添加所需的文本属性。用户可以申请添加或修改企业信息,用户提交后由管理人员审核后添加入库。

图 2-4 是机械资源库具体资源使用及其权限图。

3）辅助信息结构

主要是增值服务,主要有会员下载使用资源收费、联机广告收费,还有用户留言服务和相关网站链接服务。

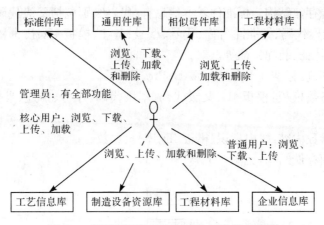

图 2-4　机械资源库具体资源使用及其权限图

所需基本应用技术包括：Web 技术、数据库技术、全文检索技术、导航技术、中间件技术。技术难点：检索技术、图形资源参数化调用等。

2. 机械资源库系统结构设计

机械资源库系统主要由客户端部分和服务器端部分构成。①客户端部分包括：网站界面、结构、内容、链接、查询等，面向网络用户部分。②服务器端部分包括：对网站内部结构、网页进行管理等。

系统主要功能有：①信息组织和查询。按照所设计的网站结构和内容，组织合理的信息显示机制。在网站中实现多种检索功能提供给用户选择使用。②信息交互。在网站中用留言簿和电子邮件地址连接的方式实现用户和网站管理员、用户和用户之间的交互。③类目维护。实现类目之间关系和各自属性的维护。④网页维护。实现网页与类目之间的关系和网页属性及内容的维护。⑤其他维护。包括其他资料的维护和特定信息的统计。

2.2.3　机械资源库各功能模块的分析与实现

1. 数据结构设计

数据结构设计是整个系统的基础，关系到系统用户端和服务端的功能设计、实现与操作是否方便高效，因此设计中必须考虑来自用户端和服务端两方面的需求。本系统主要处理的对象为类目和资源库再现。

（1）类目存储结构。网站以类目为纲，在类目下可以有若干子类目，类目之间按等级进行排列。类目之间的非线性关系构成多叉树森林，在最高层类目上增加一根节点，构成完整的多叉树。

（2）资源存储结构。标准件基本信息有：代码级别包括父级代码、本级代码、标准件 ID、国标代码、标准件名称、代号、型号、备注、模板 ID（技术特征）、工艺特征、形状结构特征、装配特征等。

标准件图例：标准件 ID、AutoCAD、Pro/E、UG。

标准件参数模板：模板 ID、父级代码、本级代码、序号、描述、参数类型、转换函数。

标准件参数内容：机内标识、模板 ID、序号、参数。

（3）页面存储结构，见图 2-5。

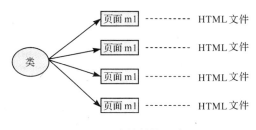

图 2-5　页面存储结构示意图

2. 机械资源库用户端设计

系统用户端是 Internet 用户，直接使用系统所提供的业务服务。用户端部分以网站形式出现，主要由多个目录及一些实现不同界面和功能的 HTML 与 JSP 以及 Servlet 文件组成。这部分系统驻留在服务器上，在用户端发出浏览请求时，服务器才向用户端传送文件，建立映象。下面对类目及资源检索模块进行说明：

（1）检索参数的提取与检核。用户输入检索条件提交后，触发此功能。用于检查提问框中提取的参数是否有意义。

（2）检索式分析。分解检索参数，分词、语义分析、同义词添加，组成完整的检索式。

（3）生成数据库查询。根据检索类别、检索的具体需求，决定需用的数据表、数据项及 Where 条件，组成 SQL 语句。

（4）类目检索。得到类目完整的路径。

（5）资源检索。对数据库进行检索，得到数据集合，形成网页。

3. 系统目录结构

在 Web Application 下目录结构的划分：

　　　　/Web-Info　　　　　　　配置文件和类文件

/app/tsinghua	清华部分的页面
/app/machine	机械资源库部分页面
/public	平台公共部分页面
/css	公共部分样式单
/images	公共部分图片文件

Java 包的命名规范：

spec. codesign. mrdb　　　　机械资源库的程序代码

数据源配置：子系统中数据库连接的配置应该集中在一处，便于调整。

4. 资源库内容

资源库内容包括标准件库、通用件库、工程材料库、工艺信息库，模具资源库等，可以根据用户需要进行增减。如果有新资源添加进入资源库，在机械资源库中将会自动显示。

1）类目导航

点击类目导航最底层类目，进入链接页面。以机械资源库的标准件库为例，展示相关操作如图 2-6 所示。这里显示地去除了横幅标题区（banner）和版权信息两块。

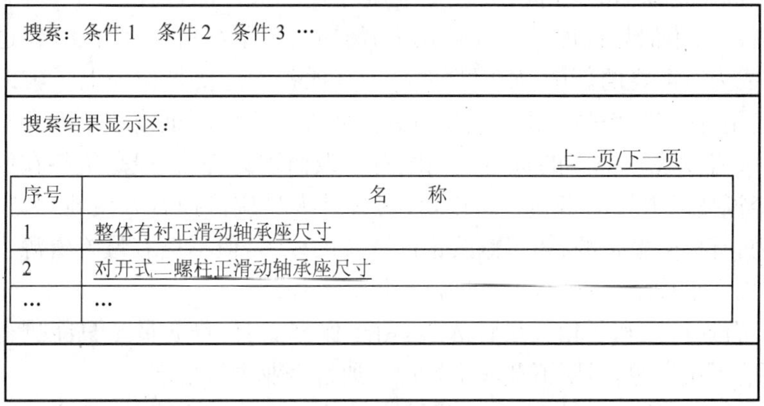

搜索：条件 1　条件 2　条件 3 …

搜索结果显示区：

上一页/下一页

序号	名　　称
1	整体有衬正滑动轴承座尺寸
2	对开式二螺柱正滑动轴承座尺寸
…	…

图 2-6　底层类目链接页面示意图

2）资源库说明

在左边导航显示系统中定义的所有标准件，系统在以后若有新的标准件，这里将会自动加入。主显示区默认显示的是一个搜索，该搜索范围限于所有标准件，具体搜索方式和条件可结合用户使用习惯和相关参数来确定，争取最大限度的让用户满意，搜索结果科学、精确。

2.2.4　机械资源库管理权限问题研究

经过对市场需求调查结果分析,笔者认为机械资源库存在的使用模式可以分为三种:①企业内部使用模式。机械资源库局限于企业集团内部使用,使用范围局限在企业局域网内;②企业集团使用模式。主要使用者集中在企业内部局域网内,个别特许使用者为公司的上下游合作企业员工;③Internet 使用模式。主要使用者为 Internet 用户,为自由设计者。相应于此库的三种使用模式,机械资源库管理权限问题研究也分别在这三种模式内进行。

1.　企业内部使用模式中机械资源库管理权限问题的研究

以目前中国制造企业的发展现状看,在一个企业内部中使用机械资源库是当前阶段的主要可行应用模式。在这种模式下,对机械资源库进行有效的管理,也是一个企业内部的管理问题,管理是否高效,会直接影响到应用企业的经济效益。

在这种模式下,资源库里存放的都是企业内部的技术资料,只能在企业内部一定范围内开放和共享,保密性、安全性非常重要。下面分析资源库的具体使用者及其使用方式和过程。

(1) 机械资源库的直接使用者是企业中的相关产品设计人员。对于标准件库、通用件库、相似母件库的主要使用方式是查找、下载所需部件图,经过一定的修改后,成为所需要的新图,使用频率高。其他各库主要是作为电子辅助设计参考手册使用,使用频率高。次要使用方式是将设计好的图纸或重要的资料放进资源库里,或者发现资源库的资料或图纸有错误而进行修改,但是资料在放入资源库前要经过技术主管的审核。所以,普通设计人员应该拥有方便地浏览、下载资源的权力,有提交新资源、提议修改错误资源的权力,但不拥有最终资源入库的权力,而是提交给技术主管后,由其进行审核后再加载。

(2) 普通员工和非相关设计人员,由于保密需要,普通员工只能进行浏览查看,而不能下载资源,需要下载库中资源要通过企业主管批准。

(3) 技术主管,除了拥有相关设计人员的全部使用方式外,还应负责入库资源的审查、库中资源的维护。

对应于以上三种不同的使用者,机械资源库可以采取三级会员管理方式,会员分为普通会员、核心会员和管理员。普通会员拥有浏览、查看资源的权力,核心会员拥有浏览、查看、下载的权力,提交资源应使用电子邮件等方式直接发给管理员,不能直接入库。管理员则拥有浏览、查看、下载、上传、删除的全部权力。

2. 企业集团使用模式中机械资源库管理权限问题的研究

在这种模式下,主要使用者集中在企业内部局域网内,个别特许使用者为公司的上下游合作企业员工。这种使用机械资源库的模式在当前有一定市场,并且有比较乐观的发展前景。对比企业内部使用模式,仅仅是多出了上下游企业的使用者,这部分使用者的使用期限往往随着相关合作内容的变化而变化,一般由企业主管临时决定,一般只拥有浏览、查看的权力,或个别子库内容的下载权。管理模式可以采取与企业内部模式相同的管理方式,需要时时添加到相应权限用户列表内。更保险的是增设临时用户,设置临时权限,这样比较符合使用习惯。

3. Internet 使用模式中机械资源库管理权限问题的研究

在这种模式下,机械资源库以门户网站形式出现,主要使用者为 Internet 用户,以自由设计者居多,机械资源库管理者为 ASP 服务运营商,或网站所有者。为了吸引更多用户使用,可以采取会员制,分普通会员、核心会员和管理员,普通会员为免费用户,只能浏览、查看资源,或下载特定免费资源,核心会员可以下载所有资源,所有会员都可以提交资源,但需要管理员审核,只有管理员才可以删除资源。管理员应采取一定的奖励机制,鼓励会员提交新资源。

2.2.5　机械资源库运行计费模式研究

对市场需求进行分析后,笔者认为对于不同的机械资源库使用模式应该采用不同的计费模式,因此对机械资源库运行计费模式的研究也分为三种情况进行。包括:①企业内部使用模式中机械资源库计费模式研究;②企业集团使用模式中机械资源库计费模式研究;③Internet 使用模式中机械资源库计费模式研究。

1. 企业内部使用模式中机械资源库计费模式研究

在此模式下,由于所有使用者为同一个企业内部员工,所以只能由企业统一付费才能现实可行。可行的收费模式有以下两种:

(1) 机械资源库做成软件形式,一次性出售给企业,企业安装后在内部免费运行。采用这种方式,交易成本最小,企业一次性付费,终身使用,供求双方可以免去很多非生产性时间精力的支出,在时间就是金钱的当今社会,意义尤其明显。具体使用者只管使用,不必考虑付费等问题,有利于将精力花在设计工作本身上。企业所有者能明确地知道自己要为使用机械资源库付出多少钱的代价,清楚花多少钱买到多少好处,利害关系非常明确,这是人们最乐于接受的形式。

(2) 机械资源库做成软件形式以分期付款租赁方式提供给企业使用,可以提供 3 个月左右的免费试用期,以后以年计算进行分期付款租赁,租赁 3 年后送给企业免费使用,不再收费,以后可以向企业提供升级版本收取一定费用。企业安装后在内部免费运行。采用这种方式,可以降低企业的投资风险,使企业拥有一定的试用期判断是否值得花钱使用机械资源库,可以使一部分观望的企业加入购买行列。企业所有者能亲自体会到花多少钱能买到多少好处,利害关系明确,这是人们乐于接受的形式。交易成本较小。

2. 企业集团使用模式中机械资源库计费模式研究

在此模式下,由于大多数使用者为同一个企业内部员工,只有个别临时使用者为上下游企业员工,并且临时用户的使用权由主要使用企业决定,所以只能由集体内主要使用企业统一付费,或企业集团统一付费才能现实可行。可行的收费模式应该与企业内部使用模式相同。

3. Internet 使用模式中机械资源库计费模式研究

在此模式下,机械资源库以门户网站形式出现,主要使用者为 Internet 用户,以自由设计者居多,机械资源库管理者为 ASP 服务运营商,或网站所有者。因此采用通用的专业门户网站收费形式比较符合实际。

根据“863”专业化平台的总体设计,平台各种服务的计费部分由总平台计费模块统一管理完成,各子模块通过接口向计费模块提供计费所需的源数据。

在机械资源库的此种使用模式中,采取会员制,分普通会员、核心会员和管理员。普通会员为免费用户,只能浏览、查看资源,核心会员可以下载所有资源,所有会员都可以提交资源,提交的资源被采用后,应奖励一定数量的免费资源下载量。由于机械资源库所提供资源的属性,决定了浏览查看不宜收取费用,只有下载相应二维或三维图形才收取费用。可行的计费模式分为以下两种:

(1) 包月制,类似于手机话费的包月制,用户可以选择包月制的等级,等级分为三等,每等包括下载量和月租费两个参数,管理员可以根据要求修改下载量和月租费两个参数的大小。

(2) 计量收费,包括下载量和收费标准两个参数,管理员可以根据要求修改下载量和收费标准两个参数的大小。

每个月用户的缴费量计算如下:

(1) 包月制用户。

若:下载量-奖励下载量≤选定等级量,

缴费量=0;

若:下载量-奖励下载量>选定等级量,

缴费量=(下载量-奖励下载量-选定等级量)×收费标准。

（2）非包月制用户。

缴费量＝（下载量－奖励下载量）×收费标准。

其中,奖励下载量＝加载量×奖励系数。

计费所需的源数据包括以下几个方面。

用户名称:用户使用本平台的用户代号。

开始时间:该数据为时间段的开始时间,若不考虑时间段,该数据为用户进入本平台的时间。

下载量:用户下载的数据量。

加载量:用户加载的数据量。

奖励系数:用户加载资源的奖励系数。

服务类型:包月制用户,非包月制用户。

包月制等级量:用户选定的等级量。

收费标准。每月通过接口向计费模块提供上述计费所需的源数据。

第3章　基于网络的零部件参数化设计技术

随着信息技术和网络技术的飞速发展,网络化制造作为一种现代制造新模式,正日益成为制造业研究和实践的热门领域。制造全球化、敏捷化、网络化和虚拟化是现代制造业发展的趋势,而制造全球化、敏捷化和虚拟化均离不开制造网络化的支撑环境,可以说制造网络化是现代制造业发展的主要趋势,网络化制造将给现代制造业带来一场深刻的变革。网络化制造是企业应对知识经济和制造全球化挑战,实施的以快速响应市场需求和提高企业(企业群体)竞争力为主要目标的一种先进制造模式。

基于这一背景,本章分析网络化制造的内涵、带来的企业经营理念和运作方式的变化和现有 CAD 技术的不足之处,针对机械行业提出一种新的产品设计思路,即面向网络化制造的零部件参数化设计,并研究面向网络化制造的零部件参数化设计相关领域的研究现状;在探讨 CAD 系统发展方向的基础上,指出了面向网络化制造的参数化设计系统应具备的功能特征,对系统的结构模式、Web 数据库系统结构、系统的工作逻辑和系统的整体体系结构进行详细设计,并通过对 Web 环境下的数据库互联技术的深入探讨,提出采用 Java 到本地数据库协议的数据库连接方式;对参数化造型系统、参数化设计方法进行研究,提出采用变量几何法与程序化参数化方法相结合的方法实现参数化造型;探讨基于二次开发的 CAD 系统下建立特定产品的零部件库的方法和原理,对面向网络化制造的零部件参数化设计的关键技术进行深入探讨,包括产品数据的 Web 使能技术、网络环境下产品模型的可视化技术和装配信息模型的建立技术;最后分析减速器参数化设计应用的必要性,选择和运用相应的开发工具和开发技术,采用模型组图控制器(model view controller,MVC)设计模式开发了面向网络化制造的减速器参数化设计系统,并给出系统运行过程各模块的运行界面。

3.1　零部件参数化设计系统体系结构

3.1.1　面向网络化制造的参数化设计系统的特征

目前,随着信息技术和网络技术的发展,为满足市场竞争需求,传统的 CAD 系统正朝着集成化、网络化和可视化的方向发展。

1. 集成化

传统的集成指的是基于信息的集成,它是以统一产品数据模型及工程数据库为基础,在 CAD 系统与其他系统之间或 CAD 系统内部实现信息传递、响应、分析及反馈,从而达到系统各模块之间的无缝集成。其核心问题是实施标准及建立基于特征的统一的产品数据模型和工程数据库。随着大型 CAD 商用软件如 UG、Pro/E、SolidWorks 等的发展,使其不但具备强大的三维造型功能,还具有良好的分析与仿真功能,为后续计算机辅助工艺过程设计(computer aided process planning,CAPP)/CAM/CAD 的集成提供了可能。此外,许多高级编程语言,如 VC++、VB 等都具有与数字化设备相连接的接口。这些优势技术的发展促进了 CAD 技术向着集成化的方向发展。目前,随着对集成内涵认识的不断深入,认为集成是以信息集成为基础的多集成,实现多集成的目的,是在 TQCSE(T-Time,Q-Quality,C-Cost,S-Service,E-Environment)目标下,寻求全局最佳决策,实现可持续发展战略。

2. 网络化

Internet/Intranet 技术的发展为分布式并行协同设计提供了软件、硬件环境,使实施并行产品设计和基于 Internet 的异地设计成为可能,为实现异地制造奠定了基础。利用网络化技术可以针对某一特定产品,将分散在不同物理地点的现有智力资源和设备资源进行迅速组合,使设计资源发挥最大的潜力。

3. 可视化

利用科学计算可视化技术、虚拟现实技术,主要包含两部分的内容:科学计算数据的数字及图形动态显示以实现设计信息和模型的可视化。

这里要强调的是,网络化是实现异地不同 CAD 系统之间信息、资源、技术传输、集成以及交互和共享机制的关键方法。面向网络化制造的参数化设计系统应具有以下特征:

(1) 面向网络化制造的参数化设计系统具备同构性或异构性和地理位置上的分布性,它延伸了传统 CAD 系统的概念和内涵,各分系统之间由同构或异构自治的 CAD 软件构成,并且在地理位置上具有分散性。

(2) 面向网络化制造的参数化设计系统是构筑在 Internet/Intranet 之上,并采用典型的 TCP/IP 等通信协议实现相互通信和信息资源的传输和集成。

(3) 面向网络化制造的参数化设计系统的工作模式是采用异步协同的方式进行。具有一定权限的设计人员登录系统后可以进行在线的参数计算、设计与存储。

3.1.2 系统结构模式

近年来,随着网络技术和 Web 技术的不断发展,Java 技术以及通信技术的飞速发展,导致很多应用系统的应用体系结构从 C/S 结构向更加灵活的 B/S 多级分布结构演变,使得软件系统的网络体系结构发生了根本的改变。本系统以 Web 为中心,使用 TCP/IP 和 HTTP 传输协议,客户通过浏览器向服务器发送服务请求及与数据库连接,为了避免基于传统 C/S 结构模式的应用系统的特定客户应用程序只能针对特定的服务器程序的灵活性和柔性差的特点,采用 B/S 结构。

基于 B/S 结构的应用系统中,客户无需安装客户端专用服务程序,只需安装、配置相应的针对浏览器的插件,如为了支持三维图形的网络显示需安装虚拟现实建模语言(virtual reality modeling language,VRML)的浏览器插件,相关的执行代码可从服务器端下载到本地运行,服务器将承担大量的计算及其他服务性工作,如数据库的操作,采用该结构可大大简化客户机的工作。B/S 结构采用基于浏览器/服务器/数据库(browser/server/database)三层结构的 B/S 逻辑构架如图 3-1 所示。

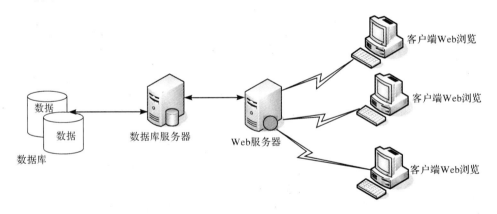

图 3-1　三层结构的 B/S 逻辑构架

客户机层有 Web 浏览器和客户机构成。本层中包含系统的显示逻辑,其任务是由客户通过 Web 浏览器向位于网络上的某一 Web 服务器发送服务请求,Web 服务器响应客户机请求,在对客户的身份进行验证后利用 Web 网页将服务结果回传给客户端,客户机接收回传来的 Web 页文件,并将其显示到 Web 浏览器上。

服务器层通常是具有扩展功能的 Web 服务器,包含系统的处理逻辑。其操作流程是:当接收到客户通过 Web 浏览器发送来的服务请求时,其首先执行相应的扩展服务应用程序进行求解,如果服务请求牵涉对数据库的操作,则首先执行对数据库的连接操作;在连接操作完成后,通过 SQL 等方式向数据库服务器提出服务请求;数据库服务器在接收到服务请求后,进行相应的权限验证,对相关数据库进行如查询、增删、修改等操作,并将操作结果回传给 Web 服务器,再由 Web 服务器传送给客户端。

数据库层由数据库服务器构成,用于对数据库处理逻辑的操作。其任务为:在接收到服务器端的服务请求后,对相应数据库执行查询、修改、更新等操作,并将操作结果返还给 Web 服务器端。

3.1.3　基于 Web 的数据库系统

1. 面向网络化制造的参数化设计的信息管理和集成的需求

如前所述,面向网络化制造的参数化设计系统是对传统 CAD 系统的拓展和外延,是传统 CAD 技术与网络技术的相互融合。面向网络化制造的参数化设计系统的核心在于集成,即信息和资源的集成,由于各分系统异构性和自治性以及地理位置上的分散性,对其信息管理和集成提出新的需求和挑战,其主要表现在以下几个方面:

(1) 位置透明性,即用户在使用面向网络化制造的参数化设计系统时,在不必知道数据信息的物理存储地的情况下,就可实现分布式异地数据的访问和操作。

(2) 异种数据的透明性,即用户在使用面向网络化制造的参数化设计系统时,可方便快捷地实现对各分系统产生的不同格式的数据信息的透明访问。

(3) 数据的一致性和完整性,其可通过数据库本身的分布式事务管理机制来实现。

针对上述三个目标,系统采用基于 Web 数据库系统即可方便快捷地实现。

2. 系统的数据库工作逻辑和体系结构

为适应基于 Web 的数据和信息的存储要求,本系统的 Web 数据库系统应具备如图 3-2 所示的体系结构。

一个典型的 Web 数据库系统主要由 Web 浏览器、Web 服务器和数据库服务器三部分组成,它们的功能分别阐述如下:

(1) Web 浏览器。Web 浏览器作为客户端 Web 界面,用户通过其向 Web 服务器提出服务请求,Web 服务器对服务请求做出相应的解释并求解,并以 HTTP 的形式返回给客户,客户机接受回传过来的主页文件,并通过浏览器将其以网页的形式显示出来。

(2) Web 服务器。Web 服务器用于执行相关事务处理逻辑。它的任务是接

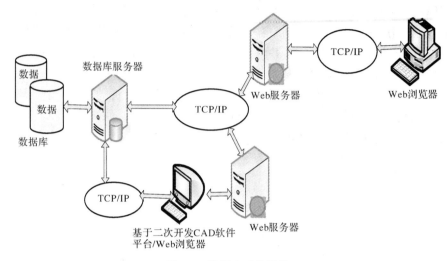

图 3-2　数据库系统结构

受用户请求,执行相关的扩展应用程序与数据库服务器相连接,通过数据库查询语言 SQL 等方式向相应的数据库服务器提出数据处理服务申请,数据库服务器解释服务申请并执行相应的数据处理操作,当操作完成后,将处理结果返回给 Web 服务器。Web 服务器接收数据,处理结果并返回给 Web 浏览器。

（3）数据库服务器。数据库服务器用于执行相关数据处理逻辑。其主要任务是接收 Web 服务器对其发出的对数据库操作的请求,执行对数据库的查询、修改、增删、更新等具体操作,并将操作结果返回给 Web 服务器。

本系统为了能够实现异地参数化设计,在典型数据库系统的基础上通过 TCP/IP 协议实现基于二次开发的 CAD 软件平台端的用户与系统数据库服务器交互,如图 3-2 所示。CAD 端用户首先通过 TCP/IP 协议与特定的数据库连接,连接完成后可通过二次开发模块中的相应菜单和对话框输入和更改参数,对数据库中的数据进行更新、修改等操作。

3. Web 环境下的数据库互联技术

目前,用于 Web 环境下的数据库互联技术主要包括 CGI 技术、SAPI 技术、快速应用开发（rapid application development,RAD）技术、JDBC 技术等。

1）CGI 技术

CGI 是用来扩充 Web 服务器功能的一种开放式协议和规范。早期的 Web 只能提供静态 HTML 文档,缺乏与后端数据库信息的动态交互能力。而 CGI 技术的引入为该问题的解决提供一种有效的途径。其运作机理是:客户通过浏览器利用 HTTP 协议实现与 Web 服务器的通信,而 Web 服务器则以 CGI 规则实现对

CGI 程序的调用，CGI 应用程序再以某种服务器实现对其他信息服务器的访问，并将访问结果通过 CGI 返回给 Web 服务器，通过 Web 服务器再返回给客户浏览器。

基于 CGI 接口的应用比较简单、灵活，开发工具较为丰富（如 Prel），功能范围广，技术较为成熟。但是，使用 CGI 编程是针对具体的复杂应用（如具体的数据库管理系统），平台的无关性差，连接效率和运行效率较差，特别是针对功能强大的网络应用，更显得力不从心。

2）SAPI 技术

服务器应用编程接口（server application programming interface，SAPI）技术是针对 CGI 运行效率低下、编程困难等问题，由 Web 服务器厂商开发的各自的 SAPI。目前，影响较大的主要有：微软公司的 IDC 脚本文件（IDC）、Netscape 的 Live Wire/Live Wire Pro，以及后来取代 IDC 的 ASP/ADO 技术。

使用 SAPI 编写的程序具有运行效率高、功能强大的特点。但是由于不同的 SAPI 是由不同的厂商开发，因此它们之间缺乏互通性和跨平台性，从而限制了应用范围。

3）RAD 技术

RAD 作为一种快速软件开发技术，早在 Web 数据库出现之前就已经产生。传统的 RAD 工具包括：PowerBuilder、Delphi、Uniface、Oracle/Development2000 等，他们在数据库开发和管理方面提供了强有力的工具。目前，随着 Web 数据库应用需求的不断升温，基于 Web 数据库的 RAD 工具不断涌现并获得了显著的发展，典型的有 IntraBuilder、集成 Internet Development Kit 的 PowerBuilder 等。

RAD 工具的主要特点是具有图形开发界面和可视化计算技术的支持。用户通过具体的图形界面和鼠标点击以及键盘操作，即可方便快捷地开发出相应的程序代码。RAD 工具虽然解决了直接使用 SAPI 技术编程带来的缺陷和困难，提高了程序的开发效率，但是其与 SAPI 技术具有同样的缺点，即与特定的 Web 服务器捆绑得太紧，缺乏跨平台性和通用性。

4）JDBC 技术

JDBC 是由 SUN 的 JavaSoft 公司设计的 Java 语言的数据库访问技术。Java 语言具有健壮性、安全性、可移植性、简单性、多态性等特点，是编写数据库应用程序的最佳语言，能够为各种数据库提供无缝连接。Java 的出现，为 Web 数据库的应用扩展提供了新思路。Java 数据库互联 JDBC 技术的内涵就是实现了 Java 数据库互联的一种 API 规范，提供了 Java 语言与数据库连接的接口。JDBC 实际上是 Java 语言执行 SQL 语句的 API，由一系列类和接口组成。通过这些 API，即可实现 Java 程序与数据库系统的连接、执行 SQL 操作并返回操作结果。

JDBC 技术的一个最大的特点就是虚拟关系数据库互操作机制。这就意味着通过使用 JDBC API 来进行数据库访问,可以在不修改应用程序的情况下,改变所有的数据库驱动程序(或称为数据库引擎)。也就是说,在编写应用程序时,可以不了解某个数据库系统的细节,只要按照标准的 JDBC API 规范执行,并安装与所用的数据库相对应的 JDBC 驱动程序即可。目前,JDBC 存在 4 种类型,分别为:JDBC-ODBC 桥、Java 到本地 API、Java 到专有网络协议以及 Java 到本地数据库协议。

(1) JDBC-ODBC 桥是在 ODBC 技术基础上开发出来的,它作为一个 JDBC 驱动程序,通过使用本地库来调用现有的 ODBC 驱动程序,以达到访问数据库引擎的目的。目前,这个桥包含于 JavaSoft 的 JDK 的 sun. jdbc. odbc 包中。由于其运行效率较为低,因此,其应用范围主要包括:快速原型系统验证、第三方数据库系统、提供了 ODBC 驱动程序但未提供 JDBC 驱动程序的数据库以及使用了 ODBC驱动程序的低成本数据库解决方案中。

(2) Java 到本地 API 的工作机理是其驱动程序利用由开发商提供的本地库来直接与数据库进行通信。由于使用了本地库,这类驱动程序具有与 JDBC-ODBC桥一样的限制,如连接效率低、灵活性差等。其最为严重的缺陷在于它不支持与未授权的 Applet 间通信。另外,由于本地库的引入,它必须首先安装和配置在含有本驱动程序的机器上,柔性相对较差。其主要用于代替 JDBC-ODBC 桥,由于其直接与数据库接口,因此比桥的性能略好。

(3) Java 到专用的网络协议的 JDBC 驱动程序具备强大的柔性,主要适用于第三方解决方案中。这种类型的驱动程序是基于纯 Java 语言开发的,通过驱动程序厂商所建立的专有网络协议实现与位于 Web 服务器或数据库服务器上的中间件的通信,并且通过中间件,实现与数据库的通信。

(4) Java 到本地数据库协议的 JDBC 驱动程序是通过相应的数据库本地协议实现与数据库引擎的通信,它也是基于纯 Java 语言开发的。通过本地的通信协议,这种驱动程序具备在 Internet 上装配的能力。与上面所述的三种类型的驱动程序相比,这种类型的驱动程序的优越性表现在其客户和数据库引擎之间不存在任何其他的本地代码或中间件,因此其具备良好的性能。目前,有些数据库如 SQL Sever 向用户提供了特定的数据库驱动程序,使用者只需下载并安装这些数据库驱动程序到本地机并配置相应的环境变量就可以完成数据库的连接。本系统所采用的就是 Java 到本地数据库协议的数据库连接方式。

3.1.4　面向网络化制造的参数化设计系统的工作逻辑

面向网络化制造的参数化设计系统是基于 Internet/Intranet 的跨企业、跨地域的协同式的 CAD 系统,其工作逻辑与传统的 CAD 系统有很大的差异。与传统的 CAD 系统的工作逻辑相比较,面向网络化制造的参数化设计系统有以下特点：

（1）传统的 CAD 系统是基于单机的 CAD 系统，而面向网络化制造的参数化设计系统是采用协同式的工作模式进行工作的。图 3-3 为采用 B/S 模式的参数化设计系统的工作逻辑。

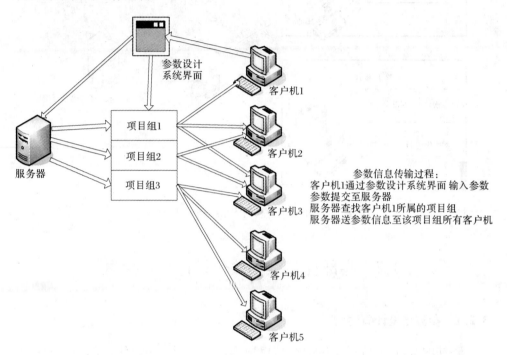

图 3-3　采用 B/S 结构模式的参数化设计系统的工作逻辑

从图 3-3 中可以看出，其工作逻辑是：首先，客户机 1 通过参数化设计界面将所需的零部件参数信息输入并提交至服务器；其次，服务器通过与 Web 数据库连接，查找客户机所属的项目组；最后，服务器在查找出相应的项目组后，将参数信息与项目组中的所有其他客户机上的对应参数同步，以实现协同式的 CAD 过程。

（2）传统的 CAD 系统是基于单机或通过二次开发后面向局域网内的孤岛式系统，而面向网络化制造参数化设计系统是基于网络计算模式的新型 CAD 系统。

3.1.5　面向网络化制造的参数化设计系统的体系结构

基于上述对参数化设计系统的工作逻辑的描述，整个 B/S 机制的参数化设计系统建立在 Internet/Intranet 网络基础上，规划出其体系结构如图 3-4 所示。

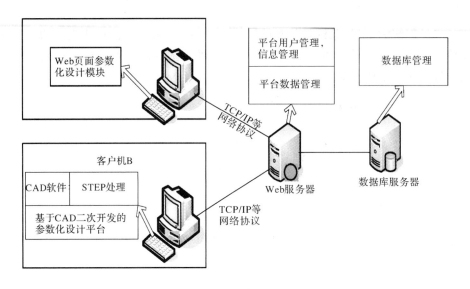

图 3-4　系统体系结构

3.2　零部件三维参数化设计技术探讨

3.2.1　参数化设计概述

最初的 CAD 系统所构造的产品模型都是几何图素(点、线、圆等)的简单堆叠,仅仅描述了设计产品的可视形状,不包含设计者的设计思想,因而难以对模型进行改动,生成新的产品实例。参数化的设计方法正是解决这一问题的有效途径。

参数化设计是指参数化模型的尺寸用对应的关系表示,而不需要用确定的数值,变化一个参数数值将自动改变所有与它相关的尺寸。也就是说,采用参数化模型,通过调整参数来修改和控制几何形状,自动实现产品的精确造型。参数化设计方法与传统方法相比,其最大的不同在于它存储了设计的整个过程,能设计出一族而不是单一的产品模型。它将图形尺寸与一定的设计条件(或约束条件)相关联,即将图形尺寸看成是"设计条件"的函数,当设计条件发生变化时,图形尺寸便会作相应的变化。参数化设计极大地改善了图形的修改手段,提高了设计的柔性,在概念设计、动态设计、实体造型、装配、公差分析与综合、机构仿真、优化设计等领域发挥着越来越大的作用,体现出很高的应用价值,能否实现参数化目前已成为评价 CAD 系统优劣的重要指标。

参数化设计的关键是几何约束的提取和表达、几何约束的求解以及参数化几何模型的构造。目前流行的 CAD 技术基础理论主要是以 Pro/E 为代表的参数化造型理论和以 I-DEAS 为代表的变量化造型理论两大流派。他们都属于基于约束的实体造型技术。因此,参数化造型系统可分为尺寸驱动系统和变量设计系统两类。

1. 尺寸驱动系统

尺寸驱动系统现在一般称为参数化造型系统。它不考虑工程约束,只考虑几何约束(尺寸及拓扑)。采用预定义的办法建立图形的几何约束集,指定一组尺寸作为参数与几何约束集相联系,因此改变尺寸值就能改变图形。尺寸驱动的几何模型由几何元素、尺寸约束和拓扑约束三部分组成。当修改某一尺寸时,系统自动检索该尺寸在尺寸链中的位置,找到它的起始几何元素和终止几何元素,使它们按新尺寸值进行调整,得到新模型;接着检查所有几何元素是否满足约束,如不满足,则让拓扑约束不变,按尺寸约束递归修改几何模型,直到满足全部约束条件为止。

尺寸驱动一般不能改变图形的拓扑结构,因此想对一个初始设计作方案上的重大改变是做不到的,但对系统化标准化零件设计以及对原有设计作继承性修改则十分方便。目前,所谓的参数化设计系统实际上大多是尺寸驱动系统。

2. 变量设计系统

变量设计是一种基于约束的设计方法,用约束确定和描述某一零件的几何形状及元素之间的拓扑关系。该方法使用一系列与几何和尺寸参数相关的约束函数来描述图形的特征。几何参数用几何图形的特征点来描述,约束函数用一系列误差函数来表达,当特征点满足约束方程时,误差函数收敛于零。这类系统考虑了所有的约束,即不仅考虑图形变动而且考虑工程应用的有关约束,从而可表示更广泛的工程设计情况。这种系统更适合于设计人员考虑更高级的设计特征,更适合作方案设计。因此,变量设计是一种约束驱动的系统。

变量设计的原理如图 3-5 所示。图中几何元素指构成物体的直线、圆等几何图素;几何约束包括尺寸约束及拓扑约束;尺寸值指每次赋给的一组具体值;工程约束表达设计对象的原理、性能等;约束管理用来确定约束状态,识别约束不足或过约束等问题;约束网络分解可将约束划分为较小方程组,通过联立求解得到每个几何元素特定点(如直线上的两端点)的坐标,从而得到一个具体的几何模型。除了采用代数联立方程求解外,还有采用推理方法的逐步求解等多种方法。

虽然变量设计系统从理论上讲比尺寸驱动系统或造型系统更灵活,更适合于概念设计,但目前还很少使用。原因是求解方程组很困难,使系统不易实现,有待进一步研究。

参数化设计和变量化设计由于约束系统的求解方式而有所区别:在参数化方

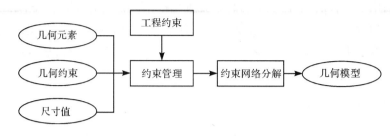

图 3-5　变量设计原理图

法中实现一个严格的逐个连续求解法;而在变量方法中方程式是联立求解的。所以,在参数化设计时需要一个连续序列的边界条件输入;而变量设计时边界条件可以任意的序列输入。

　　现参数化和变量化设计的前提是要有一个系统,它可以通过改变尺寸或其他的条件达到改变图形的目的。当前基于约束的设计方法研究趋于将两者有机地结合起来,相互借鉴,优势互补,以发挥更大的效益。一般来说,无特殊说明,我们把基于约束的设计方法简称为参数化设计。参数化设计的过程如下:

　　(1) 绘制设计草图,一般采用一个二维绘图模型或三维的 CGS 模型。

　　(2) 定义设计元素之间的几何关系,为此不仅包括像直线和面的正交性和平行度,也包括尺寸数据和尺寸间的功能关系,系统在这里自动地把几何约束转化成数学等式。

　　(3) 一般在定义约束时系统都要对方程系统求解,这种运算的结果应当导致几何图形的改变。

　　(4) 设计的不同变量可以通过改变约束系统的变量生成,在约束系统单值可解的前提下几何图形按照设计意图变化。

3.2.2　参数化设计方法

　　参数化设计方法可分为程序参数化方法、在线交互参数化方法、基于自组织方式的离线参数化方法三大类。

　　1. 程序参数化方法

　　程序参数化方法是最早最常用的一种参数化方法,在标准件、常用件的设计中得到了较好的使用。用户或 CAD 软件二次开发工程师可采用二次开发语言及CAD 软件系统本身提供的一些接口来定义产品的参数化模型,并可以实现参数化模型库的建立、管理和使用。程序参数化是把产品模型的定义、表达和实现基于一体的设计方法,仅能通过修改程序实现模型的修改,产品模型的修改非常困难,所以程序参数化方法仅适合一些结构固定的标准件。该方法对编程人员的语言熟悉和调试能力要求较高,编程者首先要分析产品几何模型的特点并确定其主要参数及各参数间的数学关系,并将这些关系通过计算机编程来表达。使用时执行程序,输入所需的参数,通过程序的执行确定其他相关的尺寸值来确定整个图形。

不同的用户要求系统具有不同的常用模型库或标准件库,用户可以方便地使用该方法自己的参数化标准件库,可以使系统用户化。该方法有以下特点:

(1) 编程方法可以表达产品的实例模型,也能表达产品的参数化模型,具有强大而灵活的参数化能力。参数化变量可以使各种需要的变量,包括尺寸变量、结构变量、坐标变量或其他任意变量。

(2) 可以通过编程建立各种参数化模型库,很多 CAD 软件提供二次开发工具,可以用来建立参数化模型库。在实际工作中,经常要求建立各种各样的参数化零件库,如常用件库、标准件库、常用结构单元等,采用编程的方法可以很方便地建立各种参数化模型库,生成各种逻辑结构的模型库,并提供对模型库的管理方法,如查询、修改、调用等。参数化模型库中同样可以包含有其他非几何信息,以扩大参数化模型库的信息内容与用途。由于参数化模型采用程序创建表示,便于存储、传输和共享。

(3) 支持对设计过程的参数化。通常的参数化模型只是设计对象的参数化模型,而采用程序参数化方法,可以对产品的设计过程建立其参数化模型,进而提供更加用户化的辅助设计过程。

2. 在线交互参数化方法

在线交互参数化方法模型的生成和约束的施加是交互进行的,重要特点是约束随着模型的产生而形成,模型又跟着约束的改变而变化,约束可以在模型的生成过程中由用户指定,也可以隐含在模型中。根据约束求解方式的不同,又可将其分为初等方法、变量几何法、人工智能法、构造过程法。

(1) 初等方法利用预先设定的算法,求解一些特定的几何约束,求解的灵活性比程序参数化方法有所改进,具有一定基于约束的设计思想,但在理论和应用方法上都很不完善。这种方法简单、易于实现。

(2) 变量几何法又称为代数法,是一种面向非线性方程组整体求解的代数方法,它将几何形状看成是一系列特征点,把约束关系转换成以特征点坐标为变量的非线性方程组,通过牛顿-拉弗森(Newton-Raphson)法迭代求解,从而确定出几何细节,生成新的几何模型。近藤(Kondo)、阿拉斯代尔(Alasdair)、罗伯特(Robert)方法均属于变量几何法。

此方法对所有的约束都有统一的模型,应用约束的范围较大,但求解的效率不高,处理过程的几何直观性差,迭代法求解的稳定性也比较差,迭代的初值和步长的选取对求解的结果有很大的影响。

（3）人工智能法就是将人工智能（artificial intelligence, AI）技术引入参数化设计中，进一步提高对模型求解的智能化程度，根据推理方法的不同又可将其分为基于知识的几何推理法、基于自由度分析的约束传播法、基于神经网络的自学习方法等。人工智能法的主要优点是表达简洁直观，可以表达很复杂的约束，但其系统极其庞大，计算量大，约束求解的速度慢。

（4）构造过程法，利用所构造产品模型的实现树、逻辑图表和解决矩阵来处理模型构建问题，其中模型的构造、表示与管理对于求解起关键作用。该方法对于非线性结构等模型求解存在一定问题，而且实现难度大、稳定性较差。

3. 基于自组织方式的离线参数化方法

此外，针对以上程序参数化方法和在线参数化方法的不足，文献提出了一种比在线参数化方法更有普遍意义的基于自组织方式的离线参数化方法。这种方法最重要的特征是参数化过程与图形一开始的生成过程是无关的，原理上适用于任何图形系统生成的图。作图过程与对图的理解是相分离的，本质是通过对图形约束信息的自动组织、识别和理解尺寸对图形的约束关系，从而进行参数化联动。

在实际应用中，当今主流 CAD 软件，如 UG、Pro/E、SolidWorks 等大型 CAD软件采用的都是变量几何技术。这主要有以下两方面的原因：一方面是变量几何技术可以求解所有的几何约束，不存在不能求解的约束模式，并且可以和工程约束一起联立求解，应用极为广泛；另一方面，变量几何技术可以应用于如参数化绘图、参数化特征建模等机械 CAD 的诸多领域。本章所采用在线交互参数化方法中的变量几何法与程序化参数化方法相结合的方法，即在 CAD 软件平台上先通过特征造型创建三维模型并添加主要参数间关系表达式，再通过 CAD 的二次开发技术实现模型的参数化设计。

3.2.3　参数化特征造型技术

在基于 CAD/CAM 集成系统的现代产品设计中，要解决产品在设计、生产、质量控制和组织管理等各个环节的数据交换和共享，需要从产品整个生命周期各阶段的不同需求来描述产品，能够完整、全面地描述产品的信息，进行零件模型重构，使得各应用系统可以直接从该零件模型中抽取所需的信息以建立基于特征的统一而完备的产品信息模型。传统的几何造型技术存在着明显的不足，主要表现在以下几个方面：

（1）零件信息不完整，仅有零件的几何数据，缺少表达工程语义的材料、公差、粗糙度等信息，不能提供支持产品全生命周期的所有信息，数据提取困难，通常要借助人工干预实现。

（2）用点、线、面、体的操作来构成实体，难以在模型中表达特征，不符合设计者进行产品构形时以产品特征为主的习惯,对创造性设计不利。

因此到 20 世纪 80 年代出现了解决上述难题的一种新型的实体造型技术——特征造型技术,这种模型称为特征模型。它能有效解决 CAD/CAM 集成系统的产品表达问题。

由于一般以特征造型技术构成的实体造型系统普遍具有参数化设计的功能,因此它又被称为参数化特征造型系统。

1. 特征的概念及属性

关于特征的定义,一个被认同的概念是特征是具有属性、与设计、制造活动有关,是产品生命周期内各种特征信息的集合,是集成环境中高层语义信息的载体和基本传输单元。从计算机集成制造的角度出发,特征可分为形状特征、精度特征、材料特征、装配特征、技术特征(产品模型在性能分析和加工过程中所需的信息)以及附加特征。形状特征又分为主特征和辅特征,主特征用来表达和构造零件的总体形状结构,辅特征主要用来表达零件的局部形状。

应用面向对象的概念,将具有相同属性的一类对象进行抽象概括,定义为特征类。特征经过属性赋值后得到的特征称为该特征类的实例。特征类之间有超类(父类)与子类的关系,子类集成了超类的属性与方法。特征的属性集中包括三个方面:①参数属性,描述特征形状构成及其他非几何信息的定义属性;②约束属性,描述特征成员本身的约束及特征成员之间的约束关系属性;③关联属性,描述本特征与其他特征之间、形状特征与低层几何元素或其他非几何信息描述之间的相互约束或相互引用关系的属性。

2. 参数化特征造型

基于特征进行零件建模技术主要有三种方法,即交互式特征定义、特征识别和基于特征的设计。

1) 交互式特征定义

利用现有的造型系统建立产品的几何模型,由用户直接通过图形交互工具手工将特征参数、精度、技术要求、材料热处理等信息作为特征的属性添加到特征模型中。这种建模方法自动化程度低,信息处理过程中容易产生人为的错误与后续系统的集成较困难,程序的开发工作量大。

2) 特征识别

特征识别是对对象几何模型进行解释以鉴别相应特征的过程。通过匹配几何特征部分与特征的形式描述来实现,如图 3-6 所示,主要包括以下步骤:通过特征匹配对照样本特征库,查询对象的几何模型数据库,识别并匹配几何/拓扑模式,确定特征参数,如孔直径、槽深和特征定位参数等,然后进行完善特征形状模型的重构,扩展局部特征形成内容完整的信息,将产品对象中识别出的特征组织成产品特征模型。这一方法也可以将简单特征组合起来以获得高级特征。这种方法仅对简单形状有效,它仅仅能识别加工特征,缺乏公差、材料等信息,而且提取产品的特征信息非常困难,需要研究专门的算法。

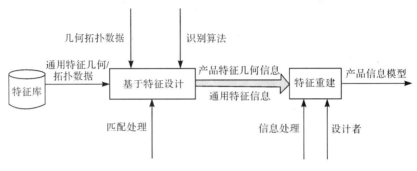

图 3-6　特征识别功能图

3）基于特征的设计

基于特征的设计直接采用特征建立产品模型,将特征库中预定义的特征实例化后,以实例特征为基本单元建立特征模型,从而完成产品的定义。而不是事后去识别特征来定义零件几何体。由于特征库中的特征覆盖了产品生命周期中各应用系统所需要的信息,因此这一方法被广泛采纳。图 3-7 为基于特征设计的功能图,设计者通过利用在传统系统上简化的高层次运算和操作(开槽、倒角和挖孔)来设计产品模型,这样产生得模型是完整的并特征化的产品模型,能直接为其他应用所引用。

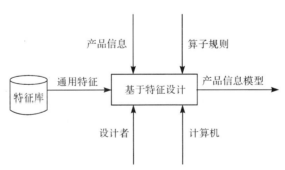

图 3-7　基于特征设计的功能图

基于特征的产品三维参数化造型设计就是将基于特征模型的造型方法与参数化设计有机地结合起来,是面向计算机集成制造系统(computer integrated manufacturing system,CIMS)的建立在实体特征造型和三维参数化设计基础之上的现代产品设计方法。其原理是通过使用基于特征的产品模型,特征本身就包含参数化变动所需的成员变量和成员函数,将面向对象的技术应用于特征表达,造型中使用参数化,通过调整产品尺寸、结构参数实现产品的基于特征的三维参数化造型设计。

3. 零件的特征定义与参数确定

基于特征的零件信息模型主要由零件宏观信息(管理信息)、几何信息、拓扑信息、制造信息组成。零件宏观信息主要指零件的宏观描述信息,如零件号、在部件中的数量、版本、材料、制造性标识等。几何信息是指与零件的几何形状、尺寸大小相关的信息。拓扑信息主要描述零件与相关父部件的从属关系及与其他零件的约束关系等。制造信息由一系列特征类信息组成,包括:

(1) 形状特征类。用于描述有一定工程意义的几何形状信息,如孔特征、槽特征就属于形状特征类。形状特征是精度特征和材料特征的载体。

(2) 精度特征类。用于描述几何形状和尺寸的许可变动量或误差,如尺寸公差、几何公差(形位公差)、表面粗糙度等。

(3) 装配特征类。用于表达零件在装配过程中应该具备的信息。

(4) 材料特征类。用于描述材料的类型与性能以及热处理等信息。

(5) 性能分析特征类。用于表达零件在性能分析时所使用的信息,如有限元网格划分等。

(6) 附加特征类。根据需要,用于表达一些与上述特征无关的其他信息。

上述各类特征主要是面向应用的,而几何信息、拓扑信息是与各类特征在计算机中的物理实现密切相关的。

3.2.4 基于 CAD 软件平台二次开发的零部件参数化

1. 系统 CAD 软件的选择及参数化设计策略

UG、Pro/E 等商用参数化特征造型 CAD 软件,提供了强大的实体建模技术,高效能的曲面建构能力,能完成最复杂的造型设计,具有强大的设计分析、制造功能,广泛运用在汽车行业、航天行业、模具加工及设计和医疗器材产业等方面。但它们与其他的 CAD 软件一样是一个通用软件,仅具有 CAD/CAM 的基本功能,没有提供专用产品所需要的完整的 CAD/CAM。由于机械产品种类繁多,对于具体产品对象在 CAD 软件平台上进行二次开发,设计出界面友好、功能强大并且使用方便的专用产品 CAD/CAM 系统,能够缩短设计周期、节约产品开发和制造成本,提高新产品的上市效率。由于 UG 不仅具有强大的实体建模能力、曲面构筑能力、设计分析能力,还可以通过二次开发并使用 ODBC 技术实现与数据库的连接,从而实现产品数据的管理。所以本系统采用 UG 作为三维建模和 CAD 二次开发的平台。

对于三维 CAD 系统的参数化设计有以下三种策略:

(1) 利用设计变量来实现三维模型的参数化设计。在 UG 系统中,通过拉伸、旋转、扫描、混合等方法构建三维模型,系统会自动生成设计变量表。用户可以通过对这些设计变量的修改,以设计变量作为三维模型的参数,从而实现用户交互操作层次上的参数化设计。这种参数化设计的策略优点是使用简单,不用编程即可实现零部件的三维参数化设计,但对于复杂结构的三维模型其操作较复杂且设计效率不高。

(2) 利用编程设计三维模型的参数化设计。该策略是通过利用三维 CAD 系统提供的二次开发工具,通过面向对象的程序化编程,生成三维模型的参数化设计。例如,在 UG 环境下可通过使用系统提供的 UG/OPEN API 二次开发工具和 C 或 C++语言实现参数化设计。该策略中,三维模型完全由程序的执行来完成,编程工作量极其庞大且开发效率低、适用范围小。

(3) 利用设计变量与编程技术相结合的方式实现三维模型的参数化设计。该策略综合运用了前两种策略的优点,以三维参数化特征造型技术生成的模型为基础,通过参数化程序驱动设计变量实现三维模型的参数化设计。其设计思路是首先针对不同的零件类型,用特征造型的方法创建三维零件模型,并确定其设计变量。其次通过 CAD 软件的二次开发程序从构建的零件模型中获取设计变量,采用用户界面通过人机交互的方式,对设计变量进行查询和修改,或根据设计计算所确定的设计参数修改零件模型的设计变量,最后生成所需的三维模型。该方法由 CAD 系统的建模工具建立部分约束关系,其他约束关系由设计计算确定,实现程序驱动,无需人工输入。本章是通过客户端网页上通过工程计算来修改和确定对应的服务器数据库中存储在 CAD 软件系统下所建立零件模型的设计变量的值,实现参数的改变,并由 CAD 系统二次开发环境下的程序驱动原始三维零部件模型,从而生成新的三维零部件。

2. 基于 CAD 二次开发的参数化零部件模型库的建立

1) 零件库的建立方法

据对现有企业设计部门的所有零件调查统计表明,在机械产品中,50%左右的零部件属于标准件,40%左右的零部件属于典型的变型零部件,而只有 10%左右的零部件属于全新零部件。在产品设计开发中尽可能采用标准件和典型的变型零部件,不仅可以降低产品的成本,而且可以更有效地利用现有的设计方法和设计资源缩短新产品开发周期。

建立三维零件库主要有两种方法:一种是建立图库的形式,即利用 CAD 软件提供的实体建模功能,分别建立标准件和各个系列的三维模型,从而得到包含大量几何模型的零件库。这种零件库所占空间庞大,建立所需的工作量大而且不是参数化的形式,当零件发生诸如系列的增加、局部尺寸有改变等变化时,就不可能通过改变参数,使零件的三维模型发生相应的变化,因此这类零件库的维护极为困难。另一种基于特征造型的参数化三维建库方式。这种方式下,零件库中所有的零件由其自身的特征和参数控制,所占空间很小,且很容易增删及修改。由于现有的 CAD 软件的三维模型大多是采用基于特征造型的参数化方式,用户在使用时很容易和现有的工程设计软件相连接。

2) 基于特定产品的零件库建库原理

对于许多批量生产某种产品的企业来说,要实现快捷的设计方法必须建立该产品的零件库。在上面介绍了两种建立零件库的方法,这里介绍建立该类零件库的原理。这类零件库是在基于特征造型的参数化三维建库方式的基础上发展形成的。首先该零件库中的零件是三维参数化零件,针对特定的产品,零件间的装配约束关系已经确定,存在装配约束关系的零件之间其尺寸参数有联动关系,也就是说,当一个零件的尺寸发生变化,与之配合的其他零件在装配部分的尺寸值会发生相应的变化,又由于该零件是参数化的,所以主参数变化会引起次参数的变化,经过一系列自动连锁变化,生成符合要求的零件。这就是基于特定产品的零件库建库原理。这类零件库设计使用方便、设计效率高。改动一个零件,其他零件就会发生相应变化,人工干涉少、设计质量高。零件库本身所占空间小。随着产品的逐步改进,零件库中的零件也逐步改进或替换,维护方便。

在 UG 环境下,通过建模模块和装配模块建立零部件的三维实体模型,由于相同系列的零部件具有相间的拓扑结构和不同的尺寸参数,对同一系列的零部件就使用同一个三维实体模型。不同的设计尺寸由存储在数据库中的参数表来提供。其主要特点是执行速度快且占用空间小,库的维护和扩充方便。

3.3　面向网络化制造的零部件参数化设计的关键技术

3.3.1　产品数据的 Web 使能技术

在面向网络化制造的设计环境下,通常会产生大量的、不同类型的产品数据,其中包括产品设计信息、工程分析信息、工艺信息、制造信息、与产品有关的项目信息、人员及设计信息、材料信息等。从媒体形式上,这些数据类型可分为三维图形数据、二维图形数据、图像数据、文本数据、表格数据、数据库字段数据及多媒体数据等,几乎包含了媒体数据类型中的所有形式。表 3-1 列出了网络化制造环境下产品数据涉及的主要媒体形式。

表 3·1　媒体类型

媒体类型	举例
三维图形数据	产品概念设计、产品几何造型数据、仿真数据等
二维图形数据	产品概念设计、产品几何造型数据等
图像数据	产品设计图纸、工业扫描数据等
文本数据	与产品相关的各类说明性文档
表格数据	与产品相关的报表、表单类文档
数据库字段数据	产品相关参数信息数据
多媒体数据	产品网页动态发布及展示

目前各种 CAD 系统产生的产品数据通常不适合作为网络环境下信息共享的数据格式,为实现网络环境下的产品信息共享,需要采用 Web 使能数据。Web 使能数据具有如下特征:

(1) 能在浏览器中浏览或使用。此特性是使能数据最基本的要求。

(2) 文件格式紧凑。基于 Internet 的应用,带宽是必须考虑的因素。传统产品数据通常数据量较大,为便于在网络上高效传输,其 Web 使能数据必须格式紧凑,文件尺寸小。

(3) 允许在文件中设置超链接。超链接特性是应用最有魅力的特点之一,Web 使能产品数据中具有超链接特性是将相关数据紧密集成在一起的有力手段。

基于上述原则,采用相应的数据格式作 Web 使能产品数据格式,原有产品数据需要做相应的转换,见表 3-2。

表 3-2　数据格式选择

数据类型	原有数据格式	Web 使能数据格式
三维产品造型数据	IGES、STEP、CAD 特定格式	VRML
二维图形数据	DXF、DWG	DWF
图像数据	GIF、JPEG、BMP	GIF、JPEG
文本数据	TXT	XML、HTML
表格	MSExcel、Lotus123	HTML
数据库字段数据	数据库	XML、HTML
多媒体数据	AVI、RM	GIF、SWF、AVI

3.3.2　网络化环境下产品模型可视化技术探讨

1. 现有网络可视化技术分析比较

由于产品开发越来越复杂,产品的三维形状信息共享就成为产品开发的前提。因此,Web 可视化技术会受到越来越普遍的应用。

　　三维信息共享有两种方式：一种是基于 CAD 软件平台的共享，该方式需要价格昂贵的 CAD 软件，使用人员需要专门进行培训，同时也涉及不同系统间的数据转换问题；另一种方式是将 CAD 数据转换为一种通用、易用的三维格式，该方式不需要专用浏览器，一般简单、易用。由于网络技术的飞速发展，已出现了网络上的三维格式语言。

　　可视化是指使用计算机图形学、图像处理技术和虚拟现实技术，将事物及相关过程以图形、图像等易为人类感知的方式显示出来，并能进行交互的理论、方法和技术。可视化技术是多学科理论和技术的融合。而网络环境下产品模型可视化技术是基于网络的以产品模型为内容的应用。网络环境下，产品模型经历了"文字—二维图像—三维模型—虚拟现实"的发展过程，也就是说经历了"不可视—可视—更完善的可视"的可视化发展过程。可视化技术使产品模型摆脱了文字构建的、难以感知和使用的原形，以符合人类认知规律的信息的面貌出现，拓展了产品模型的应用空间。

　　计算机中的图形可分为矢量图和位图两类。矢量图的表达是由轮廓线经过填充而成的，由于矢量图包含各种相互独立的图像元素，而且这些元素可以被任意地重新安排，所以矢量图也称为面向对象的图形。位图是用构成图像和图形的像素点来表达的，创建位图的常用方法是用扫描仪对照片或图像扫描输入，也可以通过软件利用不同的颜色填充网格单元来创建。由于大多数浏览器都提供了对该类位图的支持，所以位图文件可以直接在 Web 上浏览。通常使用绘图软件（如 AutoCAD、Pro/Engineer、UG、MasterCAM、SolidWorks、UG 等）完成的零部件的二维、三维特征造型，都属于矢量图形。对于矢量图的 Web 发布，很多人使用有损压缩形式将其转化为位图格式，然后经过 IP 协议发布到本地服务器，连入 Internet 中。随着网络技术的发展，目前用于构建网络环境下产品模型（矢量图）的可视化的技术很多，常用的有以下几种。

　　1）VET

　　视点经验技术（viewpoint experience technology，VET），是由 Intel 公司及 Metastream 公司联合发布的新兴网上三维标准。基于此标准，人们能够方便地创建、发布及浏览网上三维图形。由于其文件尺寸小及流传输的特点，该标准一经发布就深受好评。VET 格式的文件紧凑，比其他任何一种已存在的 Web 3D 技术压缩比都高，其极小的文件量使得网上浏览 VET 物体非常快捷。客户只需安装一个插件就能够在网上浏览到以流方式传输的三维模型，同时还可以对物体进行旋转、缩放、平移等操作。VET 的主要不足在于它的标准没有留出用于 Java 等高级语言编程的开放接口，从而大大限制了交互性的扩充。所以，它的主要运用市场是作为物品展示、产品宣传以及电子商务领域。

　　2）Cult 3D

　　Cult 3D 是瑞典 Cycore 公司开发的一种崭新的 Web 3D 技术。它作为跨平台的三维引擎,让设计者把逼真的,并具有实时交互的三维物体送到所有的 Internet 客户手上,其目的是在网页上建立互动的三维物体。利用 Cult 3D 技术可以让网页设计师制作出三维立体产品,并以视觉的方式呈现不同的事件和功能的互动性。客户可以旋转、缩放、平移甚至操纵物件,还可以通过多媒体音效和操作指引,与物体交互,从而体现真实的物体属性。Cult 3D 拥有一个高质量的软件渲染器,采用纯 Java 语言编写,具备 API 接口,能与 Java 等紧密集成在一起,可扩充性好。不足之处在于编程极其复杂,主要应用领域是产品展示和电子商务。

3) Java 3D

Java 3D 是一种图形 API 接口,是对以前流行的诸如 OpenGL 和 Direct3D 的三维图形 API 的重大革新(以前 API 是同三维硬件设计紧密结合的低级过程化 API)。Java 3D 能够帮助设计者生成简单或复杂的形体(也可以直接调用现有的三维形体);使形体具有颜色、透明效果、贴图;可以在三维环境中生成灯光、移动灯光等;可以具有行为(behavior)的处理判断能力(键盘、鼠标、定时等);可以产生雾效、背景、声音等;可以使形体变形、移动、生成三维动画;可以编写非常复杂的应用程序,用于 VR 等各种领域。其不足之处在于各种贴图、效果及灯光的生成依赖于编程完成,应用过程极其复杂;渲染质量有待进一步提高。

4) Pulse 3D

Pulse 3D 是 Pulse 公司推出的用于网上娱乐的 Web 3D 技术。它提供了一个多媒体平台,囊括了二维和三维图形、声音、文本及动画。Pulse3D 平台分为 3 个组件:Pulse Player、Pulse Producer 和 Pulse Greator,它们分别用于浏览器播放、文件制造和模型导入。它的不足之处在于渲染质量不高,主要应用在 Internet 三维游戏。

5) VRML

VRML 是一个开放的、可扩展的、工业标准的景象描述语言,用于在 Internet 上描述三维景象或世界。通过 VRML 和浏览器,人们可以创建和观赏充满文字、图像、动画、声音以及电影的分布式交互网上三维世界。VRML1.0 支持带有相对简单动画的场景,现在已发展到 VRML2.0 版本,并由于其柔性和开放结构已成为 ISO 标准(ISO14772—VRML2.0)版本,是建立虚拟环境的主要工具。

VRML 是一个三维造型和渲染大额图形描述性语言,它把一个"虚拟世界"看成是一个"场景",而场景中的一切都看做"对象"(即"节点"),节点和节点的嵌套构成了这个虚拟世界,以 .wrl 文件的形式存在。VRML 的术语如光源、材质、色彩、关键帧等和三维造型和动画渲染中的类似。VRML 是一种语言,VRML 浏览器就是它的解释器,VRML 浏览器的主要功能是读入 VRML 代码并把它解释成一个图形映象,即实时生成一个动态的虚拟场景。使用 VRML 生成虚拟场景,需要用到 VRML 浏览器和 VRML 制作工具。制作工具用于生成 VRML 文件,目前许多 CAD 软件都可以在它们的图形环境下直接输出. wrl 文件,现在他们都支持 VRML2.0,这些工具软件的使用使得三维零部件模型的网上浏览更加简便。此外,VRML2.0 允许 Java 和 JavaScript 程序员编写在 VRML 对象上施加动作的脚本,以支持复杂的三维动画和交互行为。要在主页上实现 VRML 场景的浏览,只要在网页脚本文件如 HTML 文件中链接. wrl 文件并在用户端安装支持 VRML 的浏览器插件即可。

本系统中主要需实现三维空间中产品特征造型的实体可视化,使设计项目组的成员可以在网上从不同视角任意浏览所设计产品的三维特征造型。通过比较上述 5 种网络环境下可视化技术,根据系统的具体需求,采用 Web 支持的 VRML 及其插件技术实现参数化设计系统中三维零部件特征模型的 Web 可视化。

2. VRML 技术

VRML 是一种基于 WWW 上的具有交互性的 VRML。使用 VRML,Web 站点不再是一个平淡的文档资料,你可以看到三维的图形对象,并可以改变它的透视图。VRML 的出现改变了 HTML 只能显示二维信息的不足,有望成为未来 Internet 上三维虚拟世界的主要标准,目前大多数图形软件都开发了 VRML 文件格式(. wrl)输出接口。

VRML 的结构类似于 OpenGL 的显示列表,VRML 用树状的场景图来描述三维世界。场景图的基本元素为节点(node),节点是 VRML 为多媒体和交互对象定义的一个对象集,节点的类型很丰富,节点的属性包含在域(field)和事件中。各节点间通过父子关系连接,形成的有向无环图即场景图。使用 VRML 可以将虚拟世界中对象的空间、逻辑、从属、属性等关系组织起来,用类似于自然语言的方式来描述虚拟世界。场景图的另一个优点是良好的重用性,对于相同的几何形状或属性描述,使用 VRML 的 DEF 语法一次定义就足够了,其他需要的地方可以通过 USE 来重用。面向对象的场景图结构也使 VRML 世界的内部通信机制变得简单明了,VRML 定义了事件传递机制,节点定义了它可以产生和接受的事件类型,节点间通过传递事件进行通信。事件的传递通路由 ROUTE 语句定义。

1) VRML 对三维虚拟世界的描述

VRML 规定了三维应用中大多数常见的功能。

(1) 建模能力,VRML 定义了类型丰富的几何、编组、定位等节点,建模能力较强。

基本几何形体:Box、Sphere、Cone、Cylinder。

构造几何形体:IndexLineSet、IndexFaceSet、Extrusion、PointSet、ElevationGrid。

特殊造型:Billbord、Backgroud、Text。

造型编组、造型定位、旋转及缩放:Group、Transform。

基本形体节点只能作十分有限的几种造型,用点、线、面索引节点及拉伸节点就可以构造任意复杂的实体形状。特殊造型节点可用于场景中的文字、背景颜色等设置。造型编组可以用来描述装配关系,其中 Transform 节点可以确定装配位置、方向。

(2) 真实感及渲染能力,通过提供丰富的相关节点的渲染,可以和精致的实现光照、纹理贴图、三维立体声源。

光照:HeadLight、Spotlight、PointLight、DirectionalLight。

材质及着色:Material、Appearance、Color、ColorInterpolator。

纹理:ImageTexture、MovieTexture、PixelTexture、TextureTransform。

雾:Fog。

明暗控制(法向量)说明:Normal、NormalInterpolator。

三维声音:Sound。

场景光照的设计直接影响观察者的视觉效果,这几种光照节点可以提供各种虚拟场景的光源。不同材质的物体色彩及反光效果不同,VRML 的材质及着色节点的使用可以仿照如同真实物体给出的视觉效果。纹理节点可以对实体表面粘贴图片或进行像素点的设置,以使实体具有同实物一样的表面花纹。雾、明暗控制都对场景的光线反射有影响。声音节点可以在场景中模拟出实际空间可能产生的各种声响,如音乐、碰撞声等。

(3) 观察及交互手段,传感器类型丰富,可以感知用户交互。视点可以控制对三维世界的观察方式。

传感器:CylinderSensor、PlaneSensor、VisibilitySensor、ProxymitySensor、SphereSensor、TouchSensor。

视点控制:ViewPoint、NavigationInfo。

各种传感器节点可以感知用户鼠标的指针,如 TouchSenxor 节点在数控车床操作按钮功能的仿真中十分有用。视点控制可以预先提供给用户一些更好的观察角度。

(4) 动画,VRML 提供了方便的动画控制方式。

关键帧时间传感器:TimeSensor。

线性插值器及姿态调整:CoordinateInterpolator、OrientationInterpolator、ScalarInterpolator。

这两组节点的配合使用可以产生场景中的动画效果,关键帧时间传感器节点驱动线性插值器节点按照时间顺序给出关键值插值,这些插值就是关键帧动画时控制实体位置、状态所需要的过渡值。

(5) 细节等级管理及碰撞(观察者与虚拟实体)检测:LOD、Collision。

细节等级管理是对复杂实体的细节显示加以控制,使该实体可在视点外或远离视点时不显示或粗略显示。VRML 自身提供的碰撞检测是指观察者在虚拟场景中的替身与实体的碰撞。

2）VRML 的执行模式

通过使用对 VRML 的 Script 节点编程、与 Java 间事件访问和建立场景图内部消息通道，能够很方便地实现虚拟实体的交互和动画功能。图 3-8 是 VRML 执行模式示意图。由图可以看出，VRML 的交互与动画执行都是由事件驱动的。VRML 场景可以接受两种事件驱动：从路由语句传过来的入事件及由外部程序接口写入的直接事件。路由语句说明由场景传递到每一条事件消息的传递路径，也就是从某个节点的出事件域（eventOut）传出的事件传递到某个节点的入事件域（eventIn）。场景中传感器节点通常定义了出发事件，它通过路由发送到场景图中其他节点的入事件域。例如，传感器节点的触发事件直接传递到插补器节点产生关键值插值，也可以传递到 Script 节点进行运算处理产生关键值插值。Script 节点的处理过程就是用 JavaScript 语法编写的脚本程序。Script 节点还可以通过统一资源定位符（uniform resourse locator，URL）域引入 Java 程序（即 . class 文件）进行事件处理。节点相应事件后处理的结果作为出事件的传递数据继续路由到其他需要的节点，如传送给实体改变它的位置、形状。由外部程序接口写入的直接事件不需要路由传递，但其他执行过程都是一样的。如果需要外部程序的响应，它应该能够有读取节点出事件域数据的接口。

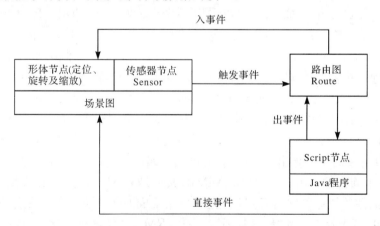

图 3-8　VRML 执行模式

3. VRML 在面向网络化制造的零部件参数化设计中的应用

在机械产品设计过程中，往往需要三维建模，以用于方案设计、结构分析、汇报演示、产品宣传等。目前很多软件都具有创建三维模型的功能，如 UG、Pro/E、3DMAX、SolidWorks 等，一方面用这些软件生成的图片或动画文件都比较大，而且没有交互功能,不便于设计人员之间、设计人员和管理决策人员之间、设计人员和客户之间沟通,以及对设计过程中的产品进行全面的分析和了解;另一方面,目前中小企业由于人力和财力上的限制,无法使用高级的商用 CAD 软件如 UG、PRO/E 等实现产品的三维建模,用户可以在异地协同设计的环境下通过浏览页面上的 VRML 模型动态观察产品的三维图形。

在机械产品设计过程中,如果用 VRML 来创建三维动画,由于其浏览器虚拟现实的功能和文件本身所设置的交互功能,可以让其他设计人员全方位了解该设计,包括产品的工作机理、组装、拆卸等,以进行全面客观地分析和论证,同时也便于向管理决策人员演示和汇报产品的设计思路。另外,在产品设计后期,由于 VRML 文件尺寸非常小,能够很方便地通过网络发布,可以起到产品宣传和征求客户意见的作用。

一些大型的机械产品有时需要几家异地单位合作设计,有时甚至是国际合作,在设计过程中不可避免地需要合作单位间的相互协调。如何解决异地设计的协调问题变得越来越重要,Internet 的迅猛发展给问题的直接解决提供了很好的思路,但是传统的三维动画和模型由于文件庞大不便网络传输,同时由于其无交互性,很难使异地的设计人员全面了解设计者的思路,以致造成错误设计。而 VRML 可以很好地解决上述问题,只要安装相应插件即可用 IE 或 Netscape 浏览器直接打开 *.wrl 文件。

基于 VRML 的虚拟物体,可以采用两种方式来实现,即用 VRML 语言编写或者用软件工具生成。前者是采用 VRML 脚本语言进行编程,利用 VRML 的节点技术(node technology)来定义虚拟场景中的对象,包括三维模型、摄像机、纹理映射、材质、色彩,以及对象几何体的平移、旋转、缩放等。使用 VRML 中的路由编程,赋予场景的交互。其文本方式的编辑器 VRMLPad 是最好的 VRML 编程环境。后者是在三维建模工具中造型,由于 VRML 与 UG、Pro/E、Solidworks、3DMAX 等三维软件有标准接口,可以应用这些软件生成复杂产品模型,然后通过这些软件自带的接口导出为 VRML 的格式。即保存为(.wrl)格式的文件实现在 Internet 上连接的。由 UG 导出的 VRML 文件是 *.wrl 形式,可以直接在安装了 VRML 插件的浏览器中浏览。但是这种直接生成的文件还有许多缺陷,如视点位置不理想、灯光效果杂乱等,这些都需要对 VRML 文件进行优化。可以在 VRMLPad 编辑器中调整。

为了便于在网上传输,需要对文件进行优化,可以用以下几种方式减小文件的大小:

(1) 尽可能地多用基本的几何形体节点,如 Box、Cone、Cylinder、Sphere 等节点以紧凑的方式描述成很多个多边形构成的物体。

(2) 使用重用技术。如果在一个场景中要多次使用到某个节点,在第一次使用时先用 DEF 命令将其命名,以后用 USE 命令按名称引用。

(3) 使用专门的 VRML 压缩工具对文件进行压缩。

本研究的网络化制造环境下零部件参数化设计系统,由于人力和财力上的限制,未使用大型高级三维造型 CAD 软件的中小型企业 A 的用户,可以通过使用该系统与拥有高级 CAD 软件的企业 B 的用户进行异地协同设计所需的零部件,其实现方法是企业 A 的用户通过 Web 端输入产品的主要参数提交至数据库服务器,并由使用该参数化设计系统的企业 B 的用户在 UG 的二次开发平台下通过读取数据库中的数据更新母模型并以 * . wrl 文件格式上传至服务器(图 3-9)并将参数发送给企业 A 的用户,以便 Web 端用户审核,这样共同设计出所需的产品三维模型,企业 A 的用户可以通过浏览页面上的 VRML 模型动态观察的产品的三维图形。

图 3-9　齿轮的 VRML 模型

3.3.3　系统装配信息模型的建立

装配模型是产品模型的重要组成部分,其含义往往与具体应用领域有关,装配模型是一种集成化的产品信息模型,它是产品模型的子集,支持产品设计中与装配有关的过程和活动,并能有效存取所需的各种信息。建立一个具有良好信息结构,以利于信息共享和参数的传递以及其具有丰富信息内容的装配信息模型是系统进行参数化设计的基础。下面探讨在 UG 环境下,系统装配信息模型的结构及所包含的信息、系统装配模型的数据结构与建立装配信息模型的过程。

1. 系统装配信息模型结构及所包含的信息

1) 装配信息模型结构

UG 系统本身的装配是以树型结构组织装配中组件和零件的，如图 3-10 所示，根据 Unigraphics 的定义，一个部件文件中仅能有一个装配树，即只能存在一个树根。装配树根对于遍历装配树中的零件是非常重要的，通常是遍历的七点。利用函数 UF_ASSEM_ask_root_part_occ 可以得到装配树根的标识。图中，装配树的根是 Part-tag-3。Part-tag-3 下面有两个组件，即 Part-Occur-tag-3 和 Part-Occur-tag-4。根据 Unigraphnics 的定义，组件事例在装配中是唯一的。每个组件同其父组件之间都有一个 Instance 的标识。装配中，组件和其子组件之间的关系是利用 Instance 来描述的。Part-Occur-tag-3 组件同其父 Part-tag-3 之间的 Instance 是 Instance-tag-3。利用函数 UF_ASSEM_ask_inst_of_part_occ 获得事例的实例。在装配中，每个事例都有一个原型（prototype）。图中 Part-tag-3 的原型是 Object-tag-3。函数 UF_ASSEM_ask_prototype_of_occ 可以根据组件事例获得其事例的原形。遍历装配树的方法是一个递归过程。可以根据情况来选择是先深度搜索还是先广度搜索。

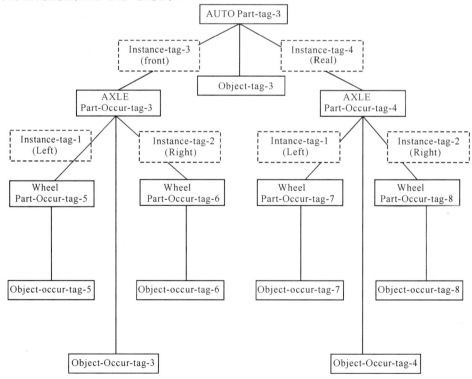

图 3-10　UG 系统装配树结构

　　由于 UG 系统本身提供了强大的特征建模功能,理想的情况是有一个特征设计系统,全面支持装配建模活动所需要的各种信息。由上述 UG 树型装配结构可知,要建立这样一个特征建模系统工作量大、所需费用高,而且要想使特征满足装配领域的所有需求几乎是不可能的。因此,在装配建模时可以将特征设计与特征提取结合起来充分利用 UG 系统的特征造型功能,通过 UG 内部数据库直接提取,对于不足的部分,开发交互界面追加定义,本系统重新构建了系统的装配结构,如图 3-11 所示,能够更方便地进行特征设计和特征提取。

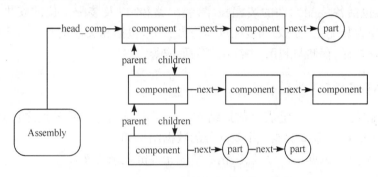

图 3-11　自定义的系统装配结构

　　如图 3-11 所示的装配结构中,装配模型由各子装配件组成,各子装配件又有其子组件或零件组成。

　　2) 装配模型信息

　　系统装配模型主要是提供模型信息来源与存取机制。装配模型不仅要处理设计系统的输入信息,还应能处理设计过程的中间信息和结果信息。因此,装配模型信息将随设计过程的推荐而逐渐丰富和完善。这些信息主要包括以下几个方面:

　　(1) 管理信息。管理信息是指与产品及其零部件管理相关的信息。包括产品各构成元件的名称、代号、材料、件数、技术规范或标准、技术要求、功能描述以及设计者或供应商、设计版本等信息。管理信息的主要作用是为产品设计过程以及产品生命周期后续过程的管理提供参考和基本依据。

　　(2) 几何拓扑信息。几何拓扑信息是指与产品的几何实体构造相关的信息。它们决定了零件或子装配和整个装配体的几何形状与尺寸大小,以及装配元件在最终装配体内的位置和姿态。几何拓扑信息包含两类信息:一类信息为产品装配的层次结构关系,这类信息与具体应用领域有关,从不同的角度分析,产品的装配层次结构组成关系很可能是不同的;另一类信息为产品零部件之间的几何配合约束关系,常见的几何配合约束关系有贴合(mate)、对齐(align)、同向(orient)、相切(tangent)、插入(insert)和坐标系重合(coord sys)等。这类信息取决于静态装配体的构造需求,与应用领域无关。

(3) 装配语义信息。装配语义信息是指与产品装配活动相关的工程语义信息,它蕴涵着丰富的装配设计约束信息,体现了装配设计者的设计意图。它的涉及范围很广,装配工艺规划与仿真主要考虑装配元件的角色类别,表明装配单元在装配活动中所起的作用,反映了其在装、拆操作过程中的基本特性,部分决定了它的装配操作和装配、拆卸方向。

(4) 装配工艺信息。装配工艺信息是指与产品装、拆工艺过程及其具体操作相关的信息,包括各装配元件的装配顺序、装配路径,以及装配工位的安排与调整。它们主要为装配工艺规划和装配过程仿真服务,包括相关活动和子过程的信息输入、中间结果的存储与利用、最终结果的形成等。

2. 系统装配模型的数据结构

系统装配模型采用树、链表等数据结构。集层次模型与关系模型之优点,充分利用了 UG 的特征造型功能。主要部分的数据结构如下。

1) 装配节点的数据结构(用层次化的装配元件链表来定义)

```
typedef struct VA_component    /* the assembly model   */
{
    tag_t      part_tag;
    tag_t      instance_tag;
    tag_t      occurence_tag;
    int        level;                  /* the component level   */
    charpart_name[200];                /* the component name    */
    char       instance_name[40];
    char       refset_name[40];
    struct VA_component *  children;   /* the pointer to the first
                                          children */
    struct VA_component *  next;    /* the pointer to the next component */
    struct VA_component *  parent;  /* the pointer to the next component */
    int     type;              /* 1:assembly, 0:part */
    int     unit;
    struct DB_part_struct * part_parameter;
} VAComponent;
typedef struct VA_assembly
{
```

```
    VAComponent *      head_comp;
    int                series_num;
    char               file_name[300];
} VAAssembly;
```

2) 模型数据交换结构

```
typedef struct DB_part_struct
{
    int        series_num;                    // 减速器系列编号
    char       part_name[50];                 // 零(部)件名称
    char       dim_name[20];                  // 尺寸名称
    char       dim_value[50];                 // 尺寸值
    char       dim_desc[MAX_ARRAY_LENGTH];    //尺寸描述

    struct DB_part_struct * next;             //后继节点的指针

}DB_part_struct;
```

3. 建立装配信息模型的过程

根据图 3-11 的装配结构,可以利用递归调用的方法遍历装配中的组件和零件。本文采用先深搜索。建立装配模型的过程即装配模型信息获取的过程,首先利用函数 UF_ASSEM_ask_root_part_occ 获得装配树根。其次利用函数 UF_ASSEM_ask_part_occ_children 获得其子组件,如此循环下去,直到组件只由一个零件组成。返回过程是先返回到上层子组件,再由子组件返回至该子组件的上层父组件,直至返回到装配模型根节点。装配模型信息获取后,程序将所有组件的文件名称和实例名称在信息窗口中输出。

第4章　基于机械资源库的零部件相似性技术

本章概述了相似性研究的相关背景,分析国内外相似性研究的现状和研究方向。运用相似性理论,对相似性的数学模型进行分析,阐述相似元的概念,推导相似元特征值的比例系数以及相似度算法公式,指出推导和设计合适的相似度算法公式是相似性研究的核心问题。

在相似性理论的基础上,提出与相似性紧密联系的一个概念——相关性,分析二者之间的区别和联系;通过对相关性的分析,提出对相似性的判断和分析可分为系统角度和用户角度两个方面,并认为系统角度主要是从事物本身的特征和属性进行研究,而用户角度则是考虑各人因素的相似性判断和分析的影响。

分析一般机械零部件的主要特征,根据相似性判断的角度把它们分为两大类:内在特征和属性以及用户定义特征和属性。其中,内在特征和属性主要包括图形和材料信息,用户定义特征和属性主要包括名称、编号、尺寸、功能、标准、厂家及其他信息等。基于以上分析,对实现标准化、系列化和通用化的机械零部件的相似性进行定义。

在机械零部件相似性定义研究的基础上,综合运用相似性学原理和关系数据库相关理论,对机械资源库中机械零部件的数据组织的特点进行分析和研究。最后得出了四个结论:在机械资源库中,零部件的存放是标准化、系列化的;零部件每个特征和属性的分量都可看成1;对同一类零部件来说,表的各种定义和结构是完全相同的;在相似性的判断中,只需对 NUMBER(p,n)、VARCHAR2 类型的字段值进行比较。

根据对机械资源库中机械零部件特点的分析,在相似学理论的基础上,提出适合于机械资源库中机械零部件进行相似性比较的相似度值算式,并在其中引入距离和取值范围的概念;在算式中设置相关性影响参数,即用户角度对相似性判断和分析的影响;对各参数在机械资源库的映射做了说明。

在算法验证和实现时,将其分解为几大功能模块,并对各模块的主要功能采用函数实现的方法,以实现算法的结构化和模块化,提高了算法实现应用程序的健壮性。并通过 Oracle 数据库中的应用程序开发工具 Pro * C/C++,将数据库语言 SQL 和 PL/SQL 嵌入 C 语言中,在 Visual C++ 6.0 中实现算法各功能模块。

4.1　机械资源库相似性研究

4.1.1　机械零部件相似性的概念

1. 机械零部件的主要属性和特征

在实际工作中,要辨识某个机械零部件,笔者认为大体上通过以下几个方面的信息来着手:图形信息、名称信息、各种零部件编号信息、各类尺寸信息、材料信息、功能信息所遵循的各类标准信息、生产厂家信息、其他相关信息。可以认为有了以上全部信息就可以了解一个零部件的基本属性和特征,也就是说,我们可以通过以上全部或者其中的几项就可以识别某个零部件。现将以上几个方面分为两大类:图形和材料信息所反映地称之为一个零部件的内在特征和属性;除图形和材料之外的其他信息称之为用户定义特征和属性、图形与材料信息。

1) 图形

图形是我们识别一个机械零部件的核心部分。对于图形本身来说,它所包含的特征和属性非常多,尤其是三维图形更是不计其数。从图形学的角度来看,它的特征和属性大体可以主要包括以下几类:

(1) 拓扑结构。构成图形几何要素的类型及其之间连接顺序。

(2) 几何形状。构成图形几何要素之间连接方式(如垂直、相切等)。

(3) 尺寸。图形的拓扑结构和几何形状上尺寸约束。

作为辨识一个零部件的基础,我们要判定某两个零部件相似,完全可以从其图形入手,通过综合比较其拓扑结构、几何形状、尺寸约束等特征和属性,来判定零部件的相似性。至于材料信息,由于其表达极为简单,比较起来并不是很困难,此处就不予多述。

2) 名称、编号、尺寸、功能、标准、厂家及其他信息

除了图形外,我们还可以根据其他也很重要的信息来判定和比较零部件的相似性,如名称、编号、功能、材料信息等。

判定相似性可以从系统角度和用户角度两个方面来看。对于图形本身的图学属性和特征来说,一旦零部件产品确定,其内在属性和特征也就确定了,只不过用图形表现出来而已,这些都可以通过系统角度的方式来判定其相似性。而用户定义的相关特征和属性则反映了用户的主观因素。用户首先把那些被认为最能反映一个零部件的本质的内部特征和属性,并把它们抽取出来放到用户相关的特征和属性中去,如尺寸和材料信息;其次又加上零部件的用户自身定义的一些特

征和属性,来完整地描述一个零部件。那么我们就可以脱离零部件的图形来辨识。

　　现代的机械零部件大多数实现了标准化、系列化和通用化。零部件的设计者一方面把零部件某些内在特征和属性抽取出来,呈现给其他用户,如尺寸、材料等,另一方面又给零部件加上许多自己定义的特征和属性,如名称、编号等,并同时把它们做成规范的表格、文本形式呈现给用户。例如,在国标中,对于某种类型螺母的描述如图 4-1 所示。

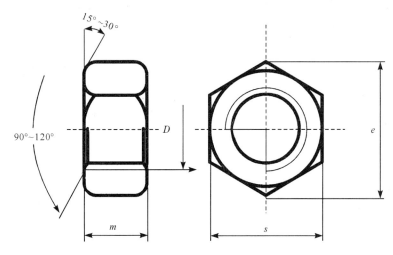

图 4-1　某种类型螺母的描述

1 型六角螺母-细牙-A 级和 B 级(GB6171—86)

六角螺母-细牙-A 级和 B 级(GB6173—86)

　　可以看出,对于选用或识别螺母时,表 4-1 中的信息已经足够,并不需要知道螺母中哪条边和哪条边垂直,也不需要知道各点、线、面之间的连接顺序。如果要判定其他类型螺母与之相似性,只需对照该表中的属性和特征即可。

　　判定该类螺母与其他螺母的相似性,不需要知道表中所有的属性值,只需知道螺纹规格 $D \times P$、m 和螺纹规格即可,其他特征的取值不必去关心。

　　在机械资源库中,与之相类似,存放的零部件都是标准化、系列化和通用化的。对同类零部件的描述都是结构化的,并具有相似甚至相同特点。这样,图形反而退居为仅供参考的位置;相反,那些规范化、标准化的对零部件用户定义特征和属性倒成为用户最关心的内容。这就为比较机械资源库中零部件之间的相似性提供了着眼点。从这一点入手来分析零部件之间的相似性。因此,我们可以通过比较机械资源库中同类型的机械零部件的特征和属性值来判断和分析它们之间的相似性。

表 4-1　螺母属性特征信息表　　　　　（单位：mm）

螺纹规格 $D \times P$		M8×1	M10×1	M12×1.5	M14×1.5	M16×1.5	…
e		14.4	17.8	20	23.4	26.8	…
s		13	16	18	21	24	…
m	GB6171—86	6.8	8.4	10.8	12.8	14.8	
	GB6173—86	4	5	6	7	8	
每 1000 个钢螺母的质量/kg	GB6171—86	5.6	10.9	16.3	25.2	34.1	
	GB6173—86	4.6	8.18	11.2	17.23	19.3	…

技术条件	机械性能等级	材料	钢		不锈钢	螺纹公差：6H
		GB6171—86	$D \leqslant 39$ 时为 6、8、10；$D > 39$ 时按协议		$D \leqslant 20$ 时为 A2-70；$20 < D \leqslant 39$ 时为 A2-50；$D > 39$ 时按协议	
		GB6173—86	$D \leqslant 39$ 时为 6、8、10；$D > 39$ 时按协议			
	表面处理	不经处理；镀锌钝化		不经处理		

注：①M30×2 为 GB6171—86 用规格；M30×3 为 GB6173—86 用规格，其他规格为共用规格。②标准 GB6171—86 代替 GB51~52—76，GB6173—86 代替 GB53~54—76。

2. 机械资源库中零部件相似性的定义

定义 4-1　有 M、N 两个零部件，其用户定义的特征和属性分别为 $(m_1, m_2, \cdots, m_l)$ 和 $(n_1, n_2, \cdots, n_k)$，若其中有 i 个相对应特征和属性的定义相同（即特征和属性的共同性），而其取值不同，则称 M 和 N 两个零部件具有相似性。

从整体的角度分析机械资源库的结构以及机械零部件特征和属性的种类、数量和含义在其中的表现，分析它们的序结构，以及相互对应关系。

当不同零部件的特征和属性存在着共同性，而其特征值有差异时，则对应的特征和属性为相似特性，在机械零部件之间识别相似特征和属性的种类和数量。建立机械零部件相似的数学模型，建立相似元，得出度量零部件之间相似性的相似度算式，并分析各特征和属性在算式各系数中的表现形式。明确相似度算式中各系数的意义，从而可以对机械零部件的相似性进行定性和定量的分析。

4.1.2　机械资源库中对零部件特征和属性描述的分析

1. 机械零部件特征和属性在关系数据库中的映射

机械资源库实际是一个数据库管理系统，因此我们有必要了解一下在数据库系统中对零部件的特征和属性是如何描述的。

计算机处理的电子数据,来自于现实世界的信息。信息是现实世界在人脑中的抽象反映,是通过人的感官感知出来并经过人脑的加工而形成的反映现实世界中事物的概念。这里所说的"事物"不仅是那些看得见、摸得着的物体,而且也包括那些不可触及的抽象概念,如零部件的图形、名称、尺寸、厂家信息等。

在用计算机处理信息的时候,要将信息转化为计算机可以识别的符号,也就是数据。数据是表示信息的一种手段。例如,把机械零部件的各种特征和属性,可以在计算机中表示为图形、名称、尺寸、材料、性能、厂家信息等表示成符号化或二进制化的数据。

事物—信息—数据,实际上贯穿了三个世界,即现实世界—信息世界—计算机世界。现实世界存在着各种物体的集合,如某类机械零部件等,这些可以称为事物类,事物类也可以是某种抽象概念的集合。这是现实世界中进行管理的基础。每一个事物类都有具体的事物组成,如螺纹连接件的组成,可以是螺母、螺栓、螺钉、螺柱等。每一个具体的事物又具有自己的内涵,如螺栓具有名称、尺寸等内涵。事物类、事物、内涵构成三个层次,与事物、内涵相对应的是实体和属体。

在数据世界,即计算机世界中,与三个层次对应的概念分别是文件、记录和字段,例如,对一个螺母的表示可以如表 4-2 所示。

表 4-2　数据世界对事物的表示

编号	零件名	螺纹大径	螺纹公差	功能	…
BL25364	M8 螺母	8	6H	连接	…
…	…	…	…	…	…

在表 4-2 中,我们把 M8 这个螺母的主要特征和属性抽取出来,制成一个表格,并给这个表取名叫"螺母",并把这个表要表示某类事物称之为一个实体。表的第一行列出了该实体的各类特征和属性名。表的每一列为实体特征或属性的取值;每一行记录了该类实体中每个成员的特征和属性的取值,也就完整地描述了该类实体中的每个成员。计算机把这张表存储起来,称之为一个文件。同时,我们把每一行叫做一个记录,每一列称为字段。

认识到现实世界中的事物可以表示成计算机世界的数据,计算机就有了进行数据处理的基础。数据处理正是对各种形式的数据进行收集、储存、加工和传播的一系列活动的总和。其目的是从大量的、原始的数据中抽取、推导出对人们有价值的信息,作为行动和决策的依据,比如说从机械零部件各种大量数据中提取出我们所关心的那些特征和属性的数据存放到数据库中,是为了借助计算机科学地保存和管理复杂的大量的数据,以便人们能方便而充分地利用这些宝贵的信息资源。例如,计算机保存了各类机械零部件的数据,用户可以迅速地从大量的数据中检索到自己想要的部件。

数据管理的水平是与计算机硬件、软件的发展相适应的,是随着计算机技术的发展而发展的。人们的数据管理技术经历了三个阶段的发展:人工管理阶段、文件系统阶段和数据库系统阶段。

但是,计算机在处理现实世界的信息时,只能根据需要,选择某个局部世界,并抽取这个局部世界的主要特征,特别是数据之间的结构关系,构造一个能反映这个局部世界的数据模型。

在数据库领域,目前广泛应用的数据模型主要有层次模型、网状模型和关系模型三类。目前使用最为普遍的是关系模型。所谓"关系"是数学中的一个基本概念,由集合中的任意元素所组成的若干有序偶对表示,用以反映客观事物间的一定关系。关系数据库即用关系的概念来建立数据模型,用以描述、设计与操纵数据库。关系模型由关系数据结构、关系操作和完整性约束三部分组成。

每个关系,也就是一张表,有一个关系名;从纵向看,表中的一行称为一个元组,每行数据也称为一个记录;关系在每个横向上由若干个数据项组成,称为属性或字段。此外,表中有一个或几个属性,它们的值唯一确定了一个元组,这样的属性或属性组称为主码。例如,表 4-2 中的编号就是一个主码。

关系模型的概念简单清楚,所有数据及其关系均反映在关系——二维表上,不像层次模型或网状模型,记录与记录之间的联系非常复杂。关系模型的关系要求为规范化的,即表中不能有表,每一个数据项不能再分。在关系模型中对数据的操作,都简化为同样的表操作,用户的要求统一变为从原来的表中得出一个需要的新表。用户只需说明"找什么",而不需要说明"怎么找",提高了操作效率。关系模型中的数据操作是集合操作,有严格的数学基础,并在此基础上发展成关系数据理论。所以,关系模型在诞生以后,成为发展迅速、最受欢迎的数据模型。

因此,在机械资源库中,机械零部件的特征和属性在关系数据库中就映射为一张张的表。表头是零部件的各类特征和属性名,列上的值就是该特征或属性的取值;而每一行就可以完整地描述某个零部件。

现在的数据库管理系统几乎都是支持关系模型的,如 Oracle、Microsoft SQL Server、Microsoft Access、Visual Foxpro、Sybase ASE、DB2 等。数据库领域的研究工作,也大都集中在关系方法中。在关系模型中,现实世界的数据组织成一些二维表格,这些表格称为关系,用户对数据的操作抽象为对关系的操作。例如,表 4-2 就是一张关系表格。

2. 机械资源库的系统结构、主要功能和内容

机械资源库的开发应用是基于 Oracle9i 数据库管理系统的。Oracle 数据库是以高级 SQL 为基础的大型关系数据库,通俗地讲它是用方便逻辑管理的语言操纵大量有规律数据的集合。它是目前最流行的客户/服务器(client/server)体

系结构的数据库之一。它的特点主要是从 Oracle7.x 以来引入了共享 SQL 和多线索服务器体系结构。这减少了 Oracle 的资源占用，并增强了 Oracle 的能力，使之在低档软硬件平台上用较少的资源就可以支持更多的用户，而在高档平台上可以支持成百上千个用户；提供了基于角色(role)分工的安全保密管理。在数据库管理功能、完整性检查、安全性、一致性方面都有良好的表现；支持大量多媒体数据，如二进制图形、声音、动画以及多维数据结构等，Oracle 在这项功能上比其他关系数据库系统更为强大，这非常重要，因为这正是实现机械资源库系统所必需的；提供了与第三代高级语言的接口软件 Pro 系列，能在 C/C++ 等主语言中嵌入 SQL 语句及过程化(PL/SQL)语句，对数据库中的数据进行操纵，加上它有许多优秀的前台开发工具，如 Power Build、SQL Forms、Visia Basic 等，可以快速地开发生成基于客户端个人电脑(personal computer，PC)平台的应用程序，并具有良好的移植性；提供了新的分布式数据库能力；可通过网络较方便地读写远端数据库里的数据，并具有对称复制的技术；特别的是，在 Oracle9i 支持面向对象的功能，支持类、方法、属性等概念。这些特点使得 Oracle 产品成为一种对象——关系型数据库系统。

1) 系统结构

机械资源库系统主要由以下两部分构成：

(1) 客户端部分。网站界面、结构、内容、链接、查询等，面向网络用户部分。

(2) 服务器端部分。对网站内部结构、网页进行管理等。系统结构如图 4-2 所示。

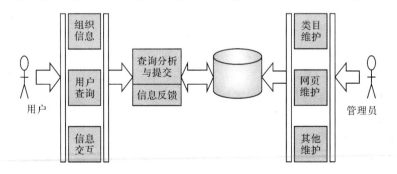

图 4-2　系统结构图

2) 主要功能

机械资源库所实现的功能包括以下几个方面：

(1) 信息组织和查询。按照所设计的网站结构和内容，组织合理的信息显示机制。在网站中实现多种检索功能提供给用户选择使用。

(2) 信息交互。在网站中用留言簿和电子邮件地址连接的方式实现用户和网站管理员、用户和用户之间的交互。

（3）类目维护。实现类目之间关系和各自属性的维护。

（4）网页维护。实现网页与类目之间的关系和网页属性及内容的维护。

（5）其他维护。如数据的更新与访问控制、数据的安全维护等。

3）主要内容和分类法

机械资源库包括的主要内容有:标准件库、通用件库、模具资源库、工艺信息库、工程材料库、制造设备资源库、企业信息库等。在这些内容中,零部件的图形数据是机械资源库内容的核心部分,其他数据库都是围绕零部件的图形数据来组织的。

机械资源库中对零部件的分类参照相关国家标准和企业的实际情况来进行的。例如,对标准件的分类就是按照国家标准中的分类法来分的,图 4-3 就是机械资源库中部分标准件的分类。另外,机械资源库中,零部件数据的存放按照数据库管理的要求实现了系列化、标准化,并把各种资源按类别分别放在标准件库、通用件库、工程材料库中。在各个库中把零部件按照树状结构进行分类。

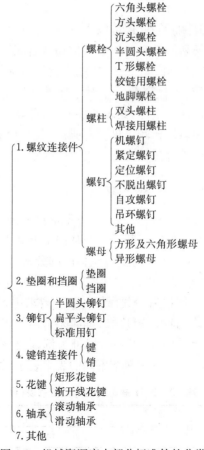

图 4-3　机械资源库中部分标准件的分类

可以给出机械资源库中各种资源的类目存储结构,如图 4-4 所示。

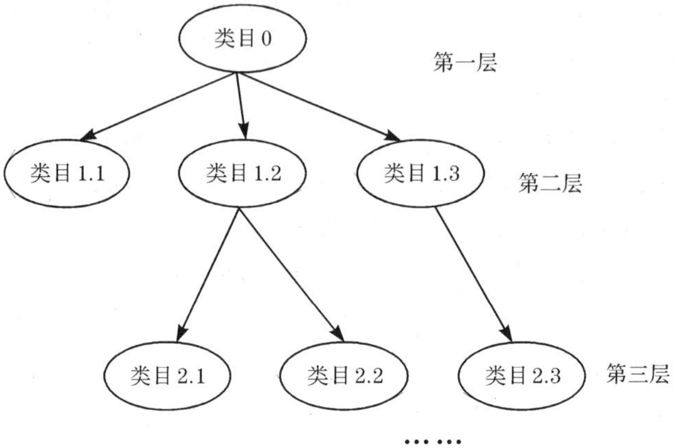

图 4-4　类目存储结构

　　显然,对于某些零部件的类别,还可以再分下去。在机械资源库中,同一类别的零部件具有相同的特征和属性名的定义。例如,螺栓类的特征和属性名的定义是完全相同的,只不过其取值不同而已。这就为比较零部件之间的相似性提供了很大的方便。因此,由于在机械资源库中对零部件进行了规范化的分类,各类零部件具有相同或相近的特征和属性,其表的字段名(即特征和属性名)设计也完全相同。这就为零部件的相似性比较提供了基础。了解机械资源库的系统结构、主要功能和内容、分类法,对于算法设计有着很重要的意义。

　　3. 机械资源库中零部件表特点的分析

　　在 4.1.1 节中我们说过,机械资源库中对零部件的描述是通过一张张表来进行的。那么它们有什么共同的特点呢? 下面从两个方面来分析。

　　1) 一个特征或属性下有多个特征分量情况的分析

　　在机械资源库中,各零部件的绝大多数属性只有一个确定的值,用数学的观点来看,它们的基数为 1。但也有少数属性和特征要求用多个特征分量来表示,为了满足数据库的范式要求,这些分量的数据必须分散在不同的表中,在这种情况下必须用另外的表来表示。例如,以一个螺母为例,其材料有普通钢和不锈钢两种,且性能有不同的要求,它可以用两个不同的表来表示,如表 4-3 和表 4-4 所示。

表 4-3　NUT 螺母属性特征信息表(1)

型号	d	e	s
M8 螺母	8	14.4	13

M8 螺母的主要特性表:

表 4-4　螺母材料-状况(MATERIAL-CONDITION)信息表(2)

材料	状况
钢	$D \leqslant 39$ 时为 6、8、10;$D > 39$ 时按协议
不锈钢	$D \leqslant 20$ 时为 A2-70 $20 < D \leqslant 39$ 时为 A2-50;$D > 39$ 时按协议

材料性能表

在这种情况下,关系代数中提供了连接(join)运算来解决两个表连接的问题。在关系数据库的结构化查询语言 SQL 中,提供了语法形式:

```
SELECT          NUT.♯NAME,           NUT.m,           NUT.s,
MATERIAL-CONDITION.MATERIAL,MATERIAL-CONDITION.CONDITION
FROM  NUT,  MATERIAL-CONDITION
WHERE  MATERIAL＝MATERIAL-CONDITION.MATERIAL
AND
MATERIAL-CONDITION.CONDITION
```

通过连接运算,可以将这两个表连接成为一个表来表示,如表 4-5 所示。

表 4-5　连接运算后的螺母表

型号	m	s	材料	状况
M8 螺母	14.4	13	钢	$D \leqslant 39$ 时为 6、8、10;$D > 39$ 时按协议
M8 螺母	14.4	13	不锈钢	$D \leqslant 20$ 时为 A2-70 $20 < D \leqslant 39$ 时为 A2-50;$D > 39$ 时按协议

这样,通过 SQL 语言中的连接运算把一个特征或属性下的多个分量统一转化成基数为 1 的特征或属性,为设计相似性算法带来了很大的方便性。因此,可以认为在机械资源库中,零部件的特征和属性的值只有一个。

2) 资源库各表字段(即各特征和属性的取值)数据类型的分析

在机械资源库中,用户在查询和使用某个零部件时,可以得到以下几类信息:

(1) 零部件的图形数据。包括该零部件参数化和非参数化二维和三维图形数据,这是机械资源库的核心数据。

(2) 零部件编号。遵循一定的标准所编制的表示零部件在机械资源库中唯一性的编码,由字母和数字组成。

(3) 零部件名称。这些名称遵循一定的标准(如国家标准、行业标准或企业标准)而定,同时零部件的名称中还包含着该零部件的主要功能信息。例如,"螺母"就包含了它的主要功能是用来连接的。

(4) 零部件名称的通用词或相近词。通用词是指该零部件的其他的称呼;相近词是指与该零部件实现功能相近的零部件的名称。

(5) 零部件各类尺寸值。能够较完整地表现该零部件外形、安装和某些关键功能的尺寸值,以及有助于表现该零部件特征和属性的某些局部尺寸值。零部件尺寸值也是机械资源库中极为重要的一个资源,它包括了一个零部件外形尺寸(如长、宽、高、半/直径)、最主要的安装尺寸以及与其主要功能相关的尺寸等。某些局部尺寸也是很重要的,虽然在绝大多数情况下用户并不关心它们,但在某些情况下对选用零部件具有重要的参考价值,所以也必须列出。

(6) 材料信息。主要由两部分组成,一是该零部件的材料的名称(由关键词表述),二是对该材料的详细说明。

(7) 功能、性能信息。主要由该零部件具备的主要功能、性能的关键词说明和详细说明组成。

(8) 零部件遵循的标准信息。也由两部分组成,一是该标准关键词,二是该标准的相关部分的详细信息。

(9) 厂家信息。主要由两部分组成,一是该零部件生产厂家的名称(由关键词表述),二是对这些厂家信息详细介绍部分。

(10) 其他相关信息。描述该零部件自身所具有的不同于其他该类零部件所具有的特殊信息,可以简单地用关键词来描述,也可对其进行详细的说明。

以上信息描述的就是机械资源库所描述的机械零部件特征和属性,正如第 2 章所述的,对于用户来讲,它们已经足够地把一个机械零部件的特征和属性完整地描述出来了。那么对于这些数据,机械资源库(Oracle 数据库系统)中用哪些数据类型来表示呢? 在进行相似性比较时需不需要对全部的数据类型进行比较呢? 下面我们先来看看 Oracle 数据库中有哪些数据类型。

在 Oracle 数据库中,常用数据类型如表 4-6 所示。

表 4-6　Oracle 中常用数据类型

数据类型	作用
VARCHAR2	存储变长字符串(最大 4000 字节)
NUMBER	存储浮点数
NUMBER(p,s)	存储数字值,p 为精度,s 为标度
DATE	存储日期时间数据(7 个字节)
RAW	存储变长二进制数据(最大 2000 字节)

续表

数据类型	作用
LONG	存储大批量字符（最大 2G）
LONG　RAW	存储大二进制数据（最大 2G）
CLOB	存储大批量字符（最大 4G）
BLOB	存储大二进制数据（最大 4G）
NCHAR、NVARCHAR2、NCLOB	存储民族字符集数据

刚才提到从资源资源库中可以获得十类信息。那么这些信息是由哪些数据类型来表示呢？根据其信息表达，其字段数据类型的情况总结如下。

图形：LONG RAW、BLOB 类型；

零部件编号：VARCHAR2 类型；

零部件名称：VARCHAR2 类型；

尺寸：NUMBER(p,n)类型；

零部件名称的通用或相近词：VARCHAR2 类型；

材料信息：VARCHAR2、LONG 类型；

功能、性能信息：VARCHAR2、LONG 类型；

零部件遵循的标准信息：VARCHAR2、LONG 类型。

另外，反过来，再把几个主要数据类型所能表示的信息类型作一个总结。

NUMBER(p,n)：用于尺寸等可以用数值来表示的特征和属性；

VARCHAR2：用来表示零部件编号、零部件名称、零部件的相近词或通用词以及各类信息的关键词；

LONG：表示各类详细信息，包括材料、功能、性能、厂家以及其他相关的详细信息；

LONG RAW BLOB：主要是图形数据。

对于使用者来说，机械零部件来说实现了标准化、系列化之后，其图形的重要性已退居次要位置。相反地，那些表示用户相关特征和属性的字段才是相似性的比较中所关心的内容。因此，对于 LONG RAW、BLOB 类型的字段数据，可以在相似性的比较中不予考虑。

另外，对于那些详细信息的说明，如厂家、性能、材料以及标准都是以大批量数据类型来表示的；与这些详细信息相对应，定义相应的关键词来概括这些详细信息的内容。这些关键词已经把详细信息的最关键部分概括出来了。因此，对于相似性的判断来说，通过这些详细信息的关键词来判断就足够了。这样，我们就不需要对 LONG 类型的字段值进行比较，也就是说只要比较其关键词，即 VARCHAR2 类型的字段即可。

通过以上对机械资源库中对零部件组织、描述的分析,我们可以作如下的总结:在机械资源库中,零部件的存放是标准化、系列化的;零部件每个特征和属性的分量都可看成为1;对同一类零部件来说,表的各种定义和结构是完全相同的;在相似性的判断中,只需对 NUMBER(p,n)、VARCHAR2 类型的字段值进行比较。

4.1.3　相似度算法公式

进行相似性分析的关键是设计出一个比较合适的相似度算式出来。在设计相似度算式时,应该注意以下两点:相似度算式应尽可能地反映不同零部件特征和属性之间的相差值,便于从系统角度来判断相似度;相似度算式中应该考虑到相关性,即外界因素(主要是人的因素)对相似度判断的影响。相似度的判断可以从系统角度和用户角度两个方面来进行。相似度算法公式实际上就是为系统对相似度的判断提供一个最基本的依据是从系统角度考虑的。

设有相似零部件 A 和 B,其特征和属性分别有 k 和 l 个,分别记作

$$A=\{a_1,a_2,\cdots,a_k\}$$
$$B=\{b_1,b_2,\cdots,b_l\}$$

设其中有 n 个特征或属性相似,则 A 和 B 又可表示为

$$A=\{a_1,a_2,\cdots,a_i,\cdots,a_n,\cdots,a_k\}$$
$$B=\{b_1,b_2,\cdots,b_i,\cdots,b_n,\cdots,b_l\}$$

构造相似元 U_i,则 $\sharp(U)=n$。又设相似元素 a_i 和 b_i 的特征分量数分别为 k 和 l,共有相似特征分量数为 m,依次为 $s_1,s_2,\cdots,s_j,\cdots,s_m$。考虑相似元 u_i,记 $v_j(a_i)$ 是元素 a_i 中特征 s_j 所对应的值,$v_j(b_i)$ 是元素 b_i 中特征 s_j 所对应的值,则可得出相似元数值 $q(u_i)$ 的计算式,其为

$$r_{ij}=\frac{\min\{v_j(a_i),v_j(b_i)\}}{\max\{v_j(a_i),v_j(b_i)\}},\quad 0\leqslant r_{ij}\leqslant1,\quad i=1,2,\cdots,n,\quad j=1,2,\cdots,n$$

对于第 i 个相似元的 m 个特征值的比例系数可分别记为:$r_{i1},r_{i2},\cdots,r_{im}$,则一种相似元数值 $q(u_i)$ 的计算式为

$$q(u_i)=\frac{m}{k+l-m}\sum_{j=1}^{m}r_{ij}$$

前面已经讨论过在机械资源库中,所有零部件的字段(即零部件的特征和属性)分量都是1,因此可得 $k=l=m=1$。则 r_{ij}、$q(u_i)$ 变为

$$r_i=\frac{\min\{v(a_i),v(b_i)\}}{\max\{v(a_i),v(b_i)\}},\quad 0\leqslant r_i\leqslant1,\quad i=1,2,\cdots,n$$

$$q(u_i)=r_i=\frac{\min\{v(a_i),v(b_i)\}}{\max\{v(a_i),v(b_i)\}},\quad 0\leqslant q(u_i)\leqslant1 \tag{4-1}$$

$q(u_i)$ 就是 A 和 B 零件中第 i 个特征或属性之间的相似比例数,实际上也就

是它们之间的相似度。我们把所有特征和属性的相似比例数叠加,就可得到 A、B 两个零部件的相似度 Q 的算式。

$$Q = \frac{n}{k+l-n}\sum_{i=1}^{n}q(u_i)$$

$$\frac{n}{k+l-n}\sum_{i=1}^{n}\frac{\min\{v(a_i),v(b_i)\}}{\max\{v(a_i),v(b_i)\}}, \quad i=1,2,\cdots,n \tag{4-2}$$

但是,式(4-1)仅仅是两个零部件之间相似度。而在实际中,当用户输入查询条件或以当前零部件的特征和属性对机械资源库进行检索时,系统输出的结果远远不止一个零部件。因此,式(4-2)存在的缺点就是不能反映多个零部件特征和属性之间的关系。

式(4-1)和式(4-2)只考虑两个零部件之间特征和属性的相似性,那么多个零部件之间相似性如何考虑呢? 下面先引入"距离"和"取值范围"这两个概念。我们知道,如果 B 零部件与 A 零部件的某个特征或属性值的差值越大,在该特征或属性上,其 B 与 A 的相似性就越小。

定义 4-2　设机械资源库中相似于当前零部件的零部件数为 m,$v_0(a_i)$ 为当前零部件的第 i 个特征或属性值,$v_j(a_i)$ 为第 j 个相似零部件的第 i 个特征或属性的取值,我们把 $|v_j(a_i)-v_0(a_i)|$ 称之为零部件特征或属性之间的距离。

那么,我们又如何来计算一个相似元的比例系数(也就是相似度值)呢? 零部件的某个特征或属性的取值总在一个范围之内。因此,距离和这个范围值的比表示这个相似元的比例系数(相似度值)。

定义 4-3　设 $\max\limits_{i=1,2,\cdots,n;j=1,2,\cdots,m}\{v_j(a_i),v_0(a_i)\}$ 为所有相似零部件(包括当前零部件)中第 i 个特征或属性值的最大值,$\min\limits_{i=1,2,\cdots,n;j=1,2,\cdots,m}\{v_j(a_i),v_0(a_i)\}$ 为所有相似零部件(包括当前零部件)中第 i 个特征或属性值的最小值,记 $R_{ji}=\max\limits_{i=1,2,\cdots,n;j=1,2,\cdots,m}\{v_j(a_i),v_0(a_i)\}-\min\limits_{i=1,2,\cdots,n;j=1,2,\cdots,m}\{v_j(a_i),v_0(a_i)\}$,则称 R_{ji} 为第 i 个特征或属性的取值范围。

我们回到机械资源库中,很容易就可以把距离映射为零部件表上某一列上字段值之间的差,而取值范围则映射为零部件表上某一列字段值的最大值。

有了距离和取值范围的概念,我们就可以用 $\dfrac{|v_j(a_i)-v_0(a_i)|}{R_{ji}}$ 来表示一个相似元的数值(某个特征或属性上的相似度),该式更能体现所有相似件各特征和属性之间的关系。显而易见,随着 $\dfrac{|v_j(a_i)-v_0(a_i)|}{R_{ji}}$ 的变大,该零部件与当前零部件的相似度就越小。

为了便于比较,使 r_i 的值随相似度的变化呈同样趋势。可将 r_i 变为

$$r_i = \frac{1}{1+\dfrac{|v_j(a_i)-v_0(a_i)|}{R_{ji}}}, \quad 0 \leqslant r_i \leqslant 1$$

则 $q(u_i)$ 为

$$q(u_i) = r_i = \frac{1}{1 + \dfrac{|v_j(a_i) - v_0(a_i)|}{R_{ij}}} \qquad (4\text{-}3)$$

1. 用户角度(相关性即外界因素)对算式的影响

相似度的判断不仅是要从系统的角度来判断,还要考虑到用户角度的影响。那么在式(4-3)中从哪些方面体现用户对相似性的判断呢?这里先来作一个分析。

对于那些要用大批量字符(即文本文件)来表示的特征或属性来说,只需用其信息的关键词来表示,在进行相似性比较时,只要对这些关键词比较即可。这些关键词实际上体现了用户主观因素对相似性判断的影响,它包括相关性中主题、认知等因素。在相似度算式中,就体现在对 $|v_j(a_i) - v_0(a_i)|$、R_{ji} 的计算中,也就把部分用户角度的影响转化到系统判断中。

但这还远远不够,因为用户角度的影响不仅体现在对特征或属性值的影响上,还表现在对各个特征和属性重要性的判断上。例如,用户在对两个零部件进行相似性比较时,认为其中一些特征或属性对相似性判断具有更重要的作用,而其他某些特征或属性可有可无,因此就必须对每个特征和属性设置的重要性进行权重的设置,并把它们反映在相似度算式中,转化为系统角度的判断。

为此,在每个相似元数值前设一个特征和属性权重系数 d_i,来表示各特征和属性在相似性判断中的重要性,于是式(4-3)变为

$$q(u_i) = r_i = \frac{d_i}{1 + \dfrac{|v_j(a_i) - v_0(a_i)|}{R_{ji}}}, \qquad \sum_{i=1}^{n} d_i = 1 \qquad (4\text{-}4)$$

有了 $q(u_i)$,我们就可以来计算某个零部件于当前零部件的相似度。把各相似特征和属性的相似元数值进行叠加,得到第 j 个零部件与当前零部件的相似度算式 $\mathrm{SIM}(j)$ 为

$$\mathrm{SIM}(j) = \frac{n}{k+l-n} \sum_{i=1}^{n} \frac{d_i}{1 + \dfrac{|v_j(a_i) - v_0(a_i)|}{R_{ji}}}, \quad j = 1, 2, \cdots, m, i = 1, 2, \cdots, n$$

$$(4\text{-}5)$$

式中,各参数的说明(k、l、n 的说明)如下:

k 为当前零部件所有特征和属性的个数,在机械资源库表现为除编号、名称信息、图形、大批量字符串数据之外所有字段的总数。

l 为第 j 相似零部件所有特征和属性的个数,在机械资源库中表现为除编号、名称信息、图形、大批量字符串数据之外所有字段的总数。由于机械资源库

中零部件实现了系列化,绝大多数同类零部件的表的结构可以完全相同,此时 $k=l$。

n 为两相似零部件中相似的特征和属性数,那么在机械资源库中又表现为什么呢? 在同一类的零部件中,由于表的结构和定义完全相同,但各个零部件字段的取值有些差别,例如,某些零部件在某些字段上的取值为 NULL,即该项特征或属性不存在,此时该字段的数目就不能计入 n 中。因此,n 的取值定义为:第 j 个相似零部件和当前零部件所有相似特征和属性中除去取值为 NULL 的字段的总数(也不包括编号、名称、图形、大批量字符串的字段)。

d_i 的设定是由用户来决定的,它可以预先写入数据库中,或者通过用户在检索零部件时予以设定。应特别指出的是,当字段数据类型为 FLOAT、VARCHAR2时,$d_i=0$。

$v_0(a_i)$、$v_j(a_i)$ 和 R_{ji} 的说明:

在机械资源库中,对于 FLOAT 类型的字段,$v_0(a_i)$、$v_j(a_i)$ 和 R_{ji} 的比较和计算很简单,但对于 VARCHAR2(字符型)类型的数据则比较困难。对于此类情况,采用以下的办法:首先判断对应的字符串中包不包括要比较的字符串;如不包括,视 $v_j(a_i)$ 为 NULL 的情况,$v_j(a_i)=0$;如包括,则进入下一步计算;

在包括的情况下,分别统计当前零部件该字段的字符数和相似零部件该字段的字符数,把它们作为 $v_0(a_i)$、$v_j(a_i)$ 值。另外,在此情况下,由于字符数的最小值最少为 0,R_{ji} 取值为 $\max\limits_{i=1,2,\cdots,n;j=1,2,\cdots,m}\{v_j(a_i),v_0(a_i)\}$,其他情况也与 $v_j(a_i)$ 的处理方法相同。

如何判断是否包含相应的字符串呢? 使用 C 库函数中的 strspn() 函数,它的功能是找出串 s1 中包含串 s2 全部字符的初始段,并返回串 s1 中包含串 s2 全部字符的初始段的长度,只要判断该长度值是否小于对应字段的字符数,即可判断其是否包含指定的字符串。

2. 对 SIM(j)性质的分析

对于式(4-5),我们可以得到以下的性质:

当 $k=l=n$、$v_j(a_i)=v_0(a_i)$ 时,有 SIM$(j)=1$;

当 $v_j(a_i)\neq v_0(a_i)$ 时,有 $0<$ SIM$(j)<1$,$0<n<\min(k,l)$,$q(u_i)\neq 1$,$q(u_i)\neq 0$;

当 $n=0$ 时,有 SIM$(j)=0$,$q(u_i)=0$。

另外,把 SIM$(j)=1$ 的情况称之为第 j 个零部件与当前零部件相同;$0<$ SIM$(j)<1$ 时,第 j 个零部件与当前零部件相似;SIM$(j)=0$ 时,称第 j 个零部件与当前零部件相异。

4.2　相似性判断的实现

4.2.1　相似性判断算法的总步骤

在相似度算法公式设计出后,主要问题就是如何计算式中各参数。笔者的思路是通过在计算机高级语言中嵌入数据库语言 SQL 以及 Oracle 中的 PL/SQL 语言,将算法分解成若干功能块,设计出相对应的若干函数,实现算法的整体功能。这样就提高了算法实现应用程序的健壮性,便于应用程序开发、调试、访问和调用。

在算法设计中,如何实现对数据库的访问是一个关键。SQL 和 Oracle 中的 PL/SQL 提供了用户和数据库交互操作的接口。SQL 是关系数据库的基本操作语言,该语言将数据查询、数据操纵、数据定义和数据控制功能集于一体,从而使应用开发人员、数据库管理员、最终用户都可以通过 SQL 语言对数据库进行操作;PL/SQL 是 Oracle 在标准 SQL 语言上的过程性扩展,它支持过程结构、变量定义以及错误处理等。相似性算法的算法步骤流程图如图 4-5 所示。

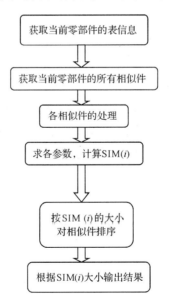

图 4-5　相似性算法步骤流程图

在相似性算法中,所需求的基本参数有:

与当前零部件相似的零部件的总数 m;

当前零部件所有列的总数 k;

第 j 个相似零部件的相似元数 n；

当前零部件表的第 i 列字段的取值 $v_0(a_i)$；

第 j 个相似零部件表的第 i 列字段的取值 $v_j(a_i)$；

第 i 列上字段的最大值 $\max\{v(a_i)\}$；

第 j 列上字段的最小值 $\min\{v(a_i)\}$。

相似性分析的总算法步骤描述如下：

1. 获取当前零部件的表信息

（1）连接数据库；

（2）求列的总数 ColumnAmount，即为 k 的值；

（3）获取当前零部件的所有列名 ColumnName，并将列名按顺序赋给 ColumnName[i]；

（4）获取当前零部件各列的数据类型 DataType，并将数据类型名按顺序赋给 Data_Type[i]。

2. 获取当前零部件所有相似件总数及信息

（1）获取检索结果行的总数 RowAmount，即为 m 的值；

（2）从当前零部件的表中提取 Name 的值，按 Name 的值检索出所有相似件，并将这些 Name 的值分别赋给 SimilarName[j]。

计算 R_{ji}、$|v_j(a_i)-v_0(a_i)|$ 及相似元数 n。

判断 DataType[i] 的数据类型：若 DataType[i] 是为 FLOAT。

（1）求 ColumnValue[i] 在该列上的最大值 MaxColumnValue；

（2）求 ColumnValue[i] 在该列上的最小值 MinColumnValue；

（3）将 SimilarName[j] 在 ColumnName[i] 上值赋给 NumberColumnValue[j]；

（4）判断 NumberColumnValue[j] 是否为空，是则 NumberColumnValue[j] 为 0，否则进入下一步；

（5）求相似元数 SimUnitAmount[j]；

（6）计算 Number 型 $|v_j(a_i)-v_0(a_i)|$ 的值 DifferValue[i][j]。

3. 若 DataType[i] 为 VARCHAR2

（1）相似元数 SimUnitAmount[j] 初始化；

（2）将 SimilarName[j] 在 ColumnName[i] 上的值赋给 CharColumnValue[i][j]；

（3）判断 CharColumnValue[i][j] 是否为空，是则使其字符数 CharAmount[j]＝0，否则进入下一步；

（4）求相似元数 SimUnitAmount[j]，并求 CharColumnValue[i][j] 的字

符数；

（5）判断 CharColumnValue$[i][j]$是否包含给定的字符串，否的话则其字符数 CharAmount$[j]$为 0；

（6）计算 VARCHAR2 型$|v_j(a_i)-v_0(a_i)|$的值 DifferValue$[i][j]$；

（7）求 SimilarName$[j]$在该列上的最大值 MaxColumnValue$[i]$；

（8）求 SimilarName$[j]$在该列上的最大值 MinColumnValue$[i]$。

4. 求 ValueRange$[i]=$MaxColumnValue$[i]-$MinColumnValue$[i]$，即为 R_{ji}的值获取d_i值

检索 ColumnName$[i]$在 Authority 表中对应的 AuthorValue 的值，为 AuthorityValue$[i]$，此即为d_i值。

计算 SIM(i)值 Similarity$[j]$，计算式（4-5）的值，其中：

$k=l=$ColumnAmount

$n=$SimUnitAmount

$d_i=$AuthorityValue$[i]$

$R_{ji}=$ValueRange$[i]=$MaxColumnValue$[i]-$MinColumnValue$[i]$

$|v_j(a_i)-v_0(a_i)|=$DifferValue$[i][j]$

将 SIM(i)按从大到小排列，按 SIM(i)的大小输出相似零部件，根据相似性算法的总步骤，把算法步骤相应地分为以下几个部分：获取当前零部件的表信息；获取当前零部件所有相似件总数及信息；计算 R_{ji}、$|v_j(a_i)-v_0(a_i)|$及相似元数 n；获取d_i值；计算 SIM(i)；排列 SIM(i)按 SIM(i)的大小输出相似零部件。

4.2.2　算法各部分的实现

为了验证算法，采用的方法是使用 Oracle 自身所带的 Pro ＊ C/C＋＋工具。PRO 系列是 Oracle 公司提供的在第三代高级程序设计语言中嵌入 SQL 语句来访问数据库的一套预编译程序，包括 PRO ＊ Ada、PRO ＊ C、PRO ＊ COBOL、PRO ＊ Fortran、PRO ＊ Pascal 和 PRO ＊ PL/I 六种。它的优点是通过预编译程序与其他高级语言的结合，既可以利用 SQL 强有力的功能和灵活性为数据库应用系统的开发提供强有力的手段，又可以充分利用高级语言自身在系统开发方面的优势，从而提供一个完备的基于 Oracle 数据库应用程序的开发解决方案。本课题中就是通过在 C 语言中插入 PL/SQL 语言来实现算法的，并通过在 VC 中使用 PRO ＊ C，先用 PRO ＊ C 编写所需的操作数据库的子程序，再运行 PRO ＊ C 预编译程序把 PRO ＊ C 源程序转成相应的 CPP 源程序来实现。

获取当前零部件表信息算法如下：

```
exec sql begin declare section;
… …                                        / * 定义宿主变量 * /
exec sql end declare section;
connect();                                 / * 连接数据库 * /
k = GetColumnAmount();                     / * 获取列的总数 * /
exec sql select columnname into:ColumnName fromtable_name = :Authority;
                                           / * 内嵌 SQL 语句,将各列名赋给
                                             ColumnName[i] * /
… …
```

式中,函数 GetColumnAmount()算法描述为:

```
int GetColumnAmount()
{
exec sql begin declare section;
        int columnamount;                  / * 定义宿主变量 * /
exec sql end declare section;
exec sql select count(columnname)into:columnamount
from table_name = :TableName
/ * 调用 Oracle 函数 count,
统计列的总数 * /
where datatype! = 'RAW' and datatype! = 'LONG' and datatype! = 'LONG RAW';
                                           / * 限制列的数据类型 * /
return(columnamount);
}
获取当前零部件所有相似件总数及信息
… …
m = GetRowAmount();                        / * 获取相似件的总数 * /
exec sql select name into:SimilarName
        / * 内嵌 SQL 语句,获取各相似件的名称 SimilarName[j] * /
from table_name = :TableName
where typename = :Typename;                / * :Typename 为零部件的类型名 * /
… …
```

式中,GetRowAmount()的结构为

```
int GetRowAmount()
{
exec sql begin declare section;
    int rowamount;                          /*定义宿主变量*/
exec sql end declare section;
exec sql select count(id)into:rowamount
                                        /*调用 Oracle 函数 count,
                                            统计列的总数*/
from table_name = :TableName
where typename = :Typename;              /*:Typename 为零部件的类型名*/
return(rowamount);
}
```

计算 Rji、|vj(ai) − v0(ai)|及相似元数 n

… …

```
char str1 = "Number";
for(i = 0;i<k;i + +)
{
  if(strcmp(DataType[i],str1)! = 0)
                                    /*:判断数据类型是否为 Number 类型*/
  {
      for(j = 0;j<m;j + +)
{
      SimUnitAmount[j] = 0;         /*: SimUnitAmount[j]初始化*/
}
    exec sql select:ColumnName[i] into :CharColumnValue[i]:ColumnValue_
ind[i]
        fromtable_name = : TableName;
                                        /*获取字符型字段的值*/
  for(j = 0;j<m;j + +)
  {
    if(ColumnValue_ind3[i][j]! = 0)    /*判断该字段是否为空*/
      CharAmount[i][j] = 0;            /*为空则 CharAmount 为 0*/
    else
    {
      SimUnitAmount[j] = SimUnitAmount[j] + 1;
```

```
                              /* 计算相似元数 SimUnitAmount[j] */
      CurrentCharAmount[i] = strlen(CurrentCharColumnValue[i]);
      /* 利用 C 库函数 strlen () 将当前零部件的字符型字段转化为数值 */
      CharAmount[i][j] = strlen(CharColumnValue[j]);
                /* 利用 C 库函数 strlen () 将字符型字段转化为数值 */
  }
}
for(j = 0;j<m;j + +)
{
  string1 = CharColumnValue[j];
  string2 = CurrentCharColumnValue;
                              /* 当前零部件在该字段上的值 */
  if(strspn(string1,string2)<CharAmount[7])
/* 判断该字符串是否包含该字段的字符串 */
      CharAmount[j] = 0;              /* 不包括则视其 CharAmoun 为 0 */
  DifferValue[i][j] = fabs(CharAmount[j]-CharAmount[7]);
                        /* 计 VARCGHAR2 型的 | vj(ai) - v0(ai) | */
}
MaxCharAmount[i] = 0.0;              /* MaxCharAmount[i]初始化 */
for(j = 0;j<m;j + +)
{
  if(CharAmount[j]> = MaxCharAmount[i])
    MaxCharAmount[i] = CharAmount[j];
}
MaxColumnValue[i] = MaxCharAmount; /* VARCHAR 时的最大值 */
MinColumnValue[i] = 0;              /* VARCHAR 时的最小值 */
}
  else                      /* 数据类型为 Number 的情况 */
{
exec sql select max(:ColumnName[i]) into Max from table_name = : Ta-
bleName;
                  /* 利用 Oracle 中的 Max 函数求该列的最大值 */
  exec sql select min(:ColumnName[i]) into Min from table_name = : Ta-
bleName;
                  /* 利用 Oracle 中的 Max 函数求该列的最小值 */
```

```
MaxColumnValue[i] = Max;                    /* NUMBER 时的最大值 */
MinColumnValue[i] = Min;                     /* NUMBER 时的最大值 */
exec sql select:ColumnName[i] into :NumberColumnValue:ColumnValue_
ind[i]
from table_name = :TableName;               /* 获取 NUMBER 类型的字段值 */
for(j = 0;j<m;j++)
{
  if(ColumnValue_ind[i][j]! = 0)            /* 判断该字段是否为空 */
    NumberColumnValue[j] = 0;
                                   /* 若为空则 NumberColumnValue 为 0 */
  else
    SimUnitAmount[j] = SimUnitAmount[j] + 1;
                                   /* 计算相似元数 SimUnitAmount[j] */
  DifferValue[i][j] = fabs(NumberColumnValue[j]-NumberColumnValue[7]);
                                   /* 计算 NUMBER 型的 |vj(ai) - v0(ai)| */
}
   }
for(i = 0;i<k;i++)                           /* 计算 Rji 的值 */
{
ValueRange[i] = MaxColumnValue[i]-MinColumnValue[i];
}
…  …
```

获取 di 值获取 di 的值比较简单,只需用 SQL 语句直接检索即可:

… …

```
exec sql select authorvalue into :AuthorityValue
  from table_name = :Authority;
```

… …

计算 SIM(i)

… …

```
for(j = 0;j<m;j++)
{
  TempValue[j] = 0;
  for(i = 0;i<k;i++)
  {
TempValue[j] = TempValue[j]
```

```
    + (AuthorityValue[i]/(1 + (DifferValue[i][j]/ValueRange[i]))));
                    / * 将各参数代入相似度算式计算 * /
    }
    SimilarValue[j] = (SimUnitAmount[j] * TempValue[j])/(2 * k-SimUnitA-
mount[j]);
    }
    … …
```

排列 SIM(i),按 SIM(i)的大小输出相似零部件

… …

```
exec sql update table_name = : TableName set similarity = :SimilarValue
where id = :主键名;          / * 将 SimilarValue[j]插入表中 * /
    exec sql select name,diameter,toothtype,similarity
        into :SimilarName, :Diameter, :Toothtype, :SimilarValue
        from table_name = : TableName
        order by similarity desc;   / * 根据 SimilarValue[j]大小排序 * /
for(j = 0;j<m;j + + )                / * 输出结果 * /
{
… …
}
… …
```

4.2.3　算例及分析

　　机械资源库中的部分螺母为例来分析本章提出的相似性算法。这些螺母包括 1 型细牙六角螺母(GB/T6171—2000)、1 型粗牙六角螺母(GB/T6170—2000)和 C 级六角螺母(GB/T41—2000)三种。这些螺母的表结构和各字段取值如图 4-6、图 4-7 所示。

　　其中各字段名的意义为：

　　ID 代表零部件的编号,它是螺母类的主键;TYPENAME 为零部件的类型名;NAME 为各螺母的名称;TOOTHTYPE 为牙型;DIAMETER 为螺纹大径;SCREWPITCH 为螺距;CHIMP 为凸台厚;HEIGHT 为螺母厚度;MAXBREATH 为螺母最大宽;MINBREATH 为螺母最小宽;MATERIAL 为材料;CONDITON 为使用条件;CHIMPDIA 为凸台直径。

　　在机械资源库中,有专门的表来存放各类零部件的字段名、数据类型、各字段所属的表名和各字段的权重值,例如,螺母类零件表的结构信息存放在 AU-THORITY 表中,当然用户可以通过数据库的数据字典来查看这些信息,但是为

图 4-6　螺母的表结构

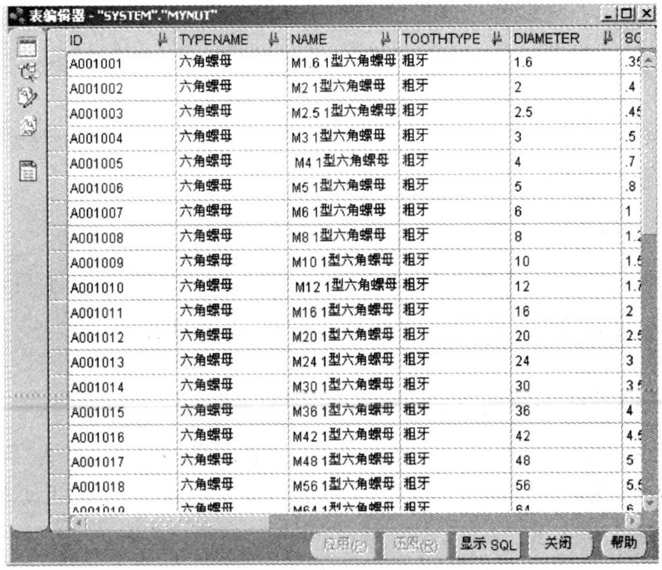

图 4-7　螺母的各字段取值

了在相似性判断的方便,应专门制定相应的表来存放这些信息,同时也为机械资源库实现其他功能提供了很大的方便,如图 4-8 和图 4-9 所示。

图 4-8　AUTHORITY 表结构

COLUMNNA...	AUTHORVA...	TABLENAME	DATATYPE
ID	0	MYNUT	VARCHAR2
TYPENAME	0	MYNUT	VARCHAR2
NAME	0	MYNUT	VARCHAR2
TOOTHTYPE	.5	MYNUT	VARCHAR2
DIAMETER	.5	MYNUT	NUMBER
SCREWPITCH	0	MYNUT	NUMBER
CHIMP	0	MYNUT	NUMBER
HEIGHT	0	MYNUT	NUMBER
MAXBREATH	0	MYNUT	NUMBER
MINBREATH	0	MYNUT	NUMBER
MATERIAL	0	MYNUT	VARCHAR2
CONDITION	0	MYNUT	VARCHAR2
FACTORY	0	MYNUT	VARCHAR2
CHIMPDIA	0	MYNUT	NUMBER

图 4-9　AUTHORITY 表各字段的取值

有了这些表的结构，就可以利用相似度值算式来分析各零部件之间的相似性。设当前零部件为 M8 1 型六角螺母，要从其中找出与其相似的零部件。首先要设置权重值，在这里我们认为螺纹大径、牙型最为重要，其他特征可以不管，设定 TOOTHTYPE、DIAMETER 的 d 值分别为 0.5 和 0.5，其他特征和属性(字段)的 d 值为 0，如图 4-9 所示。相似度值计算结果如图 4-10 所示。

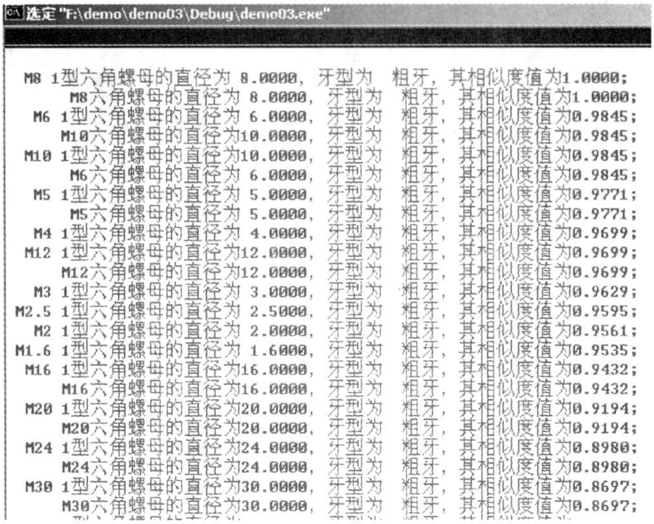

选定 "F:\demo\demo03\Debug\demo03.exe"

```
M8 1型六角螺母的直径为 8.0000, 牙型为  粗牙, 其相似度值为1.0000;
   M8六角螺母的直径为 8.0000, 牙型为  粗牙, 其相似度值为1.0000;
M6 1型六角螺母的直径为 6.0000, 牙型为  粗牙, 其相似度值为0.9845;
  M10六角螺母的直径为10.0000, 牙型为  粗牙, 其相似度值为0.9845;
M10 1型六角螺母的直径为10.0000, 牙型为  粗牙, 其相似度值为0.9845;
   M6六角螺母的直径为 6.0000, 牙型为  粗牙, 其相似度值为0.9845;
M5 1型六角螺母的直径为 5.0000, 牙型为  粗牙, 其相似度值为0.9771;
   M5六角螺母的直径为 5.0000, 牙型为  粗牙, 其相似度值为0.9771;
M4 1型六角螺母的直径为 4.0000, 牙型为  粗牙, 其相似度值为0.9699;
M12 1型六角螺母的直径为12.0000, 牙型为  粗牙, 其相似度值为0.9699;
  M12六角螺母的直径为12.0000, 牙型为  粗牙, 其相似度值为0.9699;
M3 1型六角螺母的直径为 3.0000, 牙型为  粗牙, 其相似度值为0.9629;
M2.5 1型六角螺母的直径为 2.5000, 牙型为  粗牙, 其相似度值为0.9595;
M2 1型六角螺母的直径为 2.0000, 牙型为  粗牙, 其相似度值为0.9561;
M1.6 1型六角螺母的直径为 1.6000, 牙型为  粗牙, 其相似度值为0.9535;
M16 1型六角螺母的直径为16.0000, 牙型为  粗牙, 其相似度值为0.9432;
  M16六角螺母的直径为16.0000, 牙型为  粗牙, 其相似度值为0.9432;
M20 1型六角螺母的直径为20.0000, 牙型为  粗牙, 其相似度值为0.9194;
  M20六角螺母的直径为20.0000, 牙型为  粗牙, 其相似度值为0.9194;
M24 1型六角螺母的直径为24.0000, 牙型为  粗牙, 其相似度值为0.8980;
  M24六角螺母的直径为24.0000, 牙型为  粗牙, 其相似度值为0.8980;
M30 1型六角螺母的直径为30.0000, 牙型为  粗牙, 其相似度值为0.8697;
  M30六角螺母的直径为30.0000, 牙型为  粗牙, 其相似度值为0.8697;
```

图 4-10　各螺母的相似度值

由图 4-10 我们可以看出，第一个相似零部件是它本身，由于用户只关心螺纹大径和牙型的情况，故 C 型 M8 螺母被认为于当前零部件完全相同，相似度值为 1。那么，作为大径同样为 8 的细牙螺母的情况如何呢？我们看看它的结果，见图 4-11。

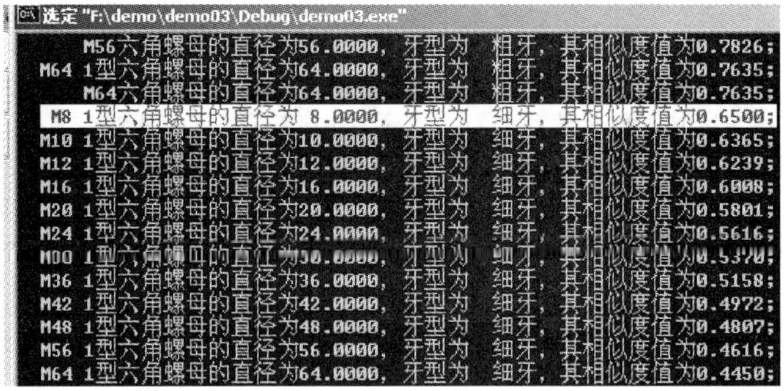

选定 "F:\demo\demo03\Debug\demo03.exe"

```
  M56六角螺母的直径为56.0000, 牙型为  粗牙, 其相似度值为0.7826;
M64 1型六角螺母的直径为64.0000, 牙型为  粗牙, 其相似度值为0.7635;
  M64六角螺母的直径为64.0000, 牙型为  粗牙, 其相似度值为0.7635;
M8 1型六角螺母的直径为 8.0000, 牙型为  细牙, 其相似度值为0.6500;
M10 1型六角螺母的直径为10.0000, 牙型为  细牙, 其相似度值为0.6365;
M12 1型六角螺母的直径为12.0000, 牙型为  细牙, 其相似度值为0.6239;
M16 1型六角螺母的直径为16.0000, 牙型为  细牙, 其相似度值为0.6008;
M20 1型六角螺母的直径为20.0000, 牙型为  细牙, 其相似度值为0.5801;
M24 1型六角螺母的直径为24.0000, 牙型为  细牙, 其相似度值为0.5616;
M30 1型六角螺母的直径为30.0000, 牙型为  细牙, 其相似度值为0.5370;
M36 1型六角螺母的直径为36.0000, 牙型为  细牙, 其相似度值为0.5158;
M42 1型六角螺母的直径为42.0000, 牙型为  细牙, 其相似度值为0.4972;
M48 1型六角螺母的直径为48.0000, 牙型为  细牙, 其相似度值为0.4807;
M56 1型六角螺母的直径为56.0000, 牙型为  细牙, 其相似度值为0.4616;
M64 1型六角螺母的直径为64.0000, 牙型为  细牙, 其相似度值为0.4450;
```

图 4-11　M8 1 型细牙螺母的相似度值

我们可以看到，M8 1 型细牙螺母的相似度值只有 0.65，其相似度值反而远远不如牙型为粗牙。而直径却远不相同的 1 型和 C 型螺母，为什么会出现这种情况呢？有以下两个原因：

(1) 1 型细牙螺母的字段中有取空值的情况。在本章的相似度算式中，取空时不计入相似元素的个数，见图 4-12 中 FACTORY 的情况，这样就使相似元素个数 n 减小，使得 $\frac{n}{k+l-n}$ 的值减小，大大影响了其相似度值。

表编辑器 - "SYSTEM"."MYNUT"

EATH	MATERIAL	CONDITION	FACTORY	CHIMPDIA	SIMI
	钢	协议1	南京大学	0	
	钢	协议1	南京大学	0	
	钢	协议1	南京大学	0	
	钢	协议1	南京大学	0	
	钢	协议1	南京大学	0	
	钢	协议1		11.63	
	钢	协议1		14.63	
	钢	协议1		16.63	
	钢	协议1		22.49	
	钢	协议1		27.7	
	钢	协议1		33.25	
	钢	协议1		42.75	
	钢	协议1		51.11	
	钢	协议1		59.95	
	钢	协议1		69.45	
	钢	协议1		78.66	
	钢	协议1		88.16	

图 4-12　FACTORY 字段为空

(2) 字段 TOOTHTYPE 上的取值不同，且其权重值较大，使得其相似度值也大大减小。

在原因(1)中，我们将其取空值的字段赋值，如图 4-13 所示，使相似元素个数增加，必然使相应的相似度值增加，如图 4-14 所示。

"SYSTEM"."MYNUT"

MAXBREATH	MINBREATH	MATERIAL	CONDITION	FACTORY
60.79	55	钢	协议1	南京大学
71.3	65	钢	协议1	南京大学
82.6	75	钢	协议1	南京大学
93.36	85	钢	协议1	南京大学
104.86	95	钢	协议1	南京大学
14.38	13	钢	协议1	江奎
17.77	16	钢	协议1	江奎
20.03	18	钢	协议1	江奎
26.75	24	钢	协议1	江奎
32.95	30	钢	协议1	江奎
39.55	36	钢	协议1	江奎

图 4-13　空字段被赋值

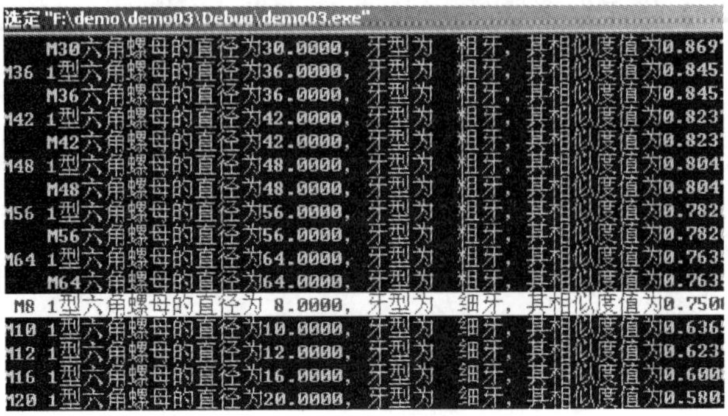

图 4-14　相似度值提高

　　实际上,原因(1)也符合实际的情况。从相似性判断的角度讲,它是从系统角度判断的。我们知道,当某个零部件对应的相似元素个数有缺失时,它与当前零部件的相似性必然较小。解决这个问题的办法是对于次要的字段尽量不要取空值,而取零。对于原因(2),其实质就是用户角度影响的问题,它反映了用户对零部件的各特征和属性不同的重视程度,并通过 d_{ij} 对相似度值大小的影响反映出来。

第二篇　网络制造的若干关键技术

　　网络制造涉及若干关键技术,本篇共 6 章内容,第 5 章基于 ASP 和 CPC 集成的新型网络制造模式;第 6 章面向移动通信终端的网络制造平台集成技术;第 7 章面向网络制造的 ASP 平台计费模型;第 8 章面向网络制造的访问控制技术;第 9 章面向网络制造的入侵检测技术;第 10 章面向网络制造的产品数据安全技术。

第 5 章　基于 ASP 和 CPC 集成的
新型网络制造模式

伴随着网络技术的发展和市场信息化竞争环境的日益激烈,越来越多的企业投入到信息化的建设中。网络化制造可以提高企业的产品创新能力和制造能力,从而缩短产品的研制周期、降低研制费用,进而提高整个产业链和制造群体的竞争力。对于企业用户来说,应用服务供应商(application service provider,ASP)是一种切实有效的网络化制造实施模式,它解决了中小企业实施信息化技术改造时资金和人才方面的问题,而且为其带来了质优价廉的应用服务,但是这种模式在国内的发展非常缓慢。与此同时,协同产品商务(colaborative product commerce,CPC)又是面向核心企业及其上下游供应链协作的重要网络化制造模式,由于这种服务的局限性,对于在我国企业中占很大比重的中小企业来说,应用还很少。因此,研究一种基于 ASP 和 CPC 集成的新型网络化制造模式对于我国网络化制造的发展有着很重要的现实意义。

本章分析网络化制造模式发展的现状,并对 ASP 和 CPC 各自的优缺点与实际实施情况进行分析研究;在此基础上探讨 ASP 和 CPC 的集成技术;提出基于 ASP 和 CPC 集成的新型网络化制造模式,并深入研究这种模式的拓扑结构、服务及服务供应商,分析服务优势;讨论新型网络化制造模式的关键技术,使用三维框架(3D frame,3DF)对模式进行体系结构方法学的研究;构建新型网络化制造模式下系统的总体设计框架和服务流程,对系统各关键接口和模块以及数据库进行分析设计。

5.1　网络化制造中 ASP 与 CPC 的集成分析

5.1.1　ASP 的特征与分析

1. ASP 模式的特征

Internet 技术的高速发展带来了网络基础架构的不断完善,同时也催生出一种新的服务方式——ASP。

ASP 作为一种业务模式,是指在共同签署的外包协议或合同的基础上,企业客户将其部分或全部与业务流程的相关应用委托给服务提供商,由服务商通过网络管理和交付服务,并保证质量的商业运作模式。

ASP 广义的概念是指由第三方的公司,以月费均摊的方式,通过广域网,为客户提供各种软硬件应用服务的新兴经营方式。ASP 的本质是集中式的资源分享。ASP 产业协会把 ASP 定义为"一个通过广域网管理和传递给多种实体许多应用能力的组织。"

ASP 作为原来外包服务概念的延伸,在现在的 Internet 时代,ASP 公司以"月费"取代集中的支出。原来每个企业需要单独构建一个计算机系统,包括聘用计算机管理人员、购买硬件设备、购买系统软件和数据库产品,甚至投入业务人员参与管理系统的开发安装维护等问题,并且业务一旦发展,可能还需要付出额外的成本升级软硬件系统。而在 ASP 的模式下,企业可以将其中部分或全部功能外包,只需付一定的月费,就有机会在线使用全球最好的应用软件,享受 365 天 24 小时的全天候、全方位地服务。ASP,现在又称做"按需定制(on demand)"或"软件即服务(software as a service,SAAS)",是一种软件的使用模式,也应该是一个比较有前途的商业模式。ASP 作为一个商业模式,美国的 Alexander L. Factor 提出了另一个定义:通过网络提供应用服务,为多客户的广泛需求提供服务,收取租金和定金,保证提供客户确定的服务。

2. ASP 模式的优缺点分析

自从 1998 年 Gartner 提出 ASP 以来,ASP 企业发展非常迅速。仅在 ASP 出现的早期,世界性的权威 IT 研究机构高德纳咨询公司(Gartner Group)就已经能够预估,整个 ASP 市场在 2003 年已达到 227 亿美金。2004 年达到 250 亿美金。

ASP 相对于传统的外包和 IT 模式的优势有以下几个方面:

(1) 便于资源的共享和集成。市场上有很多互联网服务提供商(Internet serrice provider,ISP)公司、丰富的信息和软件资源,但是彼此间的互用和交流很少,这造成了许多技术的重复开发和资源上的浪费。

(2) 费用低廉。原先的 IT 模式中,企业需要承担的费用包括:服务器、数据库、网络设备、应用软件、防火墙防病毒软硬件、IT 人员工资福利、系统实施、升级费以及网络资费等;ASP 服务下的企业仅需要支出系统实施费和月租费(包括系统租用费,网络费和升级费)即可。

(3) 计费便捷。传统 IT 模式中由于费用种类的繁杂和交易关系的多样性造成了费用结算方式复杂。相对的,ASP 模式的计费方法灵活统一,交易环节简单,结算可以直接通过统一的方式完成。

对于中小型企业和一些刚起步的公司,ASP 的最大好处在于可以减少起步的费用和时间。

"pay-as-you-go"的模式对于一些不经常使用服务的用户来说大大减少了费用。

ASP 模式改变了应用和应用服务的特殊 IT 底层构造。例如,以前如果要在实际应用中使用 Qracle 或者 MS-SQL 数据库,那么用户既需要维护应用服务器又要维护数据库。

ASP 模式可以改变应用服务提供商的带宽,服务区分灵活,提供商便能以更低的价格提供服务。

但是,正当国外的"ASP"趁势发展,市场规模成倍增加之时,国内"ASP"的市场业绩几乎空白,没有大规模的 ASP。纵观国内的 ASP 营运环境,ASP 运行所必需的一些前提条件受到了限制:

(1) 商业环境。供应商与物流分离,市场缺乏规范和诚信危机等。

现有法律的不完善:现有法律对网络商业的约束及保护还未能达到 ASP 及其用户的要求,使得企业在考虑使用 ASP 时止步于它的先进理念而难以进行真正的实施。

(2) 使用惯性。一种新的商业模式只有当它的预期收益远大于预期风险时,用户才容易接受。

(3) 技术基础。宽带和千兆网的普及率与 SAAS 成功的概率关系很大。

(4) 数据安全。这是用户对 SAAS 的最大顾虑。

(5) 国内软件的质量和售后服务对客户的满足度。这是 ASP 服务评价的核心。

(6) 服务的灵活性和个性化。

5.1.2　CPC 的特征与分析

1. CPC 模式的特征

美国咨询公司 Aberdeen Group 1999 年 10 月首次提出 CPC 的概念。CPC 是指一类软件和服务,它使用 Internet 技术,使每个相关人员在产品的全生命周期内互相协同地对产品进行开发、制造和管理,不管这些人员在产品的商业化过程中担任什么样的角色、使用什么计算机工具、身处什么地理位置或处在供应链的什么环节。也就是说,CPC 使用 Internet 技术把产品设计、分析、寻源(sourcing,包括制造和采购)、销售、市场、现场服务和顾客连成一个全球的知识网络,使得在产品商业化过程中承担不同角色、使用不同工具、在地理上或者供应网络上分布的个人能够协作的完成产品的开发、制造以及产品全生命周期的管理。

协同产品商务包含以下核心理念:

(1) 价值链的整体优化。协同产品商务从产品创新、上市时间、总成本的角度追求整体经营效果,而不是片面地追求如采购、生产和分销等功能的局部优化。

(2) 以敏捷的产品创新为目的。迅速捕获市场需求,并且进行敏捷的协作产品创新,是扩大市场机会、获取高利润的关键。

（3）以协作为基础。协同产品商务的每个经济实体发挥自己最擅长的方面，实现强强联合，以获得更低的成本、更快的上市时间和更好地满足顾客需求。顾客参与到产品设计过程，可以保证最终的产品是顾客确实需要的。

（4）以产品设计为中心进行信息的聚焦和辐射。产品设计是需求、制造、采购、维护等信息聚集的焦点，也是产品信息向价值链其他各环节辐射的起源。只有实现产品信息的实时、可视化共享，才能保证协作的有效性。

2. CPC 模式的优缺点分析

鉴于 CPC 的核心理念，其优势分析如下：降低成本，提高效率，提高管理能力，提高产品质量，控制整个产品生命周期，有利于创新，提高核心竞争力，定制服务灵活性高。

但是，CPC 至今还未得到中国制造企业的普遍重视。据美国制造技术协会（Association for Manufacturing Technology，AMT）协同商务研究小组编译的文章介绍，Delloitte Research 针对全球 356 家企业进行导入电子商务瓶颈研究的调查资料中，发现有超过一半以上的企业普遍认为目前市场上所提供的解决方案过于复杂，因此无法以明晰的方式使企业顺利导入协同产品商务，这是目前企业所面临的最主要问题。此外，许多企业内部本身的管理混乱以及人员的内部协调及流程管理分散，使得 CPC 实施非常困难。提供 CPC 解决方案的厂商标准不一，使得企业很难选择。在成本核算方面，企业在导入协同商务时也是有所顾虑的。据不完全统计，有三成多的企业认为协同商务的成本太高，这使得企业在导入协同商务时犹豫不决。

5.1.3　ASP 与 CPC 的集成分析

通过以上讨论我们已经清楚地了解 ASP 和 CPC 理念，以及它们各自的优缺点。我们可以看到它们之间有很多相似的地方，并且在缺点方面我们能够努力找到一些互补的地方。下面我们对 ASP 和 CPC 的集成进行分析。

1. 从 ASP 到协同电子服务

最初的 ASP 模式能够修改扩展成所谓的 xSP（x service provider）概念，也就是说，任何服务的提供。例如，一个 NSP 是一个网络服务提供者，然而一个垂直解决方案提供者（vertical solution provider，VSP）是一个垂直解决方案提供者。这些商业模式大部分都是专注于提供给客户一些 IT 服务，客户可以决定采用至少一个 xSP 解决方案。然而，Internet 无论是在使用者或者网上服务数量上的不断膨胀都给服务部门提供了新的市场机遇。电子服务的理念是专注于使用者和客户，满足他们的要求，让他们能够控制这些服务。ASP 是专注于提供给使用者一个解决方案或者一个工具,一个电子服务也可以提供完整的支持和连带工具的一套管理构架。因此,电子服务可以看成是 xSP 解决方案的一个结合。

或许协同优化能够用来更好地定义电子服务,企业可以利用那些提供商能够提供的协同工具和解决方案,外加更加安全的数据存储和数据传输构架,以及工具使用方面的技术支持,管理和用户的特殊模型,应用的发展顾问服务和这些协同服务提供的质量评估。

一些专家提出,ASP 是由第三方建立的,因此不同的委托人(用户)在消费这种垄断很明显的应用服务时,它的能力有限。例如,在一个 ASP 机构里,对于使用者来说不可能创造一个典型的,或者说主要的应用计划。这是因为提供的工具是单机的,不能简单结合在一起,并且也不容易以同样的方法分解。于是,我们想到使用分布式协同的组件来克服这个障碍。在服务模式中使用一个以上的部门提供的网络服务来分解企业各方面的需要是可行的,如此一来不同的服务提供商也就能够通过商业模式来获利了。

现在的商业已经从产品转到消费者服务商上来,所以软件服务提供商从 ASP 模式(以产品为主)向更全面的服务模式转变。例如,在协同优化软件这一特别领域,卖家和提供商已经推出他们软件的网络版本。图 5-1 就是优化服务虚拟组织的结构图。

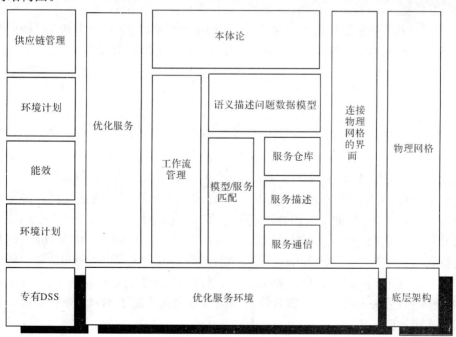

图 5-1　优化服务虚拟组织的结构图

2. 服务模式与 Web2.0 的结合

O'Reilly 媒体公司的创办人 Tim OReilly 自 2004 年年中起,就一直使用"Web2.0"来形容 Web 向"提供各种媒体和软件服务提交机制"的演进趋势。但至今,Web2.0 本身没有明确的定义,因为它只是一些技术的合称。Tim Oreilly 说,Web2.0 是相对 Web1.0(2003 年以前的 Internet 模式)的新的一类 Internet 应用的统称。Web2.0 是以 Flickr(一家提供在线相册服务的网站,www. flickr. com)、Craigslist、Linkedin、Tribes、Ryze、Friendster、Del. icio. us、43Things. com 等网站为代表,以 Blog、TAG、SNS(Social Networking Service,社会化网络服务)、RSS(Really Simple Syndication,新闻聚合)、WIKI(源自夏威夷语:Wee kee,是一种网上共同协作的超文本系统,可由多人共同对网站内容进行维护和更新)等应用为核心,依据六度分隔、XML、异步 Java 脚本和可扩展标记语言(asynchronous JavaScript and XML,简称 AJAX,由 Xml、文档对象模型(document object model,DOM)、Javascript 等几项技术组合起来协同工作的运行模式)等新理论和技术实现的 Internet 新一代模式。在 Web 1.0 时代,网站之间是互不相通的,各网站自行其道,但在 Web2.0 时代借助 rss 和 XML 技术,实现网站之间的交流。它与 Web1.0 的明显区别是使人们不再是单纯通过网络浏览器浏览 HTML 网页,而是获得功能更广,自适应性更强,并且可扩展性更为灵活的 Internet。

《模式语言》的作者克里斯多佛·亚历山大所说,"合作,而非控制"是设计 Web 2.0 软件时必须遵守的一条原则。仅从字面上来看,"合作"这个对 Web 2.0 和协同都极为重要的词就已经向人们展示了 Web 2.0 与协同软件之间的不谋而合。

Web2.0Internet 企业相对于第一代 Internet 企业而言,在商业服务模式上赋予了更多的创新空间,RSS、Blog、SNS 等基于 Web 2.0 的十几个分类难以概括所有 Web2.0Internet 企业的类型,而这些企业所代表的商业模式则更加丰富,但商业模式交错则是各个 Web2.0Internet 企业的主要特征。尽管短信和广告是当前 Web2.0 网站的重要收入来源,但 Blog 以及 SNS 网站当卜的商业模型已经不是对第一代 Internet 盈利模式和盈利来源的简单复制,他们更加关注用户需求,更具有互动性。与此同时,各个网站也在产品设计等不断摸索和尝试,将 Web1.0 时代的盈利模式与 Web2.0 的 Internet 特征紧密嫁接和融合。同时,Web2.0 独特的盈利模式也在不断演进之中。Web2.0 的复杂性和丰富性,Web2.0 用户的多样性,Internet 业务和各个产业融合等现实因素本身就决定了 Web2.0 企业商业模式的交错特征。

CPC 与 Web2.0 在协同方面有着天然的相似性,他们的结合势在必行:一方面,CPC 指的并不仅仅是协同软件,这一理念包括信息协同、协同实施、协同流程等各方面的协同,这一点与 Web2.0 的协同关联理念相符。因此,在 Web2.0 的环境下协同会更灵活和更有效。另一方面,协同产品商务本身在不断发展,有了 Web 2.0 这一新技术群的加盟助阵,CPC 与 ASP 结合的可行性和优势就又增强了。

3. 使用语义网的 CPC 结构

随着 IT 技术的进步,公司的协同产品商务也蓬勃发展。在协同产品商务中,产品的设计、生产和运输与公司各部门、供应商、销售商和用户之间有着重要的联系。具体的设计和生产计划是与潜在的合作伙伴在基于设计要求和加工约束的认可中协同进行的。

网络服务是基于网络的应用,它利用基于开放式 XML 的标准和传输协议来交换数据。网络服务一般被认为是交叉组织在联系不是很紧密的情况下提供协同工作能力的一种应用,并且使用标准的网络界面来完成各交叉组织之间的相互作用。网络服务包括:描述、发现和通信三个主要的功能。一些组织通过这些做法引进了这一系列网络服务的规范、框架和标准。然而,这些基于网络服务的方法大多专注于供应商网络中的有关标准件和产品的交易。并且,在这些方法中,商业过程被设计在一个既定的时间模式中,在很多情况下不能实时地进行配置。

网络服务协同产品商务(Web service collaborative product commerce, WSCPC)是在 Java 的顶部作为 WSCPC 框架的一个原型来实现的,人们已经把 WSCPC 扩展成使用网络服务的面向服务构架。并且,由于组成成熟的 pre-/post-condition 定义有可能利于为 CPC 环境提供劳动力分工,人们研究发展了正式的 pre-/post-condition 定义以及与在服务广告和搜索中使用的算法相匹配的服务。

网络服务 WSCPC 在系统单元之间提供了更灵活的可互操作和可修改的工作环境。它让用户快速发现它的协同配对方,快速决策,以便对消费者变化的要求做出快速反应。产品设计系统在 WSCPC 本身、语义经纪系统和一个 CPC 服务提供者的系统三个基本系统的协同下完成。通过 WSCPC 框架,一个 CPC 服务提供者有一个配置工具和提供者自己的工作流管理系统。由于 WSCPC 有特殊的工作流管理方法,WSCPC 引出了过程制定的新问题。并且,这些问题在 WSCPC 的实时网络服务环境中得到了处理。图 5-2 描述的是 WSCPC 平台构架图。

4. ASP 与 CPC 的集成分析

协同的概念已经扩展到智能化的程度,智能集成影响着制造业信息化的各个方面。在中国,制造业信息化建设的主体是占绝大多数比例的中小型企业,而且很多中小企业仍处于信息化发展初级阶段。他们对于协同的要求,还达不到对系统进行大规模协同的程度,就其企业规模而言,在信息化发展的初期也没必要对

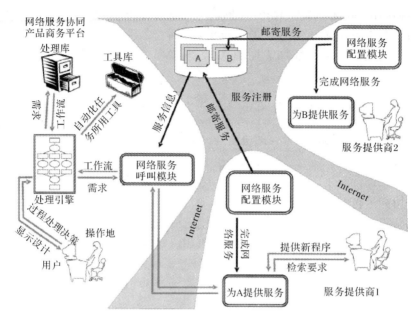

图 5-2　WSCPC 平台构架图

系统协同投入大量资金。甚至有些小型企业内部的协同办公都还没有实现。在这样的情况下,集成了 ASP 与 CPC 的新型网络化制造模式就获得了很好的发展机遇。

鉴于对 CPC 与 ASP 的深入分析,它们之间的集成可以在以下几个层面进行:

(1) 技术层面。CPC 中的协同技术在 ASP 的模式下可以得到充分的发挥。

(2) 理念层面。ASP 的服务构架可以以 CPC 的理念参加到企业的内部,更有效地完成个性化服务,在更大程度上实现大规模的定制服务。

(3) 效能层面。ASP 提供的协同服务能够到达 CPC 在企业中无法完成的领域,以技术的方式规避一些实施上的障碍。

(4) 安全层面。ASP 提供服务需要的数据库可以如 CPC 中的模式一样被安排在企业内部,按照一定的访问控制基于角色的访问控制(role-based access control,RBAC)对数据库进行管理和维护。物理数据库在企业终端,逻辑数据库在 ASP。

(5) 管理层面。CPC 构架下企业的决策层能够在得到 ASP 优化决策服务的背景下,对企业实施全生命周期的支持和管理。

(6) 功能层面。新型网络化制造模式集成了 ASP 和 CPC 的服务,拥有更大更强的服务功能,可以提供企业更多决策支持、产品和管理优化以及自定义服务的功能。

5.2　基于 ASP 与 CPC 集成的新型网络化制造模式

通过对 ASP 和 CPC 的深入分析,提出基于 ASP 与 CPC 集成的新型网络化制造模式,并对新型网络化制造模式地理数据中心的设置和逻辑服务以及其服务供应商进行介绍和分类,最后分析此模式的优势和价值。

5.2.1　新型网络化制造模式的拓扑结构

1. 地理与数据中心

图 5-3 描绘了一种假想的新型网络化制造模式的拓扑结构。其中,数据中心位于中国多个地点(便于说明,仅标出少数城市),当然也可能位于其他国家。它通过网络连接中国和全球的网络操作中心(network operating center,NOC),然后整个网络将所有数据中心连接在一起。

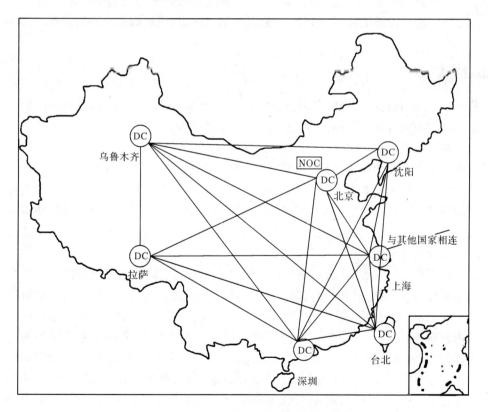

图 5-3　一种新型网络化制造模式拓扑结构

在网络化制造模式中,有些 ASP 本身就是网络的供应商,有些把网络租用或者外包给中间供应商。不管在什么情况下,网络都是每个服务提供者的关键部分,因为它影响了分布式应用系统的运行和客户对网络化制造系统的访问。因此,服务供应商必须严格规划控制好网络。

最好的 NOC 实施方法是使用它们自己所管理的网络。对于客户通信,这种网络拓扑结构可能与 ASP 的相同,也可能不同。这种网络通常称之为管理网络,一般是使用网络设施而不是由原先的 ASP 来承担客户的通信,并且网络的性能无论是在时间上还是在空间上都是有限的。总的来说,数据中心的设置有以下五个主要的因素:

(1) 所提供的服务。客户有希望直接连接到主机设备所在地进行访问服务的,也有通过网络来访问主机设备的。

(2) 网络性能的差异。

(3) 客户的心理作用。

(4) 从数据安全角度来说,部分客户可能需要使用本地数据中心。

(5) 网络设施的位置,如根据 NAP(网络接入点)进行数据中心的设置。

2. 新型网络化模式数据中心设置研究

新型网络化制造模式需要建立多个数据中心。在制造业用户内部,可以配置若干个本地的数据库,原因有两个:一是可以对数据中心进行支持,二是可以使本地网络的访问得到更好的控制,保证本地数据的安全性。

在实际使用中,客户机几乎都是远离数据中心,并且这些数据中心不可能涵盖客户所有需要的服务。但是,数据中心的重要性不能忽视,因为它支配着新型网络化制造模式的其他组成部分。另外,制造业客户以及客户本身公司内部延伸的用户可能通过不同的网络供应商对远程服务器上的应用程序进行调用,使得数据中心的可靠性更加难以预测。图 5-4 描述了新型网络化制造模式下服务系统各层次在分布式环境下的一个示例。

从图 5-4 可以看出,表示层与客户层比较接近,这样可以减少带宽损耗,提高网络运行和用户服务访问的效率。每个层都是处在数据中心上,使得当原始数据中心满负载后,任何一层本身都能够充当系统的数据中心,网络功能更加可靠。考虑到客户需要使用 CPC 产品协同商务服务时对系统集成和自定义服务的要求比较多,集成层和业务层距离也是尽量靠近,提高了服务的灵活性,那么当地的数据中心也可以作为企业内部数据库的存放地,当然这对于有能力的企业来说是个可选项。随着客户的增多和服务的扩展,数据中心的配置将由市场来不断优化。

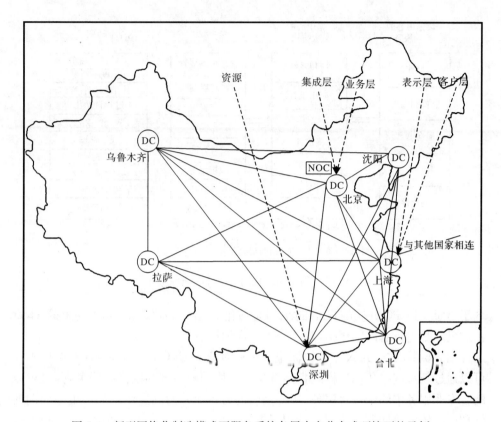

图 5-4　新型网络化制造模式下服务系统各层次在分布式环境下的示例

5.2.2　新型网络化制造模式服务类型及分类

1. 服务组成

新型网络化制造模式提供的服务主要是集成了 ASP 和 CPC 的服务,从而在一定程度上结合各自的优势,主要的服务及相互联系见图 5-5。

可以看到,协同产品商务服务贯穿了整个网络化制造,是参照原先 ASP 的方式提供给制造业用户的。传统意义上的企业内部协同服务已经以开放的形式被企业用户同时享用,可以说企业与企业之间在信息服务层面是平等的,这一点对于一些中小企业来说很重要。

下面对新型网络化制造模式的服务进行分类说明:

图 5-5 中,左边两个框中的服务组件主要是基于数据中心的,也就是在服务器端。它决定了新型网络化制造模式最终的效果,可以说是一切服务有效性的基础。对于这些组件的提供,可以采用分布式。对于数据中心的管理服务,主要是

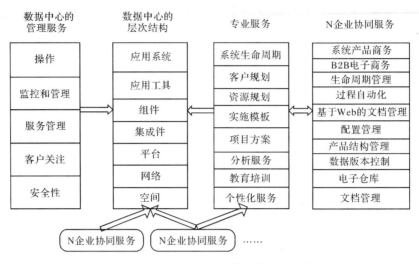

图 5-5　新型网络化制造模式的服务组件

基于 ASP 与 CPC 共同的管理准则,但是简化成五个方面实际上是不完整的,本章在这里只是进行有限的概括,具体的不作详细描述。

图 5-5 中,右边的 N 企业协同服务是针对原先 CPC 用户的,在这里企业不仅可以通过新型网络化制造模式直接享受产品协同商务产品的高效服务,并且可以配合专业服务中的个性化服务,实现企业内与企业外的制造业产品全生命周期的管理。具体的协同服务不仅仅局限于图 5-5 对于 N 企业协同服务组件的概括,参照文献中关于 CPCIP 平台功能的描述,比较原先基于 ASP 的网络化制造模式,新型网络化制造模式扩展了以下服务。

系统管理:用户管理、角色管理、权限管理、安全管理、运行监控等。

项目管理:项目规划、项目分解、项目进度监控、项目资源管理、项目成本管理、项目决策支持等。

协同设计管理:产品结构管理、文档管理、零部件管理、设计冲突管理、虚拟装配仿真等。

协同制造管理:虚拟制造仿真、协同工艺规划、制造过程监控、生产协调控制、生产质量管理等。

协同商务管理:客户关系管理、远程产品配置、市场管理、供应商管理、销售管理、维护管理等。

Web 服务:服务定义、服务登记、服务发现、服务匹配等。

工作流管理与监控:工作流定义、工作流引擎、过程监控、过程优化等。

共享资源管理:共享资源接口、设计案例库管理、产品库管理、标准件库管理、文档库管理等。

协同支持工具提供：冲突协调工具、文档浏览批注工具、合作伙伴选择决策支持工具、招、投标工具、邮件工具、运行监控工具、视频工具等。

对于增加的核心服务，可以概括为：服务描述服务、数据管理服务、资源共享服务、信息集成服务、文件共享服务、标准接口服务、消息服务、事务服务、安全服务等。

总的来说，基于 ASP 和 CPC 集成的新型网络化制造模式在原有基于 ASP 的网络化制造模式上集成了 CPC 的服务和功能，并且有了很大程度的个性化服务支持。随着服务的不断深化和企业的需求发展，提供的服务会越来越丰富。

2. 服务供应商

SUN 公司曾经在 2000 年年底出版了一份讲述网络应用服务的白皮书。借用白皮书中的内容，并经过一些修改，编制了表 5-1 提供了一般服务供应商的缩写词及其简单定义。

表 5-1　一般服务供应商列表

缩写	标准名称	所提供服务	例子
ISP	Internet Service Provider(Internet 服务提供商)	网络访问和应用服务	AOL、Earthlink、Mindspring，ATT，Worldnet 等
ISV/ASP	Independent Software Vendors(独立软件销售商/ASP)	托管自己已有的软件应用程序	Oracle 商务在线、Peoplesoft 的电子商务服务、JD Edwards'Jde, sourcing
NSP	Network Service Provider(网络服务提供商)	网络主干的基础结构设施和服务,如 IP 电话、VPN、带宽管理等	Quest、Uunet、Concentric、BT、Enron、BellSouth
FSP	Full Service Provider(完全服务供应商)	监控企业的服务、IT 服务(包括应用程序的整个寿命周期)	EDS、CSC、ATT、Worldnet 等
CSP	Capcity Service Provider(能力服务供应商)	托管商业网站(本质上是同地业务)	ATT、AboveNet 通信、IBM 等
MHP 或 MIP	Manage Hosting Provider(托管管理供应商)或是 Manage Infrastructure Provider(管理基础设施供应商)	服务器和网络设备:网络、系统和服务管理、运作和客户关注,提供对各类客户的安装	Exodus、ATT、Conxion 等(MHP 可能有自己的数据中心)
AIP	Application Infrastructure Provider(应用基础结构设施供应商)	托管基础结构设施的整体应用(不包括服务器和操作系统)	LoudCloud、Breakaway

缩写	标准名称	所提供服务	例子
IPP	Internet Presence Provider（Internet 连接供应商）	商务 Web 站点的托管	Exodus、Uunet
PSP	Portal Service Provider（门户网站服务供应商）	网络服务和内容的集成	Yahoo!、AOL、Netscape、MSN、Excite@home 等
SSP	Storage Service Provider（存储服务供应商）	数据存储和备份服务的外包	GTE 数据服务、Storage Networks、Qwest 等
ASC/ASD	Application Service Creator and Developer（应用服务的创建者和开发者）	创建应用程序代码，并代为一个集成商或是 ASP 自身来对它发许可证	Biztone. com、niku、weborder. com、portera 等
ASP	Application Service Provider（应用服务提供商）	通过 WAN 对 ISV 和客户应用程序进行管理	USinternetworking
纯 ASP	Application Service Provider（纯应用服务提供商）	通过他人的基础结构设施托管 ISV 应用程序，通常是集中在功能性或是垂直行业上	eAlity 应用支持中小客户商业管理过程
CPCP	Collaborative Product Commerce Provider（产品协同商务供应商）	提供产品协同商务软件，以及大规模定制服务	PTC、eMatrix、Teamcenter Enterprise

在我们看来，表 5-1 中的服务供应商主要可以分为五大供应商类：NSP、MIP、AIP、ASP、CPCP。此种分类原因在于以下三点：

（1）他们对应的表达层都是相互邻接的，可以完整地构成一个新型网络化制造框架。

（2）新型网络化制造模式中的其他供应商都是由上述这些类别交错构成的。

（3）这些供应商类型对于下面这些情况都是不变的：商业策略（但 SSP 和 IPP 在策略上是可变的）、所服务的市场（PSP）、应用程序类型（ASC/ASD）、应用程序生命周期（FSP）、原有系统和责任（NSP、ISV/ASP）。

在图 5-6 中，我们可以看到这些服务供应商组成的整个网络化制造网络。

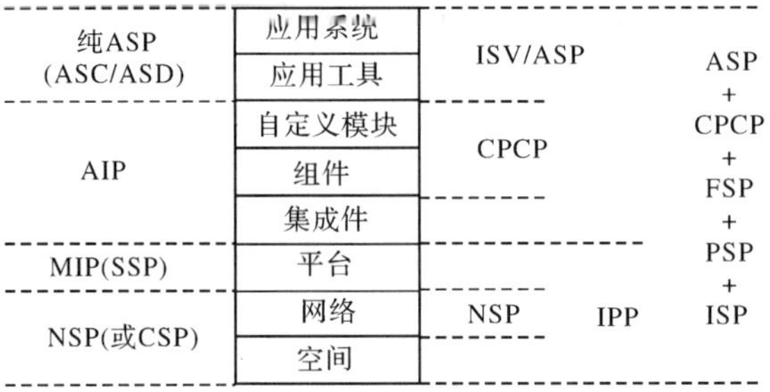

图 5-6　新型网络化制造模式的服务组件

虚线表示衍生

下面,给出另一个视图,这个视图显示了这些基本的服务供应商与新型网络化制造结构的纵向层之间的映射关系(图 5-7)。

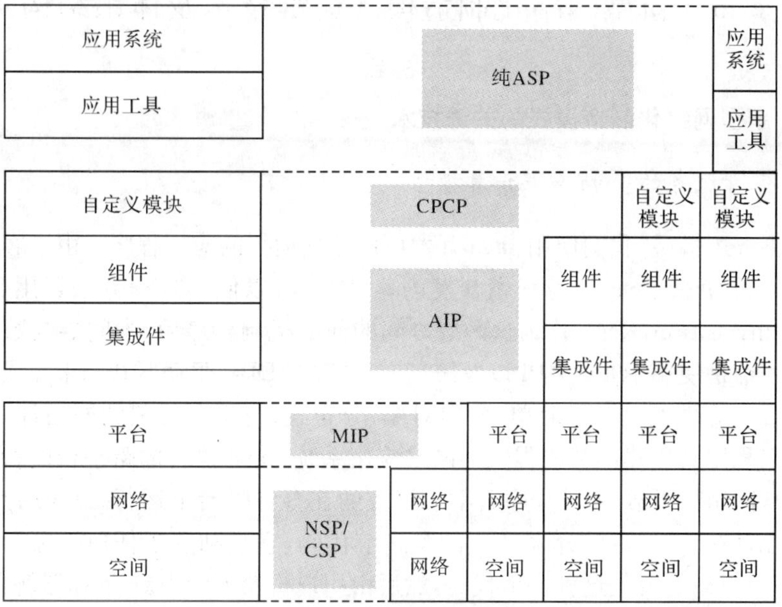

应用系统	纯ASP					应用系统
应用工具						应用工具
自定义模块	CPCP				自定义模块	自定义模块
组件	AIP			组件	组件	组件
集成件				集成件	集成件	集成件
平台	MIP		平台	平台	平台	平台
网络	NSP/CSP	网络	网络	网络	网络	网络
空间		网络	空间	空间	空间	空间

图 5-7　新型网络化制造模式的服务组件

有了这个映射关系,可以根据具体的网络化制造需求排定服务类型,完成实施方案,这是确定新型网络化制造服务类型的关键。框图的左侧使用了供应商类别图中的 3DF 结构纵向层,右侧显示了这些层是如何累积起来确定网络化制造服务类型的。虚线包括的供应商类型是依照其功能映射在相关层上的。所有的服务类型都是相互依赖的。ASP 不具备基础机构设施,CPC 供应商也不具备网络提供服务的能力。在新型网络化制造模式中需要当地供应商(NSP/CSP)为 MIP 提供用房、电力、带宽访问、VPN 服务等,并且在地理位置上给予尽可能近的方便;MIP 为应用基础结构设施托管服务器和管理软件;托管服务器反过来运行纯 ASP 的应用软件;CPC 供应商针对一些客户的自定义要求提供客户化的系统服务,由 ASP 完成提供服务。ASP 和 CPCP 将不再需要拥有基础结构设施,可以将基础结构设施服务直接外包出去。

新型网络化制造模式通过合理且灵活的数据中心配置方式与客户相联系,保证服务的稳定性,在服务类型上集成了 ASP 和 CPC 以及自定义服务,实现了企业内和企业间通过网络取得技术服务支持和交流。服务供应商方面,原先的 ASP 服务供应商中增加了产品协同商务供应商(collaborative product commerce provider,CPCP),并且完善了原有供应商之间的关系,更智能地完成了任务的分工,体现了新型网络化制造模式的专业、灵活和高效。

5.3　新型网络化制造模式关键技术及体系结构

5.3.1　新型网络化制造模式的关键技术

1. 基于服务的 Java 多层计算模型

在事务逻辑层,我们使用 Java 开发可以独立运行的应用程序。由于客户端和逻辑层都是使用 Java 作为程序开发语言,所以可以使用远程方法调用(remote method invocation,RMI)作为这两层之间的通信机制。最后,中间层与数据库层之间的通信是使用 JDBC API 以及第三方厂家的 JDBC 驱动器共同来完成的。

Java 计算模型是一种简单、面向对象、分布式、与平台无关的网络计算模型。用户可以利用其构建出功能强大的网络应用系统,Java 语言的跨平台的特点使得用户能从网络上下载 Java 程序后不加修改的在多种平台上运行。Java 计算模型的根本原理在于:Java 编译器产生的是字节代码,它是独立于任何平台和操作系统的,用户下载的就是这种字节代码,然后由用户机器上的 Java 解释器解释执行。目前,Java 应用程序通常包括 Servlet、Applet 和 Application。

Servlet 是 Java 技术中用来编写 CGI 的。使用 Servlet 程序对数据逻辑进行处理,它在服务器端运行,动态地生成 Web 页面。Java Servlet 具有更高的效率,更容易使用,功能更强大,具有更好的可移植性,更节省投资。

装载 Servlet 的操作一般是动态执行的。然而,Server 通常会提供一个管理的选项,用于在 Server 启动时强制装载和初始化特定的 Servlet。

具体的步骤是这样的:

Server 创建一个 Servlet 的实例。

Server 调用 Servlet 的 init()方法。

一个客户端的请求到达 Server。

Server 创建一个请求对象。

Server 创建一个响应对象。

Server 激活 Servlet 的 service()方法,传递请求和响应对象作为参数。

service()方法获得关于请求对象的信息,处理请求,访问其他资源,获得需要的信息。

service()方法使用响应对象的方法,将响应传回 Server,最终到达客户端。service()方法可能激活其他方法以处理请求,如 doGet()或 doPost()或程序员自己开发的新方法。

对于更多的客户端请求,Server 创建新的请求和响应对象,仍然激活此 Servlet 的 service()方法,将这两个对象作为参数传递给它。如此重复以上的循环,但无需再次调用 init()方法。一般 Servlet 只初始化一次,当 Server 不再需要 Servlet 时(一般当 Server 关闭时),Server 调用 Servlet 的 Destroy()方法。在美国,EJB+Servlet+JSP 几乎成为电子商务的开发标准。

系统中的图形化程序需要用到 Applet。Applet 可以翻译为小应用程序,Java Applet 就是用 Java 语言编写的这样的一些小应用程序,它们可以直接嵌入网页中,并能够产生特殊的效果。包含 Applet 的网页被称为 Java-powered 页,可以称其为 Java 支持的网页。当用户访问这样的网页时,Applet 被下载到用户的计算机上执行,但前提是用户使用的是支持 Java 的网络浏览器。由于 Applet 是在用户的计算机上执行的,因此它的执行速度不受网络带宽或者 Modem 存取速度的限制。用户可以更好地欣赏网页上 Applet 产生的多媒体效果。

在 Java Applet 中,可以实现图形绘制、字体和颜色控制、动画和声音的插入、人机交互及网络交流等功能。Applet 还提供了名为抽象窗口工具箱(abstract window toolkit,AWT)的窗口环境开发工具。AWT 利用用户计算机的图形用户界面(graphical user interface,GUI)元素,可以建立标准的图形用户界面,如窗口、按钮、滚动条等。目前,在网络上有非常多的 Applet 范例来生动地展现这些功能,读者可以去调阅相应的网页以观看它们的效果。含有 Applet 网页的 HTML 文件代码中部带有<applet>和</applet>这样一对标记,当支持 Java 的网络浏览器遇到这对标记时,就会下载相应的小应用程序代码,并在本地计算机上执行该 Applet。

2. 移动 Agent 技术

20 世纪 90 年代初,由 General Magic 公司在推出商业系统 Telescript 提出了移动 Agent 的概念。简单地说,移动 Agent 是一个能在异构网络中自主地从一台主机迁移到另一台主机,并可与其他 Agent 或者资源交互的程序,实际上它是 Agent 技术与分布式计算技术的混血儿。传统的远程过程调用(remote procedure calling,RPC)客户和服务器之间的交互需要连续通信的支持;而移动 Agent 可以迁移到服务器上,与之进行本地高速通信,这种本地通信不再占用网络资源。移动 Agent 迁移的内容包括代码和运行状态。移动 Agent 不同于远程执行,移动 Agent 能够不断地从一个网络位置移动到另一个位置,能够根据自己的选择进行移动。移动 Agent 不同于进程迁移,一般来说,进行迁移系统不允许进行选择什么时候和迁移到哪里,而移动 Agent 带有状态,所以可根据应用的需要在任意时刻移动。移动 Agent 也不同于 Applet,Applet 只能从服务器向客户单方向移动,而移动 Agent 可以在客户和服务器之间双向移动。

　　移动 Agent 具有很多优点,它通过将服务请求 Agent 动态的移到服务器端执行,使得 Agent 较少,这样网络传输这一中间环节可直接面对要访问的服务器资源,从而避免了大量数据的网络传送,降低了系统对网络带宽的依赖。

　　现阶段,在使用移动 Agent 中,有许多种框架被提出,但是其基本的组成结构还是统一的,图 5-8 介绍了移动 Agent 系统的体系结构。

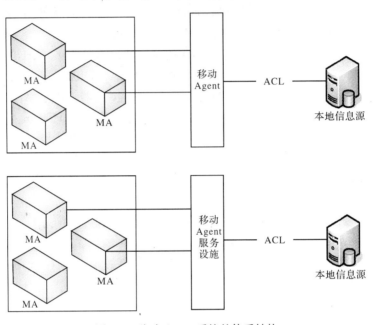

图 5-8　移动 Agent 系统的体系结构

　　在图 5-8 中可以看到,一个移动 Agent 体系结构由移动 Agent 和移动 Agent 服务设施(Agent environment)两个部分组成。移动 Agent 服务设施为每个安装其中的移动 Agent 提供运行环境和服务接口,并利用移动 Agent 的传输协议 ATP 实现不同移动 Agent 在网络节点之间的移动和信息传输。移动 Agent 在服务设施中运行,彼此间的通信和对服务设施提供的相应服务的访问通过移动 Agent 通信语言(Agent communication language,ACL)加以实现。其工作原理主要概括为:移动 Agent 在被派遣以前驻扎在被派遣端,通过与本地的信息源链接,获取本地的相关信息;当被派遣时,将本地的相关信息和操作发送到目的主机,在目的主机上进行相关操作并与目的主机的信息源链接获取相关信息,操作完成以后返回操作结果并且终止目的主机上被派遣移动 Agent 的运行。

　　3. Web2.0 技术

　　目前 IT 界关于 Web2.0 尚无统一定义。2004 年国际 Web2.0 大会提出

"Web 成为一个平台"。O'Reilly 出版社总裁 Tim O'reilly 认为 Web2.0 是一种新的理念,在"什么是 Web2.0? 下一代软件的设计模式和商业模型"一文中,他概括了 Web2.0 所代表的下一代软件的特征:①Web 作为系统开发的平台;②系统中体现了借助群体智慧的设计;③数据是系统的核心;④不再有传统软件版本发布的周期循环,即软件总是处在不断地改进过程中,或永远都是测试版;⑤轻量级编程模式;⑥软件可在不同设备上运行;⑦富用户体验等。

Web2.0 的应用有以下几个方面:

(1) RSS——站点摘要。RSS 是站点用来和其他站点之间共享内容的一种简易方式(也叫聚合内容)的技术。最初源自浏览器"新闻频道"的技术,现在通常被用于新闻和其他按顺序排列的网站。

(2) Blog——博客/网志。Blog 的全名应该是 Web log,后来缩写为 Blog。Blog 是一个易于使用的网站,你可以在其中迅速发布想法、与他人交流以及从事其他活动。所有这一切都是免费的。

(3) WIKI——百科全书。一种多人协作的写作工具。WIKI 站点可以有多人(甚至任何访问者)维护,每个人都可以发表自己的意见,或者对共同的主题进行扩展或者探讨。WIKI 指一种超文本系统。这种超文本系统支持面向社群的协作式写作,同时也包括一组支持这种写作的辅助工具。

(4) 网摘。网摘又名"网页书签",起源于一家叫做 Del.icio.us 的美国网站自2003 年开始提供的一项叫做"社会化书签"(social bookmark)的网络服务。

(5) SNS——社会网络。Social Network Software,社会性网络软件,依据六度理论,以认识朋友的朋友为基础,扩展自己的人脉。

图 5-9 是 Web2.0 的相关观念关系图。

5.3.2　关于新型网络化制造模式的体系结构方法学分析

1. NC 模式概述

大约在 15 年前,客户机/服务器模式成为 20 世纪 90 年代计算的典范。客户机/服务器模式是分布式计算的一种特殊形式,它的优点在于能有效地利用廉价的计算机(客户端和服务器端都可以)与高速网络连接。

客户机/服务器的计算模式如图 5-10 所示,它有三个组成部分:客户端、服务器和网络连接。客户端处理数据的读、写和存储,网络则被看成是客户端与服务器之间的通信通道。

在 20 世纪 90 年代,信息技术高度发展,基于网络的计算模式发生了重大变革。客户机/服务器模式也发展成了现在所说的"网络计算"模式,如图 5-11 所示。新型网络化制造模式也是使用图 5-11 的这种模式设计的。对于这个模式的

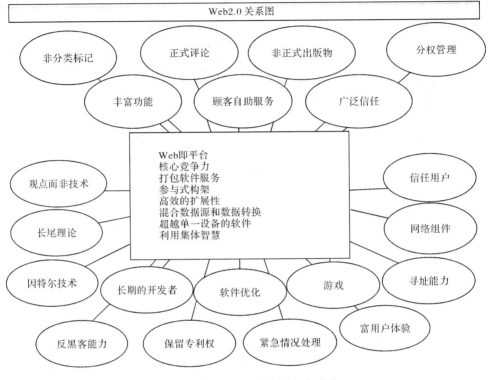

图 5-9　Web2.0 的相关观念关系图

图 5-10　传统的服务器/客户端模式

设计方法有很多,图 5-12 是一个 3DF 框架,它被开发出来并且已经由 SUN 公司的专业服务组织付诸实践。这一结构框架是一种参考模型,用来指导并组织系统组件和服务的分析、设计和开发。由于新型网络化制造模式下的系统需要包含 NC 结构下不同形式的组件,所以这个结构是一个综合性的框架。在设计中,对于任何实际 NC 中要求的详细而明确的功能、定性和定量方面的需求都应该保持稳定。

　　本着 SUN 公司的基本原则,这个 3DF 图加以修改来说明和分析新型网络化制造模式。由 SUN 公司所提出的这个结构框架被定义成一种三维空间的结构形式,每一维代表其中一个侧面,总共有三种不同侧面的表示形式,即横向层次、纵

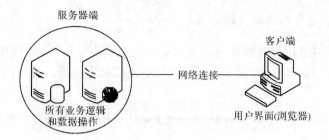

图 5-11　现在的服务器/客户端模式

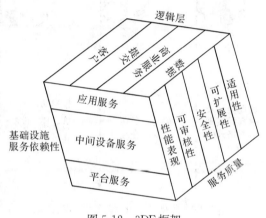

图 5-12　3DF 框架

向层次和质量特性。

（1）横向层次。横向层把应用程序的功能按其在网络中角色的不同划分成相应的合乎逻辑的顺序或者物理组成部分。层次之间的关系可以认为是服务的请求者和提供服务的服务器之间的关系。右边的层次向对应左边的层次提供服务。事实上，客户层规定了表示层的服务接口，相应的表示层又规定了业务逻辑层的服务接口，以此类推。在新型网络化制造模式中，这一点也清楚地体现了，后面我们会谈到。

（2）纵向层次。纵向层是相对于横向层的，用于满足横向层功能要求而配置的软件以及硬件组件，并且配置的时候按照一定的顺序排列。同时，与横向层类似，纵向层也提供一定的服务，具体的顺序是由上层向下层提出服务申请。

（3）质量特性。对于新型网络化制造模式来说，服务质量这一结构特性是可描述的，通过质量特性完成对实际应用程序的评价。另外，一些专业化属性特性的描述也需要使用到质量特性。在这里，不同的效益评估方法对于质量特性的设置有着很重要的影响。

2. 新型网络化制造模式的应用层次结构

在以新型网络化制造模式为基础构架系统时,使用了 NC 结构中的一个"五层"结构,这五层是客户层、表示层、业务层、集成层和资源层。具体的功能责任如图 5-13 所示。

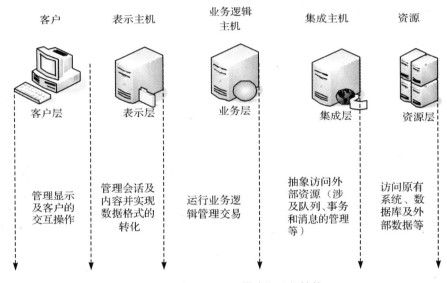

图 5-13　典型的 N/C 模式"五层"结构

通过研究新型网络化制造的服务和相关技术,本章设计出一个示意图来说明它的五层结构。在这里,主要是参照了 ASP 模式的应用组成并且加入 Web2.0 的元素以及 CPC 组件。

如图 5-14 所示,这样一个新型网络化制造服务系统为 N 个制造业客户提供不同的服务,这些用户可以通过三种方式来进行应用的访问:PC 浏览器(使用 Web2.0 功能环境)、基于 WAP 的无线设备(可以是 CPC 供应商提供的定制设备)、基于 XML 的 B2B 交易的自动客户端。

这三种客户访问方式分别对应各自的服务器(Web 服务器、XML 服务器、WAP 服务器),在业务逻辑层集成了原来 ASP 的功能和 CPC 组件,使之发挥协同业务逻辑,集成方式中也配备了 CPC 自定义组件,从而适应大规模地集成定制服务。可见,这种新型网络化制造模式有效集成了 ASP 和 CPC。

3. 新型网络化制造模式的基础层次结构

新型网络化制造模式的基础层次就是 3DF 中的纵向层次。根据网络计算

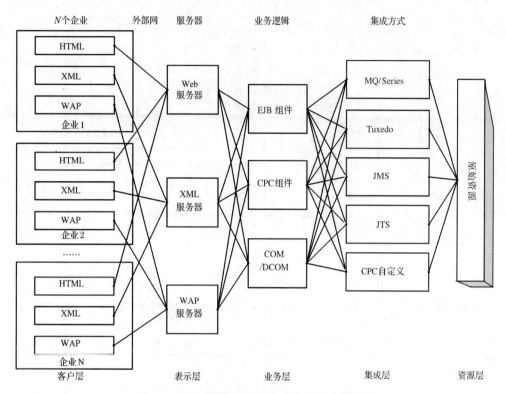

图 5-14　新型网络化制造模式应用组成关系图

3DF 模型分析方法,前面提到所有横向层、应用层功能都需要多重的基础层提供支持。相应的纵向基础层主要有三层:应用层(包括协同产品商务服务组件,由 CPCP 提供)、基础结构设施服务层(中间件,可重用的组件等)、基础结构设施层(硬件、操作系统、网络支持和机房等)。

　　这三个纵向层次又可以再分:

　　(1) 应用层可以分为:一般应用程序、提供给用户调用服务和注册操作的管理程序以及协同产品商务中的一些协同软件。特别是协同软件,又可以分为企业内部 Agent 之间的协同程序和企业外部的协同软件;

　　(2) 基础结构设施服务层可以有三个组成部分:一般应用组件、集成件以及 Web2.0 环境组件;

　　(3) 最后的基础结构设施层基本上与原先的 ASP 模式没有多大变化,只是平台以及数据仓库的地理位置发生了变化,更具备了分布性。把关于 NC 模式的纵向基础层次关系结构图加以修改,便得到新型网络化制造模式基础层次结构图(图 5-15)。

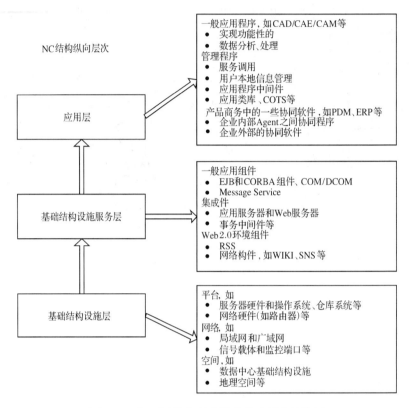

图 5-15　新型网络化制造模式基础层次结构图

4. 新型网络化制造模式的质量需求规范

制定相对可靠的质量需求规范对于新型网络化制造模式的实施和发展有着很重要的作用。这里我们将分析适应新型网络化制造模式的质量规范和效益评估方法。对于质量需求规范,有两个方面需要考虑,一是服务提供商,另一个是企业用户。

服务提供商方面。从功能上来说,质量需求规范在初期的服务制定阶段已经用到,它规定所要设计的应用程序的类型,那么它的接口程序也就定了。接口定好后,通过数据采集和处理就可以作为质量需求评价这个模式。所以,质量需求的规范也可以直接根据这一点来确定。

另外,在企业用户方面,对于它的效益评估,这里使用的是投资回报率(return on investment,ROI):

第一种方法是估算新型网络化制造模式提供服务的个体生产率的提高。这个方法取决于对组织中个体功能所扮演角色的详细理解,也取决于描述个人每天在特定工作花费时间的可用数量标准。个人生产率的评估不包括其他角色和功能,所以这种评估方法不能完全反映基于流程的节省,也很难与总体业务改进建立关系。

第二种方法是基于流程的效率评估,是在于公司内部的,如财务、采购、设计、生产、物流、营销、售后等,这需要搜集很多数据并且由专业的咨询公司承担“AS-IS”分析,这种方法成本和时间消耗比较大。

第三种方法是基于样本技术,识别已知或者被认为是流程内成本主因的关键业务活动和流程,使用如 80/20 法则或者帕雷托分析(Pareto analysis)。这些离散活动的分析避免了“二次计算”的风险,虽然不是完全详尽,却抓住了主要的成本驱动。这种方法可能将关键业务活动的改善与关于受益的公开数据建立相关。这种方法比较简单,适合新型网络化制造模式的质量需求评估,企业可以自行操作。

5.3.3　新型网络化制造模式框架结构及流程分析

通过上面几章的论述,我们设计出新型网络化制造模式的框架结构如图 5-16 所示。从服务的流程来看,服务主要分为以下五个方面:

(1) 企业内部流程的管理。企业内部各部门在 Web2.0 的环境下相互协同的同时,通过 RBAC 和专门配备给他的验证账户后,各部门可以分别登入相应的网络服务应用界面接受服务,这是以 ASP 的方式提供服务。

(2) 企业决策的支持。企业决策层在对工作流进行管理的同时能够提出优化决策要求,这个要求与相关的语义描述问题数据模型相联系,在本体论的帮助下对此模型与服务相匹配,出现的相关服务送决策支持系统(decision support system,DSS)进行决策支持,决策支持系统产生结果的来源可以是专家团,也可以是相关优化工具提供商给出的决策工具,最后这些决策结果返回给决策层。这里将 CPC 的协同定制服务与 ASP 提供方式结合在了一起。

(3) 个性服务。企业各部门在工作中可以向决策层提出相关个性服务要求,此个性服务能够调用本地数据库中相关数据,待决策层裁定数据外流无碍的情况下向服务提供商提出个性服务要求。同样,个性服务在经过服务匹配后,传递给服务提供商。服务提供商再根据相关的服务提示对专家团,协同软件提供商,优化软件提供商进行筛选,得到服务后,选择智能集成实施方对此企业的应用服务进行相关的集成实施。这里将企业内部的协同与企业外部的协同紧密结合在了一起,体现了 ASP 和 CPC 集成的优势。

(4) 信息的共享和数据库管理。单个企业的数据按类别和保密等级存放在本地数据库中,也就是说每个企业都有它自己的数据库,并且本地数据库在公共数据库中可以申请备份以及一定权限上的共享,这样既保证了企业相关机密数据

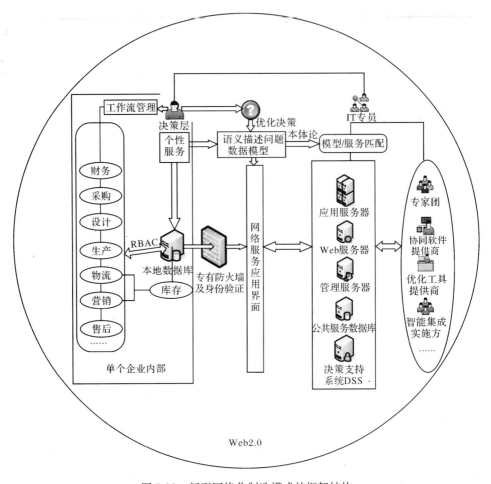

图 5-16　新型网络化制造模式的框架结构

的安全和稳定,又达到了资源(如供求信息、产品信息、物流服务等)的共享。ASP
与 CPC 集成后的数据保密性很重要,新型网络化制造模式的信息共享和数据库管
理方法更具灵活性和安全性。

　　(5) 技术支持。在新型网络化制造模式中出现的 IT 专员便是履行这个职责
的。IT 专员直接由服务提供商派出,接受企业决策层的咨询并对其企业员工进行
相关的培训和帮助。需要指出的是,由于不同领域的企业对服务和数据库结构要
求不同,IT 专员和智能集成实施方在其中的作用显得非常重要。IT 专员的制度
最能体现 ASP 与 CPC 集成的高效性,具备 ASP 的租用服务模式,又实现了 CPC
的内外协同功能。

　　在说明了新型网络化制造模式对单个企业的服务之后,这种模式对多个企业
乃至各个领域中企业的服务模式也就不言而喻了。并且,相对于以前的 Web1.0,

配置在 Web2.0 环境下的这一服务模式使得企业间相互的协同和共享更加的简便和灵活。

5.3.4 新型网络化制造系统总体设计

本章构造了一个原型系统来实现这个模式,并且使用其中的供应链环节的设计为应用实例来说明整个系统面向服务的设计模式。

1. 系统总体设计

新型网络化制造系统的总体设计包括系统网络设计和系统模块设计两大部分。系统网络结构采用 B/S 模式。B/S 模式系统由浏览器和服务器组成。它的客户端是标准的浏览器,服务器端为标准的应用服务器。数据和应用程序都存放在服务器上,浏览器功能可以通过下载服务器上应用程序得到动态扩展。服务器具有多层结构,B/S 系统处理的数据类型可以动态扩展,以 B/S 模式开发的系统维护工作集中在服务器上,客户端不用维护,操作风格一致,只要有浏览器的合法用户都可以十分容易地使用。

如图 5-17 所示,B/S 模式是一种三层结构的系统,第一层客户机是用户与整个系统的接口,客户的应用程序精简到一个通用浏览器软件,如 IE、Firefox 等,浏览器将 HTML 代码转化成图文并茂的网页,网页还具备一定的交互功能,允许用户在网页提供的申请表上输入信息提交给后台,并提出处理请求,这个后台就是第二层的 Web 服务器,第二层 Web 服务器将启动相应的进程来响应这一请求,并

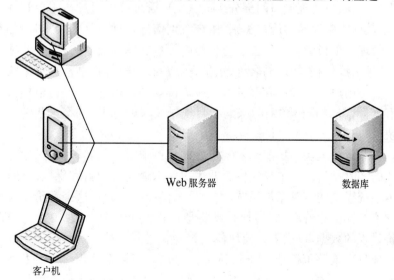

Web 服务器　　　　数据库

客户机

图 5-17 B/S 模式结构图

动态生成一串 HTML 代码,其中嵌入处理的结果,返回给客户机的浏览器,如果客户机提交的请求包括数据的存取,Web 服务器还需与数据库服务器协同完成这一处理工作,第三层数据库服务器的任务类似于 C/S 模式,负责协调不同的 Web 服务器发出的 SQL 请求,管理数据库。

采购环节在企业中处于承上启下的地位。从图 5-16 中可以看到,单个企业内部,多 Agent 主要以企业的各个功能部分来区分和分配。作为采购 Agent,采购项目的产生务必是与其他部门相关联的一个要点。新型网络化制造系统中,多 Agent分配好后,这些部门的信息交流主要是在 Web2.0 环境下进行的。

在系统模块设计中,我们把系统分为需求产生模块、项目设置模块、实时竞价模块、项目决策评价模块四大模块。

(1) 需求产生模块是采购形成和采购管理的来源,它主要有两部分组成,一是数据采集接口,二是数据预处理。数据采集接口通过读取企业行政、设计、生产和采购部门这几个 Agent 的用户使用日志以及 RSS 来获取采购需求,数据种类包括产品名称、使用时间、数量、使用时间、需求程度、可选项等,数据交换格式采用 RSS 格式即 XML 文件。在这里,对于企业内部的我们使用的是定制的 RSS 阅读器,对于外部需求的话,可以使用目前流行的 RSS 阅读器,如 Windows 系统下的 RssReader、Free Demon,用于 Mac OS X 系统下的 Net News Wire,还有用于掌上电脑等移动无线设备的 Bloglines 等。数据预处理是把数据采集接口采集的各项数据进行整理、筛选,将有用的数据留下,传入系统的下一模块。

(2) 项目设置模块的作用是提供给公司内部采购 Agent 的项目管理模块,由用户管理接口、项目管理接口两部分组成。用户管理接口通过与用户管理系统的交互,读取数据库中存储的用户类别、用户级别信息,以便于处理公司内部对于采购环节的管理。项目管理接口通过与公司内部数据库的交互,处理采购项目的描述数据,安排采购日程,如产品名称、数量、供应商、单价等标书信息。采购项目设置模块主要将用户管理接口和服务管理接口读取的数据进行分析,根据公司内部的规定和实际需求,得出详细的采购项目安排及采购标书,并将这些传递给实时竞价模块。

(3) 实时竞价模块的功能是对制定好的采购项目进行实际操作,通过网络进行分布式的实时竞价。上个模块中企业用户在本地完成项目和供应商的设置,然后租用本系统提供的实时竞价系统,与竞标的供应商一起在这个竞价系统中完成实时的网络竞标。竞价后,此模块自动将最低价竞价结果对数据进行处理,存储整个竞价过程的数据,以供下一模块使用。

(4) 项目决策评价模块用于项目决策评定。如果企业用户中的相关 Agent 向远程服务器申请项目决策评价需求,那么新型网络化制造系统会根据这个项目的相关数据自动匹配服务,找到专家团,操作此系统进行决策。

各模块之间的关系以及与新型网络化制造总系统之间的关系如图 5-18 表示。

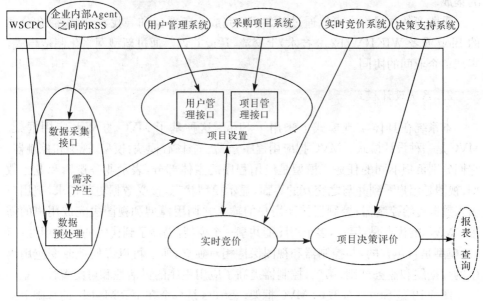

图 5-18　系统逻辑结构图

此系统体现新型网络化制造模式的地方可以概括为以下几点：

数据库方面：相对于新型网络化制造系统服务器端的数据库，在企业中可以有专门定制的数据库，与企业原先的部门的数据库配置在一起，由 Agent 调配，远程系统提供 IT 专员服务。也就是说，把原先的 ASP 远程数据库与 CPC 本地数据库结合起来使用。

采购软件安装在远程服务器（原来意义上的纯 ASP）上，付费后服务，提供一个总的用户名。这个用户名可以控制采购软件的使用以及对于采购软件中用户的设置。体现了 CPC 服务使用 ASP 提供的模式。

制造业客户可以使用远程数据库用户管理系统对本企业中不同功能 Agent 的用户进行权限设置（使用 RBAC 技术）。

采购项目的设定由生产物流采购工作流中的 Agent 一起在 Web2.0 提供的环境下讨论设定。具体的是使用定制 RSS 对采购需求数据进行采集，这里可以实现 CPC 企业内部 Agent 的协同。

项目的设定是在本地的。设定好后企业用户调用系统提供的实时竞价系统进行竞价。一切有关项目的数据都是在本地数据库中操作，用户信息是在远程的系统数据库中，使用通用接口实现了 ASP 和 CPC 的集成使用。

决策支持系统也是在远程服务器上的，根据传输产品、供应商和价格等因素进行网络服务匹配后进行，实现了定制的服务，体现了 ASP 和 CPC 在定制服务上的集成。

采购商的项目标书可以通过 WSCPC 完成业务登记和寻找，与供应商在公司的 Blog 或者 WIKI(Web2.0 技术)上交流，达成共识。通过新型网络化制造模式，实现了企业间的协同。

2. 系统设计模式

本系统在具体实现模式上采用了 Struts 这种基于 MVC 的 Web 应用框架。MVC 是一种设计模式。MVC 把应用程序分成三个核心模块：模型、视图和控制器，它们分别负担不同的任务。模型是应用程序的主体部分，表示业务逻辑和业务数据；视图是用户看到并与之交互的界面，显示模型状态，接受数据更新请求，把用户输入数据传给控制器；控制器接受用户的输入并调用模型和视图去完成用户的需求。MVC 的优点是：第一，多个视图能共享一个模型，提高了到代码的可重用性；第二，模型是自包含的，与控制器和视图保持相对独立，所以可以方便地改变应用程序的数据层和业务规则；第三，控制器提高了应用程序的灵活性和可配置性。

图 5-19 是 Struts 实现的 MVC 框架。Struts 是一个在 JSP Model2 的基础上实现的一个 MVC 框架，在 Struts 框架中，模型由实现业务逻辑的 JavaBean 或 EJB 组件构成，控制器由 ActionServlet 和 Action 来实现，视图由一组 JSP 文件构成。

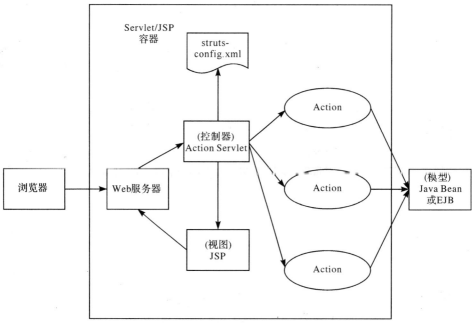

图 5-19　Struts 实现的 MVC 框架

第6章　面向移动通信终端的网络制造平台集成技术

制造资源共享是网络化制造的目标之一。目前的网络化制造主要使用有线的互联网络和相对固定的桌面计算终端作为技术支撑,在一定程度上限制了制造资源的共享程度。本章结合移动通信终端及移动通信网络的技术优势,提出一种面向移动通信终端的网络化制造平台集成框架体系结构,阐述实现移动通信终端通过无线移动通信网络接入网络化制造系统的实现机制及其关键技术,建立一个以网络化制造平台为基本支撑,以移动通信网络为接入方式,以实现移动通信终端对网络化制造系统进行信息访问和交互等功能为主要目标,在计算机网络和数据库管理系统以及相关软硬件的支持下,具有多层次、分布式和开放体系结构的技术系统。

首先,本章阐述面向移动通信终端的网络化制造平台的总体结构,描述平台的层次结构和功能构成,构建了平台的网络架构;在此基础上,提出由移动代理层、服务封装层和数据处理层组成的面向移动通信终端的网络化制造平台集成框架的体系结构;应用移动 Agent、Web Services 和 XML 技术,建立集成框架的应用模型,阐述模型的工作原理。

其次,本章围绕面向移动通信终端的网络化制造平台集成框架的实现机制和关键技术进行深入研究:在数据处理层,探讨移动环境下基于 XML 的网络化制造数据处理技术;在服务封装层,提出面向服务的基于网络化制造服务点播的服务封装机制;在移动代理层,设计由多个 Agent 协同工作组成的移动 Agent 系统。

面向移动通信终端的网络化制造平台集成技术扩展了网络化制造的内涵,丰富了网络化制造的支撑技术,实现人们可以在任何时间和任何地点,及时准确地获得任何所需要的制造资源信息和服务,在时空上进一步提高了制造资源的共享水平和规模。

6.1　面向移动通信终端的网络化制造平台集成框架研究

6.1.1　支持移动环境的网络化制造平台总体结构

1. 平台的层次结构

网络化制造平台是网络化制造模式的基础平台和重要组成部分,为实现大规模异构分布环境下的企业进行商务协同、产品设计协同、产品制造协同和供应链协同提供了支撑环境和使能工具,可以方便地实现不同企业人员、应用软件系统和制造资源的集成,从而形成具有特定功能的网络化制造系统。建立一种适合网络化制造模式,能够有效支持移动环境下的网络化制造信息集成、应用集成和资源共享,实现应用间的透明信息交换,将已有或未来的各种网络化制造系统进行有效规范和整合的平台环境,对于制造企业实施面向移动通信终端的网络化制造具有重要意义。如图 6-1 所示,支持移动环境的网络化制造平台的总体结构由终端层、网络层、集成层、应用层和数据层五个层次组成。

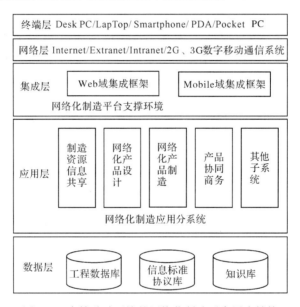

图 6-1　支持移动环境的网络化制造平台层次结构

如图 6-1 所示,支持移动环境的网络化制造平台的总体结构是在现有的网络化制造平台基础上,融入手持移动设备和无线移动通信网络作为技术支撑环境,对网络化制造中的有线联网方式进行了补充和扩展,使网络化制造系统中的设备终端具有可移动性,从而能够灵活方便地解决使用有线网络方式不易实现的网络连通问题,使网络化制造在更大规模、更深层次上实现制造资源的共享与集成。

2. 平台的功能构成

支持移动环境的网络化制造平台中各个层次的功能如下。

1) 终端层

终端层为网络化制造用户提供具有标准网络接口的各种信息交互终端,实现信息的发送、接收、显示和一定的数据处理等功能。它包括相对固定、体积较大的台式 PC,膝上型电脑(laptop)和各种手持移动通信设备,如智能手机、个人数字助理和掌上电脑等。

2) 网络层

利用标准的网络通信协议和技术,实现各种异构网络之间的无缝互联与切换,建立信息传输的通道,向网络化制造系统提供信息交换的网络支撑环境。网络层具有业务承载能力空间和标准化的调用接口,能够实现接入控制、鉴权管理、会话连接和保持、移动性管理等功能。该层既包括 Internet、企业外联网(Extranet)和企业内联网(Intranet)等各种基于 Internet 协议的固定有线网络,还包括第二代(2G)和第三代(3G)数字制式移动通信系统等无线移动通信网络。

3) 集成层

基于网络化制造平台的管理及协调环境,提供与之相适应的网络化制造应用的集成框架。在水平方向,该层划分为 Web 域和 Mobile 域两个部分,分别面向有线固定网络的应用服务集成和面向无线移动网络的应用服务集成,提供网络化制造相关的数据集成、业务集成、应用集成和服务集成等功能。

4) 应用层

由各种功能相对独立的网络化制造系统组成,提供面向用户的各类网络化制造应用功能,如制造资源信息共享系统、网络化产品设计系统、网络化产品制造系统、产品协同商务系统等。

5) 数据层

由工程数据库、信息标准协议库和知识库等组成,提供基本的基础信息环境和数据服务,包括产品数据库、制造资源库、基础数据库、知识及推理机制,以及数据交换机制、通信及认证协议等网络化制造的相关标准、协议和技术规范等。

3. 平台的网络架构

如图 6-2 所示,支持移动环境的网络化制造平台的网络架构是以传统的 Internet 为核心,以无线移动通信网络为补充,以局域网和工业以太网等为基础,由接入网络层、核心网络层和基础网络层组成的分布式、开放的三层体系结构。

在接入网络层,各类移动通信终端以第二代数字制式系统或第三代移动通信系统等制式的移动通信技术作为接入承载技术,与由基站和交换机组成的无线移动通信网络连接,然后通过由代理、网关或路由器组成的网络交换系统接入到 Internet 等有线网络;在核心网络层,通过 Internet 公网或企业外联网 Extranet 将位于不同地理位置的网络化制造资源相互连接,网络化制造企业开展虚拟企业联盟、产品协同商务、供需链管理等远程制造活动;在基础网络层,通过防火墙连接

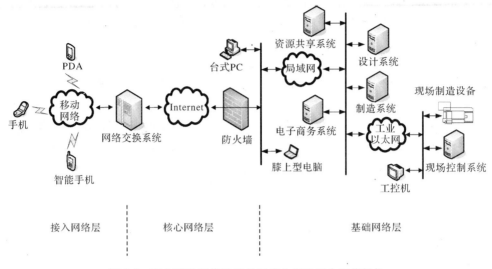

图 6-2　面向移动通信终端的网络化制造平台网络架构

到企业内联网 Intranet 中，网络化制造企业建立企业内部的网络化制造系统，通过局域网实现制造资源共享系统、设计与制造系统、电子商务系统等基础应用系统，车间的数控机床、加工中心等制造执行单元和现场控制系统通过基于工业以太网等工业控制网络连接成为制造网络上的节点。此外，已大量使用的各种台式 PC 和工控机等固定终端可以按现有的使用方式连接到网络化制造系统中，以满足不同应用环境的特殊需求。

6.1.2　面向移动通信终端的网络化制造平台集成框架

根据上述集成策略，面向移动通信终端的网络化制造平台集成框架的设计目标是支持底层网络化制造系统之间不同数据、应用、业务流程和服务的共享和交互；同时支持上层移动通信终端及无线移动通信网络同网络化制造系统的动态集成和互操作，如图 6-3 所示。本章提出了一个由移动代理层、服务封装层和数据处理层组成的三层集成框架体系结构，各个层次的具体功能如下所述。

1. 移动代理层

由各类具有协作能力的移动 Agent 组成，作为移动终端设备的代理，能够根据用户的服务请求自主地执行相应的网络化制造任务，为 Agent 的运行提供生命周期管理服务、事件服务、目录服务、安全机制通信接口和任务求解等，实现移动通信终端与网络化制造系统的动态连接管理、信息处理与交互等功能。

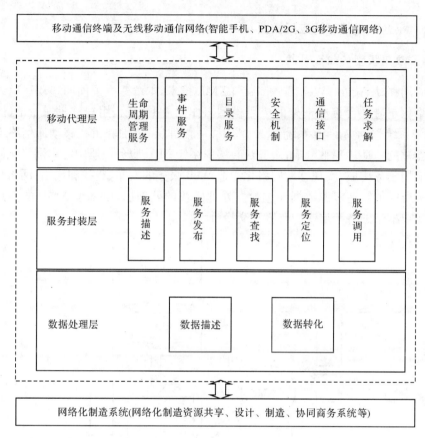

图 6-3　面向移动通信终端的网络化制造平台集成框架

2. 服务封装层

将网络化制造系统提供的各种功能封装成高度可集成的基于 Web 的移动网络化制造服务,并按照标准的协议和规范把这些服务发布到网络化制造平台上,提供响应外部事件或消息的统一操作接口,建立应用服务的封装机制,实现移动环境下的网络化制造资源与服务的快速查找、动态分配和调用。

3. 数据处理层

基于网络化制造的信息特征,采用基于开放式标准的数据编码及交换协议,从网络化制造系统的数据源中提取出关键的信息内容,按照预定义的映射规则处理成适合于移动通信终端显示的通用数据描述格式,实现系统间统一的数据交换和共享,保证数据存储和传输的畅通性。

6.1.3 平台集成框架的应用模型

1. 应用模型的组成结构

应用移动 Agent、Web Services 和 XML 技术,本章建立了面向移动通信终端的网络化制造平台集成框架的应用模型。如图 6-4 所示,用户移动 Agent(用户MA)和系统移动 Agent(系统 MA)组成移动代理层,分别驻留在移动通信终端和服务器端的移动代理平台上;服务封装层由系统 MA、服务注册中心和网络化制造移动应用服务构成,实现移动网络化制造 Web 服务的发布、查找和调用;网络化制造运行所需的制造资源数据经过数据处理模块的处理后,以基于 XML 的消息格式在集成框架的各个层次中传输和交换。

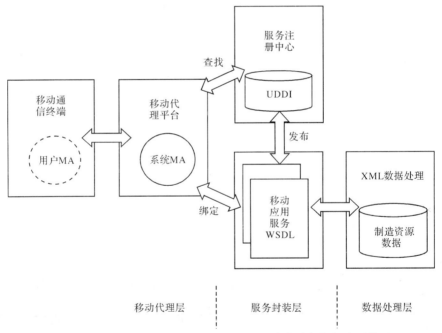

图 6-4　面向移动通信终端的网络化制造平台集成框架的应用模型

2. 应用模型的工作原理

如图 6-4 所示,面向移动通信终端的网络化制造平台集成框架的应用模型按照如下工作原理运行。

1)数据处理

数据处理层采用 XML 对移动环境下的网络化制造各种应用所需的数据进行描述和转化,建立统一的基于开放式标准技术上的数据格式,供集成框架各个层次中实现特定网络化制造功能的应用组件或程序使用。

2）服务描述

服务封装层将各种网络化制造的基本功能采用标准的 Web Services 描述语言（Web services description language，WSDL）定义为服务访问端口的集合，生成可供调用的移动网络化制造 Web Services。

3）服务发布

服务封装层按照统一描述、发现和集成（universal description，discovery and integration，UDDI）规范，把服务描述信息注册到 UDDI 服务注册中心，并向外发布和定位这些 Web Services。

4）服务请求

用户将一个或多个网络化制造任务请求提交给移动通信终端中的用户 Agent，发送到远程的服务器端。被派出的移动 Agent 可以断开与移动通信网络的连接，独立于发送自身的客户程序，代表终端用户异步、自主地与服务器端的系统 Agent 进行协作、通信和交互。

5）服务查找与绑定

系统 Agent 到 UDDI 服务注册中心找到所需的移动网络化制造 Web Services，并获取它们的 WSDL 文档信息，然后使用 WSDL 提供的服务接口等信息，调用相应的网络化制造 Web Services，完成特定的网络化制造任务。

6）服务响应

当完成所需的网络化制造任务以后，系统 Agent 可以监视移动用户终端的在线情况，当发现用户在线时，将会以标准 XML 信息格式封装的任务执行结果反馈给移动通信终端。

为了支持通用和开放性的平台标准，用户 MA 和系统 MA 之间的通信使用目前普遍应用的 TCP/IP 网络传输协议实现，网络化制造 Web 服务的查找、发布和绑定之间的消息传递可以应用基于 HTTP 的简单对象访问协议（simple object access protocol，SOAP）方式进行。

6.2　平台集成框架的实现机制及关键技术研究

6.2.1　基于 XML 的数据处理层

1. XML 技术简介

1）XML 的技术体系

XML 是由万维网联盟（World Wide Web Consortium，W3C）制定的旨在简化

数据交换的通用语言规范,目前正逐渐成为网络中各种系统间进行数据交换的通用标准。XML 是一种简单、标准和可扩展的置标语言,能够将各种信息以一种结构化的、基于原始数据的方式进行描述、解析和转换,是用于创建其他标记语言的元语言。

XML 中相关的一系列技术组成了 XML 技术体系,主要技术包括命名空间(xmlns)、文档类型定义(document type definition,DTD)与 XML Schema、XML 显示技术、XML 链接技术和 XML 处理器接口技术等,本章涉及的 XML 技术主要有以下几个方面。

(1)命名空间。命名空间也称为名字空间,通过在标记名称前指定独有的命名空间前缀,使每个元素与一个统一资源标识符(uniform resource identifier,URI)相关联,以保证 XML 文档中所定义标记的唯一性。

(2)XML Schema。DTD 是验证 XML 文档的正式规范,定义了 XML 文档的元数据和标签语法等信息,体现了数据信息之间的结构关系。由于 XML Schema 除了能够实现以上功能外,还具有完全符合 XML 语法、丰富的数据类型、良好的可扩展性以及易于处理等优点。因此,这里采用 XML Schema 作为实现数据处理层的相关技术。

(3)XML 处理器接口技术。XML 处理器接口技术主要包括 DOM 和简单应用程序接口(simple application programming interface for XML,SAX),提供了对 XML 文档及其内容和数据结构进行访问的应用程序接口。

XML 的具体应用步骤一般包括 XML 文档创建、XML 文档解析和 XML 文档后处理三个过程。XML 是纯文本文件,可以利用各种编辑器创建;XML 文档解析通过 XML 语法分析器完成:首先读取 XML 文档,其次检查其中的 XML 文档是否结构完整,接着处理程序将通过验证的 XML 文档进行分析,通过 DOM 或 SAX 从 XML 文档中抽取所需的元素;XML 文档后处理通过浏览器显示 XML 文档的解析内容或将这些内容转化成其他程序可以处理的格式。

2)XML 的技术特征

XML 具有如卜技术特征:自描述性,XML 文档由数据元素和属性等组成,可以采用自定义的标记对复杂的数据对象进行详尽的结构化描述,并且所定义的标记数量不受限制;语言独立性,XML 文档只包含数据,其数据结构和显示方式相互分离,同一数据能够指定不同的样式用于不同的输出,也可以被不同的程序用于不同的目的;可扩展性,XML 具有强大的数据描述功能,允许不同行业根据自己的独特需求创建全新的标记语言,表达如文本、图形和多媒体等特定类型的数据;平台无关性,XML 文档使用基于文本、高度结构化的方式对数据进行描述,具有高度可移植性,使得数据能够方便地在不同的平台上得以处理。

3）XML 技术应用于移动环境下的网络化制造平台的分析

将 XML 技术应用于移动环境下的网络化制造在理论和技术上都具有必要性和可行性：

XML 具有丰富的表达能力，使用嵌入的文本标记来封装内容和表示数据结构，只要通信双方能够理解这些标记即可，极大地提高了移动环境下网络化制造数据应用的互操作性、移动性和灵活性。

XML 提倡开放的标准，它已经成为现有网络化制造中进行数据交换和集成所选择的技术之一，故移动通信终端需要实现与 XML 驱动的网络化制造后端系统的通信，使各种应用以一致的语义和接口实现对数据的访问与控制，以增强平台内外部的交互能力。

目前，已经有许多性能优良的轻量级 XML 分析工具，如 J2ME Web 服务可选包 JSR172（JSR 是早期提议和最终发布的 Java 平台规范的具体描述）、Enhydra 的开源 kXML 和 NanoXML 等 XML 分析 API，有效支持了 XML 技术在移动通信终端上的实际应用。

2. 移动环境下的网络化制造数据处理模型

1）基于 XML 的移动网络化制造数据处理模型

基于 XML 技术，本节设计了移动环境下的网络化制造数据处理模型，该模型在逻辑上由制造数据源模块、制造数据描述模块、制造数据转换模块和制造数据传输模块四个部分组成，其中制造数据源模块为移动环境下的网络化制造应用过程提供各种原始制造数据；制造数据描述模块和制造数据转换模块分别位于移动通信终端和制造服务端，根据不同的应用环境，采取相应的数据处理方案，实现不同数据源与标准 XML 文档之间的相互转换；制造数据传输模块采用标准的网络传输协议，把以 XML 形式封装的各种制造数据在移动通信终端和制造服务端之间进行交换。移动环境下的网络化制造数据处理模型如图 6-5 所示。

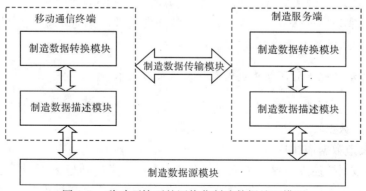

图 6-5　移动环境下的网络化制造数据处理模型

（1）制造数据源模块。提供移动网络化制造应用服务所需的各种原始数据信息,按数据源的表达类型可分为基于数据库表达的数据源和基于制造领域专有数据交换标准(如产品模型数据交换标准 STEP 等)表达的数据源等。

（2）制造数据描述模块。根据不同移动网络化制造服务的功能需求,按照标准化、简洁化和个性化的原则,定义 XML 格式与不同数据源的数据表达形式相匹配的映射规则,通过 XML Schema 自定义网络化制造 XML 文档的数据结构和数据类型,采用标准的 XML 格式描述制造数据的内容,保证不同制造信息源语义上的一致,满足移动应用条件下信息需求的个性化要求。

（3）制造数据转换模块。使用 XML 处理器和 API 等工具集,依据制造数据描述模块所制定的不同映射规则,实现不同类型制造数据源和 XML 文档之间的双向制造信息转换,使彼此需要交换的异构信息能够相互理解,从而实现制造数据在移动或固定应用场合下的互操作。

（4）制造数据传输模块。采用标准、通用的网络通信协议交换基于 XML 消息格式的网络化制造数据,通过 HTTP/HTTPS 等网络协议绑定基于 XML 格式的消息,实现移动通信终端与网络化制造服务端之间基于 Web 的信息传输。

2）移动网络化制造数据处理模型的工作原理

移动环境下的网络化制造数据处理模型的基本工作原理是:制造数据源为移动网络化制造应用提供以数据表或基于 STEP 等标准表达的各种原始制造数据;制造数据描述组件基于以上各种形式表达的数据定义规则,建立各种数据源的信息输出模型,定义所输出的信息与标准 XML 表达之间的关联关系,通过 XML Schema 描述和约束需要交换的制造信息的数据格式、数据类型及数据内容;制造数据转换组件根据所制定的映射规则,通过各种 XML 数据转换工具,将不同制造数据通过类型转换或编码封装为以 XML 消息格式为载体的标准文档,利用所制定的标记语言统一各种异构、异源的数据;网络化制造移动应用系统和固定应用系统以 XML 文档为统一的数据交换格式实现相互之间的数据通信。通过相反的过程,可以实现标准 XML 文档到数据源的逆向处理。移动环境下的网络化制造数据处理模型的基本工作原理如图 6-6 所示。

3. 移动环境下的网络化制造数据处理关键技术

移动环境下的网络化制造数据处理模型的关键实现技术包括制造数据描述技术和制造数据转换技术。

1）制造数据描述技术

制造数据描述技术建立了不同制造数据源的定义规则与 XML 模式之间的映射关系。其基本思想是:定义各种制造数据源的输出信息与标准的 XML 信息表达之间的关联关系,建立相互映射的规则;通过统一的 XML 模式规定在 XML 文

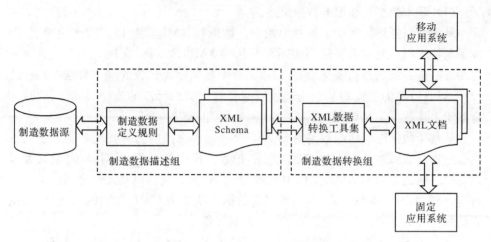

图 6-6　移动环境下的网络化制造数据处理模型的基本工作原理

档中能够使用的标记、标记所提供的元素类型或元素属性，以及这些标记与文本内容的可能组合方式；把这些元素或属性的描述存放在 XML Schema 中，为制造数据源的转换提供统一的信息映射模型。

根据移动环境下网络化制造数据的处理原则，本章提出以制造数据源定义规则为基础，以 XML 模式为核心，由基础数据描述层和组合数据描述层组成的移动环境下的网络化制造数据描述方案。

如图 6-7 所示，在基础数据描述层，数据描述组件对各种制造数据源进行基于标准 XML 格式的描述，将各种制造数据源的定义规则映射为基础 XML Schema；在组合数据描述层，数据描述组件对基础 XML Schema 进行整合，从中提取移动网络化制造应用所需的数据映射信息，重新创建面向特定服务需求的组合 XML Schema，以实现移动环境下网络化制造数据处理简洁化和个性化的原则。移动环境下的网络化制造数据描述方案的具体实现如下。

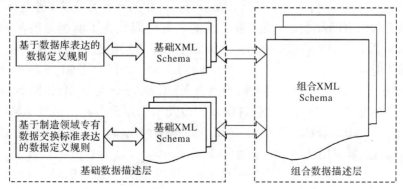

图 6-7　移动环境下的网络化制造数据描述方案

（1）基础数据描述层的数据描述。

基础数据描述层实现了各种原始制造数据与 XML 消息格式的初始映射，形成了与特定制造数据定义规则相匹配的基础 XML Schema 文档。所谓数据定义规则即制造数据的最初表达形式，如以关系型数据库为代表的基于数据库的表达形式、以 STEP 为主流的基于制造领域专有数据交换标准的表达形式。目前，已有基于上述数据定义规则到 XML Schema 文档的映射实现方法：

从基于数据库表达的数据源到 XML Schema 文档的映射实现方法是建立数据表结构与 XML 文档结构的映射关系，把数据库中的对象、子对象、对象属性以及对象之间的关系与 XML 文档中元素、子元素、元素属性以及元素之间的关系相对应。例如，对于关系型数据库，可以将数据表描述为 XML 文档的元素，将数据表的列描述为 XML 文档元素的子元素或其属性。

从基于 STEP 标准表达的数据源到 XML Schema 文档的映射实现方法是以 STEP-Part28（EXPRESS 驱动数据的 XML 表示模型）作为数据映射的标准，将 STEP 中基于 EXPRESS 描述的数据表示为 XML 文档中的标记。例如，EXPRESS 实体可以映射为 XML 文档的根元素，EXPRESS 实体的属性可以映射为根元素的属性；EXPRESS 子实体可以映射为根元素的子元素，子实体的属性可以映射为子元素的属性；实体与子实体的关系可以映射为根元素与子元素的关系。

（2）组合数据描述层的数据描述。

组合数据描述层的数据描述是对基础数据描述层所形成的 XML Schema 文档进行二次加工，从基础 XML Schema 中提取相关的数据映射规则，结合自定义的数据标记，创建满足特定移动网络化制造应用所需的 XML Schema 文档，以实现移动通信终端和网络化制造服务端进行个性化和简洁化的数据传输和处理的要求。

组合数据描述层的数据描述是通过在组合 XML Schema 中使用命名空间机制实现的。XML 命名空间将组合 XML Schema 中的元素类型或属性名称与 URI 所标识的名称空间相关联，仕一被引用的名称空间代表了所指定的基础 XML Schema。因此，基础 XML Schema 中所描述的与特定制造数据源定义规则相关的数据映射规则便被引入到组合 XML Schema 中。在组合 XML Schema 中导入基础 XML Schema 的方法有两种：当组合 XML Schema 与基础 XML Schema 具有相同目标名称空间时，使用包含（include）元素引用已存在的基础 XML Schema；当组合 XML Schema 与基础 XML Schema 具有不同目标名称空间时，使用导入（import）元素引用已存在的基础 XML Schema。

图 6-8 为后面本研究实现的原型系统所涉及的某一组合 XML Schema 文档片断，用于描述网络化制造资源共享系统中工程信息查询结果的数据映射规则。

该文档使用了前缀为 sprp 和 eirp 的目标命名空间所定义的元素及属性,其中 sprp 命名空间描述了标准件信息的数据映射规则,eirp 命名空间描述了企业信息的数据映射规则,通过本 Schema 文档的 import 元素实现了对这两个命名空间所指定的 Schema 文档的导入。此外,该文档还自定义了针对信息查询服务所需的专用标记"servicename"和"messagetype",分别描述了本次数据交换的服务名称和信息反馈类别。

```xml
<? xml version="1.0" encoding="GB2312"? >
<xsd:schema xmlns:mnrp="http://MMRP/MNRP"
        xmlns:sprp="http://MMRP/SPRP"
        xmlns:eirp="http://MMRP/EIRP"
        xmlns:xsd="http://www.w3.org/2001/XMLSchema"
        targetNamespace="http://MMRP/MNRP">
<xsd:import namespace="http://MMRP/SPRP" schemaLocation="sprp.xsd"/>
<xsd:import namespace="http://MMRP/EIRP" schemaLocation="eirp.xsd">
<xsd:element name="servicename">
    <xsd:complexType name="messagetype">
      <xsd:element name="partname" type="sprp:parttype"/>
      ...
      <xsd:element name="companytel" type="eirp:companytype"/>
      ...
    </xsd:complexType>
  <xsd:element>
</xsd:schema>
```

图 6-8　组合 XML Schema 文档示例

2) 制造数据转换技术

制造数据转换技术实现了各种网络化制造数据源和 XML 文档之间的相互转化。其基本思想是:根据制造数据描述组件所制定的不同网络化制造数据源与 XML 文档之间相互映射的 XML Schema,利用 XML 解析或封装工具提供的 API 接口动态地存取 XML 数据,通过制造数据转换组件实现各种网络化制造数据源和·XML 标准文档之间的双向输出。

制造数据的转换过程包括 XML 文档到制造数据源的转换(制造数据解析)以及制造数据源到 XML 文档的转换(制造数据封装)两个方面,其实现过程如下:

(1) 制造数据解析过程。

制造数据解析过程主要通过 XML 解析工具实现。XML 解析工具是用于 XML 语法分析的程序,其处理 XML 文档有两种方式:一种方式是 SAX 所采用的基于事件的处理方式,即将 XML 文档视为一个文字流的数据,在读取 XML 元素时触发相应的一系列事件,并直接向应用程序报告所解析的事件,由应用程序决定如何进行处理;另一种方式是 DOM 所采用的基于树状结构的处理方式,即根据 XML 文档内容创建一个层次化的树状对象模型,使用不同的对象代替文档的不同组成部分,利用这些对象的方法和属性来遍历 XML 文档的内容。

XML 解析工具解析 XML 文档的基本步骤为:读取基于 XML 格式的文档,这些文档可能来自文件、网络套接字或字符串等存储方式;加载制造数据映射协议的 XML Schema 文件,验证格式良好的 XML 文档的有效性;根据制造数据映射协议,从中提取相关数据的名称和类型等信息;将 XML 文档中的数据转化为制造数据源的本地格式。

(2) 制造数据封装过程。

制造数据封装过程可以通过 XML 封装工具实现。基于 DOM 的解析工具可以兼作 XML 封装工具,首先在其内存中生成 XML 文档对象,其次对文档对象进行实例化操作,最后将实例序列化到流或文件中,生成标准的 XML 文档。此外,还可以按照数据映射规则的要求,通过自行设计的 XML 封装工具,将制造数据封装到符合 XML 格式的文档中。

以基于 DOM 的 XML 封装工具为例,将制造数据封装为 XML 文档的基本步骤为:接收来自制造数据源传递的数据信息;加载制造数据映射协议文件,从中提取有关数据名称及类型等信息;根据映射协议的要求,将制造数据源的各种数据转化为 XML 文件所要求的数据类型和消息格式;生成以文件、网络套接字或字符串等形式存储的标准 XML 文档。

由于移动通信终端与服务器端的处理能力差异很大,制造数据转换过程应视不同处理资源所允许的条件采用不同的可选方案。例如,在移动通信终端,由于有效性的验证会降低终端的处理速度,故该步骤可以移至制造服务端完成,使客户端程序接收到已验证过的有效 XML 文档;同样,使用基于 DOM 的 XML 封装工具封装 XML 数据也会影响移动终端的处理效率,因此宜采用自行设计的 XML 封装方法封装客户端产生的制造数据。

6.2.2　基于 Web Services 的服务封装层

1. Web Services 技术简介

1) Web Services 的体系结构

Web Services 技术是一种建立在开放标准和独立于平台协议基础之上的分布式技术架构,其主要目标是在现有的各种异构平台基础上构筑一个与平台无关、语言无关的技术层,从而实现平台之间的彼此连接和集成。从功能角度描述,Web Services 是一种自包含、自描述、模块化的 Web 应用程序,可以通过 Web 描述、发布、定位和调用,其实现的功能可以是响应客户一个简单的请求,也可以是完成一个复杂的商务流程。一个 Web Services 部署好以后,其他应用程序或 Web Services 可以直接发现和调用该服务。

Web Services 的体系结构采用了如图 6-9 所示的面向服务的体系结构(service-oriented architecture,SOA),基于服务和对服务的描述,通过服务提供者、服务注册中心和服务请求者之间的发布、查找和绑定实现服务过程。

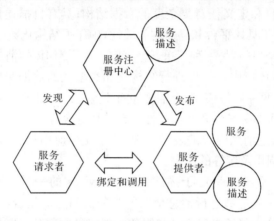

图 6-9　Web Services 的体系结构

(1) 三种服务角色。服务提供者(services provider)是服务的创建者和所有者,可以发布、更新或取消自身提供的服务,并且对服务请求进行响应;服务注册中心(services registry)是存储可用服务描述信息的信息库,提供服务的发布和定位功能,服务提供者在此注册和发布服务,服务请求者在此查找服务,获取服务的绑定信息;服务请求者(services requestor)是需要特定服务以完成自身任务的一方,利用服务注册中心查找符合要求的服务,然后与服务提供者进行绑定和交互,以调用该服务。

(2) 三种服务操作。发布(publish),使服务提供者可以向服务注册中心注册自己的功能及访问接口;查找(find),使服务请求者通过服务注册中心查找特定种类的服务并分发匹配结果;绑定(bind),使服务请求者真正能够访问和调用服务提供者提供的服务。

(3) 两个构件。服务,是提供给服务请求者,按一定规则使用的应用程序,通过自身已发布的接口允许服务请求者调用服务;服务描述,指定了服务请求者与服务提供者交互的方式,以及一组前提条件、后置条件或服务质量(QoS)级别等要求。

2) Web Services 的工作原理

XML、SOAP、WSDL 和 UDDI 是可用于构建和使用 Web Services 的核心标

准和技术。WSDL 是 Web Services 接口界面的跨平台描述语言;UDDI 提供了 Web Services 注册、发现和查找的技术规范;SOAP 则提供了不同系统之间进行 Web Services 调用的通信手段;XML 是 SOAP、WSDL 和 UDDI 的基础,为 Web Services 之间交换数据提供了跨平台性。

(1) XML。XML 已成为开放环境下描述数据信息的标准技术,是 Web Services 中信息描述和交换的标准手段。XML 具有良好的扩展性,允许用户使用标记界定数据内容和定义任意复杂度的数据结构;具有自描述性,适合数据交换和共享;包含独立于具体平台和厂商的无关性,确保了结构化数据的统一。

(2) SOAP。SOAP 是一种简单、轻量级的基于 XML 的消息传递协议,用于在松散的、分布的环境中对等地进行结构化和类型化的数据交换,同时支持消息传递和请求/响应两种通信模型,并且独立于编程语言、对象模型和操作系统,实现了异构应用之间的跨平台和互操作性。SOAP 由信封、编码规则和 RPC 机制组成,分别定义了描述消息内容的表示框架、用于交换应用程序数据的一系列机制和用于远程过程调用及应答的约定。

(3) WSDL。WSDL 是用于描述 Web Services 的一种 XML 格式语言,将 Web 服务描述为一组能够进行消息交换的服务访问点的集合,具有语言无关性。WSDL 文档一般分为服务接口定义和服务实现定义两部分,请求者据此可以知道服务要求的数据类型、消息结构、传输协议等,从而实现对 Web Services 的调用。

(4) UDDI。UDDI 定义了一套用于发布和存储 XML 消息格式的服务描述的注册机制,同时也包含一组使企业将自身提供的 Web 服务进行注册,并使其他企业能够发现并访问该服务的标准接口。UDDI 提供了基于 Web 和分布式商业注册中心的方法和标准实现协议,支持各种分类方法标准,实现对各种 Web 服务的检索。

在典型情况下 Web Services 的工作流程为:服务提供者开发一个通过网络可以被访问到的服务,然后将服务的描述注册到服务注册中心或发送给服务请求者;服务请求者在本地或服务注册中心查找该服务,得到如何调用该服务的描述信息;当找到所需的服务后,通过绑定就可以调用该服务。

3) Web Services 的特征

Web Services 具备以下特征:

(1) 良好的封装性。Web Services 是一种部署在 Web 上的对象,具备对象的良好封装性,对于服务使用者而言,仅能看到该对象提供的功能列表,而不必关心服务是如何实现的。

(2) 松散耦合。Web Services 将服务请求者和服务提供者在服务实现和如何使用服务方面隔离开来。当一个 Web Services 的内部实现发生变更的时候,服务请求者不需要知道服务提供者诸如程序语言和底层平台等实现技术的细节,只要 Web Services 的调用接口不变,服务实现的任何变更对他们来说都是透明的。

(3) 使用标准协议规范。Web Services 所有公共的协约完全使用开放的标准协议进行描述、传输和交换,其中绝大多数协议规范都是由 W3C 和结构化信息标准推动组织(Organization for the Advancement of Structured Information Standards, OASIS)作为标准公开发布和维护的,界面调用更加规范化,更易于机器理解。

(4) 高度可集成能力。Web Services 采用简单、易理解的标准 Web 协议作为组件界面的描述规范,完全屏蔽了不同软件平台的差异,各种异构的分布式对象或组件都可以通过这种标准的协议进行互操作,实现相关应用在当前环境下的高度集成。

2. 网络化制造服务点播的定义与内涵

1) 网络化制造服务点播的提出

从资源生产和资源消费的角度分析,网络化制造与移动通信终端及无线移动通信网络的结合呈现了非对称的特点,即网络化制造资源提供能力的相对无限性和移动通信终端资源处理能力的绝对有限性之间的不对称,讨论如下:

一方面,网络化制造模式能够把位于制造网络上的全球制造资源进行集成与共享,通过构造网络化制造系统,建立巨大的制造资源仓库,提供各种功能强大而复杂的网络化制造服务。在这种情况下,传统的固定终端设备和有线网络作为信息交互的手段提供了与该目标相匹配的处理能力,较好地实现了相关的业务流程。

另一方面,与功能强大的台式 PC 和工作站等静态终端设备相比,手机、PDA等移动通信终端及其网络条件拥有受限的处理能力。计算能力有限:与桌面计算机相比,移动通信终端只能对本地数据进行简单的处理;人机交互能力有限:移动通信终端的显示界面小,能提供给用户的信息种类、内容和数量均有限;网络连接能力有限:无线移动通信网络带宽有限,移动通信终端不能与网络建立稳定和持久的连接,因而不能与后台的网络化制造系统进行频繁的信息交互。在这种情况下,就需要一种与移动通信终端相适应的应用服务封装机制以平衡这种终端资源处理能力的有限性。

基于此,本章以 SOA 为基本原型,提出一种网络化制造服务点播机制,以解决移动环境下的网络化制造资源处理能力和资源提供能力不对称的问题,从而既能满足服务封装层对网络化制造平台底层各个网络化制造功能单元和系统进行松散耦合集成的要求,又能够建立一种有效支持移动环境的网络化制造应用的服务运作机制。

2）网络化制造服务点播的定义

网络化制造服务点播机制就是把各种网络化制造资源整合为能够完成各种网络化制造任务的基本功能单元，然后将这些彼此独立的基本功能单元或由基本功能单元聚合而成的复合功能实体组合成为移动网络化制造服务，通过对不同服务粒度的移动网络化制造服务实现服务描述、服务发布、服务查找、服务定位和服务调用等过程，以服务菜单点播的形式提供给移动通信终端用户定制和使用，是一种有效支持移动环境下的网络化制造应用的服务封装机制。

网络化制造服务点播机制涉及网络化制造资源、移动网络化制造服务和服务粒度三个核心概念，分别解释如下：

（1）网络化制造资源。在内容上涵盖网络化制造模式提供的设计、制造、电子商务等业务功能，在形式上表现为能够实现该业务功能的具体应用程序或组件等，是内容和形式的统一体。

（2）移动网络化制造服务。移动网络化制造服务就是为了支持移动环境下的网络化制造应用而定制的各种制造功能单元。每一个制造功能单元面向移动通信终端用户，具有明确可调用的接口，可以接收服务请求并返回处理结果，完成相对独立的网络化制造任务。

（3）服务粒度。服务粒度是反映移动网络化制造服务复杂程度的量纲。细粒度的网络化制造服务可以承诺提供至少一种基本业务功能，粗粒度的网络化制造服务是通过基本服务之间定义良好的接口和契约联系起来的复合服务，根据不同的服务粒度，可以实现不同复杂程度的移动网络化制造任务。

3）网络化制造服务点播的内涵

网络化制造服务点播机制的内涵包括网络化制造服务集成以及网络化制造服务驱动两个方面：

（1）网络化制造服务集成将不同的网络化制造服务有机组合，在横向上为用户提供了各种可供点播的服务菜单项目。在网络化制造环境下，制造服务集成能够实现各种制造资源的统一定义、发布和组合，能够支持跨越异构网络和异构制造系统的松散耦合集成，从而满足各种网络化制造功能实体之间进行快速、灵活和协同工作的需求，实现跨不同企业、不同地域的制造服务集成。

（2）网络化制造服务驱动建立了支持移动环境的网络化制造服务的运作机制，在纵向上建立了移动终端用户与网络化制造服务之间的运作流程。在移动环境下，网络化制造服务驱动可以屏蔽无线移动网络和固定有线网络之间的差异，有效组织各种网络化制造服务，使终端用户利用手机、PDA 等移动通信设备，通过无线移动通信网络就可以高效、便捷、透明地使用各种网络化制造服务。

3. 网络化制造服务点播的基本原理

1) 基于 Web Services 的网络化制造服务点播模型

基于 Web Services 技术,本章提出了网络化制造服务点播机制模型。如图 6-10所示,移动环境下的网络化制造服务点播机制模型由四个基本要素构成:网络化制造资源、网络化制造服务元、网络化制造服务注册集群和网络化制造服务列表。

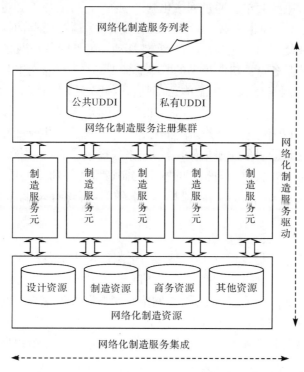

图 6-10　基于 Web Services 的服务点播机制模型

（1）网络化制造资源是服务点播模型的基础,它提供了网络化制造活动中的设计、制造和电子商务等原始的网络化制造业务功能和逻辑,在形式上表现为分布在制造网络中不同节点上的各种网络化制造系统,如 CAX 系统、产品数据管理系统、企业资源计划管理系统、制造执行系统、供应链管理系统和客户关系管理系统等。

（2）网络化制造服务元是服务点播模型的关键,通过使用统一的 WSDL 规范将各种网络化制造资源提供的功能封装为相对独立的原子化服务,并对外发布服务调用的标准接口,通过单一服务元或不同服务元之间的组合实现各种移动网络化制造功能。

（3）网络化制造服务注册集群是服务点播模型的核心,通过建立多个基于 UDDI 规范的公共或私有制造服务注册中心,按照网络化制造应用服务之间的逻辑联系和集成关系,通过制造网络将这些分布在不同节点上的制造服务注册中心集结为服务注册集群,以实现各种网络化制造服务的共享与协作,满足不同应用规模和层次的网络化制造集成需求。

（4）网络化制造服务列表是服务点播模型的接口,向用户提供了具体功能的移动网络化制造服务菜单。通过网络化制造服务列表,用户不必过多关心服务的实现细节,与服务之间也不必进行多次的往复,只需通过简单的操作和交互就可以透明地定制和使用网络化制造服务,实现移动环境下的各种网络化制造应用。

网络化制造服务点播机制模型的基本思想是:从不同的网络化制造系统中抽象出相对独立的网络化制造功能单元,创建各种移动网络化制造服务元;对这些基本的制造服务元进行统一定义、描述和组合,构建不同服务粒度的移动网络化制造服务,并对外提供制造服务访问的标准接口;基于公共或私有的 UDDI 注册中心组建网络化制造服务注册集群,为制造服务提供发布、发现和集成等功能;通过网络化制造服务列表建立与相应的网络化制造服务注册中心的连接接口,为移动通信终端用户提供移动网络化制造服务菜单,实现移动制造服务的定制和调用。

2) 网络化制造服务集成机制

网络化制造服务集成建立了实现网络化制造模式下各种制造资源共享和互操作的基本机制。在网络化制造服务点播机制中,移动网络化制造服务是网络化制造资源各种功能的主要表现形式,故网络化制造资源的集成最终体现在各种移动网络化制造服务的有效集成和互操作上,这在网络化制造服务点播机制模型中是通过构建网络化制造服务注册集群实现的。本章提出一个以网络化制造系统为基础,以网络化制造平台为依托,以公共或私有 UDDI 服务注册中心为构成元素的网络化制造服务注册集群模式。

如图 6-11 所示,网络化制造服务注册集群采用了分布式的集成结构,其基本机制如下:私有 UDDI 服务注册中心分别建立在各个网络化制造系统上,提供面向制造组织内部的制造集成服务,公共 UDDI 服务注册中心建立在网络化制造公共平台上,对外提供公共的制造集成服务;这些制造系统或平台分别位于制造网络中的不同节点上,彼此互联互通;一个服务注册集群至少包括一个公共 UDDI 服务注册中心和若干个私有 UDDI 服务注册中心,这是由网络化制造平台所能提供的制造功能的种类和数量决定的;在服务注册集群内部,公共和私有 UDDI 服务注册中心通过 UDDI 规范的 P2P（peer to peer）数据同步机制保证各种注册中心数据的实时更新和一致性;在服务注册集群之间,通过多个公共 UDDI 服务注册中心建立类似的相互通信,在更大范围内实现网络化制造服务的集成。

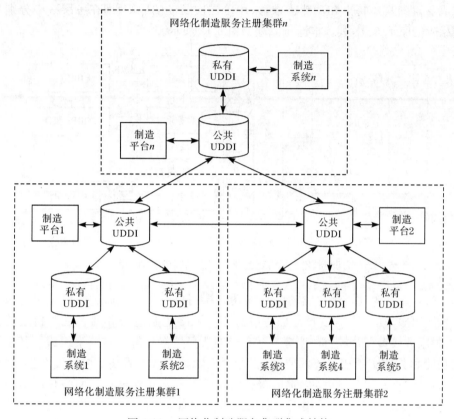

图 6-11　网络化制造服务集群集成结构

　　通过网络化制造服务注册集群,网络化制造服务集成的实现方案为:各制造系统或平台开发自身的网络化制造业务功能(如设计、制造和电子商务等),把相关的移动应用程序或组件部署成 Web 服务;使用公共或私有的服务注册表发布这些移动网络化制造 Web 服务,注册表中需包含服务提供系统或平台的信息以及服务本身的描述信息;各种终端用户登录到网络化制造平台,根据公共 UDDI 服务注册中心提供的服务名称、描述和接口位置,查找和订阅所需的制造服务,并由提供这些制造服务的平台或系统执行具体的服务过程。

　　3) 网络化制造服务驱动机制

　　网络化制造服务驱动定义了实现移动环境下的网络化制造应用的业务流程,描述了相关的技术实现规范及其配置。在网络化制造服务点播机制中,网络化制造服务驱动需要建立用户与点播模型之间、点播模型内部相关构成要素之间的控制逻辑,定义相关业务流程执行的先后顺序。本章提出由用户驱动、服务驱动和业务驱动相结合的移动网络化制造服务驱动机制,根据网络化制造服务点播模型构成要素的具体特点和功能需求,采用分层次驱动的原则,即在各层次中分别采用相应的驱动方式,其基本运行原理如图 6-12 所示。

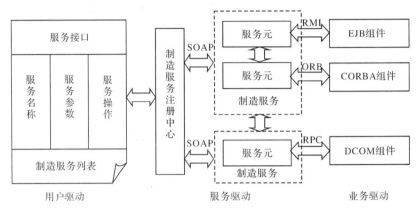

图 6-12　　网络化制造服务点播服务驱动流程

(1) 用户驱动。用户驱动就是移动终端用户或其代理通过网络化制造服务列表发出服务请求,提交服务任务的过程。网络化制造服务列表是逻辑上的概念,由服务接口、服务名称、服务参数以及对服务的操作等基本要素组成。基于逻辑功能和具体实现相分离的原则,服务列表隐藏了调用后端函数的复杂性,只要求指定执行一个移动网络化制造服务时所需的参数子集即可。网络化制造服务列表在技术实现上可以采用面向对象的技术实现,如 Java 提供的对象、类封装和继承等技术。

(2) 服务驱动。服务驱动就是协调特定移动网络化制造流程中各个制造服务的调用顺序、管理制造服务之间的数据流,从而对制造服务的运行提供高效可靠的支持。基于 Web Services 提供的 SOA 处理原则,服务驱动的具体实现是:在服务注册中心与服务元之间,采用基于 SOAP 的消息通信方式;在服务元之间,通过简单的数据传递,利用事先预定义的顺序调用多个服务进行服务组合,形成业务流程。

(3) 业务驱动。业务驱动就是对具体实现移动网络化制造服务的各种功能组件或对象进行协调和管理,建立它们之间的调用关系。网络化制造服务点播模型底层的网络化制造资源包括各种网络化制造系统,其内部的业务功能组件通常采用基于 Web 的分布式对象技术实现,如采用 CORBA 的 ORB 和 IDL 技术、微软 COM/DCOM 的 RPC 技术、SUN Java 的 RMI 和 EJB 技术等分布式计算技术。通过这些技术已有的基础标准,实现制造服务内部相关中间件系统之间功能函数的互操作性,以完成自身提供的业务逻辑。

网络化制造服务点播模型通过以上各个层次服务驱动机制的有机结合,对外统一封装成对象的形式,利用对象之间的消息传递使各构成要素内部及构成要素之间相互联系起来,从而建立了移动网络化制造业务流程,实现了移动环境下的用户点播、松散耦合的服务调用和网络化制造环境下基于 Web 的分布式业务处理。

4. 网络化制造服务点播的构建过程

网络化制造服务点播机制的构建规定了移动网络化制造服务封装应该遵循的过程和所需满足的条件。如图 6-13 所示,基于 Web Services 技术,网络化制造服务点播机制的构建过程包括服务描述、服务发布、服务查找、服务定位和服务调用五个主要步骤,具体技术实现过程如下。

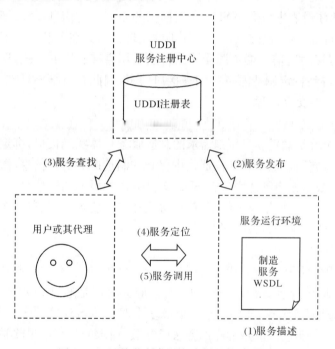

图 6-13　网络化制造服务点播的构建步骤

1) 服务描述

服务描述就是将能够实现特定制造功能的移动网络化制造应用程序或组件,采用基于 XML 的 WSDL 进行结构化的定义和描述,生成基于 SOAP 的可供网络访问的 WSDL 文档的过程。移动网络化制造 WSDL 文档包含以下制造服务描述信息:服务的接口描述信息,包括服务接口方法名称、输入参数及其类型和返回结果的类型;服务的实现描述信息,包括请求消息和返回消息的编码方法及其属性、服务内容的通信协议;服务的实现地址,指定一个具体的 URL 作为服务的实现路径,使外部应用能够找到该服务。

2) 服务发布

服务发布就是将描述移动网络化制造服务的 WSDL 文档发布到公共或私有 UDDI 注册中心上的过程,从而形成可以被用户或其代理识别和发现的服务。基本思路是通过发布 WSDL 文件,在 UDDI 注册表中进行注册,对外公布商业实体 (business entity)、商业服务(business service)、绑定模板(binding template)和技术规范(technology model,tModel)的说明信息等。UDDI 注册表将这些服务描述存储为绑定模板和连接到该服务执行环境中 WSDL 文档的 URL。

3) 服务查找

服务查找就是用户或其代理向 UDDI 注册中心提供的规范接口发出查询请求,在 UDDI 注册表中根据 WSDL 文档提供的服务描述信息,获取绑定服务所需相关信息的过程,从而确定制造服务提供的实现接口。在移动环境下的服务查找操作中,根据移动通信终端资源受限的特点采用直接获取的模式,即通过唯一的关键字直接得到特定制造服务的实现接口信息,因此查找结果是唯一的,减少了移动用户终端的交互过程。

4) 服务定位

服务定位就是确定满足用户需求的制造服务具体实现接口,绑定该服务的过程。服务请求方通过从 UDDI 注册表中得到的制造服务绑定信息,激活制造服务运行环境,并根据相应制造服务 WSDL 文档提供的服务描述信息,如服务的访问路径、调用参数和返回结果的约定、传输协议和安全要求等,创建一个客户代理程序,与该服务建立基于 SOAP 的通信。

5) 服务调用

服务调用就是用户或其代理与服务运行环境进行通信,调用制造服务运行环境中的可用服务,交换数据或消息的过程。服务调用是通过 SOAP 实现的,对于每一个 SOAP 服务请求,会导致对一个或多个服务运行环境的多个请求,这些请求操作将映射位于底层应用程序的方法或参数,请求的组合结果将被合并成一个 SOAP 响应,回传给服务请求者。

6.2.3　基于移动 Agent 的移动代理层

1. 移动 Agent 系统的框架结构

1) 移动 Agent 系统的设计思想

传统基于有线 Internet 的网络化制造相关应用具有快速可靠的网络通信、位置固定和计算能力强大的终端设备,而无线移动网络条件下的相关应用存在着网络带宽较低、连接不稳定,以及移动终端的存储资源有限、计算能力弱、具有移动性等特点,具体表现为:移动通信网络的带宽有限,网络化制造系统的运行会产生大量的网络流量,这不仅容易造成网络拥塞,而且会给用户带来高频的使用费用;移动网络使用空气作为信息传递的媒介,易出错性会使移动终端与网络的连接不稳定,间歇地连接或断开也会给网络带来较大的开销;移动通信终端处理能力有限,不适合对大量的网络化制造任务进行本地处理;移动通信终端和移动通信网络的资源受限性,增加了移动应用系统和固定应用系统之间协作的不确定性和易变性。

针对以上问题,本章设计了由各种具有协作能力的 Agent 组成的移动 Agent 系统。移动 Agent 系统的基本目标是为移动通信终端和服务器上 Agent 的移动、执行和通信提供通用的框架和实现机制,以减少移动通信网络中的数据传输,将移动终端所担负的网络化制造计算任务分配到服务器端执行。移动 Agent 系统主要功能是负责移动通信终端通过移动网络与集成框架中的服务封装层进行通信,实现与平台底层的网络化制造系统的动态连接管理和信息交互;同时作为终端设备的代理,根据用户的服务请求自主地执行相应的网络化制造任务,增强移动通信终端的智能性和信息处理能力。

2) 移动 Agent 系统的框架结构

利用移动 Agent 技术,参考典型的移动 Agent 结构模型,本章提出的移动 Agent系统框架结构如图 6-14 所示。

在总体上系统框架结构由用户 Agent 子系统、平台Agent子系统、移动 Agent 运行环境、用户接口和底层接口五部分组成:用户 Agent 子系统和平台Agent子系统分别驻留在移动通信终端和网络化制造平台的服务器端,是实现移动代理层通信与计算功能的核心部分;移动 Agent 运行环境为移动 Agent 提供安全、正确的代码执行环境,具有创建、复制、派遣和执行 Agent 等基本功能;用户接口是用户和 Agent 之间的界面,实现用户对 Agent 的任务请求以及 Agent 对用户信息的反馈;底层接口是 Agent 系统与服务封装层的通信接口,实现移动代理层与服务封装层之间的通信。

按各个 Agent 实现的功能,移动 Agent 系统包含请求 Agent、服务 Agent、执行 Agent 和响应 Agent 四种 Agent,各个 Agent 的功能如下:

(1) 请求 Agent。请求 Agent 是由移动终端程序创建的可移动 Agent,主要作用是发送用户提交的请求任务。请求 Agent 封装了用户提出的请求,通过移动通信网络自主移动到网络化制造平台的服务器端,与平台 Agent 子系统的服务 Agent 进行交互,代表用户提交相关的任务请求。

(2) 服务 Agent。服务 Agent 是驻留在服务器端的静态 Agent,是实现服务器端的平台 Agent 子系统功能的核心。服务 Agent 的主要功能包括:①Agent 管

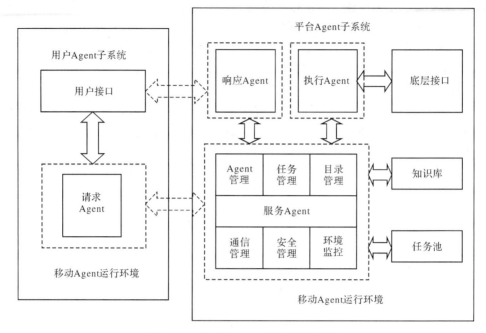

图 6-14　移动 Agent 系统的框架结构

理。实现 Agent 的初始化、身份验证、注册或注销等功能，对 Agent 生命周期内所经历的状态、路由信息等基本信息进行管理。②任务管理。分析其他 Agent 发出的消息并产生相应的任务请求，将请求 Agent 发送的任务或自身产生的任务放入任务池，基于知识库的推理机制对任务进行求解，产生解决方案，按任务执行的进度创建或调度相关 Agent 协同完成任务。③目录管理。建立并维护一个活动的 Agent 服务列表，记录各个 Agent 的状态、服务类型和定位信息，形成路由选择策略，满足任务求解过程的要求。④通信管理。实现 Agent 之间，以及 Agent 系统与外部接口的通信能在语义上达成一致。⑤安全管理。对来访的各种 Agent 进行访问控制，保证各个 Agent 之间的通信安全，同时维护 Agent 自身内部数据的完整与正确。⑥环境监控。感知环境变化，包括网络通信环境、Agent 执行环境和移动 Agent 的执行状态等变化情况，发出调度指令进行相应地调整。

（3）执行 Agent。执行 Agent 主要作用是与集成框架的服务封装层进行通信，在服务封装层的服务注册中心负责查找与移动终端所提交任务相关的服务实现接口，调用相应的功能组件执行具体的移动网络化制造任务，并将执行结果提交给响应 Agent。

（4）响应 Agent。响应 Agent 是由执行 Agent 产生的可移动 Agent，主要作用是把底层网络化制造系统执行的最终结果返回给移动通信终端。响应 Agent

可以根据服务 Agent 提供的移动终端的在线状态信息，将结果以即时方式或延后方式返回给移动用户。响应 Agent 保留了相关的日志文件以跟踪信息的发送。

2. 移动 Agent 系统的工作流程

移动 Agent 系统的运行是由多个 Agent 相互协作的过程，其工作流程如下所述：

（1）用户在移动通信终端的用户界面上输入服务请求所需的应用参数信息，确认以后应用程序创建一个请求 Agent，请求 Agent 同时封装了代理的基本属性信息，如代理的来源和创建者、认证密匙、代理的目标和状态信息等。

（2）请求 Agent 通过移动通信网络自动迁移到网络化制造平台的目标服务器端，与平台 Agent 子系统中的服务 Agent 进行交互，代表用户将相关参数提交给服务 Agent。任务完成以后，请求 Agent 自动销毁，以减少网络消耗。

（3）如果请求 Agent 遇到网络环境等无法解决的问题或出错，未能移动到服务器端，将通知移动终端，由用户决定结束本次通信过程或重新创建请求 Agent，然后自行销毁。

（4）服务 Agent 对来访的请求 Agent 进行验证、注册以后，取得请求 Agent 提交的服务请求参数，服务 Agent 根据请求 Agent 提交的服务请求创建执行Agent。

（5）执行 Agent 与服务封装层的服务注册中心进行通信，查找和调用相关的移动应用服务。任务执行完毕以后，执行 Agent 创建响应 Agent，并把结果提交给响应 Agent，然后自行销毁。

（6）响应 Agent 根据服务 Agent 提供的网络状态、服务器负载等条件决定下一步的行为：如果连通状态良好，响应 Agent 将任务的执行结果直接返回给用户终端；如果网络存在故障或负载太重，响应 Agent 暂时驻留在服务器端，或将自身所携带的数据信息从内存卸载到服务器的硬盘上。

（7）服务 Agent 监控目标移动终端的在线状况和网络通信状况，当与移动用户再次建立通信联系以后，激活或创建响应 Agent 并重新派遣到用户终端。

（8）响应 Agent 到达移动终端以后，将执行结果提交给移动用户，并将自身全部卸载，结束任务周期。

3. 移动 Agent 系统的通信机制

1）移动 Agent 系统的通信模型

Agent 的通信机制是移动 Agent 系统中多个 Agent 之间相互协作、共同完成求解任务的基础和关键，同时也是移动 Agent 系统与外部功能系统实现互操作的基本保证。在单一的基于 Agent 的应用系统中，系统通常是基于一致的对等协议、相同构架和类型的环境，采用专业领域的 Agent 通信语言 ACL 等通信方式可以满足 Agent 系统的协调、信息传递和合作等通信要求；而在分布式异构的网络化制造环境下，移动代理层作为网络化制造平台集成框架的有机组成部分，必须满足与其他各个层次单元和系统进行集成和互操作的需求。因此，采用通用、开放和标准的网络传输协议和信息交互格式，有效屏蔽 Agent 系统通信语言的差异，实现基于公共基础设施的移动 Agent 系统通信机制是实现网络化制造平台透明信息交互需要解决的关键问题之一。

　　本章总结出由 Agent 通信语言层、消息封装/解析层和网络传输层组成的移动 Agent 系统通信模型，如图 6-15 所示。

图 6-15　移动 Agent 系统通信模型

　　（1）Agent 通信语言层。采用各种 Agent 通信模式定义移动 Agent 及其服务设施之间相互协商的语法和语义，建立移动 Agent 与移动 Agent 执行环境、移动 Agent 与移动 Agent 之间的 Agent 通信原语信息。Agent 通信模式包括消息传递、黑板系统或以知识查询及操纵语言（knowledge query and manipulation language，KQML）为代表的高级语言等方式。

　　（2）消息封装/解析层。采用基于 XML 等标准的信息表达和封装协议，对 Agent 通信原语信息进行封装或解析，作为相互通信的交换格式。这些标准的信息协议具有与平台环境无关、简洁一致的语法语义、内容独立和支持 Internet 环境等特性，通过这些协议对 Agent 通信语言的原语信息和通信内容等进行封装或解析，既能满足网络化制造开放标准和异构环境的集成要求，又可以实现 Agent 系统对自身通信的专有要求。

　　（3）网络传输层。基于 HTTP、简单邮件传输协议（simple mail transfer protocol，SMTP）、文件传输协议（file transfer protocol，FTP）或 IIOP 等网络传输协议，将消息封装/解析层生成的信息流在网络上传输，实现不同 Agent 之间，以及 Agent 系统与外部接口之间的分布式通信。

　　2）移动 Agent 系统的通信原理

　　移动 Agent 系统的通信原理包括 Agent 通信语言的封装/解析，以及移动

Agent系统的基本通信过程。

（1）基于 XML 的 Agent 通信语言的封装/解析。

本章采用标准的 XML 消息格式封装/解析 Agent 通信原语信息，通过 XML 分析工具实现 XML 消息封装和解析，具体原理如下：

XML 消息封装就是将 Agent 通信原语信息利用 XML 标记语言进行描述，即定义 Agent 通信原语信息的 XML Schema，把 Agent 通信语言所描述的语义参数定义为 XML 的元素或属性，然后根据统一指定的 XML Schema 生成 XML 文档。

XML 消息解析就是通过解析程序解释一个结构化的 XML 文档中的 Agent 通信原语信息的过程，即建立 SAX 或 DOM 与 XML 文档的映射关系，并以对象的形式保存 XML 文件中的所有内容，通过解析程序访问这些对象，从而得到 XML 文档中所描述的通信语言内容。

（2）移动 Agent 系统的基本通信过程。

移动 Agent 系统的通信包括移动 Agent 之间的通信、移动 Agent 与用户接口和底层接口之间的通信三个过程，其基本通信过程如图 6-16 所示。

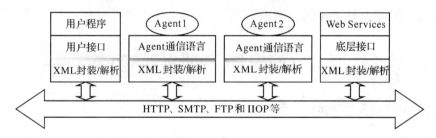

图 6-16 移动 Agent 系统的基本通信过程

移动 Agent 之间的通信过程：Agent1 以 XML 消息格式描述 Agent 通信语言信息，通过网络传输层将 XML 消息流发给 Agent2；Agent2 使用 XML 解析工具解释 XML 消息所封装的内容，依据 Agent 通信语言规范提取其中的语义信息，从而实现移动 Agent 之间基于专用通信语言的通信。

移动 Agent 与用户接口的通信过程：用户程序将通信参数通过用户接口以 XML 消息格式封装到 Agent1 中，然后 Agent1 按上述移动 Agent 之间的通信过程与其他 Agent 进行通信；Agent1 返回的信息经过对 XML 的解析同样通过用户接口传递给用户程序。

移动 Agent 与底层接口的通信过程：移动 Agent2 将服务请求信息通过底层接口再次封装为与服务封装层相一致的信息协议（如 Web Services 的 SOAP 协议），服务封装层基于自身协议的解析，识别并处理请求信息中的过程名和参数，映射为本地的过程调用，完成服务封装层移动网络化制造服务的查找和调用等功能；服务封装层返回的信息经过对 XML 的解析同样通过底层接口传递给Agent2。

第7章 面向网络化制造的 ASP 平台计费模型

网络化制造是一种按照敏捷制造的思想,采用 Internet 技术,建立灵活有效、互惠互利的动态企业联盟,有效地实现研究、设计、生产和销售各种资源的重组,从而提高企业的市场快速响应和竞争能力的新模式。随着网络技术的飞速发展,网络化制造的 ASP 模式应运而生,许多网络化制造的 ASP 平台在各地投入运行,大大推动中小制造企业的信息化进程。定价模型及其系统作为 ASP 平台中不可缺少的一部分,在网络化制造的 ASP 模式的发展中扮演着极为重要的角色。一个合理可行的定价模型应既能使 ASP 厂商得到合理的利润,又能让消费者感到 ASP 服务是物有所值的,愿意继续使用 ASP 厂商提供的其他服务。这两种效果互相结合、促进,能使 ASP 模式在制造企业信息化中的应用步入一个良性循环的阶段,从而推动制造企业信息化的发展。

7.1 ASP 平台定价模型研究

7.1.1 ASP 服务综合定价模型的构建

"综合"就是以系统观点,把一件事物诸多因素有机地结合起来的过程。"ASP 服务的综合定价模型"就是把应用服务定价中的"边际成本定价"、"完全分摊成本定价"、"完全价格歧视"、"版本划分"、"捆绑销售"、"峰谷定价"、"二重定价"等模式融合起来,从一个新高度来构筑应用服务产品的定价模型。

考虑到应用服务有不同的服务类型,必须有不同的定价模式来适应它,因此,本章提取了各定价模式中被广泛使用的七个要素作为七个基本模块来构建 ASP 服务的综合定价模型,分别是:服务首期费用、使用周期费用、服务使用时间费用、每完成一个服务交易费用、服务使用许可证数量费用、服务使用流量费用、特别服务业务费用。之所以选取这七个模块,是因为这七个模块基本上是目前 ASP 市场存在的所有定价模式中都使用的部分,基本可以涵盖绝大部分定价模式,并且在数据采集上比较容易实现,有利于具体的计费系统实现。除此之外,还设置了一个调整系数来对各模块采集的数据进行调整,这个调整系数是用户级别、应用服务使用率、服务使用时间段、服务性能区别、服务功能区别、客户满意度等因素的综合,通过此系数,可以把以上因素反映到模型之中,来实现更广泛的定价模式。

如图 7-1 所示,ASP 服务的综合定价模型由七个部分组成,这七个部分是应用服务费用模型的基本组成模块,分别为:服务首期费用 C、一个使用周期费用 Y、服务使用时间费用 $p \cdot t$、每完成一个服务交易支付的价格 N、服务使用许可证数量费用 $p \cdot X$、服务使用流量费用 $p \cdot M$、特别服务业务费用 S。另外,还有一个综合调整系数 P。在实际使用中,模型的各个部分并不是都需要的,而是要根据服务定价的实际情况取其中的某几部分来使用,通过不同部分的组合与综合调整系数来实现不同的定价模式。

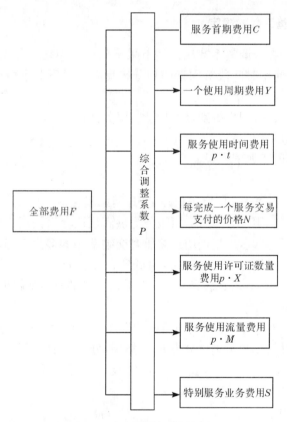

图 7-1　应用服务费用组成

模型的数学表达式如下:

$$F = (C + Y + p \cdot t + N + p \cdot X + p \cdot M + S)P \tag{7-1}$$

其中,F 表示用户需要向应用服务提供商交纳的全部费用;C 为服务的首期费用,即用户首次使用某项服务时向应用服务提供商一次性支付的费用,在规定的期限后,应用服务提供商对于是否将软件和硬件资产转移给用户具有选择权;Y 为一个使用周期费用,如月租、季租、年租等,这取决于使用率、用户优先级、使用时间段、用户数、协作用户数等因素；p 为服务基准价格，即在满足服务要求的情况下，每单位服务需要向应用服务提供商交纳的基准价格，这里的单位可以是时间、数量和流量；t 为服务使用时间，通常以分钟或秒为计算单位；N 为每完成一个服务交易支付的价格；X 为某项服务发放的许可证数量；M 为服务的使用流量，通常以字节来衡量；S 为用户使用特别服务业务需要支付的费用；P 为综合调整系数，考虑的因素有用户级别、应用服务使用率、服务使用时间段、服务性能区别、服务功能区别、客户满意度等。

7.1.2　综合调整系数的确定

在此模型中，综合调整系数用来调节采集到的各模块的数据，以实现对用户类型、服务类型、使用时间段等因素的划分。我们用以下七个指标来定义综合调整系数：

综合调整系数＝（用户级别，用户类别、服务使用率、服务使用时间段、服务性能、服务功能、客户满意率）

其中各指标说明如下。

1）用户级别

用户级别用 P_1 表示，是指用户在 ASP 网站上注册的级别，一般的划分有普通用户、高级用户、VIP 用户等，应用服务提供商往往会根据用户使用服务的情况对用户的级别进行更改，或根据用户注册时交纳费用的多少来确定用户级别。在本模型中，把用户级别分为 n 个等级，由低到高分别为 $P_{11}, P_{12}, P_{13}, P_{14}, \cdots, P_{1n}$，用集合 $P_1 = \{P_{11}, P_{12}, \cdots, P_{1n}\}$ 表示，级别越低，具备的权限就越少，反之就越高。

2）用户类别

用户类别用 P_2 表示，是指用户所属的群体，即企业用户、个人用户等，是用户的自然属性。同样，用户类别也分为 m 个类别，分别为 $P_{21}, P_{22}, P_{23}, P_{24}, \cdots, P_{2n}$，用集合 $P_2 = \{P_{21}, P_{22}, \cdots, P_{2n}\}$ 表示，不同的级别没有高低之分，其权限由应用服务提供商自行决定。

3）服务使用率

服务使用率用 P_3 表示，是指应用服务提供商的某项服务使用频率如何，这项指标反映了服务的热门程度，即使用频率越高，服务就越热门，反之就越冷清。如图 7-2 所示，服务在其生命周期的不同状态下，热门程度是不一样的，在服务刚推出时，用户不了解，使用率就低；服务得到用户认可，处于成熟期时，使用率就高；当服务不适应用户需要，处于衰退期时，使用率就会降低。在此模型中，把服务使用率划分为三个级别，即服务初始期 P_{31}、服务成熟期 P_{32} 和服务衰退期 P_{33}，用集合 $P_3 = \{P_{31}, P_{32}, P_{33}\}$ 表示。

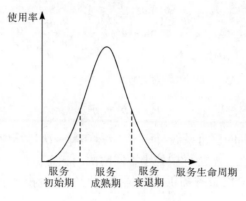

图 7-2　服务使用率周期

4) 服务使用时间段

服务使用时间段用 P_4 表示,是指某项服务在使用中处于一天中的哪个时间段。时间段的划分根据服务使用的实际情况来确定,一般来说,工作时间使用的人较多,而晚上、周末使用的人较少。模型中,把服务使用时间段划分为四个区段,为 P_{41}、P_{42}、P_{43}、P_{44},分别对应上午、中午、下午和晚上,用集合 $P_4 = \{P_{41}, P_{42}, P_{43}, P_{44}\}$ 表示。

5) 服务性能

服务性能用 P_5 表示,是指保留服务的所有功能,而根据不同的版本划分不同的性能。服务性能是一种与消费者支付意愿密切联系的鲜明特征。服务性能一般有高、中、低三档,对应这不同的消费群体。模型中,把服务性能划分为三级,为 P_{51}、P_{52} 和 P_{53},分别对应高性能、中性能、低性能,用集合 $P_5 = \{P_{51}, P_{52}, P_{53}\}$ 表示。

6) 服务功能

服务功能用 P_6 表示,是指某一服务的某些功能不同而使服务的质量方面存在差别。具体减少服务的哪些功能需要服务提供商根据市场需求来确定。通常的划分准则是三级,即全功能版本、半功能版本和弱功能版本。模型中也据此把服务功能划分为三级 P_{61}、P_{62}、P_{63},用集合 $P_6 = \{P_{61}, P_{62}, P_{63}\}$ 表示。

7) 客户满意度

客户满意度用 P_7 表示,是指客户对某项服务的满意程度。这是一个主观的指标,取决于客户的主观感受。一般通过网络调查、客户沟通等方式进行判别。模型中把满意度分为三级 P_{71}、P_{72}、P_{73},分别表示满意、一般、不满意,用集合 $P_7 = \{P_{71}, P_{72}, P_{73}\}$ 表示。

以上七个指标包含了对用户、服务、时间等多个属性的衡量,将它们有机结合就可得出综合调整系数 P。指标中各级别取值要满足如下条件:

$$\begin{cases} 0 < P_{ji} \leqslant 1 \\ \max_i(P_{ji}) = 1 \end{cases} \tag{7-2}$$

其中, P_{ji} 为第 j 个指标中第 i 个值。

确定综合调整系数 P 的公式为

$$P = \sum_{j=1}^{7} w_j P_{ji} \tag{7-3}$$

其中, w_j 为每个指标的权重系数,每一个指标在每一次运算中只能取一个值,因为用户或服务不可能在一个指标中处于不同的两个状态。

权重系数是由应用服务提供商根据要实行的定价模式自行决定的。系数要满足如下条件:

$$\begin{cases} \sum_{j=1}^{7} w_j = 1 \\ 0 < w_j < 1 \end{cases} \tag{7-4}$$

如果只需要使用一个指标,那么就把这个指标的系数就设为 1,其他的指标系数设为 0;如果需要使用多个指标,那么根据定价模式的不同,对不同的指标设置不同权重系数。这些工作都在服务初始配置时完成。

7.2　ASP 平台计费系统的分析与设计

7.2.1　应用服务综合定价模型对 ASP 平台的要求

1. 应用服务综合定价模型对用户管理系统的要求

要在面向网络化制造的 ASP 平台中实现应用服务综合定价模型,就必须对网络化制造的 ASP 平台进行分析。首先是对 ASP 平台的用户管理系统进行分析。

由于应用服务综合定价模型是通过七个基本模块和综合调整系数的组合实现多种定价模式的,因此综合调整系数对定价模式的改变有着极其重要的影响。模型的综合调整系数中有两个指标涉及用户管理,分别是用户类别和用户级别,所以 ASP 平台必须要具备对用户类别和用户级别的管理。图 7-3 是 ASP 平台的用户分类示意图。

目前的 ASP 平台一般都具备对用户类别和用户级别的管理。用户类别的管理方式通常是在用户注册时让用户选择自己所属的用户类别,然后根据用户类别给予用户相应的权限;用户级别的管理方式通常为实行会员制,即在用户注册时根据用户缴纳的费用(会员费)来设定用户的级别,也有根据用户消费额的多少来使用户自动升级为某个级别的会员。例如,绍兴轻纺区域网络化制造 ASP 平台把

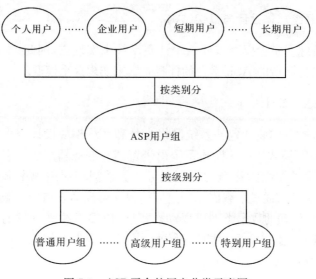

图 7-3　ASP 平台的用户分类示意图

会员分为普通会员、高级会员、实体企业会员和虚拟企业会员四类，前两类为个人会员，后两类为企业会员。这种分层次的会员管理模式是适合综合定价模型的。

2. 应用服务综合定价模型对服务管理配置的要求

在模型的综合调整系数中，有四个指标是和服务本身有关的，它们分别是服务使用率、服务使用时间段、服务性能、服务功能和客户满意度。

这四项指标要求应用服务配置中要实行基于应用服务生命周期的管理。所谓应用服务生命周期就是借用产品生命周期管理（product lifecycle management，PLM）的思想，把服务看成是产品，并把管理功能延伸到服务生命周期的全部阶段，从而对服务实行广泛、系统、有效地管理。

应用服务生命周期的管理具备对运行中的 ASP 服务实行全方位、多角度和动态地管理和监控。这种管理和监控是动态和实时的，系统能修正监控的数量和位置来对服务的功能进行调整。另外，应用服务生命周期的管理还必须对服务水平进行评估。系统在服务运行监控的基础上，收集大量的服务运行日志，包括用户反馈和历史数据，通过这些信息，建立一系列的评估指标，用来统计和进行有规律的分析，为服务做全面的评估。

通过对 ASP 服务的管理、监控和评估，可以为服务使用率、服务使用时间段、服务性能、服务功能和客户满意度这四项指标提供数据来源，供 ASP 平台管理者在设定指标参数时进行参考。

7.2.2 计费系统总体设计与框架结构

应用服务综合定价模型需要一个计费系统来实现它,因此,本章构造了一个满足面向网络化制造的 ASP 平台的计费系统来实现这个模型。

1. 系统总体设计

计费系统的总体设计包括系统网络设计和系统模块设计两大部分。系统网络结构采用 B/S 模式。B/S 模式系统由浏览器和服务器组成。它的客户端是标准的浏览器,服务器端为标准的应用服务器。数据和应用程序都存放在服务器上,浏览器功能可以通过下载服务器上应用程序得到动态扩展。服务器具有多层结构,B/S 系统处理的数据类型可以动态扩展,以 B/S 模式开发的系统维护工作集中在服务器上,客户端不用维护,操作风格一致,只要有浏览器的合法用户都可以十分容易地使用。

如图 7-4 所示,B/S 模式是一种三层结构的系统,在 5.3.4 节中已介绍该模式,请参阅前文,此处不再赘述。

在系统模块设计中,我们把系统分为数据采集、模式控制、计费处理和账户管理四大模块以及。图 7-5 为系统逻辑结构图,此图显示了计费系统内部各模块以及计费系统与 ASP 平台其他模块之间的逻辑关系。

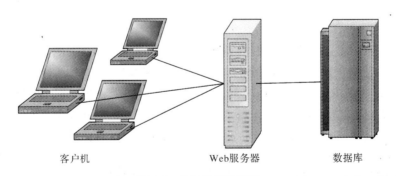

客户机   Web服务器   数据库

图 7-4   B/S 模式结构图

数据采集模块是计费系统基础数据的来源,它主要有两部分组成,一是数据采集接口,二是数据预处理。数据采集接口通过读取 ASP 平台的用户使用日志来获取用户使用数据,数据种类包括用户使用服务名称、用户名称、使用时间、使用流量、服务使用次数、发给此用户所属群的许可证数量等,数据交换格式采用 XML 文件。数据预处理是把数据采集接口采集的各项数据进行整理、筛选,将有用的数据留下,传入系统的下一模块。

模式控制模块的作用是决定某一使用记录采用的定价模式种类。该模块由

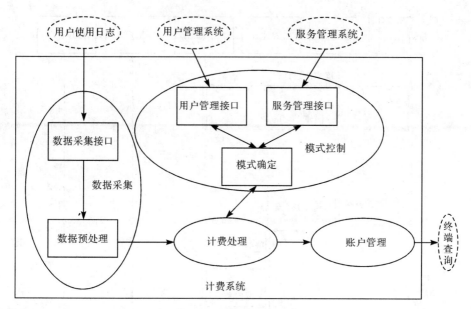

图 7-5　系统逻辑结构图

用户管理接口、服务管理接口和模式确定三部分组成。用户管理接口通过与用户管理系统的交互,读取数据库中存储的用户类别、用户级别信息,以便于生成定价模式。服务管理接口通过与服务管理系统的交互,读取数据库中的服务使用率、服务功能、服务性能、服务的首期费用、一个使用周期费用、服务使用基准价格、每完成一个服务交易支付的价格、特别服务业务费用等信息。模式确定是该模块的核心,它主要将用户管理接口和服务管理接口读取的数据进行计算,根据管理员预设的定价模式,得出符合定价模式的参数,并将这些传递给计费处理模块。

　　计费处理模块的功能是将数据采集模块采集的数据传递给模式控制模块,并从模式控制模块那里获得反馈的定价模式,根据定价模式生成费用计算公式,然后将采集到的数据进行计算,得出应付费用,在用户账单中扣除相应费用后把结果存入数据库,以供下一模块使用。

　　账户管理模块用于管理用户费用账户,并将数据库中存储的账户信息列成明细账单,根据用户要求输出到用户终端的浏览器中,供用户查询和打印。

　　图 7-6 为计费系统各模块与 ASP 平台和用户之间的时序图。

2. 系统设计模式

　　本系统在具体实现模式上采用了 Struts 这种基于 MVC 的 Web 应用框架。该应用框架在 5.3.4 节系统设计模式中已作详细介绍,此处不再叙述,请参考前文。

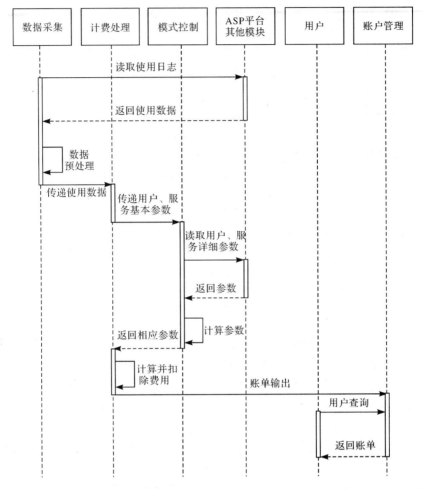

图 7-6　计费系统各模块与 ASP 平台和用户之间的时序图

7.2.3　计费系统关键接口和模块设计

1. 用户管理接口、服务管理接口和数据采集接口设计

1）用户管理接口设计

　　用户管理接口是用来与 ASP 平台的用户管理模块交互，读取用户类别和用户级别的。用户类别和用户级别存在数据库中，用户管理接口从数据库中读取这些参数。

　　图 7-7 是用户管理接口类图，由接口 GetInfo 和类 UserInfo 组成。接口 GetInfo是用来从数据库中读取用户信息的，具有 getInfo()方法；UserInfo 类是用户信息类，具有用户 ID(user ID)、用户级别(user level)和用户类型(user type)三个属性。接口 GetInfo 在 UserInfo 类中实现，UserInfo 仅依赖于 GetInfo 中的方

法来实现它的功能。

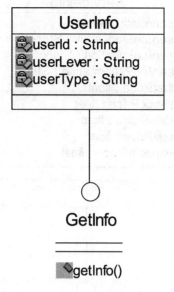

图 7-7　用户管理接口类图

2) 服务管理接口设计

服务管理接口是用来与 ASP 平台的服务管理模块交互,读取相关服务信息的。各种服务信息存在数据库中,服务管理接口从数据库中读取这些参数。

图 7-8 是服务管理接口类图,由接口 GetService 和类 ServiceInfo 组成。接口 GetService 是用来从数据库中读取服务信息的,具有 getService( )方法;ServiceInfo 类是服务信息类,具有服务 ID、服务使用率(service frequency)、服务功能(service function)、服务性能(service performance)、服务的首期费用(first price)、一个使用周期费用(period price)、服务使用基准价格(base price)、每完成一个服务交易支付的价格(unit price)、特别服务业务费用(especial price)等九个属性。接口 GetService 在 GerviceInfo 类中实现,ServiceInfo 仅依赖于 GetService 中的方法来实现它的功能。

3) 数据采集接口设计

数据采集接口的作用是读取 ASP 平台的用户使用日志,获取用户使用数据。用户使用日志采用 XML 文件格式保存,其中包括用户使用服务名称、用户 ID、使用时间、使用流量、服务使用次数等数据。

用户使用日志的 XML 文件格式设计如下:

〈?xml version = '1.0' encoding = 'GBK2312'?〉

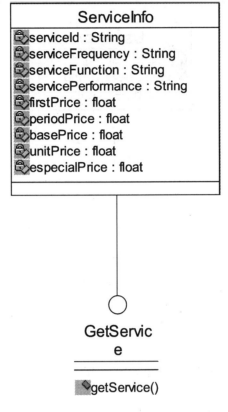

图 7-8　服务管理接口类图

```
〈record〉
〈userid〉xxx〈/userid〉
〈serviceid〉23541201〈/serviceid〉
〈begintime〉20060623093023〈/begintime〉
〈endtime〉20060623094522〈/endtime〉
〈flux〉100.00〈/flux〉
〈servicedegree〉1〈/servicedegree〉
〈licencenum〉null〈/licencenum〉
〈/record〉
〈record〉
〈userid〉mmm〈/userid〉
〈serviceid〉23541302〈/serviceid〉
〈begintime〉20060623093244〈/begintime〉
```

```
<endtime>20060623105033</endtime>
<flux>0</flux>
<servicedegree>1</servicedegree>
<licencenum>5</licencenum>
</record>
......
```

说明：userid 为用户 ID；serviceid 为服务 ID；begintime 为服务开始时间；endtime 为服务结束时间；flux 为流量；servicedegree 为服务使用次数；licencenum 为许可证数量。

图 7-9 是数据采集接口的类图，由接口 GetLog 和类 LogInfo 组成。接口 GetLog 是用来从数据库中读取服务信息的，具有 GetLog()方法；LogInfo 类是使用数据类，具有用户 ID、服务 ID(service ID)、服务开始时间(begin time)、服务结束时间(end time)、流量(flux)、服务使用次数(service degree)、许可证数量(licence num)等七个属性。接口 GetLog 在 LogInfo 类中实现，LogInfo 仅依赖于 GetLog 中的方法来实现它的功能。

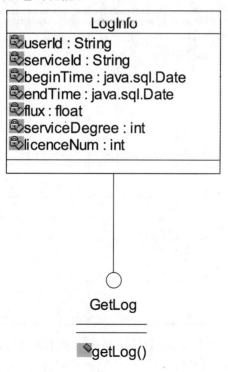

图 7-9　数据采集接口类图

2. 计费系统中定价模式的控制和管理

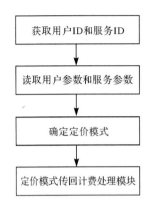

获取用户ID和服务ID

读取用户参数和服务参数

确定定价模式

定价模式传回计费处理模块

图 7-10　定价模式确定流程示意图

计费系统中定价模式的确定是由模式控制模块实现的,其实现的原理是:首先从计费处理模块获得用户使用数据中的用户 ID 和服务 ID,其次根据管理员预设的服务定价模式,用户管理接口和服务管理接口从数据库中读取相应参数。得到这些符合定价模式的参数后,把它们传递给计费处理模块。

定价模式确定流程示意图如图 7-10 所示。

对于不同的定价模式,会有不同的参数参与计费运算,表 7-1 列出了部分定价模式中可能存在的参数组合。

表 7-1　部分定价模式中可能存在的参数组合

定价模式	参　数														
	服务首期费用	一个使用周期费用	服务使用时间	完成一个服务交易支付的价格	服务使用许可证数量	服务使用流量	特别服务业务费用	服务基准价格	用户级别	用户类别	服务使用率	服务使用时间段	服务性能	服务功能	客户满意度
A	○	×	√	×	×	×	×	√	○	○	○	○	○	○	○
B	○	×	×	×	×	√	×	√	○	○	○	○	○	○	○
C	○	×	×	×	×	×	×	√	○	○	○	√	○	○	○
D	√	×	√	×	×	×	×	○	○	○	○	√	√	√	○
E	○	×	×	×	×	×	×	○	○	√	√	○	√	√	○
F	○	×	×	×	×	×	×	○	√	√	○	√	×	○	○
G	×	×	×	√	×	×	×	○	○	○	○	○	○	○	○
H	○	√	×	×	×	×	×	○	○	○	○	○	○	○	○
I	○	×	×	×	√	×	×	○	○	○	×	○	○	○	○

表 7-1 中,A、B、C、D、E、F、G、H、I 分别表示基于时间定价、基于流量定价、峰谷定价、时间版本划分、功能版本划分、性能版本划分、交易定价、包时制、许可证数量定价。"√"、"×"、"○"分别表示此指标必选、可选、不可选。

这些定价模式由管理员在配置服务时预先设置好,一种服务对应一种定价模式,当模式控制模块得到某个用户 ID 和服务 ID 时,就可以根据这个服务定义的定价模式来让用户管理接口和服务管理接口从数据库中读出所需要的相关参数,对应 ASP 服务的综合定价模型公式中的具体参数,传递给计费处理模块。

3. 计费系统中计费处理模块的设计

计费处理模块是最终生成用户费用的环节。图 7-11 是计费处理的流程示意图。

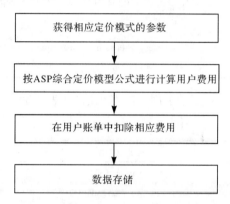

图 7-11 计费处理的流程示意图

其实现原理为:从模式控制模块中获得相应公式参数后,将这些参数按照 ASP 服务的综合定价模型的公式进行计算,得出用户最终的服务费用,在用户账单中扣除相应费用后把费用记录和结果存入数据库。

计费模块中用来保存用户费用记录的类为 userFee,具有用户 ID、服务 ID、服务费、结算时间(bill time)四个属性,具有一个 recordSave()方法,是用来将费用记录存储到数据库中的,图 7-12 为 userFee 类图。

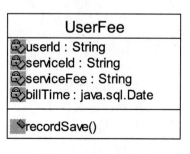

图 7-12 userFee 类图

7.2.4　计费系统数据库设计

计费系统数据库是系统不可缺少的一部分,用来存储用户账户、消费记录等信息。经过分析,计费系统需要以下若干个表来描述。具体设计如下:

(1) 充值记录表。存放用户充值记录(表7-2)。

表7-2　系统管理员结构表

字段名称	字段类型	相关属性	
id	Int(4)	主键	自增长 Not null
userID	varchar(30)		Not null
money	float(8)		Not null
fillTime	datatime(8)		Not nul

(2) 用户账户表。它记录了用户的账户信息(表7-3)。

表7-3　用户账户表

字段名称	字段类型	相关属性	
userID	varchar(30)	主键	外键 Not null
bank	nvarchar(50)		
account	varchar(50)		
money	float(8)		Not null

(3) 费用记录表。记录了用户使用某项服务的费用信息(表7-4)。

表7-4　费用记录表

字段名称	字段类型	相关属性	
id	int(4)	主键	自增长 Not null
userID	varchar(30)		Not null
industryName	nvarchar(50)		Not null
industryNum	char(10)		Not null
serviceName	nvarchar(50)		Not null
serviceId	char(10)		Not null
orderNum	char(10)		Not null
money	float(8)		Not null
balanceTime	datatime(8)		Not null
billMode	nchar(10)		Not null

（4）服务配置表。记录了配置服务定价模式的参数或指标是否被使用（表 7-5）。

表 7-5　服务配置表

字段名称	字段类型	相关属性
serviceNum	char(10)	主键　外键 Not null
firstPrice	bit(1)	
periodPrice	bit(1)	
serviceTime	bit(1)	
unitPrice	bit(1)	
licenceNum	bit(1)	
flux	bit(1)	
especialPrice	bit(1)	
basePrice	bit(1)	
userLevel	bit(1)	
userType	bit(1)	
serviceFrequency	bit(1)	
serviceTimeslice	bit(1)	
serviceFunction	bit(1)	
servicePerformance	bit(1)	

（5）权重系数表。记录了综合调整系数中个指标的权重系数的划分（表7-6）。

表 7-6　权重系数表

字段名称	字段类型	相关属性
serviceNum	char(10)	主键　外键 Not null
basePrice	float(8)	
userLevel	float(8)	
userType	float(8)	
serviceFrequency	float(8)	
serviceTimeslice	float(8)	
serviceFunction	float(8)	
servicePerformance	float(8)	

第 8 章　面向网络化制造的访问控制技术

信息技术和网络技术特别是 Internet 技术的飞速发展,大大促进了网络化制造的研究和应用。网络化制造可以提高企业的产品创新能力和制造能力,从而缩短产品的研制周期、降低研制费用,进而提高整个产业链和制造群体的竞争力。对我国众多的中小企业来说,ASP 是一种切实有效的网络化制造实施模式。因为它解决了中小企业实施信息化技术改造时资金和人才方面的问题,而且为其带来了质优价廉的应用服务。

本章深入探讨网络化制造 ASP 模式下用户管理的原则和方法,着重研究 RBAC 策略在面向网络化制造的特定环境和基于 ASP 的特定模式下的具体应用和实现技术,从而能够提高管理效率和系统安全性。

为高效地管理众多用户,本章提出用户分层管理措施,将用户划分为不同的会员等级,分属不同的单元;详细论述 RBAC 模型的实施框架和用户、角色、权限的具体管理方法,归纳该 RBAC 系统的设计原则和约束条件。RBAC 策略的核心概念是角色,本章提出用 XML 表示角色信息的新方法。以某设计小组中的角色为例,研究如何设计 XML 文档的逻辑结构,并以 DTD 和 XML Schema 两种形式给出角色文档的结构标准,可作为验证、创建角色文档的规范及数据交换的标准,以开放 RBAC 系统的角色信息,实现不同系统间的数据交换。采用层叠样式表(cascading style sheet,CSS)、可扩展样式表语言(extensible stylesheet language,XSL)等技术还将易于实现角色信息的多样化显示。

8.1　访问控制技术探讨

网络技术的快速发展和普遍应用,大大方便了资源的共享。同时,信息安全问题也随之而来。企业在信息资源共享的同时也要阻止未授权用户对企业敏感信息的访问。网络化制造 ASP 平台的可信任程度依赖于它所提供的安全服务质量。安全问题能否得到有效的解决,必然对企业信息化的顺利发展产生影响。

访问控制的目的就是保护企业在信息系统中存储和处理信息的安全。国际标准化组织 ISO 在网络安全体系的设计标准(ISO7498—2)中,提出了层次型的安全体系结构,并定义了五大安全服务功能。访问控制是其中一个重要的组成部分。

8.1.1　访问控制的概念

现今的信息技术中,访问控制(access control)是指用户使用计算机中资源的有关方法,简单地说,就是关于"什么人,能够做什么事情"。它是当前使用的一种最基本、最普遍的计算机安全解决方案。

访问控制是所有信息共享系统不可缺少的组成部分,对于网络化制造系统尤其重要。访问控制的含义就是规定主体对客体访问的限制。访问控制解决三个问题:一是识别与确认访问系统的用户;二是决定该用户对系统资源的访问级别;三是监控用户的动作,控制对资源的访问。

访问控制是依据一套为信息系统规定的安全策略和支持这些安全策略的执行机制来实现的。它有多种形式,除了决定一个用户是否有权使用某种资源,访问控制系统也可以限制何时以及如何使用资源。例如,可以限制一个用户只能在工作时间内使用网络。访问控制是对进入系统的控制,其作用是对需要访问系统及数据的用户进行识别,并检验其合法身份,然后对系统中发生的操作根据一定的安全策略来进行限制。它的基本任务是防止非法用户进入系统及合法用户对系统资源的非法使用,保证对客体的所有直接访问都是被认可的。一般来说,访问控制要达到保密性、完整性、可审计性、可用性等几方面的要求。

访问控制包括主体、客体和控制策略三个基本要素。

(1) 主体。主体是发出访问操作、存取要求的实体,是动作的发起者。通常可以是用户或用户的某个进程等。

(2) 客体。客体是接受其他实体访问的被动实体。可以是被调用的程序或存取的数据等。

(3) 控制策略。控制策略是主体对客体的操作行为集和约束条件集,用以确定一个主体是否对客体拥有访问能力。

为了达到特定场合的安全目标,访问控制需要遵循的基本原则有以下两个。

1. 最小权限原则

最小权限(least privilege)指在完成某种操作时所赋予网络中每个主体(用户或进程)必不可少的特权。最小权限原则,则是指应限定网络中每个主体所必需的最小特权,确保可能的事故、错误、网络部件的篡改等原因造成的损失最小。如果主体不需要某项访问权限,则它就不应该拥有这项权限。该原则使得用户所拥有的权力不能超过他执行工作时所需的权限。

2. 职责分离原则

职责分离(separation of duty)是指将不同的责任分派给不同的人员以期达到

互相牵制,消除一个人执行两项不相容的工作的风险。例如,收款员、出纳员、审计员应由不同的人担任。计算机环境下也要有职责分离,为避免安全上的漏洞,有些许可不能同时被同一用户获得。

8.1.2　传统访问控制

1985 年,美国国防部出版了橘皮书《可信计算机系统评测标准》(Trusted Computer System Evaluation Criteria,TCSEC),访问控制模型的规范化进程向前迈出了显著的一步。这个安全标准详细地定义了两种重要的访问控制模型:自主访问控制和强制访问控制,一般认为它们属于传统的访问控制。两者的研究应用最初都是在军事系统中,主要是为了防止机密信息被未经授权者访问,近年来也开始把这些策略应用到商业、政府等领域。

1.　自主访问控制

如果个人用户可以设置访问控制机制来许可或拒绝对客体的访问,那么这样的机制就称为自主访问控制(discretionary access control,DAC),或称为基于身份的访问控制(identity based access control,IBAC)。

DAC 的访问权限基于主体和客体的身份。身份是关键,客体的拥有者通过允许特定的主体进行访问,以限制对客体的访问。拥有者根据主体的身份来规定限制,或者根据主体的拥有者来规定限制。

DAC 的主要特征体现在主体可以自主地把自己所拥有客体的访问权限授予其他主体,或者从其他主体收回所授予的权限。访问控制的粒度是单个用户,没有存取权的用户只允许由授权用户指定对客体的访问权。DAC 的缺点是信息在移动过程中其访问权限关系会被改变。如用户 A 可将其对目标 O 的访问权限传递给用户 B,从而使不具备对 O 访问权限的 B 可访问 O。

基于访问控制矩阵的访问控制表(access control list,ACL)是 DAC 中通常采用一种的安全机制。ACL 是带有访问权限的矩阵,这些访问权是授予主体访问某一客体的。安全管理员通过维护 ACL 控制用户访问企业数据。对每一个受保护的资源,ACL 对应单个个人用户列表或由个人用户构成的组列表,表中规定了相应的访问模式。当用户数量多、管理数据量大时,由于访问控制的粒度是单个用户,ACL 会很庞大。当组织内的人员发生能变化(升迁、换岗、招聘、离职)、工作职能发生变化(新增业务)时,ACL 的修改变得异常困难。采用 ACL 机制管理授权处于一个较低级的层次,管理复杂、代价高,以致易于出错。

2.　强制访问控制

如果系统机制控制对客体的访问,而个人用户不能改变这种控制,这样的控制称为强制访问控制(mandatory access control,MAC),偶尔也称为基于规则的访问控制。这种访问控制中,客体与主体都有固定的安全属性,这些属性都刻画在主、客体的安全性标记中。这些标记是由安全信息流策略对系统中的主、客体统一标定的,是实施 MAC 的依据。用户不能改变对象的安全级别和安全属性,可以保护系统确定的对象。

MAC 主要有 Bell-LaPadula 模型(BLP model)和 Biba 模型(Biba model)等。其中,Bell-LaPadula 模型的"不上读/不下写"原则保证了数据的保密性,可以有效地防止机密信息向下级泄露;而 Biba 模型的"不下读/不上写"原则可以有效地保证数据的完整性。MAC 通过分级的安全标记实现了信息的单向流通。因此,它通常用于多级安全军事系统。

MAC 一般与自主访问控制结合使用,并且实施一些附加的、更强的访问限制。一个主体只有通过自主与强制性访问限制检查后,才能访问某个客体。用户可以利用自主访问控制来防范其他用户对自己客体的攻击,由于用户不能直接改变 MAC 属性,所以 MAC 提供了一个不可逾越的、更强的安全保护层,以防止其他用户偶然或故意地滥用自主访问控制。

MAC 的优点是管理集中,根据事先定义好的安全级别实现严格的权限管理,因此适宜于对安全性要求较高的应用环境。但这种 MAC 太严格,实现工作量太大,管理不便,对通用的、较复杂的大型系统并不那么有效,不适用于主体或客体经常更新的应用环境。

3. 特点和适用范围

DAC 和 MAC 模型属于传统的访问控制模型,已经对这两种模型有了比较充分的研究。在技术实现上,MAC 和 DAC 通常为每个用户赋予对客体的访问权限规则集,考虑到管理的方便,在这一过程中还经常将具有相同职能的用户聚为组,然后再分配给每个用户组许可权。用户能够自主地把自己所拥有的客体的访问权限授予其他用户的这种做法,其优点是显而易见的。但是,如果企业的组织结构或是系统的安全需求出于变化的过程中时,那么就需要进行大量烦琐的授权变动,系统管理员的工作将变得非常繁重,更主要的是容易发生错误造成一些意想不到的安全漏洞。

以上两种访问控制策略处理行业组织或者政府部门的需求时,并不是特别地适合。在这样的环境下,安全目标支持产生于现有法律、道德规范、规章或一般惯例的高端组织策略。这些环境通常需要控制个体行为的能力,而不仅仅是如何根据信息的敏感性为其设置标签从而访问这一信息的个人能力。

8.2   网络化制造 ASP 服务平台的访问控制策略

网络化制造就是基于网络实现分布资源（包括设计资源、制造资源、智力资源、市场资源等）的集成与优化，开展产品协同设计与开发、异地与分散化制造、协同商务等制造活动，以提升企业的敏捷性。为了加快我国制造企业的网络化进程，国家"863"计划示范应用项目"面向网络化制造的 ASP 平台开发及应用"针对区域和行业对网络化制造系统的需求，提供了一个比较有效的解决方案。该平台基于 ASP 服务模式，为企业提供产品协同工作环境，用于组织各种制造资源和管理信息。

8.2.1   平台功能介绍

该 ASP 服务平台主要提供有以下服务：机械资源库、电子元器件库、协同设计平台、竞价采购系统、信息发布、咨询培训等。

公共平台是整个 ASP 服务平台的基础框架，结构如图 8-1 所示。为其他模块提供了统一的管理接口，包括用户管理、授权管理、系统安全和费用管理等基础性服务。在需要扩展新的功能模块时，能够方便地与之集成。

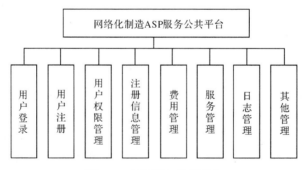

图 8-1   ASP 服务公共平台

机械资源库和电子元器件库是网络化制造环境的重要资料来源，是平台的关键组成部分。机械零部件库集成了零件的设计、制造相关的技术信息和知识，可以被以后的设计制造反复利用，成为支持企业技术创新和产品创新的重要技术基础。其功能结构如图 8-2 所示。

电子元器件是电子工业的基础产品，它具有基础配套性强和服务面广的特点，而且有着明显的国际技术、国际配套和国际市场的背景。由于品种繁多，规格复杂，手工查询电子元器件技术资料是一项十分烦琐的工作。利用电子元器件数据库，可以改变查询和选择电子元器件的传统方式，借助先进的计算机检索技术，

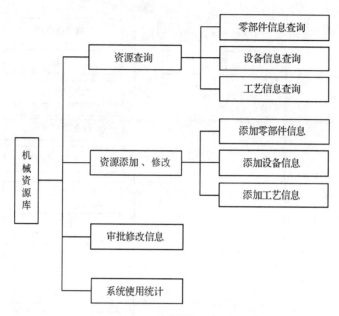

图 8-2　机械资源库功能结构

使用户能在很短的时间内查询到所需要的电子元器件的技术资料。同时,电子元器件库还能与市场情况相结合,管理相关的供货信息,从而为元器件的提供商和采购商提供沟通的渠道。其功能结构如图 8-3 所示。

这些公共资源库包含有一般意义上企业公共使用的信息、数据类资源(如各种标准、手册、标准或通用零件库等)。另外,因网络化制造和市场协作竞争的需要,也包含了行业和企业内部的、企业愿意对外开放、有偿有限开放的企业资源(如产品的设计、制造、加工、装配、检测,分析计算能力,优势产品,优势智力和知识资源,解决方案,典型案例,成熟经验,技术成果等)。这样既可以向社会提供服务,同时又可以寻求新的发展机会和合作伙伴。公共资源库主要覆盖制造行业的设计、制造、基础的共性技术数据信息,产品数据信息,以及其他相关信息,包括商用工具资源库,公共制造资源库,企业运营服务库,制造资源信息库,企业信息库,以及支持 ASP 运行的应用服务知识库。

协同设计开发系统是以机械资源库和电子元器件库的基础,为用户提供一个交互协作的工作环境。设计小组能够使多个用户借助协同工具,采用聊天、白板、音频和视频会议、共享应用等协同方式,一起讨论产品开发的技术问题。每个用户都可以看到共享图像、图形文件,并实现实时更新。其功能如图 8-4 所示。

企业竞价系统解决了企业在传统采购方式中所面临的一系列问题,为买方和卖方提供了一个快速寻找机会、快速匹配业务和快速交易的平台。供需双方能够

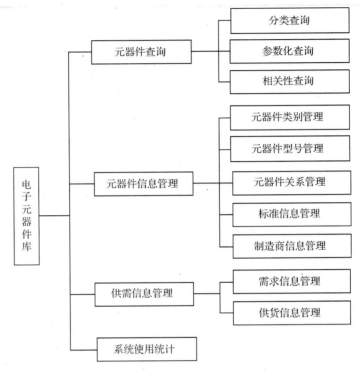

图 8-3　电子元器件库功能结构

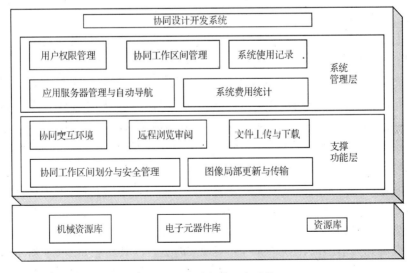

图 8-4　协同设计开发系统

快速建立联系,从而使采购企业订购和供应企业的销售能够快速履行。系统采取了当今流行的反拍卖竞价方式,竞价的结果以图形方式实时的显示给每位参与竞价的人员。在管理员的监督下,企业采购可以公平、公正和公开地进行。与传统采购方式相比,有快速、高效、集中采购和成本低等优点,大幅提高了采购效率,增强了企业的竞争力。

8.2.2　用户管理

1. ASP 服务平台用户管理的原则

市场经济的发展,促使人们认识到商业竞争其实就是用户源的竞争。租赁模式是 ASP 的最显著的商业特征,可以说它比其他行业更要注重用户管理。

以用户为中心。ASP 作为一个商业模式,通过网络为多客户提供商业应用服务,同时按照使用服务收取租金或订金。这样的租赁模式是要依靠收取用户费用来经营。ASP 必须以用户为出发点,认真履行客户服务的交付条款,不断推出方便客户的服务措施。否则就可能经常遭受客户详细审查和退租的威胁。所有这些压力都促使 ASP 更好、更快和更便宜地服务。

对用户实行分类管理。面对数量相当庞大的用户群体,ASP 服务平台必须能够实施高效、方便、可靠的管理。将用户分为不同种类,才能有针对性地为用户服务,可以将某些成功的用户管理模式应用到同类的用户中去。

满足用户个性化的需求。ASP 的用户来自不同企业甚至不同行业,这些用户有着不同的应用需求和不同的服务质量要求。客户期望通过 ASP 方式和自己运作 IT 部门的方式一样能够满足自己特定的需求。这样才能吸引更多的用户使用 ASP 服务平台。

ASP 模式的显著优点是客户可以节省技术和人才,廉价地得到专业的高水平应用服务,以及它对市场的快速反应等。必须充分发挥这些优点,增强对客户的吸引力。

2. 用户分层管理策略

1) 用户的层次类型

采用分层次的用户管理,将 ASP 平台的用户分为个人用户和组合用户。个人用户包括以下三种会员。

(1) 普通会员。浏览 ASP 服务平台的访客在注册之后即可成为普通用户。除了新闻、行业信息等公开服务等,还能访问平台的各类免费服务,如咨询与培训、论坛、办公工具等。

(2) 高级会员。普通会员付出相应的费用后,即可访问 ASP 服务平台中各类收费服务,如资源库的浏览、添加等。

(3) VIP会员。达到一定标准的高级会员,可以通过申请升级成为平台的VIP会员。他将获得更多的管理权限与优惠措施。例如,VIP会员可以注册一个企业用户,组建成一个项目小组。

以上三种用户是由个人组成的,这些不同用户的类型可以获得的服务种类是不同的。它们之间可以转换,付给服务费用后并且满足一定的条件,就可从较低的级别转变为较高的级别,如图8-5所示。

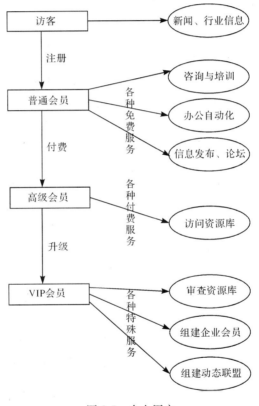

图 8-5　个人用户

在上述三种用户的基础上,一个企业内部的用户或者若干企业的用户,根据他们之间的关联性可以组合起来而成为组合用户。组合用户包括企业会员和企业联盟两种类型,其相互关系如图8-6所示。组合用户可以享用ASP服务平台中更有针对性的服务。

(1) 企业会员。企业会员代表若干高级会员的集合。由一个VIP会员提出申请,可组建一个企业会员。该VIP会员即成为此企业会员的"企业管理员",负责内部管理事务。企业会员通常对应于一个企业或者是企业中的一个部门,企业

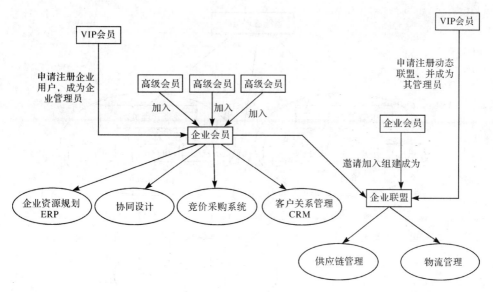

图 8-6　企业会员和企业联盟

会员由若干高级会员加入而组成,能够访问 ASP 服务平台中面向企业若干人员的服务,如协同设计、竞价采购系统、客户关系管理、企业资源规划等。

（2）企业联盟。企业联盟代表若干企业会员的集合。如果一个 VIP 会员已经成功组建了一个企业会员,他就可以申请组建一个企业联盟,并担任"企业联盟管理员"。企业联盟可以邀请多个企业会员参加,从而成立一个虚拟企业。它能访问 ASP 服务平台中面向多个企业的服务系统,如供应链管理和物流管理服务。

采用这种分层的用户管理策略能够有效管理 ASP 服务平台较大规模的用户,可以减轻系统管理员的压力。拥有最高权限的系统管理员不必直接管理每个用户,他可以授权给企业管理员和企业联盟管理员。同时,企业也具有一定的主动管理的权力,可以通过企业管理员获得个性化的服务。会员多层次管理模型如图8-7所示。图中系统管理员为 M,企业 A 由用户 A_1 至 A_n 组成,企业管理员为 M_A,企业 B 由用户 B_1 至 B_m 组成,企业管理员为 M_B,企业 A 和企业 B 组成企业联盟 I,M_I 为联盟管理员。系统管理员 M 可以授权 M_A 和 M_B 对用户进行直接管理,并进行监督。联盟管理员 M_I 在 M_A 和 M_B 之间进行协调,处理企业之间的关系。

2）用户的属性

前文所述的用户类型是 ASP 服务平台的一个重要属性。除此之外,平台的用户还有以下基本属性:会员标识、会员名称、会员类型、归属者标识、会员状态和说

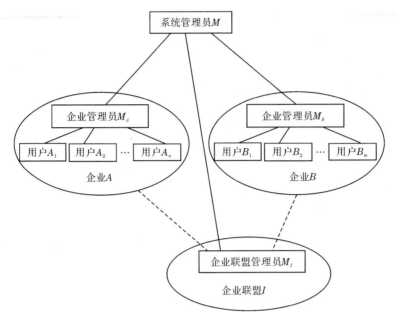

图 8-7　会员多层次管理模型

明。可以表示为

AsPMember＝(ID,name,category,owner_id,status,remark)

会员标识(ID)：平台中每个会员都有一个由系统赋给的、唯一的标识数字,采用正的长整数类型。在用户注册时产生,并且不可改变,是与其他会员区分的标志。

会员名称(name)：会员注册时,自己选择的名称,全局唯一,在登录系统时使用。可以是数字和字母的组合。

会员类型(category)：即前文所述的 5 种用户类型：普通会员、高级会员、VIP会员、企业会员和企业联盟。每个用户都是属于这 5 种类型之一的。

归属者标识(owner_ID)：如果某个高级会员属于一个企业会员,则他的归属者标识就是该企业会员的会员标识。如果某个企业会员属于一个企业联盟,则他的归属者标识就是企业联盟的会员标识。不属于任何企业会员或者企业联盟的会员,其归属者标识记为－1。

会员状态(status)：用户在 ASP 服务平台中的状态,包括可正常使用状态、禁止使用状态、低余额状态和欠费状态等。

说明(remark)：用户的补充说明信息。

8.2.3　平台的 RBAC 策略

1. 平台访问控制的框架

ASP 服务平台的访问控制框架在结构上包括三个部分,它们共同完成用户、角色和权限的管理。

(1) 用户管理模块。用户管理模块负责管理系统中的用户,维护用户的登入、登出以及活动用户相关的会话。提供授予和撤销用户的角色的管理接口。

(2) 角色管理模块。角色管理模块负责角色关系的加载和存储,角色的增加、删除以及角色间制约规则的检查,包括静态责任分离规则检查和动态责任分离规则检查。并提供设置某个角色拥有哪些权限的管理接口。

(3) 权限管理模块。权限管理模块判断某个角色是否具有权限。提供系统中权限的添加、删除、修改的管理接口。

例如,用户 user 登录 ASP 服务平台,建立了一个会话(session),其中包含了该用户所激活的角色列表(如一共激活了 role1,role2,但用户 user 的角色 role3 尚未激活,则此列表为(role1,role2))。当 user 发出使用某个权限 permission 的访问请求时,依次检测 session 中每一个激活的角色是否拥有 permission 权限。即依次将访问请求(role1,permission),(role2,permission)发送给权限管理模块,由其负责判断。如果 role1 或者 role2 拥有权限 permission,则允许访问相应资源,授权通过;如果不具备,则拒绝访问,授权失败。若失败,则会话 session 请求用户 user 提供新的激活角色。在激活新的角色 role3 之前,首先要调用角色管理模块进行动态职责分离(dynamic separation of duty,DSD)检测,以防止 role3 与 role1 或者 role2 有角色动态互斥关系,通过 DSD 检测后才能将 role3 加入 session 中的活动角色列表。然后将访问请求(role3,permission)发送给权限管理模块,重复以上过程,如果得到许可就可以访问请求的资源了。用户获得授权的过程如图 8 8 所示。

在 Web 环境下的 RBAC 的实现如图 8-9 所示。首先用户登录系统,将其身份信息发送给服务器,经过身份认证,审核该用户是否具有他所期望激活的角色。如果通过认证,则建立该用户此次登录的会话,激活相应的角色。其次在会话过程中,用户向服务器发送请求,经过角色权限模块的分析,决定该用户是否可以访问其请求的资源。最后通过网络响应用户的请求(允许或拒绝)。

2. 平台的角色管理

在 ASP 服务平台的每个角色单元内部,都设置了两个重要角色来管理 RBAC 系统,即安全管理员和角色工程师。角色工程师从可能组织一组权限的应用系统

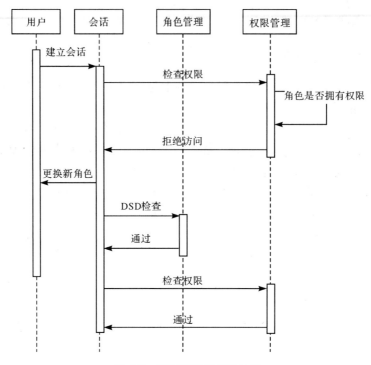

图 8-8　用户获得授权的过程

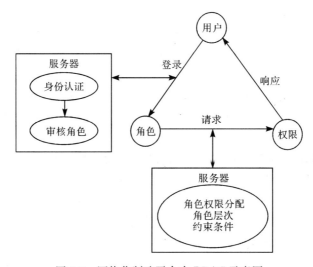

图 8-9　网络化制造平台中 RBAC 示意图

中抽取出基本的角色框架,构造角色层次和指定约束。在角色工程师设置好的角色系统的基础上,安全管理员管理基于角色的系统,指派用户到角色和指派权限到角色。其他用户则遵照安全管理员授予的角色,使用许可的资源。在一个 VIP 会员所组建的企业会员中,同样设置了安全管理员和角色工程师的角色,其中安全管理员可由企业内部人员担任(如该 VIP 会员或由他指定其他会员),而角色工程师则需要处理比较底层的权限问题,由 ASP 服务平台提供协助支持。某企业小组的 RBAC 系统用例模型如图 8-10 所示。

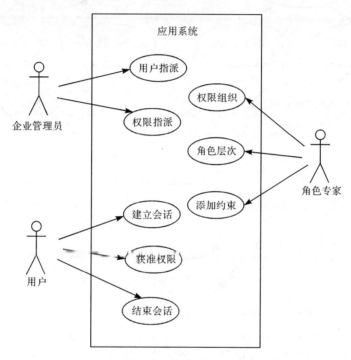

图 8-10　某企业小组的 RBAC 用例模型

在产品的开发过程中,需要企业内各种人员的参与协作。他们来自不同的工作岗位,有着不同的职称,也就是说他们扮演着不同的角色。这些角色往往自然地形成一个层次的结构,相互之间蕴含着继承关系。如果对现实环境当中这样的层次继承关系进行抽象,就得到角色层次图(role hierarchies)。

角色层次图是给定了角色继承关系之后,角色集合中所有角色间关系所形成的一个层次图。如果有偏序关系 $r_1 \phi r_2$,那么在图上就画一条从 r_1 到 r_2 的有向边。一般为了简化角色层次图,有向边的箭头被省略,默认为自上而下的继承关系。根据不同的角色偏序定义,角色层次图可以是树、倒装树,甚至极为复杂的图结构。如图 8-11 所示是一个机电产品协同开发项目中部分角色的层次图。

3. 对 ASP 服务平台权限的理解

根据 RBAC96 模型,权限被定义为对客体的操作。在网络环境下,可以理解

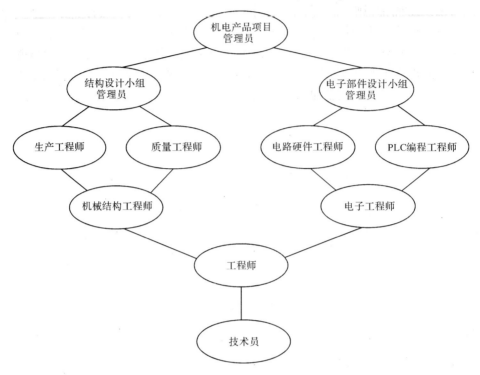

图 8-11　机电产品协同开发项目中部分角色的层次图

为对系统中的数据信息的处理。以机械资源库为例,它包括有三种对象,机械零部件(part)、设备(equipment)和技术工艺(technology)。对零部件有相应的操作,如查看、添加、删除和修改信息等。对企业的设备和技术工艺同样有概念上相似的操作,虽然具体的实现方法是不同的。这样,在用 Web 页面实现这些操作时,很自然地会把不同对象的操作方法放在各自的文件夹下面,即机械资源库可以有如图 8-12 所示的目录结构。

　　假设某机械零件设计员对机械资源库的权限如图 8-13 所示,他对机械零部件、设备和技术工艺只具有部分操作权限。如果要对其进行访问控制,只需把他可以访问的 URL 地址进行限制,即限制他只能访问如下 URL(相对于站点根目录"/"):

/mech/part/viewPart.jsp(查询零部件信息库)
/mech/part/modifyPart.jsp(修改零部件信息库)
/mech/equipment/viewEquipment.jsp(查看设备信息库)
/mech/technolog/viewTechonlog.jsp(查看工艺信息库)

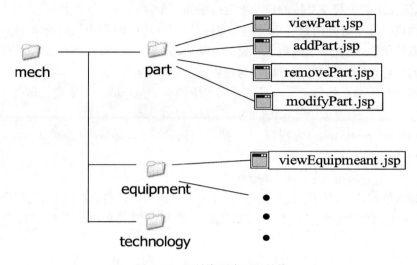

图 8-12　机械资源库目录结构

采用权限与 URL 对应的方法,在系统设计阶段就可以确定权限与 Web 页面资源的对应关系,可以加快系统开发,方便地实现页面级别的权限控制。

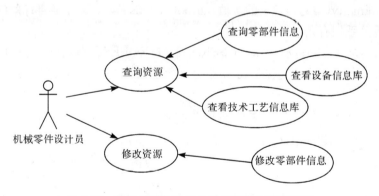

图 8-13　某机械零件设计员对机械资源库的权限

4. 平台 RBAC 设计的约束条件和原则

本 ASP 服务平台中有如下的约束条件限制和原则。

角色分为两类:安全管理角色和业务角色。安全管理角色是用来创建角色的角色,即前面讲述的安全管理员和角色工程师。只有安全管理角色才能为角色赋权以及将角色分配给用户,而且只能将自己创建的角色分配给自己有操作权限的部门下的用户。业务角色则可以根据现实情况设置。

一个用户可以拥有多个角色,在获得这些角色时必须进行静态角色互斥检查,保证任意两个静态互斥的角色不能授予同一个用户。

用户在任一时间内只能激活一个会话,用户在此段时间内仅能扮演当前会话中的激活角色,而且在激活角色时要进行动态角色互斥检查。用户如果还有尚未激活的角色,在此会话时间段内则为禁用。

用户的所激活的角色集合只能是用户所拥有的角色的一个子集。即

$$active\_roles(user) \subseteq assigned\_roles(user)$$

其中,active_roles(user)为用户 user 所激活的角色;assigned_roles(user)为指派给用户 user 的所有角色,有

$$assigned\_roles(user) = \{r \in ROLES | (user, r) \in UA\}$$

指派给用户一个有前提角色(prerequisite roles)的角色(这样的角色集合记为postRoles,可称为后置角色集合)时,该用户必须已经获得了该角色的所有前提角色。

$$\forall u \in USER, \forall r \in assigned\_roles(u) \bigcap r \in postRoles \Rightarrow$$
$$prerequisite\_roles(r) \subseteq assigned\_roles(u)$$

每个角色的授权用户数不能超过其基数。

$$\forall r \in ROLES \Rightarrow | authorized\_users(r) | \leqslant cardinality(r)$$

其中,cardinality(r)为角色 r 的基数;authorized_users(r)为直接拥有角色 r,或者通过继承关系拥有角色 r 的用户集合

$$authorized\_users(r) = \{u \in USERS | \exists r' \in ROLES, r' \rlap{\,\phi}{\,}r \bigcap (u, r') \in UA\}$$

每个角色的派生角色基数之和加上该角色已分配用户数之和不应当超过该角色基数。

$$\forall r \in ROLES, \quad \forall r_i \in ROLES, \quad r_i \rlap{\,\phi}{\,}r \Rightarrow$$
$$\sum cardinality(r_i) + | authorized\_users(r) | \leqslant cardinality(r)$$

角色自己不能继承自己。禁止循环继承,即一个角色不能通过多层继承到自己。

每个角色不能与自己静态互斥。静态互斥是具有对称性的。

角色定义、继承关系定义、互斥关系定义都不能重复。

一个角色可以拥有多个权限,但是某种申请权限和对应的审核权限不能赋给同一个角色。在将权限赋给角色时要进行权限互斥的检验,并且力求满足职责分离和做到最小权限原则。在角色权限改变时,需要重新检测角色权限的约束关系。用户权限要随之自动改变。对于有时段限制的角色,只能在该时间段内被激活。例如可以限定某个角色只有在每天工作时间 8:00～18:00 才能使用。

8.2.4　访问控制关键技术

1. 单点登录

本 ASP 服务平台是由多个系统组成的,如果用户在使用不同系统时都要重复登录,将是一件十分麻烦的事情,会产生以下问题:

每个系统都开发各自的身份认证系统将造成资源的浪费,消耗开发成本,延缓开发进度;多个身份认证系统会增加整个系统的管理工作成本;用户需要记忆多个账户和口令,使用极为不便,同时由于用户口令遗忘而导致的支持费用不断上涨;无法实现统一认证和授权,多个身份认证系统使安全策略必须在不同的系统内逐个进行设置,因而造成修改策略的进度可能跟不上策略的变化;无法统一分析用户的应用行为。如果能够配置一套统一的身份认证系统,实现集中统一的身份认证,可以从整体的高度分析用户对系统的需求状况,并可减少整个系统的成本。

单点登录(single sign on,SSO)是目前比较流行的企业业务整合的解决方案之一。SSO 的定义是,在多个应用系统中,用户只需要登录一次就可以访问所有相互信任的应用系统。这种技术被越来越广泛地运用到各个领域的软件系统当中。它不仅带来了更好的用户体验,更重要的是降低了安全的风险和管理的消耗。

当用户尚未登录平台时,不论访问任何一个需要用户身份信息的页面,系统都会转到登录界面,要求用户登录,然后系统会自动转回到客户上次请求的页面。并且此后用户可以在平台各个服务系统中自由切换,而不需要再次进行登录。

在 Web 环境中可以采用 Session 或者 Cookie 技术实现单点登录。通过 Cookie 来实现需要以下步骤:

(1) 用户在统一登录页登陆,通过查询用户数据库判断用户是否合法。如果合法,则注册该用户的唯一 Cookie 标识。

(2) 用户进入某子系统时,先判断 Cookie 是否注册,若已注册则解密该 Cookie 得到用户的账号和密码,判断合法性。

(3) 如果合法,则立刻在该子系统中注册。

使用 Cookie 的优点就是简单,它保存在用户的计算机上,减轻了服务器的压力。但 Cookie 也有他的缺点,首先就是安全级别不高,要提防 Cookie 劫持的威胁。而且有些浏览器不支持 Cookie,或者用户设置拒绝使用 Cookie。如果采用 Session 的方式,将会较好地解决这些问题。由于 Session 是存储在服务器端的,所以安全级别要比 Cookie 的级别高,但同时对服务器也有一定的要求。

当客户端访问服务器时,服务器为客户端创建一个唯一的 Session ID,以使在整个交互过程中始终保持状态,而交互的信息则由应用程序自行指定,因此用Session方式实现SSO,不能在多个浏览器之间实现单点登录,但可以跨不同的域。同一个用户在不同的浏览器窗口内登录,将产生不同的Session ID,故还可以防止在不同地点同时激活同一个用户账户。用户关闭浏览器后,Session自行失效,可防止泄漏用户信息。

本ASP服务平台采用Session的方法实现单点登录。

2. 身份认证

身份认证就是计算机系统确认操作者身份的过程。系统需要判断当前的操作者是否是合法用户,是哪一个合法用户。身份认证提供了可信性、完整性和不可抵赖性等功能。身份认证是安全系统中的第一道关卡,用户在访问安全系统之前,首先经过身份认证系统识别身份,其次访问监控器根据用户的身份和授权数据库决定用户是否能够访问某个资源。它在安全系统中的地位极其重要,是最基本的安全服务,其他的安全服务都要依赖于它。身份认证是访问控制的基础,是实施RBAC的前置条件。

身份认证所采用的方法有:用户所知道的东西,如口令;用户拥有的东西,如智能卡;用户所具有的生物特征,如指纹、视网膜、笔迹等。"用户名/密码"是最简单也是最常用的身份认证方法,它是基于"what you know"的验证手段。每个用户的密码是由这个用户自己设定的,只有他自己才知道,因此只要能够正确输入密码,系统就认为他就是这个用户。这种基于口令的认证方法是最简单、最有效同时也是目前使用最为广泛的一种身份认证方法。

但基于口令的认证方法也有明显的缺点。用户为了方便记忆,经常采用诸如自己或家人的生日、电话号码等容易被他人猜测到的有意义的字符串作为密码,极易造成密码泄露。因此,需要提醒用户选择强度高的密码,要有一定的复杂度。另外,密码在客户端以及网络传输的过程中很容易被截获,故必须采取加密措施保护用户的口令。

一般可以采用一些散列算法,如典型的消息摘要算法第五版(message digest algorithm 5,MD5)、安全散列算法(secure hash algorithm 1,SHA-1)等,对用户登录时录入的口令进行加密后再在网络上传输。MD5是一种应用广泛的身份认证算法。用MD5算法处理用户的明文密码后,得到的是128位的消息摘要,即加密后的密文。由于散列算法的不可逆性,即使在传输途中被截获也不能得到用户的密码明文。如果将口令以密文的形式存储在数据库中,当用户登录的时候,系统把用户输入的密码计算成MD5值,然后再去和保存在平台数据库中的MD5值进行比较,进而确定输入的密码是否正确。通过这样的步骤,系统在并不知道用户密码的明文的情况下就可以确定用户登录系统的合法性。这不但可以避免用户的密码被具有系统管理员权限的用户知道,而且还在一定程度上增加了密码被破解的难度。当然还可以将这些加密算法组合使用,进一步提高系统安全性。

为了防止用户账户被恶意攻击,通常还可以采取以下做法:

(1) 限制登录时间。用户只能在某段特定的时间(如工作时间)内才能登录到系统中。任何人想在这段时间之外访问系统都会遭到拒绝。

(2) 限制登录次数。为防止对账户多次尝试口令以闯入系统,系统可以限制一段时间内连续登录企图的次数。例如,如果有人连续三次登录都没有成功,终端就与系统自动断开,拒绝继续尝试登录。目前很多银行的自动柜员机都采用了这种方法。

(3) 报告最后一次登录。对所有账户的行为作日志,并向用户报告最后一次系统登录的时间/日期,以及最后一次登录后发生过多少次未成功的登录企图。这可为合法用户提供线索,确认是否有人非法访问过自己的账户或者发生过多次失败的登录企图。

3. 权限控制

平台中的权限可以与页面 URL 地址对应起来。于是,访问控制最终转化为对请求页面 URL 许可的控制。

将所有需要实施访问控制的页面 URL 地址编号,赋予一个唯一的整数值。这样平台的权限表就是一个整数和 URL 对应的表格,日后系统功能扩展或者改进时,只需修改这个权限表格中对应的项目。

要实现对用户发出请求的过滤,可以在 Web 服务器软件中配置过滤器而实现。此外,还可以开发一段自定义的标签,添加在每一个需要访问控制的页面头部,以判断当前用户激活的会话是否具有访问权限。

有时需要对页面中的元素如按钮、链接和菜单等实施访问控制。可以开发一些公用接口,从用户 Session 中获取角色权限相关信息的完成更细粒度的访问控制的功能。

第 9 章　面向网络化制造的入侵检测技术

网络化制造技术的快速发展,给企业带来了较大的综合效益,但同时网络化制造的安全问题也日益凸现出来。

入侵检测技术是网络安全中必不可少的部分,它是对防火墙极其重要的补充。入侵检测系统能在入侵攻击对系统发生危害前,检测到入侵攻击,并利用报警与防护系统驱逐入侵攻击。在入侵攻击过程中,能减少入侵攻击所造成的损失。在被攻击后,收集入侵攻击的相关信息,作为防范系统的知识,加入到知识库内,增强系统的防范能力,避免系统再次受到入侵。

本章基于当前网络化制造系统运行中安全问题的现状,分析网络化制造的数据特点,探讨黑客攻击的技术,提出面向网络化制造的入侵检测系统的构建策略;深入研究入侵检测技术和相关的方法,提出面向网络化制造的入侵检测系统的模型——大纵深梯度式入侵检测系统;构造了面向网络化制造的入侵检测系统及其各子系统的结构图;探讨入侵检测系统测试评估的内容,并对面向网络化制造的入侵检测系统进行性能测试评估。

9.1　面向网络化制造的网络安全策略的研究

9.1.1　网络化制造的网络安全特点

网络化制造的网络安全与其他企业单位的网络安全(如银行、电力企业、学校和军工单位等)有很多共同之处,像网络设备安全、计算机系统安全等,但网络化制造的网络安全有它自身的特点,即网络化制造的数据安全与其他企业单位有一定区别。

1. 网络化制造中的数据特点

这些网络化制造环境下的产品数据与普遍意义上信息资源的不可估价性等特点相比还具有以下特性:

(1) 数据的流动性。数据具有极大的流动性和渗透性。数据资源在网络环境下可以不受国界、地区和经济等限制进行传播。因此,要在扩大本领域资源的同时保护自有资源,在推动跨国界数据传播的同时防御非法信息对领域安全、产权的侵害。

（2）数据的整合性。企业、部门和区域等人为系统的分割，不应该影响数据资源的一体化和完整性。用户对数据资源的检索和利用，应该不受时间、空间、语言、地域和行业的制约。

（3）数据的实效性。数据的实效性是指数据的最早定论，不是所有的数据都会产生效益，只有最早的数据才会最终占领市场。

（4）数据的实时性。网络化制造中的某些数据具有很强的实时性，不允许有过多的延时。

（5）数据的有向性。数据的有向性是指数据只对于特定的对象才会产生作用。某些数据可能对一部分人非常重要，对另一部分人却毫无价值。

（6）数据的保密等级差异性。对于不同的产品数据有不同的保密等级，主要分为绝密信息、机密信息和开放信息三个等级。

2．网络化制造中数据安全威胁及其特点

制造业的数据威胁指制造业数据潜在的不希望发生的事件。这些威胁来源于以下因素：

（1）非人为、自然力（地震、水灾、鼠灾等）造成的数据丢失；

（2）人为但属于操作人员无意的失误造成的数据丢失或损坏；

（3）来自制造业网络外部入侵（外部黑客或小组、竞争对手等）造成的数据丢失或被破坏；

（4）来自制造业网络内部的恶意攻击（对企业不满的员工、别有用心的经理等）造成的丢失或损坏。

以上（1）和（2）不属于本章讨论内容，（3）和（4）是本章的研究对象。目前制造业网络所受的攻击主要有：①拒绝接受服务（DOS）；②否定，某用户可能否认发送或接收某一事务处理或信息；③冒充，当攻击者冒充合法用户访问网络时，会给网络环境造成威胁；④修改，攻击者截住网络上传播的数据而后将其修改掉；⑤窃听（网络监听）；⑥病毒侵害等。这些攻击行为可以分为以下三类。

被动攻击：在不干扰网络信息系统正常工作的情况下，进行侦听、截获、窃取、破译和业务流量分析等活动；

主动攻击：以删除、修改、伪造、添加、重放、乱序、冒充和制造病毒等各种方式有选择地破坏信息；

拒绝服务攻击：攻击者并未入侵主机系统，也没有获取其中资料，而是使受害者所在的网络主机瘫痪，使服务器无法对正常的使用提供服务，拒绝服务包含临时降低系统性能、系统崩溃导致重启动、因数据的永久性丢失而导致大范围服务的失效三个方面。

网络化制造环境的组成复杂，覆盖面广；信息处理既有集中式，又有分布式；

构成其基础的 Internet 的网络物理是多种物理拓扑结构的混合;协同方式有同步和异步;协同中的通信对象重要程度不同;信息出入口多,分布面广。因此,该环境下数据安全的实现必然是多策略、多手段和多方案的结合。

9.1.2 网络化制造中黑客攻击分析

1. 黑客攻击威胁来源

黑客攻击的威胁主要有三个方面的来源:Internet、网络内部人员和网络外部的环境。

1) 来自 Internet

现在 Internet 渗透到制造业的很多领域,制造业在受益于 Internet 的同时,也受到隐藏在 Internet 里黑客的攻击,这些黑客有的是为了炫耀技术,有的是为了经济利益。

2) 来自网络内部人员

制造业内部的网络管理一向比较脆弱,公司里那些对公司不满的员工可能会把公司的机密泄露给公司的竞争对手,或者某些道德低下的人为了自己的利益不惜盗取公司的产品成果和技术来换取金钱。

3) 来自外部环境

黑客可能通过"社会工程"的手段,通过社会接触信息收集目标计算机网络的信息。

2. 黑客攻击的网络对象

制造业的黑客攻击的网络对象主要分为三种:点攻击对象(计算机系统)、线攻击对象(数据流)、面攻击对象(网络中枢)。

1) 点攻击对象(计算机系统)

黑客对制造业网络上的单台计算机进行攻击,其本质是对点的攻击,攻击的影响一般也局限在一个计算机系统中,但如果被攻击的计算机的最高管理权被攻击者夺得,攻击者进一步行动就可能超出点。

2) 线攻击(数据流)

现在大多数制造业已加入 Internet,Internet 又是一个网络连网络的复杂网络,在许多路由器/网关上可以同时截获来自许多网络的数据。由于这种关系,对数据流的攻击可以影响制造业安置在 Internet 上的一连串计算机。

3) 面攻击对象(网络中枢)

计算机 Internet 本质上是一个路由器/网关指挥控制的网络。路由器/网关遭到攻击时,将影响制造业的一大片计算机。

3. 黑客攻击的基本模式

世界上每天都发生大量的各种各样的黑客攻击行为,制造业也不例外,这些行为千差万别:黑客水平有高有低,目标对象各有不同,工具方法五花八门,攻击层次深浅不一。然而,不同的黑客行为之间具有共同的属性,具有基本模式。

黑客攻击的基本步骤有以下几个方面。

1) 侦查攻击对象

首要任务是收集关于攻击目标的相关信息,如操作系统、提供的应用服务、用户情况和网络情况等。主要技术方法是运用扫描器和嗅探器。

2) 夺取进入权

这一步的目的是试图进入系统,获取非授权的用户账号。常用的技术方法是用户口令攻击。

3) 夺取控制权

以普通用户进入系统,绝不是大部分黑客的最终目标。这一步的目的是试图获得超级用户的权限。缓冲区溢出攻击是夺取控制权的重要方法之一。

4) 潜藏再攻击条件

一旦黑客取得系统控制权,他们肯定要对系统设置一些"机关",为以后进入系统创造条件。这一步采用的主要技术方法是设置后门程序和特洛伊木马。

5) 消除攻击痕迹

有经验的黑客并不会来去匆匆。他们为了防止被系统管理发现,会小心翼翼地整理"现场",消除攻击痕迹。删除或更改日志文件是这一步采用的基本技术手段。

现在的黑客技术发展迅速,特别是现在黑客攻击工具的出现,使一个不懂黑客技术的人都可以成为一个攻击者。在经济利益的驱使和黑客工具的诱导下,入侵者的数目越来越多,现在所出现的网络安全问题大多数是由黑客的入侵造成的。因此,网络安全策略要根据黑客入侵技术来设计。

9.1.3　网络化制造的网络安全策略

1. 确定网络化制造的网络安全的目标

网络化制造的网络安全目标是把制造信息化的网络风险降到最低(图 9-1)。使信息传输尽可能不被中断、侦听、修改和伪造;设备共享尽可能不被阻断。网上用户能够及时、有效、安全地得到他们需要得到的制造信息和制造产品。异地网上协同制造企业伙伴能够快速、安全地获得准确、及时的制造图纸、设计说明书和近阶段的工作任务,并且能够及时地进行交流沟通,从而保证网络化协同制造的顺利进行。

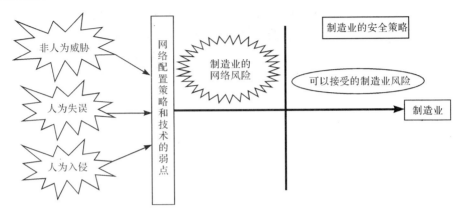

图 9-1　加了安全策略以后制造业的安全变化图

2. 确定网络化制造的网络化安全策略基本原则

1）绝对的安全是不存在的

在为网络化制造的网络安全进行策略规划时,不要指望有百分百的网络安全,要能正视风险的存在,接受必要的损失。

2）网络安全策略要有可行性

在实施网络化制造的安全策略时,应掌握尺度,不要以牺牲系统资源为代价,一味地追求所谓的绝对安全。

3）网络安全策略要有实用性

在设计制造业的网络安全策略时,不能完全以安全性高低来衡量。因为制造业不像国家军事自动化网络系统和银行网络系统那样要有非常高的安全性,还有它自身的价值也不值得入侵者花费大量时间与金钱来攻破它,因此在为制造业设计网络安全策略时,只要实用即可。如果设计的安全性越高,则信息的流动速度就越要受到限制。

4）安全问题的解决是个动态过程

安全问题的解决没有最佳方案,即使存在这种"最佳方案",它也不能保证你的系统固若金汤,能够瓦解各类各样的安全攻击。因为你的系统在不断升级变化,新技术层出不穷,同时黑客的攻击方法也在不断变更。

5）安全策略要便于操控,便于管理

制造业的网络安全策略虽然对企业的网络安全保护起到了很大作用,但它需要网络管理员花费大量时间,对网络管理员要求过高,因此也不可以采用。

3. 面向网络化制造的网络安全设计

1）动态的网络化安全策略

每天都要升级各种网络防御软件,保证防御系统是最新的,增强其抵御入侵的能力;每天升级病毒库,更新成最新的病毒库,使杀毒软件能够杀死最新病毒;每天进行操作系统扫描,不让黑客有机可乘。

2）针对入侵者现行的入侵技术采取网络安全策略

任何一种攻击方法,任何一种攻击病毒,都有它本身致命的弱点。因为入侵者在编写这些病毒和攻击方法时,只注重了攻击力,却没有或很少考虑其本身的防御力（被安全系统检测出来和被杀死,或被新的安全方法所攻击）。例如,teardrop 攻击就是这一例。teardrop 攻击者发布的攻击代码使用的是 242 的 id 号,正因为这一点的不足,如果用户数据包协议（user datagram protocol,UDP）的碎片包——IP 包的 id 号是 242,它就会认为是 teardrop 攻击。

3）访问控制策略

访问控制是网络化制造的网络安全防范和保护的主要策略,它的主要任务是保证制造业网络资源（如电子元器库、机械零部件资源库和一些内部的设计图纸等）不被非法使用和非法访问。它也是维护网络化制造的网络系统安全、保护网络化制造的网络资源的重要手段。

4）信息加密策略

信息加密的目的是保护制造业网络内的制造零部件信息、制造说明书、进入制造业网络的口令和控制信息,保护网上传输的制造业数据。网络加密常用的方法有链路加密、端点加密和节点加密三种。链路加密的目的是保护网络节点之间的链路信息安全;端点加密的目的是对源端用户到目的端用户的数据提供保护;节点加密的目的是对源节点到目的节点之间的传输链路提供保护。

9.2　面向网络化制造的入侵检测系统的设计与实现

目前国内还没有专门针对网络化制造的入侵检测系统,也没有专门针对网络化制造的入侵检测技术的理论。而本章是在分析了网络化制造的网络安全特点,根据其安全主要方面（数据安全）入手进行研究的,而接下来就要进行面向网络化制造的入侵检测技术的研究和系统的设计与实现。

9.2.1　面向网络化制造的入侵检测系统的建模

现在的网络入侵检测系统的基本模型是在网络的不同网段放置多个探测器收集当前网络状态的信息,然后将这些信息传送到中央控制台进行处理分析。这种方法存在缺陷:首先,对于大规模的分布式攻击,中央控制台的负荷将会超过其处理极限,这种情况会造成大量信息处理的遗漏,导致漏警率的增高;其次,多个探测器收集到的数据在网络上的传输会在一定程度上增加网络负担,导致网络性能下降;最后,大多数入侵检测系统只监控系统的某一个层面,不能从整体上全面、深入地检测系统行为,因而误报率居高不下。因此,提出大纵深梯度式入侵检测系统。

大纵深梯度式入侵检测系统来源于古今中外军事上防御系统的理论。在军事上,为了防御外敌入侵,建立几条纵深防线,设立缓冲区,防止外敌大举进攻,防止外敌突破前沿防线以后长驱直入,从而有效地保护了国土的安全。而网络上的防御跟现实中的军事防御有惊人的相似之处,因而,网络上的纵深防御也是一种倾向。大纵深梯度式入侵检测技术是把军事上的纵深防御运用到网络安全的入侵检测上,依靠军事上防御系统的理念来构建入侵检测系统的模型与结构,这是一种新的入侵检测技术。

大纵深梯度式入侵检测系统模型如图 9-2 所示。

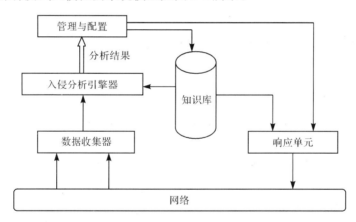

图 9-2　大纵深梯度式网络入侵检测系统模型

从图 9-2 可以看出,大纵深梯度式入侵检测系统由四部分构成,其中有数据收集器、入侵分析引擎器、知识库和响应单元。

1. 大纵深梯度式入侵检测系统的处理流程

本系统一般要经历以下几个步骤:

（1）收集网络上和主机上需要检测的数据,如用户操作审计信息或网络协议包;

（2）对收集到的数据进行纵深安全检测,如特殊规则检测、异常检测和误用检测,确定可疑度;

（3）把纵深检测的结果传给管理和配置控制台，由控制台制定相应的防御策略；

（4）根据控制台提供的防御策略，响应单元做出响应，如启动与其他系统的联动、中断网络服务、关闭网络服务和启动备份系统。

2.　大纵深梯度式入侵检测系统预计取得的效果

大纵深梯度式入侵检测系统中的入侵分析引擎器共设计了三道安全防线，并有分级报警系统（见 9.2.2 节）。三道纵深防线，各自有不同的检测规则，通过逐层过滤，最大限度地检测到攻击行为。

第一道防线——特殊规则检测，作为整个大纵深梯度式入侵检测中的前沿阵地，能够最大限度地、最有效地检测到致命的攻击。

第二道防线——模式匹配机制，作为整个检测系统的中间阵地，能够检测到从第一道防线漏穿过来绝大多数已知的、一般性的入侵，起到其中流砥柱的作用。

第三道保底防线——异常分析机制，作为检测系统的最后一道防线，能够抵御未知的攻击手段，防止黑客试图利用高科技，利用尖端入侵手段突过检测系统。

而分级报警系统与三个防线相匹配，保证每一道防线都与控制台相联系，及时、有效地把信息传给控制台。

3.　大纵深梯度式入侵检测系统自身的安全

现在的入侵检测系统，有一部分对入侵事件能够有效地防范，对网络和主机有很好地保护，但是其自身安全却不是很好，或者说很脆弱，黑客经常通过首先攻击入侵检测系统，导致入侵检测系统最先被攻破，其次再进入被保护的主机或网络。例如，有些黑客利用入侵检测误报的缺陷，通过频繁试探进攻，使入侵检测系统频繁报警，系统审计记录被记满，从而使入侵检测系统失效。因此，入侵检测系统自身安全问题十分重要。

入侵检测系统自身的安全与其自身脆弱点和自身所面临的威胁有关。

（1）入侵检测系统存在的系统脆弱点。入侵检测系统存在六大脆弱点，分别是传感器和链路、目标精选、状态和威胁求精、融合系统知识库、传感器/信号源控制系统以及传感器行为监测。由于篇幅所限，这六个脆弱点就不展开讨论。

（2）入侵检测系统面临的四类威胁。入侵检测面临的四类威胁为利用、欺骗、破坏和摧毁。这四类威胁在所参考的文章中有详细说明。

由以上分析，入侵检测系统自身的安全与其自身防护有关，应遵循以下原则：

（1）多渠道防护原则。应保证防护手段的多样性，采用多种技术和方式对同一脆弱点进行防护。

（2）协调使用原则。应对入侵检测系统采用的防护策略和技术进行统一配置，协调管理。

（3）信息保密原则。随着入侵检测系统的发展，入侵检测系统内部通信量不断增加，坚持不明文传输的原则，能有效地保证不被攻击者窃听到入侵检测系统内部行为。

（4）综合防护原则。应从多方面对网络入侵检测系统进行有效的防护，技术与管理并重。

大纵深梯度式入侵检测系统是入侵检测系统中的一种，以上原则可以运用。

9.2.2　大纵深梯度式入侵检测系统结构的设计与实现

面向网络化制造的入侵检测系统不能过度影响系统和网络的性能，以保证网络化制造中的数据流动性、实时性等不受影响，从而使网络化制造中的协同设计能够顺利完成，产品数据能够流畅传输。同时，面向网络化制造的入侵检测系统能够根据网络化制造的数据保密等级差异性分级保护网络和主机，对于一些保密等级要求低的（如企业人员的视频和聊天、发布的一些企业信息等），可以动态地调整入侵检测系统的运行策略。

黑客攻击的特点，概括起来为：一次完整的黑客攻击一般要经历 3 个阶段，每个阶段都会产生相应的数据流。

第一阶段，黑客在开始攻击主机时首先要进行端口扫描，以确定攻击入口，这个过程可以产生与主机相关的网络行为数据流，其中包含网络连接数据包；

第二阶段，黑客将在主机上进行相关操作，此时产生用户行为数据流，其中包含键盘输入、命令序列以及系统审计日志数据；

第三阶段，黑客对主机进行一系列操作，这些操作会在主机的系统层面上反映出来，从而产生系统行为数据流，其中包含文件系统属性以及系统调用序列数据。因此，面向网络化制造的入侵检测系统中的入侵分析引擎器可以根据黑客攻击的步骤来设计。

1. 大纵深梯度式入侵检测系统结构

大纵深梯度式入侵检测系统结构图如图 9-3 所示。

大纵深梯度式入侵检测系统的主要功能有以下几点：

（1）分布在网络上和主机上的探测器收集到网络数据包和主机上的审计记录，然后进行数据包解码，调用数据库里的解码函数对获取的报文进行分析。

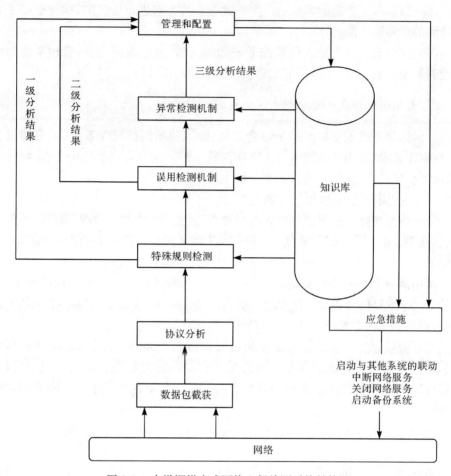

图 9-3　大纵深梯度式网络入侵检测系统结构图

（2）对收集的数据包进行协议分析，这样可以快速地检测到攻击特征的存在。

（3）第一道防线首先处理一些致命的和最近常出现的入侵，并且能够随时间的变化动态地调整其防御策略，保证系统的安全；第二道防线对数据进行误用检测，检测到目前已经知道的一些入侵；第三道防线对数据进行异常检测，检测出来对违背知识库里所形成的正常的行为模式的数据。这三层防线逐层提高安全，并可根据网络化制造的数据保护等级进行相应调整，对网络安全要求低的数据可以相应调低安全策略。

（4）三道防线都与控制台有直接联系，可以迅速地把一些信息传给控制台，并且有等级性，这样可以克服现在市场上有些检测系统不能分级报警，从而有助于报警结果的统计和事后分析。

(5) 数据库是根据黑客攻击产生的数据流的类型进行设计的,这样提高了入侵检测的可靠性和准确性。

(6) 应急响应措施把入侵检测系统和防火墙、操作系统、网络管理系统和内网检测系统联系起来,从而保证能够很快对入侵做出反应。

2. 大纵深梯度式入侵检测系统功能实现

大纵深梯度式入侵检测系统融合多种技术,包括网络操作系统、网络协议分析、数据库技术、密码算法技术及网络联网技术等。主要有四个模块:数据捕捉模块、检测引擎模块、知识库模块和响应模块。

1) 数据捕捉模块功能的实现

(1) 数据捕捉。数据捕捉可以有两种方法:使用包截取软件 WinpCap 采集数据包(在 Windows 系统下)和使用 libpcap 从网卡捕获网络上的数据包(在 Linux 系统下)。在这里主要分析一下 WinCap 是如何采集数据包的。

调用函数 PacketGet AdapterNames()和 PacketOpenAdapter()监听网卡,将函数 PacketSetHw Filter()设为混杂模式(promiscuous mode)监听整个网段上的数据,然后调用函数 Packet ReceivePacket()接收数据包。

(2) 协议分析。协议分析充分利用网络协议的高度有序性,使用这些知识快速检测某个攻击特征的存在。因为系统在每一层上都沿着协议栈向上解码,所以可以使用所有当前已知的协议信息,来排除所有不属于这一个协议结构的攻击。

举一个例子,表 9-1 是截获的数据包,对它进行协议分析。分析步骤如下:

第一步　直接跳到第 13 个字节,并读取两个字节的协议标识。如果值是0800,则说明这个以太网帧的数据域携带的是 IP 包。基于协议解码的入侵检测系统利用这一信息指示第二步的检测工作。

第二步　跳到第 24 个字节处读取 1 字节的第四层协议标识。如果读取到的值是 06,则说明这个 IP 帧的数据域携带的是 TCP 包。入侵检测系统利用这一信息指示第三步的检测工作。

第三步　跳到第 35 个字节处读取一对端口号。如果有一个端口号是 0080,则说明这个 TCP 帧的数据域携带的是 HTTP 包。基于协议解码的入侵检测系统利用这一信息指示第四步的检测工作。

第四步　让解析器从第 55 个字节开始读取 URL。

URL 串将被提交给 HTTP 解析器,在它被允许提交给 Web 服务器前,由HTTP 解析器来分析它是否可能会产生攻击行为。

表 9-1　协议分析

0	0050	dac6	f2d6	00b0	d04d	cbaa	0800	4500	. P. . . . . . . M. . . . E.
10	0157	3105	4000	8006	0000	0a0a	0231	d850	. W1. @. . . . . 1. P
20	1111	0080	0050	df62	322e	413a	9cf1	5018	. . . . . P. b2. A:. . P.
30	16d0	f6e5	0000	4745	5420	2f70	726f	6475	. . . . . . GET/produ
40	6374	732f	7769	7265	6c65	7373	2f69	6d61	cts/wireless/ima
50	6765	732f	686f	6d65	5f63	6f6c	6c61	6765	ges/home_collage
60	322e	6a70	6720	4854	5450	2f31	2e31	0d0a	2. jpg HTTP/1. 1. .
70	4163	6365	7074	3a20	2a2f	2a0d	0a52	6566	Accept:＊/＊. . Ref
80	6572	6572	3a20	6874	7470	3a2f	2f77	7777	erer:http://www
90	2e61	6d65	7269	7465	6368	2e63	6f6d	2f70	. ameritech. com/p
a0	726f	6475	6374	732f	7769	7265	6c65	7373	roducts/wireless
b0	2f73	746f	7265	2f0d	0a41	6363	6570	742d	/store/. . Accept-
c0	4c61	6e67	7561	6765	3a20	656e	2d75	730d	Language:en-us.
d0	0a41	6363	6570	742d	456e	636f	6469	6e67	. Accept-Encoding
e0	3a20	677a	6970	2c20	6465	666c	6174	650d	:gzip, deflate.
f0	0a55	7365	722d	4167	656e	743a	204d	6f7a	. User-Agent: Moz
100	696c	6c61	2f34	2e30	2028	636f	6d70	6174	illa/4. 0(compat
110	6962	6c65	3b20	4d53	4945	2035	2e30	313b	ible;MSIE5. 01;
120	2057	696e	646f	7773	204e	5420	352e	3029	Windows NT 5. 0)
130	0d0a	486f	7374	3a20	7777	772e	616d	6572	. . Host:www. amer
140	6974	6563	682e	636f	6d0d	0a43	6f6e	6e65	itech. com. . Conne
150	6374	696f	6e3a	204b	6565	702d	416c	6976	ction:Keep-Aliv
160	650d	0a0d	0a						e. . . .

2）检测引擎模块的实现

大纵深梯度式入侵检测系统的检测引擎模块由三个部分组成:特殊规则检测机制、误用入侵检测机制和异常入侵检测机制。这三个检测部分是针对网络化制造的数据特点而设计的,因为网络化制造的数据有极大的流动性、实时性、实效性和安全等级性。在大纵深梯度式入侵检测系统的检测引擎里,首先以简单的特殊规则进行过滤,这样可以保证数据的流动性和实时性不会受到大的影响,可以有效地防止数据流动的"瓶颈"现象,也可以快速地把信息传到控制台,与后面的两道检测模块联合起来串行过滤,可以有效地防止"漏报"现象。三道并列的报警系统可以有效地针对网络化制造的数据的安全等级的特点,对于低要求安全等级的数据,可以只打开前面两道检测引擎,甚至一道引擎。

A. 特殊规则检测机制

特殊规则检测机制采用模式匹配的方法,主要针对现行的一些比较流行的攻击和一些致命的病毒。可以减轻后面两道检测模块的负担。例如,某种现在流行的攻击字符串,我们姑且把它定名为"A",如果该字符串存在,则认为是某种攻击。描述如下:

```
    get(data);
if(str = = "A")
{
进行入侵处理;
}
```

如果想缩小搜索范围,如只检测 23 端口的数据,则可以描述为:

```
get(data);
if(str = = "A"& & port = = 23)
{
进行入侵处理;
}
```

如果想继续缩小搜索范围,如只检查客户端发送的数据,则可以描述为:

```
    get(data);
if(Str = = "A"&&port = = 23 & & attribute = = "client-send")
{
进行入侵处理;
}
```

B. 误用检测模块

误用检测模块和上面的特殊规则检测模块里的检测方法有相同之处,但其作用却是不同的,它是针对目前已知的大多数攻击来讲,而特殊规则是针对最近常发生的攻击和致命的攻击,它的策略是要被常调整的,根据不同时期,而有不同的策略。误用检测模块比较稳定,不过其检测规则也是动态的。

误用检测模块可以使用基于规则的专家系统。当我们应用误用检测方法时,这些规则就成为网络攻击行为的各种模式,如果发现用户的行为和制定的规则相吻合,那么,一个潜在的攻击就被入侵检测系统识别出来了。

另外,黑客在攻击的时候产生的行为数据流里包含键盘输入,对于这一类的攻击可以用误用检测方法里的键盘监控来检测。

C. 异常入侵检测模块

黑客攻击产生的数据流里有网络行为数据流、用户行为数据流和系统行为数据流。异常入侵检测模块就是基于这三种数据流实现的。

a. 网络连接数据包、命令序列和审计日志的入侵检测

在基于统计模型的入侵检测系统(intrusion detection system, IDS)中, SRI 开发的新一代入侵检测专家系统(new intrusion detection expert system, NIDES)取得了较好的检测效果。在该系统中可以使用统计算法来检测实际环境中的入侵。

例如,对于网络行为数据流,可以使用统计分析的方法进行监控,这样可以防止拒绝服务攻击等攻击的发生。如果设定某个端口处每秒钟允许的最大尝试连接次数是 1000 次,那么如果检测发现某个时间段内的连接次数超过此界限,就视为异常,需要进行异常处理,以判断是否存在攻击。描述如下:

```
Set max-connect-number = 1000/S;
set state = normal;
connect-number = count(connect);
if(connect-number＞max-connect-number)
    {
    set state = abnormal;
      进行异常处理;
    }
```

b. 键盘输入的入侵检测

在实际操作中,通过监测用户在键盘输入时,键被按下与弹起之间的时间差(延迟时间)以及键弹起与下一次按下的时间差(间隔时间)来确定用户的输入模式。对每个用户而言,键盘输入的延迟时间与间隔时间均符合正态分布。在某个时间段内,某个用户的键盘输入延迟时间和间隔时间的均值分别为 $\overline{T_1}$、$\overline{T_2}$,方差为 Δ_1、Δ_2,该用户在最近的某个时间段内的键盘输入延迟时间(或间隔时间)为 T_1,T_2,…,T_n,那么延迟时间、间隔时间的异常度 H_1 和 H_2 的计算式为

$$H_j = C_j \sum_{i=1}^{n} \exp\left[-\frac{(T_i - \overline{T_j})^2}{2\Delta_j^2}\right], \quad j = 1,2$$

其中,C_j 为加权系数,可通过试验确定。一旦发现用户的异常度 H_j 超过阈值,则认为发生了账号冒用等内部攻击并上报结果,否则更新 $\overline{T_j}$ 和 Δ_j。

c. 系统行为数据流分析

文件系统校验:在 Unix/Linux 环境下,文件系统的完整性校验可以免费使用开放源码的产品,其中,功能较强的有 Tripwire 和 Samhain。在实际环境中,可将

Tripwire 融合到系统中以检测文件的非法改动。为了降低系统的资源消耗,在配置 Tripwire 策略时,只要求对文件安装、系统日志、系统文件属性等关键的文件进行完整性校验,并且采取定期检测的方法实现实时校验。

系统调用分析:系统调用已经成为近年来一种重要的入侵检测数据源。1996年,Forrest 等提出一种简单、高效的短序列匹配算法,并取得了较好的检测效果。在实际环境中,同样可使用这种短序列匹配方法为系统调用建模,检测系统中的异常行为。

异常检测虽然能够检测出未知的攻击,但它的误报率也很高,因此需要对异常检测结果进行融合。

d. 异常检测结果的融合

对以上方法所产生的检测结果进行融合,从而得出比较合理的检测结果,降低入侵检测的误报率。使用 Dempster-Shafer 合成规则对 6 个结果进行信息融合。

定义 9-1　设 Θ 为一个有限集合,如果其中的各个元素都相互排斥,则称 Θ 为识别框架。如果集函数 $m:2^{\Theta} \to$ 满足条件 $m(\Phi)=0$,$\sum\limits_{A \subseteq \Theta} m(A)=1$,则称 m 为框架 Θ 上的概率分配函数。又设 $m_1,m_2,\cdots,m_n$ 为识别框架 Θ 上的 n 个基本概率分配函数,则 Dempster-Shafe 的合成概率分配函数

$$m_1 \oplus m_2 \oplus \cdots \oplus m_n = \frac{\sum\limits_{A_1 \cap A_2 \cap \cdots \cap A_n = A} m_1(A_1)m_2(A_2)\cdots m_n(A_n)}{1 - \sum\limits_{A_1 \cap A_2 \cap \cdots \cap A_n = \varnothing} m_1(A_1)m_2(A_2)\cdots m_n(A_n)}$$

其中,$(A_1,A_2,\cdots,A_n,A)\in\Theta$。

在异常检测模块中,决策空间为{系统行为正常,系统行为异常}。通过系统数据流的 6 个数据源的入侵检测分析,可得到数据源对应的异常度,确定 $A\in\Theta$,由此得到数据源的概率分配函数 m(系统行为异常)$=A$。最后,使用 Dempster-Shafer 合成规则对这 6 个数据源的异常度进行融合,得到一个总的异常入侵判定。

3) 知识库模块

知识库模块大体上可以分为三块:基于特殊规则检测的知识库模块、基于误用检测的知识库模块和基于异常检测的知识库模块。

A. 基于特殊规则检测的知识库模块的建立

基于特殊规则检测的知识库模块和基于误用检测的知识库模块在整体构成上很相似,都是采取攻击特征的选取和攻击知识的获取来建立知识库(见基于误用检测的知识库模块的建立)。但是基于特殊规则的知识库比较简单,便于修改策略规则,来适应现在突变的网络安全环境。

B. 基于误用检测的知识库模块的建立

a. 基于网络数据包的攻击特征的选取

网络活动可以用一系列具有时序关系的事件来描述,而网络事件,则一般采用多个属性来刻画其数据特征。基于网络事件的多维特征,可以从网络协议、网络服务的类型与连接过程、网络业务数据的模式特征、网络中的主机系统及网络管理等多方面来考虑入侵检测问题。

表 9-2 为不同网络协议的网络事件特性。

表 9-2　不同的网络协议的网络事件特性

协议	网络事件特性
TCP 协议	时戳(time stamp)(IP 首部)
	源 IP 地址、目的 IP 地址以及服务类型
	状态标志:SYN、FIN、PUSH、RST、ACK 等
	失败的 TCP 连接的数量
	连接的状态
	不重合的分片包的数量
	数据包的序列号和期望收到的数据包序列列号
	在线时间
	接收服务区的可用空间
UDP 协议	时戳(IP 首部)
	在线时间
	源 IP 地址、目的 IP 地址以及服务类型
	UDP 数据包的长度
ARP 协议	错误的 ARP 数量
	新的 ARP 包的数量
ICMP 协议	时戳(IP 首部)
	源 IP、目的 IP、ICMP 类型
ICMP 协议	不可到达 ICMP 包的数量

特征提取时,将采集到的数据包按照协议分类,根据不同的协议类型提取相应的特征。针对不同攻击的特点,选取不同的特征进行描述。

b. 攻击知识获取

攻击知识库中知识的数量和质量在很大程度上决定了误用检测模块的功能。知识库的建立是一个不断积累、修正的过程,需要对知识库的实际使用不断总结经验,实时修改更新知识库。安全专家在里面起到了很重要的作用,同时各种知识挖掘工具有助于提高工作效率。知识库的获取途径有以下三种方法:

(1)将安全专家的经验、文献资料中的攻击知识等转换成所需要的知识。通过收集目前的一些主要的黑客攻击手段以及相关的系统漏洞,对攻击原理进行分析,提取特征,建立攻击规则。

(2) 对现有的开放的入侵检测系统的知识库进行改造。目前有一些开放源代码的入侵检测系统,系统源代码的攻击知识库可通过网络下载。例如,可以对 Snort 系统和 Bro 系统的知识库进行改造。

(3) 关联规则的挖掘。针对网络数据包的结构化特征,利用数据挖掘技术从大量的网络业务数据中,提取网络数据;利用数据属性间相关性的规则集来描述攻击数据签名,从而获得相关的攻击知识。

C. 基于异常检测的知识库模块的建立

异常检测模块是根据黑客产生的数据流来建立的。对应的基于异常检测模块的知识库也要根据黑客产生的数据流来建立。黑客攻击产生的数据流有网络行为数据流、命令序列、审计日志、键盘输入、系统行为数据流。知识库采用数据挖掘技术建立基于异常检测的知识库模块。下面以键盘输入为例说明。

a. 数据收集

首先要保证这个阶段所使用的数据能够表征用户的正常键盘行为。抓取用户的键盘输入,当用户输入时,记录下此用户敲击它的延时时间和间隔时间,由此可以得到大量的数据。

b. 数据清理

数据清理目的是剔出一些用户偶然的、非正常的键盘数据。在这里我们利用简单的方法,即正态分布的"3σ"原则。

设 μ 为某模式下的时间均值,σ 为标准偏差,变量 $X\sim N(\mu,\sigma2)$,则有

$$P(|x-\mu|<3\sigma)=99.7\%, \quad P(|x-\mu|<2\sigma)=95.4\%, \quad P(|x-\mu|<\sigma)=68.3\%$$

根据试验数据可以证明,用户敲击它所用的时间符合正态分布。数据清理的过程,即首先计算出均值和方差,其次利用"3σ原则"剔除 $|x-\mu|>3\sigma$ 的数据。

c. 建立用户键盘行为知识库

重新计算均值和方差,得到的值就是正常行为的数值。

3. 响应模块的设计

1) 响应的定义

事件响应是指事件发生后采取的措施和行动。这些行动措施通常是阻止和减少事件带来的影响。行动可能来自于人,也可能来自于计算机系统。

响应协同是指当入侵检测系统检测到需要阻断的入侵行为时,立即迅速启动联动机制,自动通知防火墙或其他安全控制设备对攻击源进行封堵,达到整体安全控制的效果。

2) 大纵深梯度式入侵检测系统的联动响应机制

与入侵检测系统联动响应机构和对应的响应结果如表 9-3 所示。

表 9-3　响应机构与响应结果

响应机构	响应结果
防火墙	封堵源自外部网络的攻击
网络管理系统	封堵被利用的网络设备和主机
操作系统	封堵有恶意的用户账号
内网监控管理系统	封堵内部网络上恶意的主机

以防火墙与大纵深梯度式入侵检测系统建立联动响应机制为例(图 9-4)进行说明。通过在防火墙中驻留的一个 IDS Agent 对象,以接收来自 IDS 的控制消息,然后再增加防火墙的过滤规则,最终实现联动。

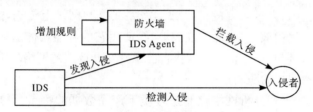

图 9-4　入侵检测系统和防火墙联动

第10章 面向网络化制造的产品数据安全技术

随着制造业向全球化方向发展以及市场竞争的日趋激烈,传统的制造企业模式已经不能适应发展的需求,新的制造企业模式——虚拟企业随之诞生。

虚拟企业的运作需要基于 Internet 的集成产品生命周期全过程的网络化制造环境。利用这个环境,虚拟企业内部成员之间可以交换产品设计信息、共享生产制造数据等。这种信息交换和共享可以降低产品设计制造成本,加快市场反应速度。但在该过程中,大量重要的产品数据需要在公共网络上传输,这些数据信息极可能在传输过程中被窃取、篡改或破坏,给使用它的利益实体造成损失。同时,虚拟企业成员通过与 Internet 互联,将自己暴露在开放式的网络环境中,更增加了其内部 Intranet 网络的脆弱性。

基于此背景,本章分析网络化制造环境下产品数据的特点、可能受到的安全威胁以及主要的安全特点,分析网络化制造中产品数据安全的等级;提出并研究网络化制造中产品数据安全的总体安全策略和产品数据安全系统的分层安全策略。

通过对制造企业内部产品数据安全域的树型层次结构模型的研究,提出虚拟企业的产品数据安全域模型,并将此模型用于虚拟企业的访问控制模型和认证模型的分析中;采用三层 C/S 结构和分布式管理方式,结合 Multi-Agent 技术,设计基于分布式防火墙的虚拟企业产品数据安全系统,打破了传统集中式安全管理模式,实现了网络化制造环境下产品数据安全的细粒度、多层次、多手段的管理。

10.1 网络化制造环境下产品数据安全策略研究

10.1.1 网络化制造中产品数据安全的特点

1. 网络化制造中产品数据的特点

在 9.1.1 节中已作详细说明,本节不再赘述。

2. 网络化制造中产品数据安全威胁及其特点

网络威胁主要来源有恶意攻击、安全缺陷、软件漏洞、结构隐患等几个方面。
人员包括:内部人员(包括信息系统的管理者、使用者和决策者)、准内部人员

（包括信息系统的开发者、维护者等）、特殊身份人员（具有特殊身份的人，如审计人员、稽查人员、记者等）、外部黑客或小组、竞争对手、网络恐怖组织、军事组织或国家组织等。

典型攻击主要有：①拒绝接受服务（DOS）；②否定，某用户可能否认发送或接收某一事务处理或信息；③冒充，当攻击者冒充合法用户访问网络时，会给网络环境造成威胁；④修改；⑤重复播发；⑥窃听（网络监听）；⑦病毒侵害等。

黑客攻击使用的主要手法有缓冲区溢出、伪装 IP 攻击、利用安全"后门"等。

威胁产生的主要原因有人为故意、偶然失误、自然灾害等。

产品数据安全体系结构必须建立在已知攻击类型的基础上。人为的恶意攻击有明显企图，危害性大，具有智能性、严重性、隐蔽性和多样性的特点。Macgregor 等将分布式信息系统可能遭受的攻击分为以下三类：

（1）被动攻击。在不干扰网络信息系统正常工作的情况下，进行侦听、截获、窃取、破译和业务流量分析等活动。

（2）主动攻击。以删除、修改、伪造、添加、重放、乱序、冒充、制造病毒等各种方式有选择地破坏信息。

（3）拒绝服务攻击。攻击者并未入侵主机系统，也没有获取其中资料，而是使受害者所在的网络主机瘫痪，使服务器无法对正常的使用提供服务，拒绝服务包含三方面内容：临时降低系统性能、系统崩溃导致重启动、因数据的永久性丢失而导致大范围服务的失效。

网络化制造环境的组成复杂，覆盖面广；信息处理既有集中式，又有分布式；构成其基础的 Internet 的网络物理式多种物理拓扑结构的混合；协同方式有同步、异步；协同中的通信对象重要程度不同；信息出入口多，分布面广。因此，该环境下产品数据安全的实现必然是多策略、多手段、多方案的结合。

3. 网络化制造中产品数据安全的等级

迄今尚未形成有关 Internet/Internat 安全体系的完整理论，难以制定统一的安全政策，目前较为普遍接受的安全理论和标准主要为 CEC 的《信息技术安全评级准则》、NCSC 的《可信网络指南》、ISO 的 ISO7498—2 等。

美国国防部所属的国家计算机安全中心（NCSC）提出了网络安全性标准（DoD5200128-STD），即《可信任计算机标准评估准则》（*Trusted Computer Standards Evaluation Criteria*），也叫橘皮书（orange book）扩展而成的《可信网络指南》，把可信网络的安全性由低到高分为四类七级，分别是 D 级，安全保护欠缺级；C1 级，自主安全保护级；C2 级，受控存取保护级；B1 级，标记安全保护级；B2 级，结构化保护级；B3 级，安全域级；A1 级，验证设计级。《可信网络指南》认为要使系统免受攻击，对应不同的安全级别、硬件、软件和存储的信息应实施不同的安全保护。安全级别对不同类型的物理安全、用户身份验证（authentication）、操作系统软件的可信任性和用户应用程序进行了安全描述，标准限制了可连接到主机系统的系统类型。

对网络化制造企业内部的计算机网络系统而言，要求达到 C2 级别，主要是运行系统安全，即保证信息处理和传输系统的安全。它侧重于保证系统正常运行，避免因为系统的崩溃和损坏而对系统存储、处理和传输的信息造成破坏和损失。

对外部信息网络而言，要求至少达到 B1 级别。网络系统必须给出有关的安全策略模型，以保证网络上信息的安全。它包括用户口令鉴别，用户存取权限控制，数据存取权限、方式控制，安全审计，安全问题跟踪，计算机病毒防治，数据加密等。需要说明的是，国外（主要是美国）厂商向我国推销的计算机和网络设备及软件，其安全标准只在 C 级，真正达到需要的安全级别，还需靠我们自己开发。

本章研究设计的产品数据安全系统就是在具有 C2 级网络化制造企业内部的计算机网络系统与 B1 级外部信息网络的基础上，通过对网络化制造环境下的产品数据安全域的研究，利用软件技术实现 B3 级的安全标准。

10.1.2　网络化制造中产品数据的安全策略

1. 信息安全策略概念

安全策略在信息安全中起着重要作用。在网络化制造环境中，安全策略在安全模式中的作用如图 10-1 所示，以安全策略为核心，同时还包括了主机安全、网络安全、管理安全和法律安全。

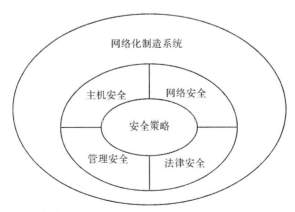

图 10-1　网络化制造系统的安全模式

首先，安全策略负责制定安全目标，主机安全/网络安全机制则保证达到这一目标。例如，主机必须运行安全的网络操作系统，以保护内部资源不受外来攻击，其通信链路也必须是安全的,不管是物理安全还是通过加密算法、协议实现的逻辑安全。其次,必须制定明确的管理安全规范,以确保技术上的安全得以实现。最后,法律安全可以保证任何非法操作和恶意攻击都受到法律制裁。

在虚拟企业的网络化制造系统中,主机安全、网络安全的内容转化为信息平台自身的安全和协作信息系统的安全,安全策略也侧重于这两方面。对具体安全技术则采用拿来主义,来实现信息安全策略。

2. 制定安全策略的准则

在开发和运行产品数据安全系统时,制定安全策略使用了如下准则:

(1) 安全等级与成本效率。采用恰当的信息技术保证不同等级产品数据安全的需要。如访问信息平台时,视安全需要,按安全等级由低到高,身份认证分别采用 HTTP 基本认证、HTTP 摘要认证和 CA 认证等。

(2) 简易性。简单易行,容易控制。

(3) 最小特权。这是最基本的安全原则。对任何应用对象应该只赋予它需要执行某些特定任务的那些权力而不给予更多。这是一个非常重要的原则,对限制闯入者的暴露以及对限制受特定攻击的破坏都有很多的好处。

(4) 记账能力。采用日志方法,记录用户进入平台的操作,使用户对其行为负责。

(5) 多层防御。对于网络不应只依赖一种安全机制,应建立多种机制,相互支撑以达到尽可能安全的目的。

(6) 人的干预。在系统危险阶段,管理员必须对系统进行实时监控,并进行人工干预。

3. 网络化制造中产品数据总体安全策略

安全策略应包括两方面,即产品数据安全系统开发时的安全策略和运行时的安全策略。

建立虚拟私有数据库:协作系统中企业可以对自己的产品数据进行远程维护,为了保护各企业的信息隐私,利用如 Oracle 大型数据库管理系统的安全机制,为各企业建立虚拟私有数据库;

划分协作产品数据的安全等级:市场订单、客户数据和核心技术等为绝密信息,产品的生产信息为机密信息,企业产品技术信息(对标准件提供所有信息,对部件提供接口尺寸及主要性能参数等)、制造资源信息等为开放信息。对三种安全等级的信息分别采用不同的安全技术予以保护;

保证各种协作动态子结盟的产品数据安全:包括数据保密性、可靠性和完整性;

密码管理策略:用户需要定期修改维护密码。忘记密码的企业需要用注册资

料中的电话、传真或电子邮件向信息平台管理员查询,确认身份后,由管理员把密码发送到该企业注册资料登记的电子邮件邮箱里;

建立信息安全策略的本体论:有利于参加单位在协作时,基于宏观安全策略对合作伙伴提出并交流个性化的安全策略。

4. 产品数据安全系统的分层安全策略

产品数据安全系统运行在开放的 Internet 通信环境中,支持基于 Web 的协作活动,需要分别从网络层、传输层和应用层等角度制定产品数据安全系统的信息安全策略。

1) 网络层策略

网络层一般采用传统的路由过滤技术方法,即 IP 包过滤,建立防火墙。这样,网络层的安全策略就变成建立 IP 滤包的策略。因为虚拟企业的网络化制造平台是开放性的平台,所以采用最小限制原则,即允许来自所有 IP 地址的计算机连接,对来自恶意连接的主机将列为禁止访问的 IP 地址黑名单中。

2) 传输层策略

在满足协作需要的前提下,尽量减少服务器提供的服务类型,禁止不必要的服务,一律禁止正常服务中没有用到的端口,如 Webserver 服务器上禁止 FTP 服务 21TCP 端口、telnet 服务的 23TCP 端口等的使用等。

3) 应用层策略

应用层的内容较多,主要有:

(1) 使用基于动态角色的访问控制策略;

(2) WWW 安全,通过 HTTP 基本认证、HTTP 摘要认证和 CA 认证,对用户身份认证和鉴权,对于数据保密性要求高的部分,采用安全套接字协议层(security socket layer,SSL,技术上称为安全套接层,可以简称为加密通信协议),安全协议建立安全 Web 服务器,对传输数据进行加密;

(3) 使用代理服务器,建立应用层的主动型防火墙;

(4) 对产品数据进行备份,遭到破坏后及时恢复;

(5) 通过 Internet 与企业 Intranet 连接时,需要通过加密通道建立虚拟专网(virtual private network,VPN),保证系统在开放环境下的产品数据安全。

10.2　虚拟企业的产品数据安全域研究

10.2.1　分布式系统的安全域

分布式系统是由一系列互不信任的或相互信任的域通过不信任的网络互联

而成,由于系统的异构性,作为安全策略的群体——安全域,也必然具有异构性。

定义一个安全域为一个二元的偏序集,如(E,P),E 表示安全域中所有的进行操作的主体和客体,P 表示安全域中的安全规则,对于两个安全域(E_1,P_1)和(E_2,P_2),如果(E_1,P_1)是(E_2,P_2)的子域,定义为$(E_1,P_1) \in (E_2,P_2)$,则必须满足 $E_1 \in E_2$,$P_2 \in P_1$。

设主域的安全策略完全被子域继承,对于(E_1,P_1)和(E_2,P_2)的关系如下:

$$(E_1,P_1) \bigcup (E_2,P_2): = ((E_1 \bigcup E_2),(P_1 \mathrm{I} P_2))$$

$$(E_1,P_1) \mathrm{I} (E_2,P_2) = ((E_1 \mathrm{I} E_2),(P_1 \bigcup P_2))$$

设主域的安全策略不被子域完全继承,并设 $P_1 := (P_{11},P_{12})$,其中 P_{11} 不被子域继承,P_{12} 被子域继承,对于(E_1,P_1)和(E_2,P_2)有如下关系:

$$(E_1,P_1) \bigcup (E_2,P_2) = ((E_1 \bigcup E_2),(P_1 \mathrm{I} P_2) = ((E_1 \bigcup E_2),P_{12})$$

$$(E_1,P_1) \mathrm{I} (E_2,P_2) = ((E_1 \mathrm{I} E_2),(P_1 \bigcup P_2)) = ((E_1 \bigcup E_2),(P_1 + P_2 - P_{12}))$$

下面我们讨论安全域之间的各种关系,如图 10-2 所示。图中表示子域关系,子域包含在主域内,如果 S 想要访问 O,由于主域和子域之间存在多级安全策略,M0 作为子域的安全管理器,它保留着子域对象 O 的安全策略,M1 作为主域的安全管理器,保留着主域的安全策略。由于主域中的对象要访问子域中的对象,M1 必须知道一些关于 O 的安全信息,可以通过和 M0 进行协作得到。

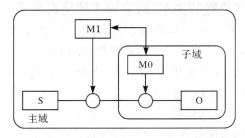

图 10-2　子域关系

10.2.2　产品数据安全域的树型层次模型研究

1. 产品数据安全域的树型层次模型

首先引入几个相关概念:

网络节点,表示产品数据存放的物理主机或数据库服务器,或是产品数据通信的节点,或是逻辑上划分的产品数据单元,是安全策略的实施点;

安全管理员(security administrator,SA),表示那些需要承担安全管理任务的节点,是安全策略的实施者;

安全域(security domain,SD),表示一群具有同样安全需求的网络节点的组合,一个域包含一个父管理台和若干受保护的网络节点或者子管理台,域的划分以产品数据安全管理需要逻辑划分,并不依赖于网络拓扑结构。

在某制造企业中,为了提高产品数据安全系统的可扩展性,在网络内设置多个 SA,每个 SA 管理一个 SD,这样可管理的网络节点数将大大增加。多个 SA 的设置降低了每个 SA 的系统负载,一个 SA 的失效不会影响到其他 SD 内的网络节点,提高了系统的稳定性和容错性能。

下面我们通过算法来构造产品数据安全域的树型层次模型。

定义 10-1　GD 为全体安全域所构成的集合,$\forall D,D' \in$ GD,若 $D < D'$,则称 D 是 D' 的子域。

定义 10-2　在 GD 中,对于安全域 D,若 $\forall D' \in$ GD 使得 $D' < D$,则称 D 是根域,对于安全域 D,若不存在 $D' \in$ GD 使得 $D' < D$,则称 D 是原子域。

命题 10-1　序对 $\langle$GD,$\leqslant\rangle$ 是一个偏序集。

事实上,$\forall D,D',D'' \in$ GD,有 $D \leqslant D$(自反性);$D \leqslant D'$ 且 $D' \leqslant D'' \Rightarrow D \leqslant D''$$D \leqslant D'$(传递性);$D \leqslant D'$ 且 $D' \leqslant D \Rightarrow D = D'$(反对称性)。

制造企业的产品数据安全系统通常按组织机构层次、应用系统范围、管理策略等原则进行安全域划分。若产品数据安全系统存在安全域 $D_1,D_2,\cdots,D_n$,则按照以下算法来产品数据安全域的树型层次模型:

(1) 根据安全域原有的关系,构造相应的层次关系。对于 D_1,考察 $D_2,D_3,\cdots,D_n$,若 $D_i < D_1(2 \leqslant i \leqslant n)$,则将 D_i 作为 D_1 子域;若 $D_1 < D_i(2 \leqslant i \leqslant n)$,则将 D_1 作为 D_i 的子域;接着考察 D_2,以此类推,直到 D_n;

(2) 按照安全域的划分原则,构造安全域 D,使得相应的安全域 $D_1,D_2,\cdots,D_m$,为其子域,$D = D_1 \cup D_2 \cup \cdots \cup D_m$;

(3) 重复(2),直至全局只有一个安全域没有上级安全域,则该域为根域。

根据以上算法,构造出如图 10-3 所示分布式环境下产品数据安全域的树型层次模型,在实际应用中,为了保证信息交换的正确性,需要在每一个安全域上增加一些相应的路由信息,使各个安全域能够访问其上级和下级安全域。

系统中各 SA 之间的关系具体说明如下:

(1) 父子关系。子 SA 管辖一些节点,同时它又是受父 SA 控制的节点。

(2) 对等关系。几个 SA 同属一个 SA 管辖,且它们之间的信息交流受 SA 控制。

系统内的节点按照不同的逻辑功能划分为不同的 SD,SD 的划分独立于网络拓扑结构,将安全需要类似节点划分在一起,不同的 SD 执行特制的安全策略,这样保证了安全策略实施的一致性,又保证了安全策略的细粒度划分。为使 SA 有机联合,同时能有效地解决系统安全策略之间的相互冲突、矛盾,管理能力较差等问题,本系统根据 SD 对安全性要求的不同,按照各 SD 安全权限高低等级划分,将

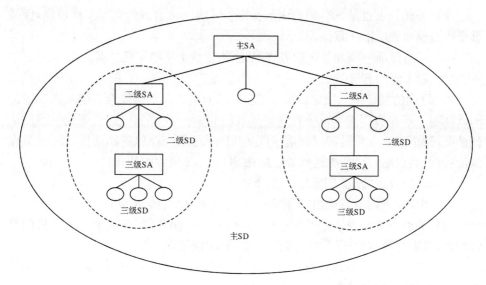

图 10-3　产品数据安全域的树型层次模型

SA 组织成树型结构。高安全等级 SA 可管理低安全等级的 SA,通过 SA 之间的交互实现整个树型结构的运转。这样解决了原先系统管理混乱的状况,提高了系统的可管理性。

2. 产品数据安全域的树型模型功能描述

在产品数据安全域的树型层次模型中,域管理服务包括域/节点的建立和域/节点的删除。

1) 域/节点的添加

任何一个网络节点都可以随时向产品数据安全系统申请加入,同时提供 register 信息,通过电子邮件注册方式提交节点的用户名、密码和节点描述信息。通常节点向系统注册有两种方式:节点主动加入系统、系统被动接受节点;或是系统主动添加节点、节点被动接受。在树型层次模型中,采用 SA 主动添加域/节点的方式。产品数据安全系统收到节点的 register 信息后,根据节点描述信息得知申请节点的地理位置、安全要求级别和所属部门等相关资料,以此决定此节点属于某一级 SD 管理,通知该 SD 的 SA 添加此节点。

添加节点的流程简要叙述如下:

(1) SA 向想加入本域的节点发出"加入本域"命令,并附上 SA 的信任级别;

(2) 节点查看本地配置文件,查看节点是否已经隶属于其他 SD,若不是则添加成功;

(3) 刷新节点的配置文件信息;

（4）若此节点也是 SA,则它刷新所辖子域内所有节点的配置文件信息,保持整个树型模型的层次一致性;

（5）通过注册→添加管理的方式,从而构建整个树型层次模型。

2）域/节点的删除

若 SD 内的某一节点决定脱离本 SD,该节点向产品数据安全系统发送 unregister 信息。产品数据安全系统收到此节点的 unregister 消息后,检查此节点的认证情况,防止该节点被黑客控制造成脱离 SD,失去受 SD 保护的功能。通过节点认证后,产品数据安全系统通知节点所在 SD 的 SA 删除此节点。

删除域内节点的流程简要叙述如下:

（1）SA 向下属节点提出"删除"请求,并附上 SA 的信任级别值;

（2）节点查看是否是本 SD 的 SA 发出的删除命令,防止其他恶意主机的异常行为,是则更新本地配置文件信息,从此 SD 内删除;

（3）若此节点也是 SA,则它刷新所辖子域内所有节点的配置文件信息,保持整个树型层次模型的层次一致性;

（4）在树型层次模型中,对节点的添加、删除行为都是通过 SA 来完成的,节点自身不具有主动进入、脱离 SD 的能力,这样避免了恶意主机主动进入产品数据安全系统或是关键节点主动脱离产品数据安全系统的情况发生,增强了整个产品数据安全系统自身的安全性。

10.2.3　虚拟企业的产品数据安全域模型

通过上面对虚拟企业和产品数据安全域的研究,我们可以得到如图 10-4 所示的虚拟企业的二级产品数据安全域模型。

组成虚拟企业的成员企业拥有自己的产品数据安全域,图 10-4 中以二级安全域为例给出了成员企业产品数据安全域的树型层次模型。当各个企业还未形成联盟时,成员企业的产品数据安全域是完全独立的。形成联盟后,通过信任关系将分散的成员企业连接起来,它一般用从信任域指向被信任域的箭头来表示。信任域通常是共享资源,被信任域中则是账户所在。通过信任关系,一个域可以接受在别的域中所生成的用户账户为有效账户,并允许这些账户使用本地资源。信任关系分为单向和双向两种。盟主和成员企业之间采用双向信任关系。盟主的产品开发人员可以访问成员企业中共享产品数据,成员企业产品开发人员也可以访问盟主的共享产品数据。信任关系连接虚拟企业各成员的域,它允许管理员把网络看成是一个大的集合,而不是要分别管理的局域网的集合。通过把多个领域连接成为一个单一的管理单元,信任关系在虚拟企业级的水平上实现了集中管理。一个用户只要登录并输入密码一次,就可以在网络上访问他被授权的任何资源。当虚拟企业联盟解散时,解除盟主和各成员企业之间的信任关系,这时企业也就不能相互访问对方的资源了。

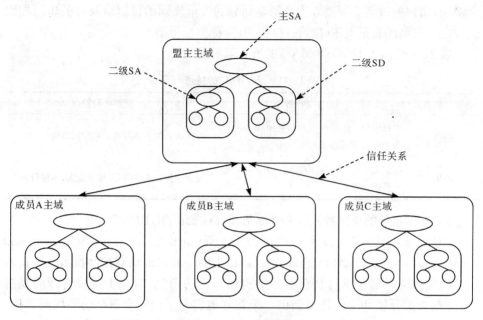

图 10-4　虚拟企业的二级产品数据安全域模型

10.2.4　虚拟企业的访问控制模型

1. 访问控制概述

访问控制就是为了保证网络资源受控、合法地使用,实质上是对资源使用的限制,它决定主体是否被授权对客体执行某种操作。它依赖于鉴别主体的合法化,并将组成员关系和特权与主体联系起来,以用户认证作为访问控制的前提,只有经授权的用户才允许根据权限的大小来访问特定的资源。

目前,权限管理大致可以分为两类:一种是系统级的安全管理,如操作系统级的安全管理,数据库级的安全管理等;另一种是应用级的安全管理。对于 B/S 结构系统来说,应用级的安全访问控制策略主要有以下三种。

1) DAC

允许某个主体显式地指定其他主体对该主体所拥有的信息资源是否可以访问以及可执行。DAC 是目前计算机系统中实现最多的访问控制机制,典型代表是访问矩阵模型。

2) MAC

MAC 是将访问权限"强加"给访问主体,使用与主体或对象相关的安全标签进行访问控制,它的控制能力又太强。它预先定义主体的可信任级别及客体的安全级别,用户的访问必须遵守安全策略划分的安全级别的设定以及有关访问权限的设定。典型代表是贝尔-拉帕丢拉模型(简称贝拉模型)。

表 10-1 给出了 DAC 和 MAC 的特点与不足。

表 10-1　DAC 和 MAC 的特点与不足

访问控制类型	自主访问控制	强制访问控制
特点	允许用户个体授权或撤销它所拥有的资源,即个体是资源的主人	系统强制主体服从访问控制策略
不足	控制力太弱,不能适应访问权限关系的变化,灵活性太差	集中控制力太强,工作量太大,不便管理

3) 基于角色的访问控制(role-based access control,RBAC)

RBAC 是美国国家技术标准研究院(National Institute of Standards and Technology,NIST)于 20 世纪 90 年代初提出的一种新的访问控制技术。该技术主要研究将用户划分成与其在组织结构相一致的角色,以减少授权管理的复杂性,降低管理开销和为管理员提供一个较好地实现复杂安全策略的环境而著称。在 RBAC 中,访问者的权限在访问过程中是变化的。有一组用户集和权限集,在特定的环境里,某一用户被分派一定的权限来访问网络资源;在另外一种环境里,这个用户又可以被分派不同的权限来访问另外的网络资源。这种方式更便于授权管理、角色划分、职责分担、目标分级和赋予最小特权,它也是访问控制发展的趋势。

2. RBAC 模型

首先介绍角色、用户、权限的概念:

角色是指一个组织或任务中的某一特定的工作功能或工作头衔,它代表了一种资格、权利和责任。角色的例子有经理、科长、销售人员、技术员等;

用户是指系统最终的使用者,是属于某一角色中的一个人或一个自治的Agent;

权限表示对系统中一个或多个 object 的特定访问模式的许可或执行某些动作的特权,例如,在操作系统中,对文件的浏览、拷贝、删除等操作。用户与角色、角色与权限之间的关系都是多对多的关系。

RBAC 的基本思想是将整个访问控制过程分成两个部分,即访问权限与角色相关联、角色与用户相关联,从而实现了用户与访问权限的逻辑分离,使安全访问控制的管理更具柔性。Sandhu 等发布了称为 RBAC96 的 RBAC 通用模型家族。图 10-5 展示了家族中最通用的模型。

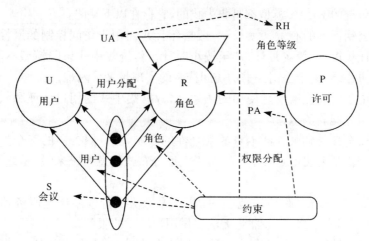

图 10-5　RBAC 模型

角色以偏序关系≥组织,如果 $x≥y$ 那么角色 x 就继承了角色 y 的权限。x 的成员也意味着是 y 的成员。每次会话把一个用户和可能的许多角色联系起来。用户建立以此会话,激活一些他或他的成员(直接获得或通过角色继承的方式间接获得)的角色集。一个用户可以成为很多角色的成员,一个角色可以有很多用户。类似地,一个角色可以有多个权限,同一个权限可以被指派给多个角色。每个会话把一个用户和可能的许多角色联系起来。一个用户在激发他或他所属角色的某些子集时,建立一个会话。用户可用的权限是当前会话激发的所有角色权限的并集。每个会话和单个用户关联。这个关联在会话的生命周期内保持常数。一个用户在同一时间可以打开多个会话。会话的概念相当于传统的访问控制中主体的标记。一个主体是一个访问控制单元,一个用户在同一时间可以拥有多个不同活动权限的主体(或会话)。

RBAC 模型优点:

(1) 实现了用户与访问权限的分离,极大地方便了权限管理。

(2) 容易实现最小特权原则。在 RBAC 中,系统管理员可以根据组织内的规章制度、职员的分工等设计拥有不同权限的角色,只有角色需要执行的操作才授权给角色。当一个主体要访问某资源时,如果该操作不在主体当前活跃角色的授权操作之内,该访问将被拒绝。

(3) 减少开发复杂度,提高效率。有力地利用系统已有的资源,增加代码的可复用性,减少系统的冗余,使系统的条理更加清楚。

(4) 有利于清晰合理地划分权限。根据角色划分权限与现实世界中根据职责划分权限是一致的,这将有利于清晰合理的划分权限,这样用户可以避免越权行为,防止角色的权力滥用。

但是传统的 RBAC 模型都是集中式的,它存在以下缺陷:

(1) 公钥证书的有效期太长(一般按年计),而用于访问控制的属性信息,其生命期往往较短(一般按月计,甚至按小时计),传统集中式访问模型不能适应企业的动态协作,给基于公钥证书的访问控制的实现带来了困难;

(2) 由于访问控制信息使用的频率非常高,集中式的用户认证和权限检查,必然加重服务器的负担;

(3) 安全性受到服务器本身的安全性的限制,一旦服务器的安全失效,则整个访问控制机制无法得到实施。这对于大型分布式信息系统来说,是绝对不允许出现的;

(4) 对于大规模、跨地域范围的访问,无论从执行效率还是服务器 CPU 来说,一旦互访用户增多,服务器将无法提供用户满意的服务。

针对以上缺陷,本章提出了一种适用于分布式环境的基于安全域的 RBAC 模型。

3. RBAC 树型层次模型

在 RBAC 中,安全域是指 RBAC 安全策略所管辖的范围,例如,在分布式环境下,原有的系统均构成一个安全域。安全域由用户集 U、角色集 R、权限集 P、用户-角色分配 UA、权限-角色分配 PA、角色-角色分配 RH 以及相应的约束规则组成。在分布式环境下,权限以及权限-角色分配都是本地自治,而不强调全局化。因此,只针对与全局相关的 U、R、UA 和 RH 进行讨论,可用四元组表示 RBAC 的安全域。

定义 10-3　RBAC 安全域 $D:D=(U_D,R_D,\mathrm{UA}_D,\mathrm{RH}_D)$,其中,$U$ 表示全局安全系统用户集合(有限集),R 表示全局安全系统角色集合(有限集),$\mathrm{UA}\subseteq U\times R$ 表示全局安全系统用户-角色分配集合(有限集),$\mathrm{RH}\subseteq R\times R$ 表示全局安全系统角色层次集合(有限集),$U_D\subseteq U$,$R_D\subseteq R$,$\mathrm{UA}_D\subseteq\mathrm{UA}$,$\mathrm{RH}_D\subseteq\mathrm{RH}$,分别表示安全域 D 的用户集、角色集、UA 集和 RH 集。

令 $\mathrm{GD}=\{D\,|\,D=(U_D,R_D,\mathrm{UA}_D,\mathrm{RH}_D)\},U_D\subseteq U,R_D\subseteq R,\mathrm{UA}_D\subseteq\mathrm{UA},\mathrm{RH}_D\subseteq\mathrm{RH}\}$,GD 即为全体安全域所构成的集合。因此,任何一个分布式系统安全域的集合应是 GD 的子集。这是因为 $\|\mathrm{GD}\|=2^{\|U\|}2^{\|R\|}2^{\|\mathrm{UA}\|}2^{\|\mathrm{RH}\|}=2^{\|U\|+\|R\|+\|\mathrm{AU}\|+\|\mathrm{RH}\|}$,所以,任何一个全局安全系统中安全域的个数 $\leqslant 2^{\|U\|+\|R\|+\|\mathrm{UA}\|+\|\mathrm{RH}\|}$。

定义 10-4　定义 GD 的元素间的关系"$\leqslant$"如下:

$$\forall D=(U_D,R_D,\mathrm{UA}_D,\mathrm{RH}_D)$$

$$D'=(U'_D,R'_D,\mathrm{UA}'_D,\mathrm{RH}'_D)\in\mathrm{GD}$$

$$D\leqslant D'\Leftrightarrow U_D\subseteq U'_D,\quad R_D\subseteq R'_D,\quad \mathrm{UA}_D\subseteq\mathrm{UA}'_D,\quad \mathrm{RH}_D\subseteq\mathrm{RH}'_D$$

定义 10-5　定义 GD 的元素间的运算"$\bigcup$"如下:

$$\forall D=(U_D,R_D,\mathrm{UA}_D,\mathrm{RH}_D),\quad D'=(U'_D,R'_D,\mathrm{UA}'_D,\mathrm{RH}'_D)\in\mathrm{GD}$$

$$D \bigcup D' = (U_D \bigcup U'_D, R_D \bigcup R'_D, \mathrm{UA}_D \bigcup \mathrm{UA}'_D, \mathrm{RH}_D \bigcup \mathrm{RH}'_D)$$

也是一个安全域。

通过前面提到的安全域的树型层次模型构造算法,我们可以很容易地得到基于安全域的 RBAC 树型模型,只需要将安全域的概念扩展到 RBAC 安全域,即 $D = D_1 \bigcup D_2 \bigcup \cdots \bigcup D_m$,$U_D = U_1 \bigcup U_2 \bigcup \cdots \bigcup U_m$,$R_D = R_1 \bigcup R_2 \bigcup \cdots \bigcup R_m$,$\mathrm{UA}_D = \mathrm{UA}_1 \bigcup \mathrm{UA}_2 \bigcup \cdots \bigcup \mathrm{UA}_m$,$\mathrm{RH}_D = \mathrm{RH}_1 \bigcup \mathrm{RH}_2 \bigcup \cdots \bigcup \mathrm{RH}_m$。

在 UA 关系中,为区分管理员执行的用户-角色分配和系统自动获取的用户-角色分配,应添加标记字段。

分布式环境下基于安全域的 RBAC 树型层次模型,与传统集中式模型相比具有很多优点:

(1) 层次模型中,任意一个节点的管理员执行用户-角色分配操作时,只需要把该分配信息推到层次结构中该安全域的上级安全管理台;

(2) 层次模型是一种自下而上的动态构造的模型,结构灵活,扩展性很强,可以满足企业应用复杂多变的需求;

(3) 在实践应用中,层次模型通常根据组织机构层次、应用体统范围、管理策略等来构造,因此,节点的层次关系通常与制造企业的组织机构的层次结构相符,便于管理;

(4) 层次模型中若某一个节点瘫痪,其他节点仍能继续工作,抗风险能力强;

(5) 层次模型采用分布式的用户认证和权限检查,减轻了系统服务器的负担,提高了系统执行效率;

(6) 层次模型能够容易的与公钥证书相结合,实现高安全级别的访问控制。

4. 虚拟企业的访问控制模型

通过前面对虚拟企业的产品数据安全域的研究,可知在虚拟企业级上成员企业之间是基于信任的关系,显然 RBAC 树型层次模型不适合这一级别的特点,所以可以采用传统的集中式 RBAC 模型;在成员企业内部,整个企业是一种分布式环境下的树型层次安全域模型,可以采用 RBAC 树型层次模型。

经过上面的分析,可以通过传统集中式模型与分布式树型层次模型相结合的方式,将 RBAC 思想应用到产品数据安全系统的权限控制中,实现整个系统按用户的角色授权访问的权限管理策略。

5. 访问控制的总体流程

RBAC 策略数据库关系表的建立。根据 RBAC 模型和以上的分析,整个 RBAC 策略数据库包括:用户(users)表、角色(roles)表、受控对象(objects)表、操作算子(operations)表、许可(permissions)表、许可授权(permission assignment)表、用户角色分配（user role assignment）表、角色层次（role hierarchy）表、会话（session）表、活跃角色（active role）表，RBAC 策略数据库的实体关系图如图 10-6 所示。

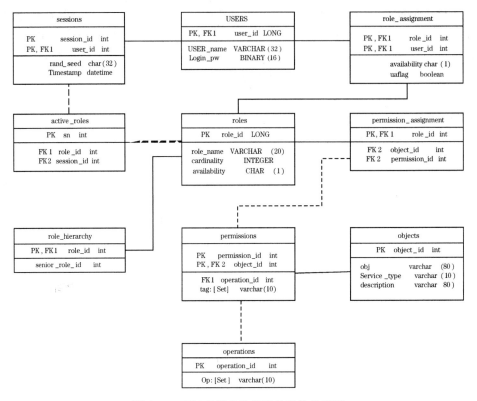

图 10-6　RBAC 策略数据库的实体关系图

访问控制总体流程如图 10-7 所示。

10.2.5　虚拟企业的认证模型

1. PKI 简介

公开密钥基础设施（public key infrastructure，PKI）是基于公钥的技术，是通过使用公开密钥技术和数字证书来确保系统信息安全并负责验证数字证书持有者身份的一种体系。认证模式是 PKI 的核心。PKI 主要包括认证机构、证书库、证书撤销、密钥备份和恢复、自动密钥更新、密钥历史档案、交叉认证、支持不可否认、时间戳和客户端软件等功能组件和服务。PKI 的这些功能从根本上来说，提供了三个主要服务：认证、完整性和机密性。PKI 以这三种核心服务为基础，将支撑其所有组件和服务。PKI 用户提供安全基础，它需要常规加密、散列 Hash 函数、公钥密码等。

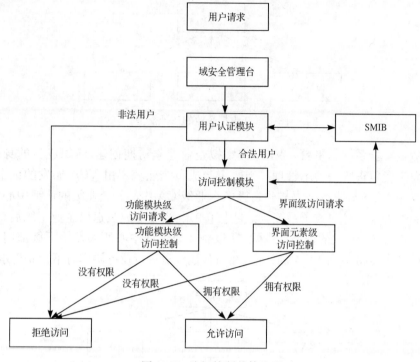

图 10-7　访问控制总体流程

2. 现有 PKI 模型分析比较

现有企业间 CA 交互模型有等级（hierarchical）模型、对等（peer-to-peer）模型、Web 模型、桥式（bridge）CA 模型等。

虚拟企业的各成员不具有严格的上下隶属关系，等级模型不适用。对等模型和 Web 模型实际上是一种网状模型，模型中各 CA 的关系是交叉对等的，这种模型的证书路径复杂，易形成回路，不适应虚拟企业的动态性、临时性和低成本的要求。桥式 CA 模型虽然较其他模型更适应虚拟企业，但在技术上有很多困难，如证书路径的有效找寻和验证等，同时桥式 CA 模型需要连接所有的成员企业，这无法适应动态变化中的虚拟企业，以上所有这些 CA 交互模型中还存在一点：就是很可能泄漏企业的私有信息，如企业组织结构等。

3. 虚拟企业的认证模型

通过上面分析，本章提出了基于信任的虚拟企业 CA 模型，如图 10-8 所示。

由虚拟企业都信任的第三方产生虚拟数字认证中心（virtual certificate authority，VCA），负责证明盟主与各成员企业的身份，本系统中所指的第三方为

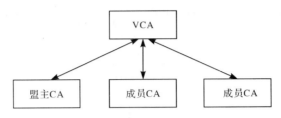

图 10-8　虚拟企业的认证模型

产品数据安全系统总平台。VCA 在虚拟企业建立初期创建,组织成员的身份由系统总平台负责统一动态管理。当盟主与成员企业获得由 VCA 颁发的证书后,企业利用 VCA 颁发的证书构建自己的企业级 CA 中心。企业级的认证中心负责对本企业的下属部门或子系统认证(图 10-9)。当企业成员退出企业组织后,由于该企业由 VCA 颁发的证书被废除,所以企业级认证中心所颁发给下级部门或子系统的证书将得不到 VCA 的认证,在与其他成员进行业务协作时不会获得承认。

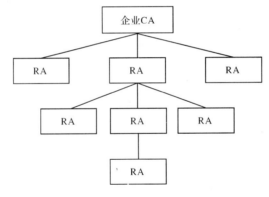

图 10-9　企业内部认证模型

　　盟主与各成员企业进行业务协作时使用二级 CA 中心产生的密钥以及相应的数字证书。盟主与各虚拟企业在合作者证书的基础上进行授权,并且在本地管理和维护。

　　虚拟企业成员内部认证模型说明:

　　RA 为多级树型层次结构,主要完成本安全域内所有用户节点的注册。在为用户节点申请证书时,各 RA 的地位是平等的。均由用户节点所在域的 RA 进行注册申请并提交给 CA,经企业 CA 签发生成相应的用户证书。一级 RA 域证书由 CA 直接注册签发,二级及以下各级 RA 域证书由上级 RA 注册,CA 签发。

　　4. VCA 实现

　　首先介绍相关定义。

g：有限域 GF(q) 的生成元；

A：管理员（隶属于盟主企业）；

m：虚拟企业成员数；

(t,n)：门限群，t 为门限群的门限，n 为密钥分享数，且 $n > m$；

E_i：虚拟企业成员，$1 \leqslant i \leqslant k$；

e_i：成员 E_i 根证书的公钥；

Cer$_{i,j}$：X. 509 证书，其中 i 为证书主体，j 为证书颁发者；

下面通过 Shamir 基于拉格朗日插值公式的密钥分存方法来分析 VCA 的创建过程：

（1）A 生成相应的 RSA 参数：模数 q，公钥 e（公开）和私钥 d（保密）。

（2）A 随机选择 $t-1$ 次多项式 $F(x)$，其形式如下：$F(x) = d + F_1 x + \cdots + F_{t-1} x^{t-1}$，$F(x) \in$ GF(q)，即所有的变量的取值范围都是比 q 小的正整数（包括 0），这里模数 q 是比主密钥 d 和所有保存有子密钥的人的数目 n 都大的素数（长的 K 可以分成较小的组，以避免使用太大的模数 q）。

（3）A 随机给出 n 个不同的 x 的值 $x_1, x_2, \cdots, x_n$，根据 $d_i = F(x_i)$ 计算 d_1，$d_2, \cdots, d_n$ 的值，并分发 $\{x_i, d_i\}$（$i \in \{1, 2, \cdots, n\}$）（采用公钥 e_i 加密）。

（4）A 计算 $h_i = g^{F_i}$（$i = 1, 2, \cdots, t-1$）和 $h_0 = g^d$ 并广播。

（5）各成员 E_i 进行验证：$g^{F(x_i)} \equiv \prod_{j=0}^{t-1} (h_j)^V \bmod q$（其中 $V = i^j$），如果不正确，协议重新开始，如果正确，各成员 E_i 可以得到如下结果：$e_{\mathrm{VCA}} = e$。

虚拟企业各成员 E_i（包括盟主）分别签发对 VCA 公钥的证书：Cer$_{\mathrm{VCA} \cdot i}$（$1 \leqslant i \leqslant m$）。这些证书中包括虚拟企业管理员 A 分发给各成员的有关 VCA 的主体信息及各成员所持有的 $\{x_i, d_i\}$ 的 x_i 集合。并且这些证书存放在各成员 CA 的证书库轻量目录访问协议（lightweight directory access protocol，LDAP）服务器中。

10.3　基于 SOAP 的 Agent 安全通信研究

10.3.1　Agent 通信语言的选择

著名 Agent 理论研究者、英国的 Wooldridge 博士和 Jennings 教授认为，Agent 是一个具有自主性、社会性、反应性和能动性等性质的基于硬件或（更经常的）基于软件的计算机系统。其中增加了通信要求，Agent 功能的实现要求是跨平台一致语法，最小资源代价，支持移动语义，面向 Agent 的编程技术（Agent oriented programming，AOP）。

目前，国际上最著名的 Agent 通信语言是美国 ARPA 的知识共享计划中提出的两个相关的语言:①KQML，发布于 1993 年,目前已经成为 Agent 通信语言的实际标准;②KIF。KQML 定义了一种 Agent 之间传递信息的标准语法以及一些"动作表达式(performative)"。这些动作主要是从言语行为理论中演化来的,如Tell、Perform 等。KIF 则给信息的内容提供一种语法,它基本上就是用类似于 LISP 的语法书写的一阶谓词演算。

由于 KQML 是一种最通用的状态通信语言,所以产品数据安全系统的 Agent 通信是基于 KQML 实现的。

10.3.2　KQML 语言简介

KQML 是一种层次结构语言,概念上可以把一条 KQML 消息分为三层:内容层、通信层和消息层,如图 10-10 所示。内容层由关键词:content 标志;:reply-with,:in-reply-to,:sender,and:receiver 关键词标志通信层;:performative 与language,:ontology 形成消息层。全部技术通信参数都在通信层规定,消息层规定与消息有关的言语行为的类型,内容层规定消息内容。

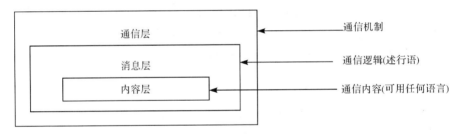

图 10-10　KQML 的层次结构

KQML 是基于消息的 Agent 通信语言,KQML 消息定义了公共的格式。下面是一个 KQML 对话的例子:

```
(evaluate
      :sender A
      :receiver B
      :language KIF
      :ontology policy
      :reply-with q1
      :content(val(USB m1)))
   (reply
      :sender B
      :receiver A
```

```
:language KIF
:ontology policy
:in-reply-to q1
:content( = (USB m1)(scalar 1)))
```

　　AgentA 向 AgentB 发送一个查询,随后得到一个对这个查询的响应。查询的是 m1 的 USB 值,AgentA 给出查询的名称 q1,使得 B 可以在随后的响应中作为查询的参考。最后,查询":ontology"得到 policy,这个本体定义了与策略有关的术语。B 发出对 m1 的响应表明 USB 等于 1 的数量值。

　　KQML 语言的缺陷:不同的 KQML 系统不能互操作;没有一个固定的规范标准去实现通信机制。产品数据安全系统是运行于异构环境下的,SOAP 作为一种新的与平台无关的通信协议,可以实现异构多信息的交换,使得各孤立系统通信变得容易。

10.3.3　基于 SOAP 的 Agent 通信

　　SOAP 协议是基于 XML 的在 HTTP 协议之上的一种应用协议,最重要的是 XML 是基于数据内容的,而不是基于数据结构的,同时目前流行的编程语言,如 Java 等都支持 XML 解析器。因此,在 KQML 通信实现中不需要定义自己的 KQML 解析器。本章在充分利用 Web Service 技术的基础上运用一种基于 SOAP 协议的 KQML 通信实现方法。这种方法的消息结构由三层组成:SOAP 层、KQML 层和内容层。

　　下面给出如何通过 SOAP 协议实现上文中给出的消息。用 XML 来表示 KQML 语言的执行原语,并把这些执行原语放在 SOAP 协议的 Body 之中,把 SOAP 消息嵌入在 HTTP 请求中。AgentA 向 AgentB 发送查询消息的表示:

```
<?xml version = "1.0" encoding = "UTF - 8"?>
<SOAP-ENV:Envelope
xmlns:SOAP-ENV = "http://schemas.xmlsoap.org/soap/envelope/"
SOAP-ENV:encodingStyle = "http://schemas.xmlsoap.org/soap/encoding/">
    <SOAP-ENV:BODY>
        <message xmlns:m = "Some-URI">
        <operation value = "evaluate"/>
        <sender name = "A"/>
        <revceiver name = "B"/>
        <language name = "KIF"/>
```

```
        <ontology name = "policy"/>
        <reply-with value = "ql"/>
             <content>
             <item name = "val">
             <para value = "USB"/>
             </item>
             </content>
        </message>
    </SOAP-ENV：Body>
</SOAP-ENV：Envelope>
```

　　使用同样的消息结构 AgentB 进行回复。采用用上述的 SOAP 消息可以实现 Agent 之间的跨平台通信。

10.3.4　通信 Agent 的设计与实现

1. 通信 Agent 设计

　　通信 Agent 结构模型如图 10-11 所示，通信模型由 Client Agent、Server Agent 组成。首先，用户程序向一个名为 Client Agent 的对象发送消息请求服务器上某一名为 Operation 的操作，Client Agent 处理该消息后向服务器发出 SOAP 请求。其次，在服务器端，由一个名为 Server Agent 的对象接受请求调用相应的组件方法执行相应的操作，Server Agent 获得操作结果后将其以 SOAP 应答的形式返回给客户端。最后，客户端的 Client Agent 处理 SOAP 应答并将结果封装在消息中发送给用户程序。这样，通过 Client Agent 和 Server Agent 的桥梁作用，客户端便可像调用本地函数一样调用服务器端的函数。

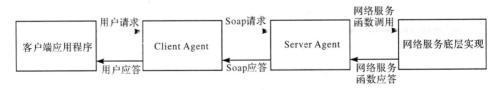

图 10-11　通信 Agent 结构模型

2. 实现

　　在实际应用中，当使用 Client Agent 和 Server Agent 进行 SOAP 的请求应答时，客户端和服务器端都必须先通过一个名为 WSDLReader 的对象来获取 WSDL

文件中的 SOAP 消息结构，以此保证通信的一致性。下面分别详细描述 Client Agent 和 Server Agent 的具体实现情况。

Client Agent 在接受用户程序的远程服务请求后，一方面，通过 WSDLReader 从服务器上获取 WSDL 文件，为相应的服务操作产生一个名为 WSDLOperation 的对象，WSDLOperation 调用名为 GetOperationParts 的方法，获得操作的输入输出消息格式；另一方面，Client Agent 为服务操作的每个参数产生一个名为 Soap Mapper 的对象，并调入各对象操作所需的参数值。一个名为 SoapSerializer 的对象从相应的 SoapMapper 中建立 SOAP 请求消息并通过一个名为 SoapConnecter 的对象发送给服务器，同时侦听服务器的应答。当服务器处理 SOAP 请求并将 SOAP 应答返回给客户端后，SoapReader 将结果赋值给相应的 SoapMapper，同时也将结果返回给用户程序，详细的数据流图如图 10-12 所示。

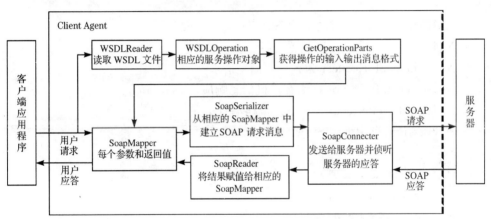

图 10-12　Client Agent 详细数据流图

服务器端的 Server Agent 接收到客户端的 SOAP 请求后，一方面，SoapReader 首先将请求消息存放到一个 DOM 结构中，WSDLReader 将 WSDL 文件存放到另一个 DOM 结构中，其次分析该请求并为其产生一个 WSDLOperation 对象，WSDLOperation 调用 GetOperationParts 方法，获得操作的输入输出消息格式；另一方面，Server Agent 为服务操作的每个参数产生 SoapMapper 对象，并调入各对象操作所需的参数值。Server Agent 调用与该操作相应的组件方法后，将返回结果映射到相应的 SoapMapper 对象中，并用 SoapSerializer 将返回值封装在 SOAP 应答消息中发送至客户端，详细的数据流图如图 10-13 所示。

Agent 之间的通信是通过 SOAP 消息机制来实现，部分消息定义如下：

NM1HeartbeatResponse 为心跳响应；

NM1HeartbeatRequest 为心跳请求；

NM1MessageErr 为错误的状态响应；

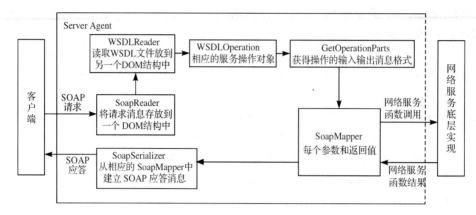

图 10-13　Server Agent 详细数据流图

NM1MessageOk 为成功的状态响应；

NM1MessageSetup 为可设置的状态响应；

NM1ClientInfoRequest 为客户机信息请求；

NM1ClientInfoResponse 为客户机信息响应；

NM1SendTacticRequest 为下发策略消息。

在 HTTP 请求中绑定 SOAP 消息：

POST/StockQuote HTTP/1.1

Host:www.nmpdss.com

User-Agent:SomeBrowser/1.0

Content-Type:text/xml;charset = "utf-8"

Content-Length:nnnn

＜?xml version = "1.0"encoding = "UTF-8"?＞

＜soap-env:Envelope

xmlns:soap env - "http://schemas.xmlsoap.org/soap/envelope/"＞

　　＜soap-env:Header＞

　　＜nmpdss:NMMessage xmlns:nmpdss = "http://www.nmpdss.com/message/"＞

　　　　＜Verson＞NM1＜/Verson＞

　　　　＜Type＞NM1HeartbeaRequest＜/Type＞

　　＜/nmpdss:NMMessage＞

　　　　＜Date＞2005-01-12 15:12:30＜/Date＞

　　＜/soap-env:Header＞

　　＜soap-env:Body＞

```
        <nmpdss:Heartbeat
    xmlns:nmpdss = "http://www.nmpdss.com/message/">10</nmpdss:Heart-
beat>
        </soap-env:Body>
        </soap-env:Envelope>
```

10.3.5　SOAP 通信安全的实现

SOAP 消息的加密和签名主要是基于 WS-Security 规范及相关协议(如 XML
加密、XML 签名等)。WS-Security 定义了一个用于携带安全性相关数据的
SOAP 标头元素。WS-Security 将安全性交互过程封装到一组 SOAP 标头中,解
决了如何在多点消息路径中维护一个安全环境的问题。WS-Security 并不指定签
名或加密的格式,而是指定如何在 SOAP 消息中嵌入由其他规范定义的安全性信
息。如果消息中的某个元素被加密,则 WS-Security 标头中可以包含加密信息(例
如由 XML 加密定义的加密信息)。同样,如果使用 XML 签名,此标头还可以包
含由 XML 签名定义的信息,其中包括消息的签名方法、使用的密钥以及计算出的
签名值。

第三篇　基于网络的制造资源智能检索和集成技术

　　检索和集成涉及信息获取的高效性,本篇包括 5 章内容,第 11 章基于 XML 的网络制造资源智能检索技术;第 12 章基于数控领域本体的智能检索系统;第 13 章基于语义 Web 服务的制造资源发现机制;第 14 章数字化设备资源共享系统;第 15 章基于集成的制造资源可重构性技术。

第 11 章　基于 XML 的网络化制造资源智能检索技术

网络化制造是在网络经济下产生并得到广泛应用的先进制造模式,它利用网络技术,突破企业之间存在的空间地域,实现企业之间的协同和各种资源的共享与集成,从而缩短产品的研制周期和减少研发成本,促进企业的快速发展。制造资源检索是网络化制造环境下,整个企业之间协作环节链中的起始点,也是成功实施网络化制造的前提和基础。

本章主要针对制造资源检索结果的相关性以及检索效率,提出基于 XML 技术的网络化制造资源检索系统。通过 XML 模式文件 XML Schema 对制造资源进行统一描述,屏蔽了制造资源的异构性,使资源模型在网络化制造中得以实现;基于这种资源描述方式,提出一种在关系数据库中存储 XML 文档的方法,这种方法是基于 XML Schema 的,通过 XML 模式向关系模式的转换,实现 XML 文档在关系数据库中的存储,并且对 XML 模式中各节点采用扩展的 Dietz 编码,确保在 XML 模式向关系模式转化的过程中,保持 XML 模式内容、结构和语义的完整性。

基于这种存储方法,研究如何将 XPath 查询语言转化为 SQL,实现对存储在关系数据库中的资源信息进行快速、有效地检索。按照 XPath 表达式产生 XPath 查询图,通过 XML Schema 的 Dietz 编码,完成 XPath 查询中的加速定位,并依据定位方法得到的 Dietz 编码产生 SQL 语句,从而完成查询语言的转化。

11.1　基于 XML 的网络化制造资源检索系统的构建

11.1.1　基于 XML 的网络化制造资源检索系统的总体框架

1. 系统的总体框架

基于 XML 的网络化制造资源检索系统采用客户机/服务器的网络架构,这种结构便于信息的发布、简化客户端的信息处理。如图 11-1 所示,整个检索系统结构有客户端层、Web 层、应用层和数据层四个层次组成。

(1) 客户端层。它是整个检索系统与用户交互活动的接口,实现信息的发布、接收、显示等功能。用户通过浏览器提交请求,通过 Web 服务器提供的服务接口进行访问,系统根据用户的请求返回相应的处理结果。

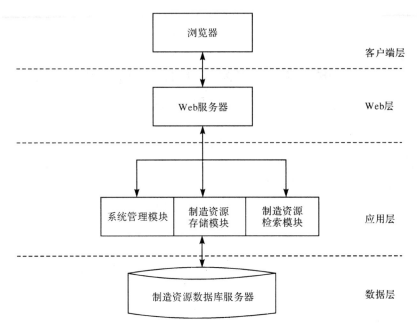

图 11-1　基于 XML 的网络化制造资源检索系统层次结构

（2）Web 层。Web 层主要用于接收从客户端层的浏览器传来的请求，并将用户请求传递给应用层进行处理，同时将请求处理结果通过浏览器返回给用户。

（3）应用层。应用层是整个检索系统的核心部分，它包括系统管理模块、制造资源存储模块和制造资源检索模块。其中，系统管理模块是由管理员完成，包括用户权限的设置、资源的添加、修改、删除等。资源存储模块主要将符合 XML 模式的制造资源按照模式转化的方法存储到制造资源数据库中。资源检索模块根据用户的查询请求，把符合要求的关系型数据结果再转化成 XML 文档形式返回给用户。

（4）数据层。数据层包括制造资源的数据和客户数据。主要接收应用层的请求，实现对数据库中数据的操作。本章采用的是性能相对稳定的 SQL Server 2000 作为数据库服务器。

2. 系统框架的优点

（1）配置简单。客户端只要安装浏览器即可访问服务器资源，而不需要再安装任何的客户端软件，就可以在安全性允许的情况下随时随地访问检索系统。

（2）易于管理和维护。各功能模块分工明确，易于系统的管理和维护。同时系统的开发、维护和升级工作集中在服务器端，降低了系统维护人员的工作强度，提高了信息发布的及时性和广泛性。

（3）安全性高。客户端和数据库服务器两者不再直接相连，客户端无法直接对数据库中的数据进行操作。

（4）资源统一管理。系统首先给出制造资源统一的 XML 模式，各个制造企业发布的资源信息符合这一模式，屏蔽资源的异构性，有利于资源的充分共享。

11.1.2　XML 技术在网络化制造资源检索系统中的应用研究

1. XML 与关系数据库

1）XML 与关系数据库体系

目前，大多数研究都是从基于关系数据库的角度，实现对 XML 数据的存储。由于关系数据库具有技术成熟、使用广泛、对数据的存储、检索、查询等性能好、安全性高等优点，而且，各大关系数据库如 SQL Server、DB2、Oracle 等都支持 XML 技术。所以，将 XML 数据存储在关系数据库中，能充分利用关系数据库现有的各项成熟技术，对 XML 数据进行管理。随着 Web 技术的不断发展，信息共享和数据交换的范围不断扩大，传统的关系数据库也面临着严峻的挑战，如信息共享和数据交换范围、数据库技术的语义描述能力差等。而 XML 技术在一定程度上弥补了关系数据库在应用方面的不足。XML 最突出的两大功能是数据表示和数据交换，XML 数据凭借自我描述的特性，使它能够在任意平台下使用，成为异构的数据库之间信息交互的中介者，为各大关系数据库之间提供统一的信息交流平台。所以，XML 技术与关系技术二者的结合是数据管理模式的一种发展趋势。

2）基于关系数据库的 XML 存储方法

前面分析了 XML 和关系数据库结合是一种很好的数据管理模式。而且，大多数关系数据库集成了对 XML 的支持。另外，许多技术如 ASP、DOM、SOAP 等支持 XML 与关系数据库连接，实现数据库和 XML 的信息相互交换，但是只有在某种特殊的情况下效果才好。所以，仍然需要通过一定的方法实现 XML 数据在关系数据库中的存储和检索。

目前，将 XML 文档映射为关系模式进行存储，有两大类映射方法：模型映射和结构映射。对于模型映射，需要将 XML 文档模型映射为关系模式，关系模式表示 XML 文档模型的构造，对于所有 XML 文档都有固定的关系模式，因此它是 XML 模式（或 DTD）无关的。目前典型的模型映射方法是由 Florescu 和 Kossman 提出的一种基于边的模型映射方法，这种映射方法是将 XML 文档用一个有序有向边标记图（称为 XML 图）来表示。相对于边模型映射方法，还有节点模型映射方法，它是将 XML 文档树的节点信息、节点值和结构信息存放在关系表中，维护的是 XML 文档结构的信息，而不是边信息。比较经典的节点模型映射模式有 XRel 模式和 XParent 模式；对于结构映射，需要将 XML 模式（或 DTD）映射为关系模式,关系模式用来表示目标 XML 文档的逻辑结构(即 XML 模式或 DTD),它是 XML 模式(或 DTD)相关的。在结构映射的方法中,最经典的就是 Shanmugasundaram 等提出的基于 DTD 映射方法,这种方法是本章研究的基础,本章后续的基于 XML Schema 的存储方式、对模式信息的索引以及查询转换都是在该研究的基础上进行。

模型映射方法是在不考虑模式的情况下,将 XML 文档映射到关系库中,具有一定的灵活性,也很容易实现。但是模型映射过程中,占用了大量的存储空间,查询效率也很低。而结构映射方法在提供 XML 模式的情况下,将 XML 模式映射为关系模式,XML 数据根据生成的关系模式直接存入关系数据库表中,减少了存储空间,同时也提高了查询效率。

总体而论,结构映射方法在查询效率和存储空间上要优于模型映射方法;但是后者的应用范围更广。本章采用的是结构映射方法。

2. XML 在检索方面所表现的优越性

在传统的信息检索系统中,对要检索的信息仅仅采用机械的关键词匹配来实现,把关键词作为信息检索的唯一入口。从理论上讲,只要是网页上出现某个关键词,该网页就能被检索出来,导致返回过多的信息。要寻找到自己真正想要的信息很难,过多的信息使检索效率降低。此外,由于词的内在信息负荷太小,缺乏对知识的理解能力和处理能力。无法处理在用户看来非常普遍的常识性知识,更不能满足用户个性化的要求。无论你从事的是哪一种职业,返回的结果完全相同,毫无个性化而言。

由于信息检索技术存在以上种种的局限性,强烈呼唤新一代的智能检索技术的出现。XML 的出现将使新一代的智能检索技术的实现成为可能。在前面的分析中得知 XML 突出的两大功能是数据表示和数据交换,那么当它用于信息检索时,具有如下优势:

(1) XML 能够辨别模糊词义,避免歧义。利用 XML 良好的层次结构,通过简单的查询就可以得到准确的查询结果。如用户用检索词"苹果"来进行查找,他可能要查找苹果牌的计算机,也可能是要查找苹果这种水果。用户可以利用 XML 层次结构明确查询目标,是想查询<computer>苹果</computer>,还是要检索到<fruit>苹果</fruit>,提高查询准确度。

(2) 提高检索效率,满足个性化的要求。在 Internet 上网页是 XML 格式的,可大大提高检索效率。XML 凭借 DTD 或 Schema 文档模型文件,来定义特定领域的知识。对一个从事人文科学和一个从事自然科学的研究工作者,当他们使用相同的检索词进行检索时,返回的检索结果是不同的。满足了用户个性化要求。

(3) 缩小检索范围,提高检索精度。XML 文档不但可以像 HTML 文档那样,基于关键词在整篇文档中进行检索,返回的结果以文档为单位的一个文档集,而且可以利用文档层次结构和标签语义,确定哪一部分需要查找,返回以被标签标注的元素为单位的检索结果。检索的返回粒度减小,提高检索的精确度。

(4) 独特的计算结果排序方法。XML 文档计算结果排序的方法,不仅依赖于检索词在 XML 文档中的权重,还依赖于检索词在 XML 文档结构中的位置。XML 用结构上的相邻代替物理上的相邻。一个元素的最后一个词与下一个元素中的第一个词的距离要比同一个元素中相邻词的距离远,虽然他们在文献中的物理距离是相等的。

(5) XML 是基于 W3C 定制的开放标准,从而使得基于 XML 的应用具有广泛性。XML 文档支持 Unicode 字符集,用户可以定义自己的标签,不局限于英文。相比较而言,在 HTML 中,标签是固定的,而且必须使用英文。

3. XML 应用于制造资源检索系统的分析

将 XML 技术应用于网络化制造资源检索系统的必要性和可行性分析如下:

(1) 网络化制造环境下的制造资源分布在不同企业的不同部门,各个企业的资源管理模式、分布层次、资源形态等方面都存在着差异,这不仅严重影响了设计、制造人员之间的信息交流,同时也加大了信息检索难度。而 XML 技术作为一个开放的标准,已经成为现有网络化制造中进行数据交换和集成所选择的技术之一,利用 XML 独特的树型结构能够把资源不加约束地表达,使资源的各个层次关系明了,并按照统一的模式对制造资源进行封装,屏蔽制造资源的异构性,增强系统之间的互操作性。

(2) 目前制造资源检索存在着查询结果组合单一、不能实现模糊查询、智能化程度不高等缺陷,归其原因是缺乏语义信息模型的支持。而 XML 作为新一代的搜索引擎技术具有良好的层次结构,并能从语义的角度描述资源模型,将其用在制造资源检索系统中,能够辨别模糊词义提高查询精度。

(3) 当前已经有许多技术支持 XML 与关系数据库的连接,实现数据库和XML 的信息相互交换,使各种应用以一致的语义和接口实现对数据的访问与控制,为各大关系数据库之间提供统一的信息交流平台,从而增强系统内外部的交互能力。

11.1.3　检索系统的功能分析和工作原理

本章设计的基于 XML 的网络化制造资源检索系统采用关系数据库和 XML技术相结合的管理机制。整个系统关键在于应用层的开发,主要研究的对象是基于 XML 的制造资源存储和资源检索模块。其构建过程如下:首先利用 XML 对网络化制造资源进行描述,使其满足一个固定的 XML 模式,其次将 XML 模式按照一定的映射规则转化为关系模式,并把满足这一模式的 XML 文档加载到关系数据库中,形成制造资源库。当对存储在关系数据库中的 XML 数据进行查询时,需进行数据格式转换,以 XML 文档的形式发布查询结果。其结构框架如图 11-2所示。

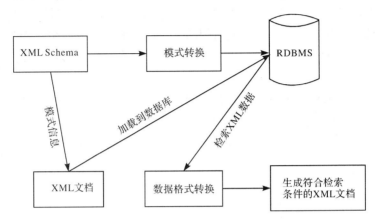

图 11-2　基于 XML 的制造资源存取框架示意图

在整个资源检索系统框架中,主要由以下几部分组成:制造资源模型建立、制造资源的存储和制造资源的检索模块,现进行分析如下。

1. 制造资源的模型建立

制造资源的模型是一个通过定义制造资源之间的逻辑关系和制造资源的具体属性,从而描述制造资源的结构及其结构之间的逻辑关系的模型。制造资源建模是一种建立描述制造资源模型的方法与技术,它通过定义制造资源实体及其相互间的关系来描述企业的制造资源结构和制造资源构成。在网络化制造模式下,对制造资源的模型有特殊要求,一个良好的资源模型应该具备如下特征。

(1) 开放格式:能根据需要,任意开发和设计新的制造资源接口和应用;

(2) 快速检索:在任何情况下,都需要对资源数据快速准确地检索;

(3) 多视图:在不同的状态下,反应企业制造资源的状况和相应的数据;

(4) 智能化:能从使用的方面考虑数据的存取,加快存取速度,同时要有一定的学习能力。

目前应用于资源模型描述的万维网语言有很多,如 XML、描述资源框架(resource description framwork,RDF)、RDF Schema、基于 XML 本体的交流语言(XML-based outlogy exchange lauguage,XOL)、本体网络语言(ontology Web language,OWL)等,这些语言都有它们各自的特点。本章选用 XML 主要基于以下几点考虑:

（1）可扩展标记语言 XML 已经成为 W3C 的一个网络语言通用标准,许多技术都集成了对它的支持,并且它是一个开放的格式,允许用户自己定义标记,有很强的语义性和灵活性。

（2）XML 具有独特的树型结构,能够把资源准确地表达。此外,XML 将文档数据和文档样式分离,通过 DTD 或 XML Schema 模式文件,来规范 XML 文件格式,形成结构良好的 XML 文档。并通过样式表描述显示或外观方法。一个 XML 文档也可以使用多个样式表,这样 XML 文档可以在不同的环境下,选择适当的显示方式呈现多个视图。

（3）XML 在检索方面体现出很多的优越性,如能够辨别模糊词义、避免歧义、满足个性化检索、提高检索精度等。此外,XML 具有专门的查询语言,支持查询中的快速定位,提高查询效率。

鉴于以上分析,本章采用 XML 对制造资源进行描述,使其满足统一的 XML 模式。各个制造企业根据这个统一的模式开发描述本企业内的资源文档,以便于资源的共享。

2. 制造资源的存储

当制造资源用 XML 模式描述后,需要通过转换方法将其存储在关系数据库中。在前面章节介绍中可知,将 XML 文档存储在关系数据库中通常有两种方法,即模型映射和结构映射。由于结构映射方法在查询效率和存储空间上要优于模型映射方法,所以本章在模式转换的过程中采用结构映射方法。在常见的 XML 模式中,XML Schema 在支持数据类型等方面具有更强大的性能、更能支持网络化制造资源检索系统。因此,选用 XML Schema 作为描述制造资源的模式,并基于它完成 XML 模式向关系模式的转换。该技术按照一定的映射方法,在保持 XML 模式结构、内容、语义完整的情况下完成模式转换,将其存储在关系数据库中。在关系数据库中生成的数据表只是个空架子,各制造企业可以将基于 XML Schema 开发的描述制造资源的 XML 文档加载到关系数据库中,形成制造资源库。这样就完成了制造资源的存储工作。

3. 制造资源的检索

网络化制造资源检索系统是面向网络化制造资源的,它要求信息的查询范围固定,并且返回的结果具有相关性。

本系统采取的方案是将描述制造资源的 XML 文档,按照模式转化的方法,存储在关系数据库中。所以在对资源信息检索时,具备数据库的查询特点。数据库的检索过程是一个精确信息匹配的过程,它返回的查询结果都是相关的、正确的。所以,当用户通过制造资源检索系统对资源检索时,能够返回精确的检索结果。

满足网络化制造资源检索系统的要求。

当对数据库里的数据进行检索时,虽然关系数据库提供了 FOR XML 子句支持 XML 数据的检索,但是当 XML 文档中子元素嵌套的层数过多,连接操作产生的代价太大,产生过多的数据冗余。所以需要将 XML 查询语言转换为 SQL 查询语言,支持对存储在关系数据库中的 XML 数据查询。由于检索返回的结果是关系型的,为了满足应用程序的透明性、查询的封闭性,需要将数据格式进行转换,以 XML 文档的形式发布查询结果。

11.2　基于 XML 的网络化制造资源检索系统

11.2.1　基于 XML 的网络化制造资源模型的描述

1. 网络化制造环境下资源特点及组成

制造资源是企业完成产品整个生命周期中所有生产活动的总称。它是企业活动的载体,贯穿于产品生产的全过程。按其特征可以分为广义制造资源和狭义制造资源。广义制造资源是企业完成产品整个生命周期中所有生产活动的物理元素的总称,是面向虚拟制造和敏捷制造的信息需求的高层次应用的制造资源。按其使用范围可以分为物资资源、信息资源、技术资源、人力资源、财务资源和其他一些辅助资源。其中,物资资源包括设备资源、物料资源等;信息资源是指与制造过程相关的各种信息,如市场信息、客户信息等;技术资源包括的范围非常广,是网络化制造的核心资源,它包括管理技术、设计技术等;人力资源指参与产品生产活动的所有人员;财务资源指企业的固定资金、股份资金等;辅助资源指不直接参与产品制造生产过程,但对企业同样起着至关重要的作用,如企业的文化、信誉等。狭义的制造资源是广义制造资源的一个子类,是指加工一个零件所需要的物质元素,是面向 CIMS、CAD、CAPP、NC 等制造系统底层的制造资源,它包括机床、工件、刀具、夹具、量具等。

在网络化制造环境下,制造资源在保持传统的支撑制造业的基本物理元素外,引进了信息资源、动态联盟、资源优化配置等一些新的概念和元素以满足网络化制造环境下对制造资源的需求,并赋予制造资源新的特征。网络化制造环境下,制造资源是由分布在不同地域的多个企业资源组成,企业之间的竞争由以前的单个企业之间发展成为多个企业之间的竞争,为了在市场竞争中处于有利地位,企业之间形成动态联盟形式共同抵抗市场的风险。由于制造资源隶属于不同企业的不同部门,各个企业的资源管理模式、分布层次、资源形态等方面都存在着差异,有必要为制造资源建立统一的模型,借助于网络技术,加强企业之间的协作,达到资源的高度共享。

2. 利用 XML 对制造资源模型进行描述

网络化制造环境下的制造资源最大的特点就是资源的共享,而且伴随着一些新元素的引入,使制造资源更加复杂化。为方便资源的管理,对制造资源分类是必要的,如图 11-3 所示。

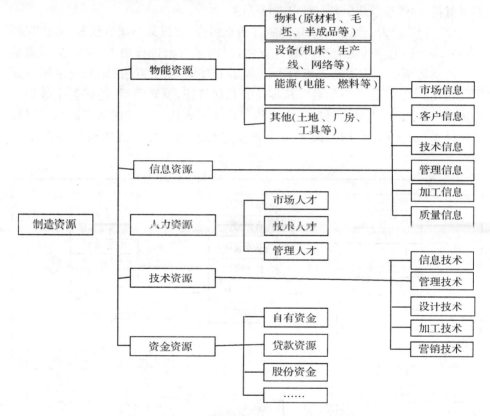

图 11-3 网络化环境下的制造资源分类

数控机床是制造资源中典型的加工设备,它的技术水平在某种程度上代表一个国家的制造业水平。所以本章以数控机床为研究切入点,对它进行深入探讨和具体描述。数控机床涉及的概念非常多,把具有共同属性或特征的资源归并在一起,封装成资源标识、基本属性、技术参数、辅助工具和制造能力五个不同的子类来描述资源实体及其相互关系。

(1) 资源标识是用来识别资源,确定资源的唯一性。

(2) 基本属性表达一些资源的基本信息,它包括资源的名称、资源类型、资源型号、资源简介、资源所属单位、资源所在地等。

（3）技术参数是指资源的一些技术条件和数据，它包括主轴转速、进给速度、电机功率、最大行程、最大负载等。

（4）辅助工具是指在完成某一网络化制造任务时，需要进行协作的一些资源群体。对于数控机床来说，经常用到的辅助工具有刀具、夹具和量具。其中，刀具安装在数控机床上的，它是保证工件满足加工要求的关键，也是实现机械加工必不可少的工具。刀具可以从刀具名称、刀具型号、刀具类型、加工规格、尺寸参数、刀具材料、切削参数几个方面对它进行描述。

（5）制造能力是通过一系列的制造活动组合，完成某一制造任务，并达到一定的要求。制造主体拥有某种制造方法，对制造对象进行加工，使它达到满足要求的制造结果。描述制造能力可以从加工对象、加工方法、加工结果等方面进行描述。其中，加工对象可以从零件的几何特征，材料类型、毛坯类型等进行描述；加工方法可以分为机加工方法和非机加工方法。而描述加工结果可以从精度结果、加工时间、加工成本三个角度进行表示。数控机床模型如图 11-4 所示。

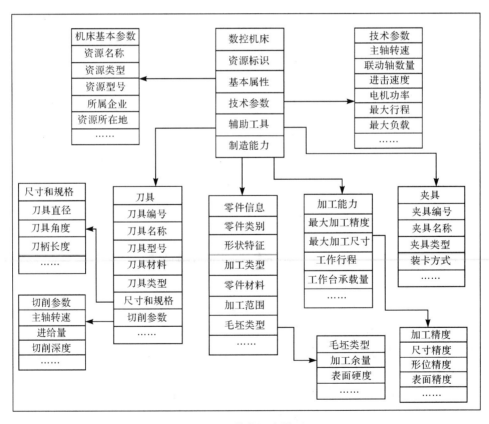

图 11-4　数控机床模型

用 XML Schema 描述图 11-4 所示的数控机床的资源模型,并以 Schema/WS-DL 形式显示如图 11-5 所示。

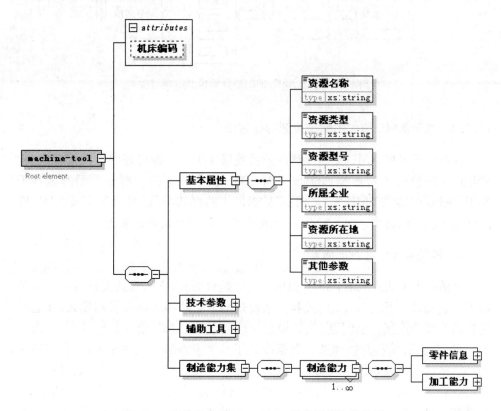

图 11-5　数控机床 XML Schema 模式的层次结构图

3. 制造资源模型在网络化制造中的实现

XML Schema 模式自确定下来,就得到广泛的关注与应用。基于 XML 制造资源模型通过 XML Schema 描述和约束资源的层次结构关系、数据类型、数据格式及数据内容。网络化制造环境下的制造企业根据检索系统发布的制造资源的 XML Schema,开发出描述本企业制造资源的 XML 文档。那么,来自异地异构的同一类制造资源绑定在统一的制造模型 XML Schema 上,屏蔽了资源的异构性。制造企业按照资源模型开发出描述本企业资源的 XML 文档,通过模式验证并按照相应的映射规则加载到系统数据库中,实现制造资源信息的共享,满足网络化环境下资源获取要求。同时,为制造资源的检索、产品协同设计、资源优化配置等应用做好准备。基于 XML 的制造资源模型实现过程如图 11-6 所示。

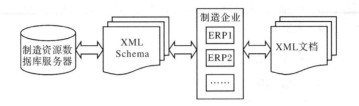

图 11-6　基于 XML 的制造资源模型实现过程

11.2.2　基于 XML 模式的制造资源存储方法

前面分析了把 XML 文档存储在关系数据库中是一种很好的数据管理模式，并且许多传统的关系数据库集成了对 XML 技术的支持。本章采用的是基于 XML Schema 实现 XML 文档在关系数据库中的存储，所以必须先完成 XML 模式向关系模式的转换，之后 XML 文档按照映射规则加载到关系数据库中。

1.　模式转换中存在的问题

从数据库的观点来看，XML 也可以看成是数据库，它的模式文件可以看成是数据库的模式。但是 XML 模式和关系模式毕竟是两种不同的管理模式，在进行转换的过程中遇到许多问题：从数据存储模型上看，XML 模式是通过有序、嵌套的树型结构描述资源的；而关系数据库是用二维表格的方式存储数据的，表格由列和行组成。列是表示存储数据信息的属性，通常被称为"字段"，行是表示一条完整信息的记录。那么，就涉及如何将一个树型结构转化成一个二维表的结构。此外在 XML Schema 中，各个元素节点之间通过 sequence 标签，严格限定各节点之间的顺序。而关系数据表、各个记录之间的关系是对等的，没有次序之分。那么，如何在模式转换的过程中保持 XML 模式文档中各个节点之间的次序也是需要考虑的问题。

2.　基于 XML Schema 的映射方法

目前，国内外学者对结构映射方法做了大量的研究工作，但是大多数都是基于 DTD 的，纯粹的基于 XML Schema 研究工作很少，并没有提供一个普遍性的映射方法。Philip Bohannon 等提出一种基于代价的模式映射思想，开发出可能的映射存储空间，针对不同的应用，提供最佳的映射方法。其实，采用何种映射方法对 XML 文档进行存储，不仅取决于数据本身的特性，更取决于具体的应用。本章研究的是网络化环境下的制造资源检索，在对制造资源进行统一建模的条件下，对其进行存储及检索。在借鉴 Philip Bohannon 等的研究基础之上，结合制造资源的特点，对映射方法进行改进和完善。

　　XML Schema 模式向关系模式转换,就是把 XML Schema 中的元素、属性、元素间的层次关系等映射为关系数据库中的表、列以及通过主外键建立起来的表之间的关联关系。本章只对 XML Schema 中经常用到的组件进行探讨,对一些复杂而又不常用的组件不进行讨论。

　　下面以如图 11-5 所示的数控机床的 XML Schema 为例,针对它的应用特点,探讨 XML 模式向关系模式转换的算法。

　　在将 XML 模式映射为关系模式前,必须分清 XML Schema 中定义的简单类型(simple type)元素和复杂类型(complex type)元素。其中,简单类型的元素只具有字符串数据内容,没有元素或属性,它出现在 XML 文档结构树中的终节点(叶子节点),每个简单元素在复杂类型元素中只出现一次。复杂类型的元素包括子元素、属性、混合类型和空元素,它们是 XML 文档结构树中的非终节点。可以理解为复杂类型是用来约束 XML 文档的结构,简单类型是用来明确 XML 文档中的文本数据类型的结构。与元素相比,属性不具备元素易扩展性等优点,但是它使用方法简单,一些元数据应该使用属性进行存储,如用元数据描述语言、单位等。通常在将 XML 模式转化关系模式时,把属性考虑成元素,使转换方法变得简单。

　　对于复杂类型元素生成带有主键的表,简单类型元素和属性内嵌到复杂元素的表中生成列,复杂类型元素中的复杂元素生成的表需要加入上层复杂元素的主键作为外键,通过主键和外键建立表之间的联系,反映 XML 文档中父元素与子元素之间的嵌套关系。如果子元素或属性是可选的,可以设置为 null。

　　在把 XML Schema 转换成关系模式的过程中,也要实现数据类型的映射,例如,可以把 XML Schema 中的“xs:string”类型映射为数据库 SQL Server 2000 中的 nvarchar 类型,“xs:decimal”可以映射成 decimal 类型。但是,XML 数据类型的长度一般情况下是没有限制的,在转换的过程中可能会超出关系数据库中数据类型提供的范围,所以在转换的过程中要给出一个合适的长度值,尽量保持 XML 数据的特点。

　　前面给出了从 XML 模式到关系模式转换的主要思路,现在探讨 XML Schema 转换为关系数库模式的具体实现过程。一个 DTD 模式可以用一个简化的有向图来表示,同样任何一个 XML Schema 文档也可以表示为一个 XML 有向图 $G=(V, \{A\})$,它包括一个节点集 V 和一个边集 A。有向图可简单表达为:〈XML 图〉::=〈节点〉|〈边〉。由于页面的限制,只对图 11-5 数控机床模型中的制造资源能力集部分用有向图表示,如图 11-7 所示。节点表示 XML Schema 中的元素、属性和正则路径运算符,边表示 XML Schema 中的元素之间的嵌套关系。其中正则路径的运算符号由 XML Schema 中的 minOccurs 和 maxOccurs 的属性指定。

　　XML Schema 是一个标准的 XML 文档,所以它也应该满足 XML 文档格式

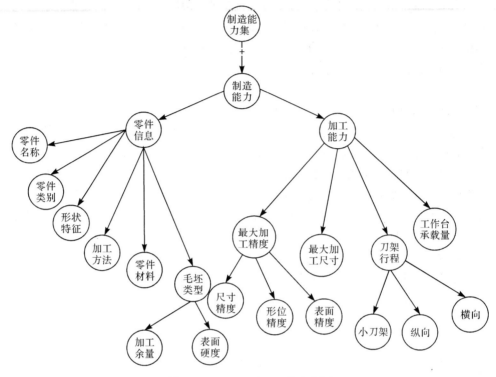

图 11-7　XML Schema 的有向图

良好的条件。在对 XML Schema 解析前,首先应对它进行验证是否格式良好,之后再进行解析。解析 XML Schema 的过程,就是遍历 XML 文档的过程,从根节点开始,解析出 XML Schema 中各个节点的类型、属性以及节点之间的关系,并根据节点的类型进行判断是否单独生成关系表以及表之间的关联关系等。根据解析出来的结果,调用 SQL 语句生成关系数据表。这样从 XML Schema 到关系模式的映射过程完成,图 11-8 是模式映射流程图。

　　1) 检验 XML Schema 格式的合理性

　　XML 技术应用首先是选择合适的 XML 解析器,为应用程序提供统一的接口。本章选用 JDOM 作为 XML 文档的解析器,它是专为 Java 程序员设计的、一个开放源代码的纯 Java 树式 API,用于分析、建立、处理和序列化 XML 文档。JDOM 可以从文件、网络套接字、字符串或任何其他可以连接流和阅读器的地方读取现有的 XML 文档。但是,JDOM 没有自己的自然解析器,而需要利用几个速度较快、测试较好的 SAX2 分析器,如 Xerces 与 Crimson。所以用 JDOM 处理 XML 文档时需要构造一个 SAXBuilder 对象,并将读取到的文档以字符串的形式传递到 builder()方法。如果读取到的文档形式是不合理的,要抛出 JDOMExcep-

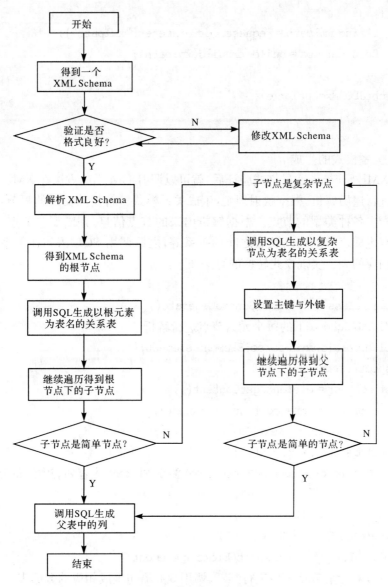

图 11-8 模式映射流程图

tion。核心代码如下：

```
public class JDOMChecker{
… …
SAXBuilder builder = new SAXBuilder();
```

```
try{
    String xmlpath = request.getParameter("xmlpath");
    Document doc = builder.build(xmlpath);
    …… }
catch(JDOMException e){
    …… }}
```

2）关系模式的生成

当 XML Schema 通过格式验证后,就可以调 JDOM 类的方法在 XML Schema 文档中进行遍历解析,根据映射规则,生成关系模式。解析从文档的根节点开始,依次解析出各种类型的节点。根据解析出来的节点信息,判断哪些节点生成表,哪些节点生成表中的列以及表之间的关系等,之后调用 SQL 语句在关系数据库中生成相应的表。实现模式转换的算法如下:

```
public class RelationalSchemaGenerate(){
//对 XML Schema 下的每个元素节点进行解析
public static void parse(Element element){
inspect(element);
List content = element.getContent();
Iterator iterator = content.iterator();
While(iterator.hasNext()){
Object o = iterator.next();
If(o instanceof Element)//instanceof 测试 Element 内容列表中的每个对象
{
Element child = (Element)o;
parse(child);}}}
public static void inspect(Element element){
…… //对元素节点类型进行判断,调用 SQL 语句生成相应的数据表
}}
```

3. 基于 XML Schema 的编码

XML 作为一个信息交换的标准,应该具备在异构模型间进行等价转换的能力,所以在 XML Schema 模式向关系模式转换的过程中,不但要完成内容和结构的映射,同时也要保持 XML Schema 原有的语义约束。完整的语义约束对于指定

语义规范、维护数据一致性、查询优化和信息集成都起着关键的作用。在前面所探讨的基于 XML Schema 的结构映射方法,模式中的父子关系是通过在数据库中建立主外键表实现的,主键表定义了父元素,外键表定义了子元素。但是在关系数据库表中,列之间的次序是对等的,在模式转换的过程中,丢失了 XML Schema 中兄弟约束、双亲约束等。所以需要在关系数据库中,为 XML 模式建立一个附加的关系数据表,保存 XML 模式中的各种语义。

　　Dietz 提出一种 XML 文档的编码方案,称为 Dietz 编码。它的编码原则是对文档树中的每一个节点赋予一个二元组⟨pre, post⟩,其中 pre 是该节点的扩展先序遍历序号,所谓扩展先序遍历就是对 XML 模式文档进行扩展先序遍历,其基本思想是:对 XML 文档树中的所有对象进行先序遍历(即深度优先遍历),产生这些对象的扩展先序遍历序号;并将这些对象的扩展先序遍历序号按升序进行列表。post 是该节点的扩展后序遍历序号,扩展后序遍历和扩展先序遍历相对应。本章在 Dietz 编码的基础上,为 XML Schema 中的每一个元素、属性节点定义一个四元组⟨tagName, pre, post, depth⟩,称之为 Dietz1 编码。其中,tagName 是节点的名字,depth 是该节点在文档树中所处的层数。图 11-9 是通过上述定义得到的 XML 模式树的遍历编码图。

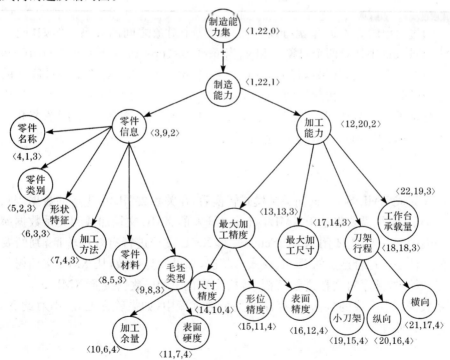

图 11-9　XML 模式树的遍历编码图

在 XML Schema 中各元素或属性节点的（tagName，pre，post，depth）的编码结果，如表 11-1 所示。

表 11-1　XML Schema 的 Dietz1 编码结果

tagName	pre	post	depth
制造能力集合	1	22	0
制造能力	2	21	1
零件信息	3	9	2
零件名称	4	1	3
零件类别	5	2	3
形状特征	6	3	3
加工方法	7	4	3
零件材料	8	5	3
毛坯类型	9	8	2
加工余量	10	6	4
表面硬度	11	7	4
...	...	...	...

通过简单的算术运算就可以判断任意两个对象之间的关系。例如，同一个 XML Schema 中任意两个对象 x 和 y，当 $\mathrm{pre}(x)<\mathrm{pre}(y)\bigcap\mathrm{post}(x)>\mathrm{post}(y)$ 时，对象 y 是 x 的后裔，如果满足 $\mathrm{depth}(x)=\mathrm{depth}(y)-1$ 时，对象 y 是对象 x 的子元素；在同一个父元素的条件下，当 $\mathrm{pre}(x)<\mathrm{pre}(y)$ 时，就可以判断节点 x 位于节点 y 之前的兄弟节点，即左兄弟节点。关于 Dietz1 编码方案，在后续章节介绍的基于 XPath 的快速定位查询中，进行深入探讨。

4. 加载 XML 文档到关系数据库

在完成 XML Schema 向关系模式转换后，在关系数据库中生成的数据表只是个空架子，系统需要将基于 XML Schema 开发的 XML 文档加载到关系数据库相应的表中。首先，需要用 XML Schema 对 XML 文档进行有效性验证，判断要载入的文档是否符合给定的 XML 模式。其次，如果验证有效，从 XML 文档树的根节点开始，按顺序对文档进行解析，解析出来的 XML 数据按照 XML Schema 在关系数据库中生成的数据表，存储到关系数据库中；如果验证无效，不对此 XML 文档进行处理。

11.2.3 基于 XML 模式的制造资源检索

1. 基于 XML Schema 的制造资源结构树

在制造资源检索系统中,在用户的界面上将制造资源的组织方式按照 XML Schema 的树型结构呈现给用户,能够导航用户结构化检索,提供灵活的用户与系统的交互方式,让用户了解系统内部的处理过程,实现检索的透明化。

制造资源结构树将 XML Schema 定义的元素之间的层次关系通过树的节点之间的层次体现出来,让用户了解制造资源在数据库的组织形式,引导用户检索。用 JDOM 解析 XML Schema,将解析出来的各个元素节点与资源结构树中的节点对应,使生成的制造资源结构树满足于 XML Schema 的定义。图 11-10 为基于 XML Schema 的数控机床的结构树。

图 11-10 基于 XML Schema 的数控机床的结构树

2. 关系模式下的查询体系设计

随着 XML 各项技术的发展,它的查询语言也不断出现,但是这些查询语言都是针对 XML 文档执行查询的。而在本章中是将 XML 文档存储在关系数据库中,是对关系数据库中的 XML 数据进行检索。所以需要将现有的 XML 查询语言转换成 SQL,支持对存储在关系数据库中的 XML 数据查询,并将 SQL 查询得到的平坦表形式的结果再转化为 XML 文档形式返回给用户或应用。

鉴于 XPath 是各种 XML 查询语言的核心,在匹配的 XML 文档结构树时,能够准确定位 XML 文档中的节点。因此,本章选用基于 XPath 实现查询语言的转换。其查询实现的过程如图 11-11 所示。

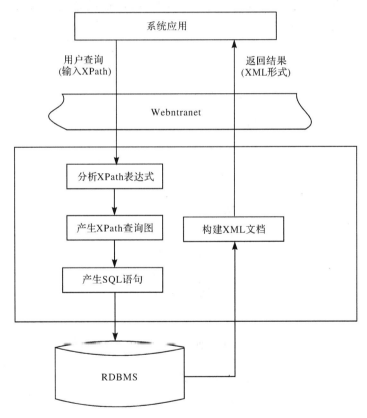

图 11-11　查询过程结构图

当用户提出 XPath 查询后,分三步执行该查询。第一步,将 XPath 表达式进行语法分析,把它表示成为一个图的形式,称为 XPath 查询图。XPath 查询图是 XPath 路径表达式的中间表示形式。第二步,根据 XPath 查询图产生 SQL 语句,

XPathExpr 图中的节点和边是用来生成 SQL 查询的子句。第三步,将查询得到的关系形式结果进行重构,以 XML 文档的形式返回用户,其目的是为了保持 XML 文档自身的特性。

3. 查询语言的转换

为了提高 XML 数据的查询效率,特别是结构查询的效率,许多专家和学者都致力于 XML 文档索引的建立。而 XML 模式的结构信息对于 XML 索引的建立以及查询效率的提高,可以产生很大的影响,但是大部分索引结构中都没有利用到 XML Schema 这一有效资源。随着网络化制造技术的发展,各个制造企业的各项标准包括共同遵守的 XML Schema 也会逐渐形成。因此,利用 XML Schema 实现制造资源的查询优化是一条重要的途径。本章通过对 XML 模式各节点进行编码,实现 XPath 加速定位,完成查询语言的转换。

1) XPath 简介

XPath 语言是由 W3C 定义的一种标准的图形化导航语言,它是各种 XML 查询语言的核心。XPath 的主要构件是表达式,但是在程序中经常用到的表达式是定位路径,它分为绝对定位路径和相对定位路径。每个定位路径都是由一个或多个定位步组成,每个定位步之间用正斜杠(/)分开。绝对定位路径以正斜杠开始,它从文档树的根节点(即文档节点)开始定位路径;而相对定位路径则直接从某个定位步开始定位路径。定位路径表达式计算的过程是从左到右计算每个定位步的过程。

一个定位路径由若干个定位步组成,每个定位步又是由两个冒号分开的轴和测试节点组成,其后可跟随零个或多个由方括号界定的谓词表达式。其基本结构可表示为 axis-name::node-set[predicate1][predicate2][predicate3]…。一个定位步的计算首先从轴和节点测试开始,产生初始节点集合,其次利用各个谓词对初始节点集合进行过滤,得到最后的结果节点集合。Xpath 定义了 13 个定位轴,如表 11-2 所示。

表 11-2　XPath 中的定位轴

名称	描述
child	选择上下文节点的子节点
descendant	选择上下文节点的后裔。上下文节点的后裔是由上下文节点的所有子节点以及子节点的后裔组成。因此,后裔轴不包含属性节点、命名空间节点等
parent	选择上下文节点的父节点
ancestor	选择上下文节点的祖先。上下文节点的祖先由上下文节点的父节点以及父节点的祖先组成

名称	描述
following-sibling	选择上下文节点之后的所有在其后(右)兄弟节点,如果上下文节点为属性节点或命名空间节点则此轴为空
preceding-sibling	选择上下文节点之前的所有在其前(左)兄弟节点,如果上下文节点为属性节点或命名空间节点则此轴为空
following	在上下文节点所在的文档中,选择所有依照文档顺序在上下文节点之后的节点,但排除所有的后裔,也排除属性节点和命名空间节点
preceding	在上下文节点所在的文档中,选择所有依照文档顺序在上下文节点之前的节点,但排除所有的后裔,也排除属性节点和命名空间节点
attribute	选择上下文节点的所有属性节点,如果上下文节点不是元素节点,则该轴为空
namespace	选择上下文节点的命名空间节点,如果上下文节点不是元素节点,则该轴为空
self	选择上下文节点自身
descendant-or-self	选择上下文节点自身及其后裔
attribute	选择上下文节点自身及其祖先

2) XPath 加速定位

前面已经采用扩展的 Dietz 编码对 XML Schema 中各节点进行编码,并把编码得到的结果存储在数据库表中。现在利用编码中的 pre(扩展先序遍历序号)、post(扩展后序遍历序号)、depth(节点所处文档树的层数)实现 XPath 查询中包含各种关系的快速定位,用来减少在查询过程中的连接操作,提高查询效率。它支持 XPath 所有定位轴的计算。

在 XPath 的 13 个定位轴中,ancestor(祖先)、descendant(后裔)、following(之后轴)、preceding(之前轴)是最基本的定位轴,这四个基本定位轴和 self 轴将整个文档进行划分,它们互不重叠而且包含文件中的所有节点。图 11-12 表示的是一个 XML Schema 的编码图,每个节点表示成三元组的形式(pre,post,depth),把它命名为 Dietz1 编码。

Torsten 用 Dietz 编码中的 pre、post 分别作 x 轴和 y 轴,建立直角坐标系,用来作为 XPath 中定位轴的判别条件,所建立的直角坐标系如图 11-13 所示。

下面以坐标系中的 h 节点为例,剖析它与各个节点之间的关系。在 h 节点的左上部分的 a 和 f 节点是 h 节点的 ancestor 节点,即祖先节点;在 h 节点的右上部分的 k 节点是 h 节点的 following 节点,即是后序节点;在 h 节点的左下部分的 b、c、d、e、g 是 h 节点的 preceding 节点,即先序节点;在 h 节点的右下部分的 i 和 j 节

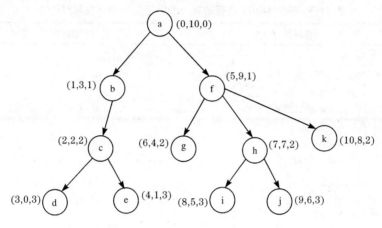

图 11-12　XML Schema 的 Dietz1 编码

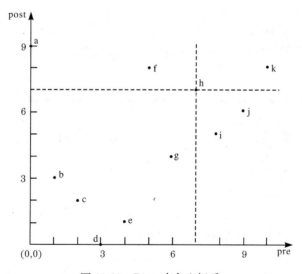

图 11-13　Dietz 直角坐标系

点是 h 节点的 descendant 节点,即是后裔节点。

通过引入元素节点在文档树中所处的层数,即 depth,进行判断 XPath 查询中包含的各种关系。使用表达式 Condition(Str, Rel, AxisType)表示一个轴计算的判别条件。其中,Str 表示关系表,Rel 表示基于 Dietz1 编码的查询轴判别条件,AxisType 表示定位轴的类型。如 Condition(Str, Rel, Par)表示判断两节点之间的双亲关系,它的判断条件是 Str. pre(u)<Str. pre(v)∩Str. post(v)>Str. post(u), and Str. depth(u)=Str. depth(v)-1 时,则节点 u 是节点 v 的父节点。表 11-3基于 Dietz1 编码的对 XPath 所有定位轴的计算判别条件。

表 11-3　基于 Dietz1 编码的对 XPath 定位轴的计算判别条件

XPath 查询轴	判别条件
descendant(u) {v|v 是 u 的后裔}	$pre(u) < pre(v) \wedge$ $post(v) < post(u)$
descendant-or-self(u) {v|v 是 u 的后裔或自身}	$pre(u) \leqslant pre(v) \wedge$ $post(v) \leqslant post(u)$
following(u) {v|v 位于 u 之后}	$pre(u) < pre(v) \wedge$ $post(u) < post(v)$
following-or-sibing {v|v 是 u 的右兄弟}	$pre(u) < pre(v) \wedge post(u) < post(v) \wedge$ $parent(u) = parent(v)$
parent(u) {v|v 是 u 的双亲}	$pre(v) < pre(u) \wedge post(u) > post(v) \wedge$ $depth(v) = depth(u) - 1$
ancestor(u) {v|v 是 u 的祖先}	$pre(v) < pre(u) \wedge$ $post(u) < post(v)$
ancestor-or-self(u) {v|v 是 u 的祖先或自身}	$pre(v) \leqslant pre(u) \wedge$ $post(u) \leqslant post(v)$
preceding(u) {v|v 是位于 u 之后}	$pre(v) < pre(u) \wedge$ $post(v) < post(u)$
preceding-sibling {v|v 是 u 的左兄弟}	$pre(v) < pre(u) \wedge post(v) < post(u) \wedge$ $parent(v) = parent(u)$

3) XPath 到 SQL 查询转换

将一个 XPath 路径表达式转换为一个 SQL 查询需要分两步来实现。第一步是产生 XPathEpr 图,第二步是根据 XPathExpr 图产生 SQL 语句。

A. 根据 XPath 表达式产生 XPathExpr 图

一个 XPath 路径表达式能够表示为一个有向边标记图 $G(N, E)$,称为 XPathExpr 图,N 是图中所有节点的集合,E 是图中所有边的集合,并满足如下条件:

(1) 节点是由测试节点和谓词节点组成。其中,谓词节点需要进一步分解,最终转换成文本节点、属性值节点等基本类型的节点。

(2) 每个节点都有一个值,对于测试节点,值为测试节点的元素名称;对于谓词节点,值为路径表达式;对于文本节点、属性节点等,值为相应的文本内容和属性值。

(3) 一个 XPathExpr 图都有唯一一个起始节点和输出节点。其中,起始节点是 XPath 定位的开始,它作为 XPathExpr 图的根节点。输出节点是最后一个定位步中测试的节点,它是 XPathExpr 输出节点。

（4）E 是互不相交边的并集,表示节点之间的关系。一个 XPath 路径表达式被谓词或特殊定位符分割成一个绝对路径和几个相对路径。在不考虑谓词的情况下,以一个路径表达式作为输入,生成该路径表达式的初始 XPathExpr 图,该初始的 XPath 查询图包含测试节点和谓词类型的节点,其中测试节点之间的边是定位轴的类型,表示节点之间的关系。产生的 XPath 查询图的初始图如图 11-14 所示。

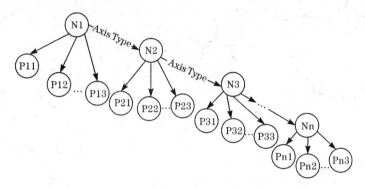

图 11-14　路径表达式的初始 XPathExpr 图

生成初始的 XPath 查询图后,对包含谓词的节点,需要进一步分割,如果节点类型是文字类型,则将节点的类型改为谓词可变的范围;如果节点的类型是路径表达式,则需要进一步产生初始 XPathExpr 图,直到所有的谓词节点都转换成基本类型的节点集,产生最后的 XPath 查询图(图 11-15)。

给出一个 XPath 路径表达式对应的 XPathExpr 图如图 11-16 所示。

XPathExpr＝/制造能力集/制造能力[@id＝"001"]//尺寸精度

B. 根据 XPathExpr 图产生 SQL 查询

根据上面介绍的快速定位方法,可以将 XPath 中的定位轴转化为 SQL 中的 where 子句和 from 子句,下面以具体的例子说明实现的过程。路径表达式为 XPathExpr＝/制造能力集/制造能力//尺寸精度,对应的 XPathExpr 图如图 11-17 所示。

（1）因为在将 XPath 查询语言转换为 SQL 查询语言时,要求 XPath 表达式必须是绝对定位路径,所以必须从 XML Schema 的根节点开始定位。首先定位到元素节点制造能力集,其次通过 SQL 语句找到用来确定元素节点制造能力集的 Dietz1 编码(pre, post, depth),即 SELECT pre, post, depth FROM structure WHERE 元素标记＝"制造能力集",最后就可以得到节点制造能力集的 Dietz1 编码,把得到的 Dietz1 编码记为 step1。

（2）定位到节点制造能力时,轴的类型是"/",则表明需要查找元素节点制造

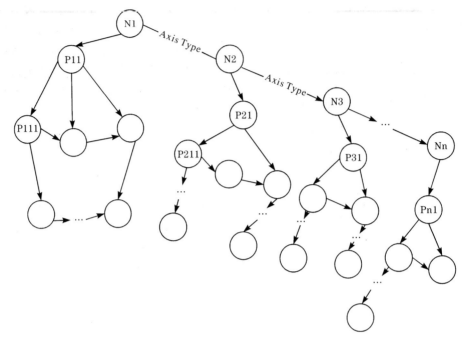

图 11-15　路径表达式的 XPathExpr 图

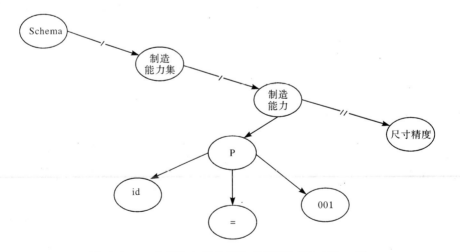

图 11-16　一个 XPath 路径表达式对应的 XPathExpr 图

能力集的子节点，需要在 WHERE 子句中添加 WHERE structure. pre＞step1. pre AND structure. post＜step1. post，structure. depth＝step1. depth－1，AND structure. 元素标记＝"制造能力"，此时得到节点制造能力的 Dietz1 编码，把得到

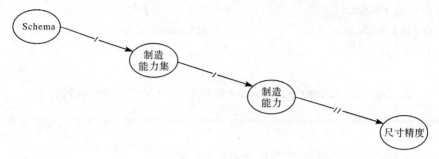

图 11-17　一个 XPathExpr 图

的 Dietz1 编码记为 step2；

（3）定位到节点尺寸精度时，轴的类型是"//"，则表明需要查找元素节点制造能力后裔节点，需要在 WHERE 子句中添加 WHERE structure. pre＞step2. pre AND structure. post＜step2. post，AND structure. 元素标记＝"尺寸精度"，此时得到节点尺寸精度的 Dietz1，把得到的 Dietz1 编码记为 step3；

此时，通过使用 XPath 快速定位得到节点尺寸精度的 Dietz1 编码，就可以检索到关系数据表中相应的内容。具体实现的算法如下：

```
public class XPathGenerateSQL{
ArrayList Dietz1SetList//元素节点的 Dietz1 编码集合组成的序列
int ENPre = Dietz1SetList(m). GetElementPre();
//得到节点的先序遍历编码
int ENPost = Dietz1SetList(m). GetElementPost();
//得到节点的后序遍历编码
int ENDepth = Dietz1SetList(m). GetElementDepth();
//得到节点在文档树中所
//处的层数
switch()                    //根据定位轴的类型产生 where 语句
{case'/': ENPre＞Dietz1SetList(m). GetElementPre( ), ENPost＜Dietz-
SetList(m).
GetElementPost(),AND ENDepth = DietzSetList(m). GetElementDepth()－1
case'//': ENPre＞Dietz1SetList(m). GetElementPre( ), ENPost＜Dietz-
SetList(m).
GetElementPost()
}
string SELECTstr                    //构建 select 子句
```

```
string FROMstr                    //构建 from 子句
string WHEREstr                   //构建 where 子句
if(n = 1)
{
SQLString = SELECTstr + FROMstr + WHEREstr    //产生 SQL 语句
}
else
{……//调用递归函数,产生最后的查询语句}
}
```

4. 以 XML 文档形式发布查询结果

当对存储在关系数据库中的 XML 数据进行检索时,要求返回系统用户的结果是 XML 文档形式的,这样使得关系数据库只是作为一个存储 XML 文档的中间件,保持了 XML 文档自身的特性。在关系数据库 SQL Server 2000 中提供的 XML 查询语言 FOR XML 在执行查询语句时,返回的结果直接就是 XML 文档形式,而 XPath 查询语言是经过转换成 SQL 语句执行对关系数据库中的数据进行查询的,返回的结果是关系型的,所以需要对查询结果片断进行重构,以 XML 文档形式发布查询结果。

作为 XML 查询语言,一个 XML 的查询应该得到一个 XML 文档。这样就满足了查询的封闭性,它有许多优点:①XML 视图可以通过一个查询来定义;②可以帮助查询的合成和分解;③可以做到应用程序的透明性。这对于数据交换尤为重要,因为 XML 文档不仅仅是作为基本的文档而存在,它经常作为中间的查询结果而存在。查询的封闭性使得应用程序可以同样处理基本文档和查询结果。XML 文档重构的核心代码如下所示:

```
public class ReStructXML{
Document document = new Document(new Element(" "));//创建文档
ResultSetMetaData rsmd = rs.getMetaData();    //获取字段名
int numberOfColumns = rsmd.getColumnCount();//获取字段数
int i = 0;
while(rs.next()){
Element element0 = new Element(" ");    //创建元素生成 JDOM 树
document.getRootElement().addContent(element0);
for(i = 1;i< = numberOfColumns;i + + )
```

```
{
element0.addContent(element);}}
… …
XMLOutputter outp = new XMLOutputter();
outp.output(document,new FileOutputStream(" "));//输出 XML 文档}
```

第 12 章　基于数控领域本体的智能检索系统

Internet 的迅猛发展,网络信息数量的剧增以及用户对信息的需求增大,特别是对于要涉及多方面知识的数控技术领域的研究人员,更需要在无限无序的空间里,快速、准确地查询所需要的知识信息的技术手段。为了满足用户需求,搜索技术已开始朝着智能化、多元化、多功能化、人机交互等方向发展。

本章主要针对网络信息检索的智能化服务以及检索的准确率,提出利用知识本体库和用户兴趣模型,以及潜在语义标引模型和智能主体技术,为用户提供准确的知识信息。研究的目的在于设计一个具有一定智能性和人性化的专业检索系统,提高检索系统的语义性,提高信息采集质量,为用户提供更人性化、准确的信息服务。本章的主要内容包括:

(1) 提出基于知识本体和多智能主体技术的数控领域本体智能检索系统 (mechanical intelligent information retrieval system,MIIRS),分析数控技术知识领域的知识组织和检索的智能化方案,并详细讨论知识本体和多智能主体技术的特性以及其在检索系统的适用性。

(2) 阐述数控技术领域知识的发展过程,并对其中的概念和概念之间的关系进行分析,利用"七步法"构建数控技术领域本体,用数据库存储该本体。

(3) 提出学习主体的学习模型,并分析其学习用户兴趣的过程,形式化定义用户的兴趣度,并构建用户的兴趣模型,为用户提供更贴切用户需求的服务做准备。

12.1　面向数控领域的智能检索系统体系的构建

智能检索系统的目的是智能地为用户快速提供准确的信息资源。这需要解决的问题包括信息表示的标准化、信息语义化、获得信息的智能化、信息服务个性化,即整个系统的信息表示要一致,避免信息的误检,同时信息能够被计算机所理解和处理,了解用户检索的意图,保证检索的准确性,并以人为本,为不同用户提供个性化服务。

知识本体解决信息的标准化以及语义化问题,知识本体可作为智能主体之间的互操作基础,在用户间或智能主体间达成对于信息组织结构的共同理解和认识,实现知识信息表示的统一化,并使信息具有计算机可理解性。智能主体技术解决获取信息的智能化和个性化问题。智能主体具有感知能力、问题求解能力与外界进行通信能力,能持续自主地发挥作用。通过跟踪用户行为,学习用户的兴趣,不断更新用户的特征库,实现检索的个性化和智能化。

12.1.1　面向数控领域的智能检索系统总体框架

　　系统的目的是帮助用户查找合适的网络资源,利用知识本体提高检索的语义性,将用户的请求语义明确化,并可以将机械的数控领域的信息资源进行结构化组织,使用户能有效地找到所需资源。而智能主体跟踪用户行为,学习用户的兴趣,了解用户的检索意向,为用户提供更准确的检索服务。基于数控领域本体智能检索系统总体框架如图 12-1 所示。

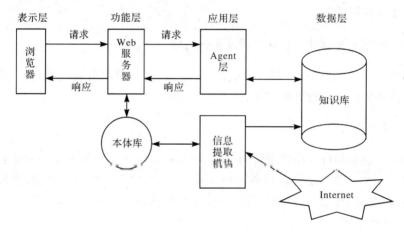

图 12-1　基于本体的智能检索系统总体框架示意图

　　整个框架图是基于 TCP/IP 协议上的概念层次,共分为表示层、功能层、应用层和数据层。这四个层次各有分工,具有相对的独立性,同时又有一定的相互联系。

　　表示层,是整个系统的最高层次,它直接负责和用户交互,也称为人机界面。其功能包括两个方面:一是接受用户的查询请求以及一些与查询请求相关的参数。二是按照用户的要求提交查询结果,可以把搜索的结果以文本的方式或者HTML 格式返回给用户。

　　功能层,作为 Web Service 应用程序服务器端,负责表示层与应用层之间的数据传输,具体表现为接受用户查询请求,利用本体库将用户的请求和参数语义化和准确化,将用户的需求传送给应用层,并将应用层送回来的处理结果送给表示层,返回给用户。

　　应用层,包括 Agent 层和信息提取模块,它是整个系统最复杂也是核心的部分。Agent 层包括学习 Agent、搜索 Agent、过滤 Agent。学习 Agent 负责收集用户信息，跟踪用户行为，挖掘用户兴趣爱好，建立用户信息模型。搜索 Agent 负责按照用户的需求搜索信息资源，利用规范化的请求信息搜索本地知识库和 Internet，将检索的文档发给过滤 Agent 进行过滤处理。过滤 Agent 将获得资源与用户的需求进行匹配，将符合要求的内容发送给用户，并将用户感兴趣的信息存储到知识库。

　　数据层，包括知识库和网络层，存储大量的信息资源。其中，知识库是系统经过信息提取模块进行语义标注的信息知识，其内容都是数控领域的相关知识。而网络层是一个浩瀚的信息海洋，其内容丰富多样，该层不属于系统的构建范围，是系统的检索对象之一。因此，在开发过程中，可不必考虑网络的具体细节，系统的关键在于应用层的开发。

12.1.2　系统主要部件的功能分析及工作原理

　　MIIRS 中，主要由以下部分组成：用户界面、信息提取模板学习主体、查询模块和过滤主体。现进行分析如下。

　　1. 用户界面

　　用户界面是系统与用户交流的一个平台，其智能化界面是智能检索系统的外在体现。一个好的界面可以提高用户兴趣，使用户检索更加方便快捷，也能为用户提供检索信息导航，为系统接受用户反馈提供基础。

　　1）功能描述

　　该系统的用户界面必须提供以下功能：

　　用户首次登录系统，需要用户注册，登记自己的基本信息和个性信息，并将这些信息提供给学习主体，为用户构建一个用户信息模型。所以用户界面必须提示用户填写用户名、密码、联系方式、知识背景等基本信息，以及研究领域、研究主题等个性信息，完善的注册信息将便于系统对用户兴趣进行后续分析，为推断用户意图起着辅助作用。

　　用户在检索过程中，为用户提供信息导航，帮助用户确定自己需要的信息所在领域，方便系统确定检索范围，为用户提供准确的信息。同时，可以接受用户的反馈信息，记录用户对信息结果满意程度，并接受用户对自己个性信息的修改。

　　用户界面将检索的结果返回给用户进行浏览，并对用户的行为信息进行跟踪，包括用户使用系统的总时间、浏览某一主题的时间、用户的收藏行为、浏览次数等，将这些信息发送给学习主体来挖掘用户的兴趣爱好，修改用户兴趣模型，为下次检索提供更好的检索结果。

　　在用户看来，用户界面是整个系统的代表，用户使用系统是通过用户界面不断与系统进行交互而实现的。用户界面是用户与系统的一个桥梁，它对于用户来说,是信息导航的助手,是获得信息的窗口,对系统来说,是了解用户信息的关键。

2) 工作原理

用户界面作为系统中不可缺少的重要部分,是连接用户和系统之间的纽带。因此,用户界面作为一种增强用户和应用系统之间的交互的计算机程序,其主要的工作原理是根据系统的性能以及所能提供的功能设计出合理完善的界面来实现用户界面的上述功能。

整个用户界面的工作流程包括三方面:一是用户个性信息的录入,二是输入检索内容,三是系统提供检索结果。具体的流程如下:

第一步　用户登录,新用户要先进行注册,才能更好地应用 MIIRS 系统进行查询。在填写用户信息时,如果写得越详细准确,将获得更好的检索个性服务。对于已经注册过的用户可直接登录进行查询。

第二步　将用户填写好的信息发送给学习主体,并可将学习主体构建好的用户兴趣模型的各个兴趣主题在页面上显示。用户可对自己的兴趣进行修改。

第三步　用户进行检索,在检索输入框输入检索内容,由搜索主体对知识库以及网络进行检索,在检索过程中,用户可确定自己的检索主题,从而减小搜索的范围。

第四步　接收其他智能主体返回的检索结果,将最符合用户的需求提供给用户,提示是否重新检索。在用户浏览以及对结果进行评价的过程中,记录用户的行为和反馈信息,并根据记录调整用户模型和知识库。

第五步　若用户对此结果满足,并开始下轮检索,则继续执行第三步。

2. 信息提取模块

先分析信息提取模块是因为这一模块是系统的基础,要先对网络上的信息进行提取,形成知识库,才能快速实现用户的检索请求。信息检索的前提是信息存储有序化,无论是手工检索工具、机检系统,还是网络搜索工具都会根据自身系统特性,在一定专业范围内进行信息收集与选择,对收集的信息进行分析、选择、标引、描述及组织加工转换,形成系统信息库。本系统中的信息提取模块在构建之前也要先对数控技术领域的一些重要的知识信息进行收集存储,在检索过程中,这一模块也将发挥作用。

信息提取模块的功能主要包括对数控技术领域的信息进行收集,分析信息所属领域,对信息进行分类,然后进行选择,重复的信息进行删除,并对信息的大致内容进行描述、组织。

信息提取模块要实现上述要求必须提供以下几个功能:

(1) 预处理功能。网络信息一般具有多种格式,并有可能存在问题的网页,先剔除在格式、内容、语言等方面存在问题或严重缺失文档,产生相对规整的文本章档。

（2）特征选取。一篇文档的内容主要是通过名词、动词和形容词等实词来体现的，将文档内容映射为一些特征项，并从中选取关键词来描述该文档。

（3）文档分类。根据选取的文档特征向量，计算该文档的类别，并参考构建好的本体库，确定其所属的主题。

（4）存储知识库。将分类好的文档按照本体的概念标注文档内容，并存储到知识库中。

信息提取模块的目的就是让计算机"理解"文档的内容，并分类存储。信息提取模块的标引和分类是决定系统知识库的关键。

3. 学习主体

1）功能描述

学习主体顾名思义就是要具有学习功能的一种智能主体。智能主体本身具有一定的社会性和反应性，能与其他智能主体进行交流，并对外界环境的变化做出实时响应。利用智能主体的一些特性，开发设计学习主体以满足系统的要求，即能对用户的兴趣进行学习，为用户构建兴趣模型。

学习主体要实现学习功能必须要包含以下功能：

（1）要能识别用户的行为。用户的行为信息包括两方面，一方面是显性信息，即用户自己将兴趣信息直接填写交给学习主体。二是隐性信息，即用户在检索过程中，虽然没有告诉系统自己的检索意图，但其检索行为仍然能够反映其兴趣，比如，用户浏览某一主题页面后对其进行收藏。

（2）将行为信息转换为用户的兴趣模型。用户的行为信息所反映出用户的兴趣程度不一样，利用计算公式将用户的行为信息转换成用户的兴趣度。与其他智能主体交互，提供用户兴趣信息，并记录和学习用户的检索行为。与知识库连接，存储用户模型。

2）工作原理

学习主体连接的主要是用户和知识库，用户这端通过用户界面进行交互，由用户界面将用户的行为信息发送给学习主体；知识库这端则通过 JDBC 来对数据库进行访问与更新。

用户界面提供给用户填写的界面服务包括用户名、密码、用户类型、学历、专业、知识背景、研究方向和感兴趣资源等信息，知识库存储用户兴趣模型包括用户信息表，用户需求表。用户信息表中信息的存储方式为：用户{用户 ID、用户密码、用户类型、学历、专业}。用户需求表中信息的存储方式为用户需求{用户类型、知识背景、研究方向、感兴趣资源}。

学习主体的学习是一个渐进过程，一开始由用户填写的信息，构建一个初始的兴趣模型,在用户使用过程中,系统还要继续对用户的兴趣进行学习,其学习方法在 12.1.5 节详细介绍。

4. 查询模块

1) 功能描述

查询模块是检索系统的使能模块,也是关键模块。查询模块的主要功能如下:

(1) 用户查询请求语义化。用户的信息需求是模糊的,主要有以下几个原因造成,一是自然语言的模糊性,二是用户信息需求本身具有随机性和动态性,三是用户需求不可能充分表达。基于以上原因,查询模块要对用户的请求进行语义化。

(2) 查询功能。将规范好的检索请求用检索式表示,对系统的知识库进行查询,找出匹配用户需求的信息知识。若是知识库没有查找到相关的知识信息,则将检索式以多线程的方式发送给现有成熟的搜索引擎进行检索,返回的结果经过信息提取模块整理,存储到知识库中。最后把所获得的结果传送给过滤主体。

2) 工作原理

查询模块的语义化是利用本体库协助实现的,将用户的查询请求进行概念分析,利用本体库查询其检索的可能范围,并将同义词以及相关词返回给查询模块,查询模块将检索请求构造成规范的检索式。

而查询部分采取数据库查询方式。常见的数据库检索功能有布尔逻辑检索、截词检索、短语检索、字段检索等基本检索功能,以及新发展出的加权检索、自然语言检索、模糊检索、概念检索等高级检索功能。

5. 过滤主体

过滤主体的主要功能是根据用户的检索请求以及用户的兴趣模型,从系统知识库中过滤出最符合要求的内容,提交给用户界面。

过滤主体的工作原理主要是利用向量空间计算相似度的方法,计算请求与知识库的标引词之间的相似度。

12.1.3　系统构架优点

(1) 层次分明,便于系统维护和管理。将系统的功能明确分工,每个层次都互相独立,便于系统维护及管理,同时系统的开发、维护和升级工作集中于服务器端,降低维护人员的劳动强度,提高系统更新的及时性和广泛性。

(2) 配置简单。客户端只要有安装浏览器即可使用该检索系统,而不需要配备任何的客户端软件,就可以准确地获得网络信息资源。

（3）安全性高。客户端与数据库不再直接相连,客户端无法直接对数据库进行操作。

（4）知识能充分利用。首先,本体库对数控技术领域的概念进行统一准确描述,可以被 Web 服务器、Agent、信息提取模块充分利用和参考,不需要为每个 Agent内置知识模块。其次,知识是经过信息提取模块的语义标注后存储在知识库中,知识能更充分准确地利用。

12.1.4　传统检索系统的方案

传统典型的网络信息检索系统也是现在流行的检索系统的基本结构如图 12-2所示。

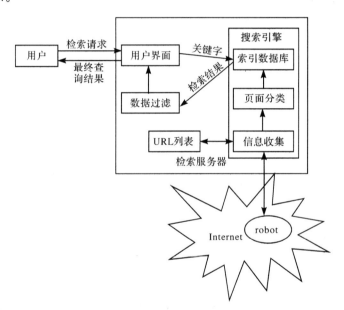

图 12-2　当前网络信息检索系统的基本结构

从图 12-2 可以看出,整个检索系统由用户、搜索引擎、Internet 三部分组成,首先由信息收集程序(robot)到网络上搜寻所有信息,将搜索的信息带回给搜索引擎,其次对搜索到的信息(通常为每页的文本内容)进行分类整理,建立索引数据库,并通过 Internet 服务器软件为用户提供浏览器界面下的信息查询。用户通过浏览器界面提交信息查询请求,搜索引擎根据用户的输入,在索引中查找相关词语,并进行必要的逻辑上的运算操作,最后在索引数据库中查找匹配的网页,并将查询结果以超文本链的形式显示给用户。用户最终根据搜索引擎提供的链接去访问相关信息。整个流程沿用传统的收集→分类→索引→关键词检索的流程。

由上述过程可以看出,信息检索的关键是搜索引擎,信息搜索引擎负责信息收集、页面分类和索引数据库的建立。

（1）信息收集。目前网络信息检索系统的信息收集主要采用信息收集程序自动完成信息收集工作，一般以 URL 列表为基础，利用 HTTP 协议，对远程站点进行访问，并将网页的部分或全部内容下载到本地，接着就是页面分类和索引数据库建立。

（2）页面分类。页面分类一般是抽取网页中的主题词作为 Web 页面的关键词，以关键词来对页面进行分类。抽取的依据是词频，即不考虑只起语法作用的词语的情况下，根据词语在页面中出现的频率，频率高的表示代表该页面主题的程度大。

（3）索引数据库的建立。索引数据库是存储分类的网页信息，包括关键字、网页摘要、网页的 URL 信息。建立索引数据库是为了组织已分类的网页信息，以便于用户检索。不同搜索引擎的页面分类方法不同，索引的内容也不尽相同，各自建立的索引数据库也会有差别。

这三个模块一起实现对索引数据库的动态维护。其中，索引数据库是用户进行检索的基础，它的数据质量直接影响到系统的检索结果，而信息收集技术则是决定索引数据库质量的关键。

根据上述分析，可以看出当前网络信息检索有如下特点：首先这种网络信息检索的重点是信息资源，将信息收集、分类、索引，然后再由用户进行检索，而不是以用户的需求作为出发点。其次，页面分类采取的办法是词频，它在一定程度上可以代表该页面的主题，反映该网页的内容信息，但却没有考虑词语的语义，而且体现该网页的关键词不一定出现频率高，甚至可能都没有出现过。第三，查询返回的结果是以 URL 链接形式提供给用户。用户查找信息还需要根据该链接查看该网页，确定是否是自己需要的。

12.1.5　采用智能主体技术和本体理论相结合的方案的优势

随着本体技术的成熟和智能主体技术的发展，它们的优点得到许多研究者的认可，并对其给予厚望。现今的网络信息检索技术的查全率和查准率已不能满足用户的需求，根据当前检索技术的特点，即检索目标不明确，信息收集不完全，常包含噪声数据，返回的结果需要用户进行第二次人工检索，本章提出将智能主体技术和本体理论相结合的方案以实现个性化、智能化的检索。

1.　实现检索系统的个性化服务

由系统框架图 12-1 可以看出，应用层是整个系统的关键。其中，Agent 层里的学习主体是实现检索系统个性化服务的一个使能模块。这个模块的主要功能是对用户行为进行分析，并将有关用户的个性信息及兴趣进行收集。另外，数据层的用户信息库、用户需求库是实现个性化服务的基础。这两个数据库分别保存了用户的个性信息,如姓名、邮箱、专业、研究领域、用户类型等,以及用户感兴趣的内容信息,如用户类型,感兴趣资源等。

1) 学习主体描述

学习主体是检索系统用于实现个性化服务的智能主体,它要识别用户的检索行为、检索方式,分析用户访问的页面内容,发现用户感兴趣的内容。第 11 章分析了智能主体在智能检索系统的适用性以及其主要采取的方式。现分析在本章如何利用智能主体技术实现其个性和智能功能。智能主体是感知外界环境,并作用于环境,如图 12-3 所示的 Agent 框图。

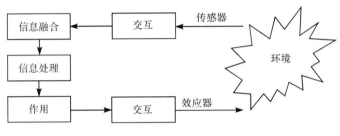

图 12-3　Agent 框图

从外界环境获取信息,并进行加工整合和处理,并最后作用于环境,实现其所要的功能目标。根据这一构架框图,本章针对学习主体的特点设计该主体的结构。

学习主体具有一定的自治能力,能够对外界环境进行感知学习,并能够不断优化自身的知识。学习本身是一项复杂的智能活动,学习主体的学习包括两方面内容,一是显性学习,即由用户将自己的个性信息填写提交,系统直接存储到用户信息库中,二是隐性学习,即由系统跟踪用户行为,挖掘用户的兴趣爱好,学习并记忆用户的兴趣,生成用户兴趣模型,建立用户需求库和信息库。获得的用户兴趣模型用来确定检索主要的领域以及作为检索结果排序的参考。用户查看结果的行为会反馈给学习主体,调整兴趣学习过程产生的误差,为下次检索提供更准确的检索结果做准备。整个流程如图 12-4 所示。

学习是不断改进的过程,即系统对外界环境的变化能产生适应性变化,使得系统在完成类似的任务时更加有效。以这个学习定义为出发点,可建立一个简单的学习模型,设计学习主体,并总结建立学习主体应该注意的事项。

图 12-5 是学习主体在整个系统的学习模型,用户的检索过程产生的行为反映了其兴趣爱好,例如,用户将齿轮设计的网页进行收藏,这在一定程度上说明用户对齿轮设计这一方面感兴趣,这些行为信息将提供给学习主体,学习主体根据这些信息来挖掘其兴趣内容,然后学习并记忆用户的兴趣,存储到知识库中。在搜

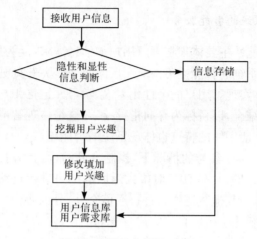

图 12-4　学习主体学习流程

索过程中,这些用户信息模型可以指导搜索,用户的兴趣可以确定其关注的领域,
判断搜索的关键词所属领域,如加工工艺检索词,可以是机械领域的机械加工,也
可以是饲料加工。另外,搜索的结果可以由用户模型进行过滤排序,将用户关注
的信息优先排列。将过滤排好的结果发送给用户,用户查看的过程所产生的行
为,将反馈给学习主体,学习主体调整用户的信息模型。这一过程是循环进行,
学习主体在这一过程不断优化用户的信息模型,这样达到了学习主体学习的
目标。

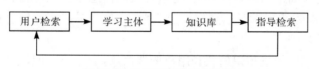

图 12-5　学习系统的基本模型

2) 用户信息模型建立

用户信息模型是学习主体学习的结果,它包括用户的基本信息,如用户姓名、
邮箱、密码、所在单位、专业,用户的需求信息,如用户的兴趣集合、研究领域、用户
的检索历史、浏览历史以及反馈信息。

如图 12-4 所示,用户信息模型是学习主体学习积累的结果,建立的用户信息
模型不一定是完全的、准确的,但要求必须越来越贴近用户需求。

通过学习主体的学习和用户信息模型,改变当前检索以信息收集为重点的方
式,围绕用户的需求,以提供贴切用户需要的信息为目标,使检索系统更具人性化
和准确性。

2. 实现检索系统的智能服务

检索系统的智能性主要体现在理解用户的信息需求，能为用户提供准确快速的信息服务。检索系统的智能性可由应用层的两个模块来实现。

首先，学习主体实现了用户的个性化需求，学习并记忆用户的兴趣，将用户的兴趣与信息检索相结合，以目标为导向指导检索，这是体现智能服务的一个方面。另外，系统的其他智能主体的特点也体现系统的智能化，第一，智能主体都有一定的自主性，可在没有外界参与的情况下，控制自己的行为和内部状态。在检索过程自主判断用户检索的语义范围，对检索返回的结果进行过滤和排序。第二，智能主体有社会性，能与其他智能主体进行通信交互，分工协作，一起完成复杂的任务。第三，主动性，智能主体能自主完成自身的工作，包括学习主体主动分析和获取用户的个性信息，搜索主体在得到检索参数后能自主地选择现有的搜索引擎进行检索等。

其次，实现系统的智能性还体现在本体库和信息提取模块。本体库是系统知识语义化的关键，本体解决信息标准化以及语义化问题，并作为智能主体之间的互操作基础，实现知识信息统一化问题。它与系统中各个模块的关系如图12-1所示。系统从用户界面获取用户的检索请求后，功能层的服务器端与本体库相连，将请求信息语义化，确定其所属领域及其含义。信息的索引不再采用现有的索引办法，因为词频的方法搜索到的可能不是网页中的主题内容，本章利用本体知识库解决索引的准确性问题，将网络上纷繁复杂的信息，进行过滤收集，把信息转化为知识，参考本体知识库对信息进行语义标注，再将标注好的信息存储到知识库中作为检索的基础。

通过知识本体规范知识信息和用户请求信息，剔除与机械领域无关的"噪声"信息，提高信息检索的准确性和相关性，为用户提供一个能"理解"信息的检索系统。

12.2　MIIRS智能检索系统关键技术研究

12.2.1　智能检索系统中的知识本体的构建与分析

1. 知识本体简介

本体从出现到现在，它的定义一直处在不断地发展变化中。最先在哲学中，本体是客观存在的一个系统的解释或说明，关心的是客观现实的抽象本质。在人工智能界中，最早给出本体定义的是 Neches 和 Fikes 等(1991)，他们将其描述为

"给出构成相关领域词汇的基本术语和关系,及利用这些术语和关系构成的规定这些词汇外延的规则的定义"。

1993 年,斯坦福大学的 Gruber 给出一个在信息科学领域广泛接受的定义:"An ontology is an explicit specification of a conceptualization",即每个系统,如人、知识库、基于知识库的信息系统以及基于知识共享的智能主体,都是内含一个概念化世界,它们的描述可能是显式也可能是隐式。通过本体,就能定义一套知识表达的专门术语,以人可以理解的术语描述领域的实体、属性、关系以及过程等,并通过形式化的公理精确表示概念含义,规范概念的解释和使用。

1997 年,Borst Pim 博士等对本体的定义作了些修正,用中文可译为:本体是一套得到大多数人认同的、关于概念体系的、明确的、形式化的规范说明。

德国卡尔斯鲁厄大学 Studer 等学者深入研究,提出本体具有四大特征:①概念模型(conceptualization),即通过抽象出客观世界中一些现象的相关概念而得到的模型,其表现的含义独立于具体的环境状态;②明确(explicit),所使用的概念及使用这些概念的约束都有明确的定义;③形式化(formal),指本体是计算机可读的(即能被计算机处理);④共享(share),指的是在本体中,知识所表达的观念、观点应该抓住知识的共性,是共同认可的知识。据此,Nicola Guarino 给出了本体的形式化定义:

定义 12-1　域空间表示为二元结构 $\langle D, W \rangle$,其中 D 为域,W 为 D 上的最大状态集。

定义 12-2　概念模型表示为三元结构 $C = \langle D, W, \Phi \rangle$,其中 Φ 为域空间 $\langle D, W \rangle$ 上所有概念关联集,n 维的概念关联 ρn 为全函数,$\rho n: W \to 2^{D^n}$,即表示从 W 到 D 上全体 n 维的关系集的映射。

定义 12-3　本体是概念模型明确的部分描述。

通过对各国研究学者观点的归纳,我们可以看出,本体的概念是随着研究的深入不断改进完善,而且本体的提出是以知识共享和重用为目的,本体的构建要满足 Gruber 于 1995 年提出的五条规则:明确性和客观性,即本体应用自然语言对所定义术语给出明确的、客观的语义定义;完全性,即所给出的推论与术语本身的含义是相容的,不会产生矛盾;最大单调可扩展性,即向本体中添加通用或专用的术语时,不需要修改其已有的内容;最小承诺,即对待建模对象给出尽可能少的约束。

另外,本体研究的目的有:①要针对某种用途和目的,并能对该应用的发展有所帮助;②在不同的应用中,所用的本体能根据需要进行重用,本体本身的开发规则要统一;③构建本体要抓住默许的元知识,并能说明其含义,而不只是单纯描述一些领域概念术语,真正的将领域中的模糊信息明确化。下面我们将讨论本体的作用以及应用领域。

2. 知识本体的作用

本体作为语义层次上信息共享和交换的基础,它的作用主要包括以下几个方面:

(1) 交流(understand)。本体可以为不同系统之间的交流提供交流基础——共同的词汇,减少概念和术语上的歧义,使得来自不同背景、持不同观点和目的的人或者系统的理解和交流成为可能,为交流提供语境。

(2) 集成(relate)。绝大多数的应用程序要实现不同信息系统之间的互操作,但是这些信息常常是大量分散的、并且是非结构化的异构信息,本体可以在信息之间建立起机器可处理的联系,屏蔽资源层的差异。

(3) 推理(produce)。信息系统越来越需要更多的智能化、自动化,本体中的规则可以在原有的基础上推理出新知识,使得本体能够"无中生有"。

3. 数控领域本体的构建与分析

数控领域是综合计算机、自动控制、电机、电气传动、测量、监控、机械制造等学科领域最新成果而形成的边缘学科技术,其涉及的概念非常多,我们把数控加工作为核心概念,对上述的关系进行扩展。将数控领域语义化包含两项工作:首先,为本体设计和选用合适的语义标签,为数控领域知识映射领域本体提供"组织"保障;其次,设计和实现该领域本体,使得该领域资源的知识组织和系统检索的准确提供"语义"保障。

1) 为本体设计和选用语义标签

语义标签是本体的构建语言,也是本体表示语言。设计选用语义标签必须满足以下要求:第一,为本体构建提供建模元语;第二,为本体从自然语言的表示格式转化成为极其可读的逻辑表达格式提供标引工具;第三,为本体在不同系统之间的导入和输出提供标准的机读格式;第四,形式化语言表示,利用机器可读的形式化表示语言表示本体,可以直接被计算机存储、加工、利用,或在不同的系统之间进行互操作。

在过去的十几年里,产生了许多本体表示语言,如比较有名的 Ontolingua、LOOM、OCML、Flogic 等,还有一些应用于 Web 的语言如 XML、RDF、RDF Schema、SHOE、XOL、OIL、DAML＋OIL、OWL 等,这些语言各有各的特点,其各自的优缺点可参考相关文献。本章选用 OWL 主要基于以下几点考虑:第一,OWL 是 W3C Web-ontology 工作小组在 XML 和 RDF 等基础上发展的一种用于网络上的资源描述语言;第二,OWL 的设计目的是要软件代替人工来进行信息内容的加工,这一点正和本章的系统处理信息的要求不谋而合;第三,OWL 能够被用于清晰的表达词汇表中词条(term)的含义以及这些词条之间的关系。而且

OWL 相对于 XML、RDF 和 RDFS 来讲，拥有更多的机制表达语义。

利用 OWL 对数控领域的元数据进行描述，得到如图 12-6 描述文件。OWL 自身标签语言有 rdf:subClassOf、rdf:resource、rdf:ID 等。对于属性描述，如刀具切削工件，就可以做如下描述：

```
<owl:Class rdf:about="#刀具">
    <owl:Restriction>
        <owl:allValuesFrom>
          <owl:Class rdf:ID="工件"/>
        </owl:allValuesFrom>
        <owl:onProperty>
          <owl:ObjectProperty rdf:ID="cut"/>
        </owl:onProperty>
      </owl:Restriction>
      <rdfs:subClassOf>
          <owl:Class rdf:ID="工具系统"/>
      </rdfs:subClassOf>
</owl:Class>
```

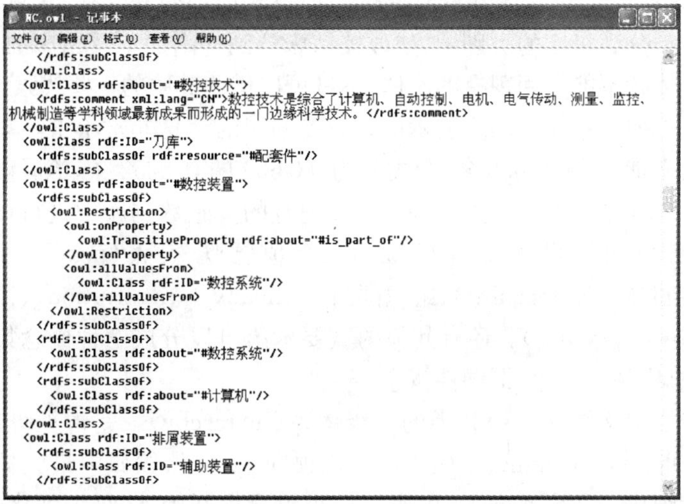

```
NC.owl - 记事本
文件(F) 编辑(E) 格式(O) 查看(V) 帮助(H)
    </rdfs:subClassOf>
  </owl:Class>
  <owl:Class rdf:about="#数控技术">
    <rdfs:comment xml:lang="CN">数控技术是综合了计算机、自动控制、电机、电气传动、测量、监控、
机械制造等学科领域最新成果而形成的一门边缘科学技术。</rdfs:comment>
  </owl:Class>
  <owl:Class rdf:ID="刀库">
    <rdfs:subClassOf rdf:resource="#配套件"/>
  </owl:Class>
  <owl:Class rdf:about="#数控装置">
    <rdfs:subClassOf>
      <owl:Restriction>
        <owl:onProperty>
          <owl:TransitiveProperty rdf:about="#is_part_of"/>
        </owl:onProperty>
        <owl:allValuesFrom>
          <owl:Class rdf:ID="数控系统"/>
        </owl:allValuesFrom>
      </owl:Restriction>
    </rdfs:subClassOf>
    <rdfs:subClassOf>
      <owl:Class rdf:about="#数控系统"/>
    </rdfs:subClassOf>
    <rdfs:subClassOf>
      <owl:Class rdf:about="#计算机"/>
    </rdfs:subClassOf>
  </owl:Class>
  <owl:Class rdf:ID="排屑装置">
    <rdfs:subClassOf>
      <owl:Class rdf:ID="辅助装置"/>
    </rdfs:subClassOf>
```

图 12-6　OWL 描述

2）设计和实现该领域本体

领域本体的构建方法是当前研究的热点问题,由于构建本体是面向特定领域,出于各自学科领域和具体工程的不同考虑,其构建过程也不尽相同。李景等分析了几种常见的本体构建方法路线,包括专用于构建虚拟企业本体的 TOVE 法、专用于构建化学本体的 Methontology 法、专门用来构建企业本体的骨架法,又称 Enterprise 法、还有 KACTUS 工程法、用于自然语言处理的 SENSUS 法、美国 KBSI 公司开发的 IDEF5 法、斯坦福大学开发的用于领域本体构建的七步法。上述几种方法都是按照一个总体流程以及一定的操作规则构成,针对特定应用目的,基于一定的专业领域来实现的。每种方法有各自的优缺点,适合的领域和应用的项目也有所不同。

针对数控领域本体设计和实现,本章选取七步法作为构造数控技术领域本体工程方法。七步法构造本体的过程 McGuinness 等做了详细论述,可参考相关文献,下面主要讨论按照七步法的思路设计数控技术领域本体。

第一步 明确本体的专业领域和范畴。数控技术领域涉及的技术学科众多,随着该技术的发展,其涉及的领域将会发生变化。但数控技术是机械制造的一门核心技术,其他的计算机技术、电子技术、精密测量技术等都是为机械制造服务的。应用本体的主要目的是为了提高检索系统的语义特性,更好地挖掘数控领域的深层信息。

第二步 考察复用现有本体的可能性。首先考虑的是《中图分类法》以及主题词表等,这些轻量级本体并没有提供数控技术详细的概念框架,只是把数控机床的各个种类分到机床的类别中,如数控钻床分到钻削加工及钻床的类别下。我们建立的本体就不能复用现有的本体,不过可以借鉴其中的一些线索。

第三步 列举本体中的重要术语。数控领域的信息非常丰富,单单中国知网关于数控的文献就有 20 638 条,分类号为 TG659 的有 8252 条,笔者参考了《中图分类法》、主题词表和分类主题词表等,从现有的文献数据库中进行概念的抽提、去重、语义分析和归并,构建了领域的六个顶层概念:人(people)、工件(work piece)、数控机床(NC machine)、组织部门(company & institution)、计算机(computer)、资料(knowledge)。还有其他的重要术语可以分成三种概念集合(类):名词性概念、机床种类概念、谓词性概念。

第四步 定义类(class)和类的等级体系(hierarchy)。完善等级体系有几种方法(Uschold and Gruninger,1996):①自顶向下,即从领域中最大概念开始,然后再将概念细化。②自底向上,由底层最小类概念开始,将每个细化的类放在更加综合的概念之下。③综合法,结合上述两种方法,首先定义大量重要的概念,其次分别将它们进行恰当地归纳和演绎,最后用一些中级概念关联起来。

数控领域涉及的学科多,实例也多,为了更便捷地构建领域本体,笔者选用第三种方法,首先,统计文献数据中出现的主题词以及教材里的关键词汇,并对它们进行归并、合并、归类和语义分析,其次对它们的关系进行考察分析,用树型结构联系起来。

(1) 重要的概念包括专家学者、机械工程师、工件、组织部门、企业、科研机构、机床、数控机床、工具系统、计算机、资料、刀具、主轴、步进电机、夹具、数控系统、伺服系统、工件、数控加工、刀具磨损、热变形等。

数控领域的重要概念主要可以分成名词性概念、种类概念、谓词性概念三类。名词性概念很多,如 CNC 装置、床身、工作台、导轨、工具、伺服驱动装置、工件、被吃刀量、进给速度、检测装置、步进电机、刀具、夹具、技术要求、加工精度、使用寿命、几何形状、切屑、程序、切削液等;种类概念,指不同类别的对等事物集合,如专家学者、组织部门、科研机构等。谓词性概念,是指具有谓词的性质,但也可以作为名词来使用,可称为"二元性概念",如加工、测量、编程,既可作为动词,又可以作为名词指代加工技术、测量方法、编程原理等名词性概念。

(2) 将各个层次的概念用树型结构来表示,如图 12-7 所示。数控机床由多个部分组成,每个部分之间还有关系,如夹具定位夹紧刀具、伺服驱动系统中的主轴伺服驱动单元控制主轴等。

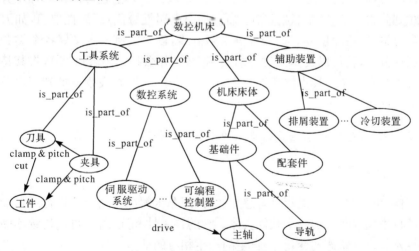

图 12-7　领域概念树型结构示意图

第五步 定义类的属性。只有各个类的关系图还不足以为检索系统提供足够的信息,还需要定义描述各个类的属性信息。类的属性信息主要有以下几个方面:①内在属性(intrinsic properties),如刀具材料。②外在属性(extrinsic properties),如某种刀具的厂家。③与其他个体关系,如铣刀铣削工件。一般情况下类的属性是可继承的,即任意一个类的所有下位类都会继承其上位类(母类)的属性。

第六步 定义属性分面。一个属性可能还有自己的特性,它可能包括属性取值类型(value type)、容许的取值(allowed values)、取值个数(cardinality)和有关属性取值的其他特征。

第七步 创建实例。

刀具是数控加工的一个重点,它是保证工件满足加工技术要求的关键,是实现切削加工不可缺少的工具。以刀具为例创建一个小本体。第一步确定本体应用范围,该刀具本体是数控领域的一小分支,其刀具是安装在数控机床上。第二步和第三步,参考《中图分类法》以及相关书籍,列举以刀具相关的概念有车刀、刨刀、钻头等以种类划分的概念;切削速度、进给量、吃刀量等参量概念;前面、主后面、副后面、主切削刃、副切削刃、刀尖等刀具要素概念;切削力、切削热、刀具磨损等;切屑;硬质合金刀具、陶瓷刀具、高速钢刀具等以材料划分的概念。第四步将各个概念按等级关系及影响关系(即非等级关系)按照综合法进行归纳演绎。图12-8是刀具的等级关系图,图12-9是部分概念的非等级关系图。第五步定义类的属性。图12-8中刀具的信息参数就是刀具的内在属性信息。加工条件是刀具外在属性信息,而切削则是其与工件之间的关系属性。切削还可以按照加工方式不同继续划分为车削、刨削、铣削等。第六步定义属性分面,即属性取值,如刀具材料是高速钢,进给速度60米/分钟等。第七步,创建实例。定义好各个类和属性以及属性分面,就可以具体创建一个实例个体,如数控车刀YBC251,将其特性一一填写。这样一个刀具本体就告一段落。在运用本体时,发现新的知识再对本体进行完善优化。

12.2.2 Agent 技术在该智能检索系统中的应用研究

1. Agent 简介

主体,也称为代理,是指具有感知能力、问题求解能力与外界进行通信能力的能持续自主发挥作用的一个软件实体。它的自主性和连续性,可以连续不断地感知外界及其自身状态的变化,并自主的产生相应的动作。

Agent 发展至今,不管它能否成为新一代的软件开发技术,在这种软件系统服务能力要求不断提高的环境下,在系统中引入智能因素已经成为必然。Agent作为人工智能研究重要而先进的分支,它已引起科学、工程、技术界的高度重视。本章将利用它的思想及开发方法,来满足信息检索的个性化和智能化需求。

Agent 的研究可追溯到 20 世纪 70 年代分布式人工智能的研究,主要分成两条研究路线:一条围绕经典人工智能展开,主要研究 Agent 的拟人行为、多代理的协商模型等,其研究方向可分为 Agent 理论、Agent 体系结构、Agent 语言和多

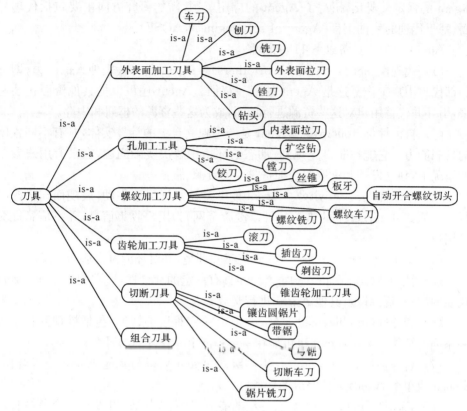

图 12-8 刀具的等级关系图

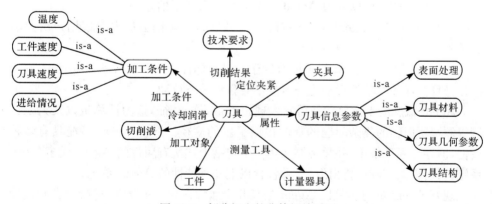

图 12-9 部分概念的非等级关系图

Agent系统(multi-Agent system,MAS)等,一些计算机科学家称之为智能代理或是强定义的代理;另一条从 90 年代左右至今,以应用为主,将经典人工智能关于

Agent 的强定义弱化,拓宽了 Agent 的应用范围,新的研究方向主要包括代理界面、基于代理的软件工程(Agent of soft engineer,AOSE)。

Agent 至少应具备以下 11 种属性。

(1) 代理性(acting on behalf of others)。Agent 具有代表他人的能力,即它们都代表用户工作。这是 Agent 的第一特征。Agent 还可以把其他资源包装起来,引导并代替用户对这些资源进行访问,成为这些资源的枢纽和中介。

(2) 自治性(autonomy)。Agent 是一个独立自主的计算实体,具有不同程度的自制能力。它能在非事先规划、动态的环境中解决实际问题,在没有用户参与的情况下,独立发现和索取符合拥护需要的资源、服务等。

(3) 主动性(pro-activity)。Agent 能够遵循承诺采取主动,表现面向目标的行为。例如,Internet 上的 Agent 可以漫游全网,为用户收集信息,并将信息提交给用户。

(4) 反应性(reactivity)。Agent 能感知环境,并对环境做出适当的反应。

(5) 社会性(social ability)。Agent 具有一定的社会性,即它们可以同 Agent 代表的用户、资源以及其他 Agent 进行交流。

(6) 智能性(intelligence)。Agent 具有一定程度的智能,包括推理到自学等一系列的智能行为。Agent 也可能在一定程度上表现其他的属性。

(7) 合作性(collaboration)。更高级的 Agent 可以与其他 Agent 分工合作,共同完成单个 Agent 无法完成的任务。

(8) 移动性(mobility)。具有移动的能力,为完成任务,可以从一个节点移动到另一个节点,如访问远程资源、转移到环境适合的节点进行工作等。

(9) 诚实性。可以认为 Agent 不会故意发布错误信息。

(10) 顺从性。Agent 不会违背命令,每个 Agent 都会尽力完成用户所要求的任务。

(11) 理智性。Agent 仅采取有助于自身目标任务实现的行动,而不会采取妨碍自身目标任务实现的行动——至少不会盲目采取行动。

Agent 概念的上述属性使得它表现出类似人的特征,这为计算机以及人工智能等领域所面临的复杂问题的求解提供了新的途径。尽管 Agent 可能具有多种属性,但在实际系统中,并没必要构建一个包括上述所有属性的 Agent 或多 Agent 系统,只需根据实际需要出发,开发包含以上几种特性的 Agent 系统。

现有 Agent 的分类是以 Agent 的某几个属性作为关键属性,进行分类和设计 Agent 系统。

(1) 根据移动属性分类:静止 Agent 和移动 Agent(mobile Agent)。

(2) 根据 Agent 结构分类:知识型 Agent(或思考型 Agent)、反应型 Agent 和混合型 Agent。知识型 Agent,它拥有内部、形式化、推理模型,为了和其他 Agent

协调工作而计划、谈判。反应型 Agent 只简单地对外部刺激产生响应,本身并不拥有环境内部的、形式化的模型。而这种反应型 Agent 已经被证明在没有显式、形式化表述的情况下,同样能实现智能行为。混合型 Agent 既拥有内部形式化推理模型,也能和其他 Agent 智能协同作业,对外部环境做出反应。

(3) 根据功能和基本属性分类:界面型 Agent、学习型 Agent、协同型 Agent 和智能型 Agent。

Agent 的分类还可以按照它们的角色分类,这种分类方法经常利用 Internet 网搜索引擎。本章也将采用角色来对 Agent 进行分类,根据检索系统的功能要求,设置了学习主体、搜索主体、过滤主体等。

2. 智能检索系统中智能主体的应用与实现

利用知识本体解决系统知识的表述问题以及构建系统的知识组织工具(即知识本体)后,本章利用现有的智能主体技术,为用户构造一个具有学习能力,能满足个性化需求的网络信息检索系统。在该系统中需要应用多个 Agent 互相协作,以提高系统检索准确性和快速性为目标,与用户进行交互并支持(异步、同步)协调工作、共同实现知识的检索、利用和共享等问题。

MIIRS 的工作过程是:用户提交查询请求,Web 服务器利用本体库来判断检索词可能的领域以及检索词的语义,提交给 Agent 层,根据学习主体构建的用户兴趣模型来确定检索词的真正领域,由搜索主体对知识库以及网络信息进行检索,将搜索的结果发送给过滤主体。过滤主体将用户感兴趣的内容排在前面,并将相关的内容也推荐给用户,提高检索的查全率和查准率,并将获得内容存储到知识库中,提高知识的重用性。在检索过程中,用户所输入的关键字以及其检索过程的行为,如用户收藏打开的页面、阅读某一页面停留的时间等,都反映了用户的兴趣,由学习主体学习并进行记忆。

智能主体贯穿了整个系统的主要模块,是实现检索系统的主要功能模块之一,如图 12-10 所示。学习主体负责分析用户行为,对外界环境的行为信息进行感知学习,并对用户的兴趣信息进行建模,把获得的用户信息模型存储到数据库中。搜索主体负责确定信息检索的领域以及检索词的含义和信息的检索。过滤主体主要是对检索的结果进行过滤排序,为用户提供准确全面的信息内容。

3. 学习主体的构建和实现

要实现学习主体的学习功能,即在用户检索的过程中,通过感知用户的检索行为和检索方式,分析用户访问的页面内容,不断地学习用户的兴趣,我们需要解决下面几个问题:①如何表示用户的兴趣。②哪些行为可以反映用户的兴趣。③当学习主体发现用户有某一方面的兴趣时,如何修改和添加用户信息模型。

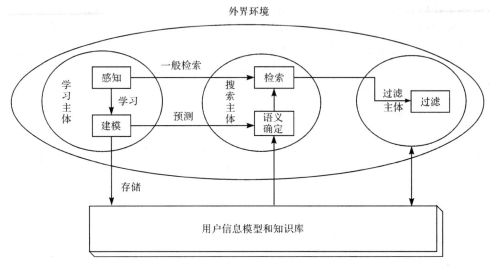

图 12-10　智能主体的结构图

1）用户的兴趣表示

用户的兴趣具有很强的主观性，而且具有不固定性，用户的兴趣可能随着时间的变化和情况变化而发生变化。针对本章的研究范围，我们只对机械领域感兴趣的用户进行研究分析。以机械领域的专家学者等为例，虽然这些用户对机械领域的研究方向、研究内容会发生变化，但在某一时期，他们研究的主题和方向还是比较稳定。因此，我们假定这一时期他们对这一主题是感兴趣的。在这一时期用户的行为和思维都相对静止，将这些行为信息进行收集学习，能给用户构建一个相对稳定的用户模型。

首先，对用户兴趣抽象化、定量化，使其能被计算机理解。用户的兴趣可以是多样化，假定他们拥有 n 种兴趣，兴趣以 I 表示，则其拥有的兴趣可表示为：$(I_1, I_2, \cdots, I_n)$。另外，用户对这些兴趣的感兴趣程度并不相同，假定该用户对某一兴趣 I_i 的感兴趣程度为 D_i，所有兴趣的兴趣度可分别表示为 $(D_1, D_2, \cdots, D_n)$。

其次，对用户兴趣进行挖掘和确定。机械领域所含有的主题和内容是相当丰富的，利用已构建的知识本体，对用户可能的兴趣进行分类定义。假定用户对这些主题都感兴趣，每一兴趣项所对应的兴趣度进行设定，其数值范围为 $(0,1)$。设定一个兴趣阈值 δ，即当 $D_i > \delta$ 时，可认定用户对这一兴趣是感兴趣的，当低于 δ 甚至为 0，可认定其对这一兴趣没有多大兴趣，甚至是毫无兴趣。

2）用户的兴趣识别

用户的兴趣识别可分为两种方式，一是显性的行为信息，即用户的兴趣可由用户直接填写，提交给系统，存储到用户模型中。还有就是用户在检索时输入的关键词也是作为一种显性的行为信息来提供自己的兴趣。二是隐性行为信息,由系统感知用户行为,挖掘用户的兴趣。这些信息包括:用户访问某一主题的网站页面的次数;用户访问某一网站停留的时间;用户看完后收藏的页面。当用户对某一主题感兴趣,会在一段时间内多次查阅相关网站,并花比较多的时间进行研究,甚至收藏该页面内容。因此,我们可以依据这些隐性行为信息判断用户的兴趣。

同样,将这些行为信息进行量化,按上述分析,用户的兴趣度以 D_i 进行定义,假定用户使用该系统进行检索以及察看网站所用的时间是 H 小时,对某些用户需要的页面内容保存了 M 次,在这段 H 时间内浏览页面的总次数为 N 次。其中用户对某一个兴趣项 I_i 相关的内容页面总浏览时间为 h_i,对兴趣项 I_i 的相关页面浏览次数为 n_i 次,对这一兴趣的内容页面保存的次数为 m_i 次。我们定义用户对兴趣项 I_i 的兴趣度 D_i 为

$$D_i = \alpha \frac{h_i}{H} + \beta \frac{m_i}{M} + \gamma \frac{n_i}{N}$$

其中,α、β、γ 为浏览时间、浏览次数、保存次数。这三项对兴趣项 I_i 的影响因子,$0 \leqslant \alpha \leqslant 1, 0 \leqslant \beta \leqslant 1, 0 \leqslant \gamma \leqslant 1$,且 $\alpha + \beta + \gamma = 1$。$\alpha$、$\beta$、$\gamma$ 的取值可由学习主体学习获得。

利用这个公式,用户的兴趣可通过这些隐性行为信息反映给系统,当用户所花的时间、浏览的页面、保存的页面内容都和某一兴趣项 I_i 有关时,$D_i = 1$。用户不可能只关心某一兴趣项,因此假定一个兴趣界点 δ,其中 $0 < \delta \leqslant 1$,当 $D_i \geqslant \delta$ 时,表明用户对这一兴趣项是感兴趣的。

3) 添加和修改用户信息模型

由上述分析后,用户的行为信息可以反映其兴趣,如何将这些信息转化成用户信息模型呢? 首先为每一用户设定所有的兴趣主题,并假定用户对这些兴趣项的兴趣度都为 0,每一兴趣主题由多个主题关键词构成。当用户的行为信息反映给系统时,由学习主体进行学习计算,并修改每一兴趣主题的兴趣度 D_i,当用户经过一段时间后,其行为发生突然变化,比如查阅其他兴趣主题,用户兴趣模型也要发生变化,根据变化修改各个兴趣主题项的兴趣度 D_i,可采取以下公式来进行计算:

$$D_i' = \mu \cdot d_i + \nu \cdot D_i$$

其中,d_i 为原值,即用户产生新的行为之前的兴趣度;D_i 为在一段时间 H 的上网时间后,用户对兴趣项 I_i 所计算的新的兴趣值,μ 和 ν 分别为权重因子,且 $\mu + \nu = 1$。μ 和 ν 的取值通过学习主体进行学习获得。

4. 搜索主体的构建和实现

建好用户的兴趣模型后,对用户提交的检索请求进行检索。现在检索的缺点

是检索的准确性不高和查全率低,要解决这些缺点需要解决以下问题:①如何识别检索词的含义。每个词汇可能包含多种含义,并且同一概念也有多种词汇表示,因此确定检索词的含义对提高检索的准确性以及查全率是很有帮助的。②怎样对信息进行检索等问题。

1) 确定检索词含义

本系统是面向机械领域,并以数控领域为例,因此检索词也限定在机械领域内。但网络信息是多种多样的,并且信息质量良莠不齐,纷繁复杂。需要搜索主体将检索词的领域及语义确定下来。

用户提交检索请求,将请求分解成多个关键词,并利用本体库检索其各自含义及其所在领域。将这些请求发送给搜索主体,搜索主体将请求与用户的兴趣模型进行比较,进一步确定用户的真正意图,最后对检索请求进行检索。

2) 检索知识信息

检索的对象主要有两个方面:一是利用信息提取模块存储的知识库,该知识库具有一定语义性,它是在用户检索过程中不断完善的,这将在13.3节中作进一步描述。二是纷繁复杂的网络信息,网络的信息多种多样,内容丰富,要快速获得所需的信息资源,本系统采用成熟的检索引擎,即利用如百度、雅虎、谷歌等,利用多线程技术,快速检索获得的结果发送给过滤主体。

5. 过滤主体的构建和实现

过滤主体的主要功能是将不属于用户需求范围的过滤掉,把与用户检索请求和用户兴趣最相关的信息知识提交给用户,过滤的结果按照相似度从大到小来进行排序,相似度较低的页面就不提交给用户。

由图 12-8 可以看出,过滤主体需要知识库的支持,并且要与其他主体保持通信。知识库为过滤主体提供用户的信息模型,同时过滤主体过滤后的结果也将存储到知识库,及时更新和修改知识库。其他主体为过滤主体提供用户检索提问式和检索的语义领域,以及检索获得结果,过滤主体筛选出用户所需的结果返回给用户。过滤主体除了与其他主体、用户进行交互,最主要的是对检索获得的结果进行分析,并与用户检索提问式及用户兴趣进行匹配。

经过信息提取模块剔除了格式、内容、语言等方面存在的问题或严重缺失的文档后,过滤主体获得的是较为规整的文本元数据,过滤主体的任务就大大减轻,只需对用户的提问与这些元数据进行匹配,设定一个相似度阈值 S,当计算的结果大于 S,返回给用户。

第 13 章　基于语义 Web 服务的制造资源发现机制

制造资源共享是网络化制造的目标之一,而制造资源的有效发布和发现是制造资源共享的基础。目前网络化制造系统中制造资源信息的描述缺乏统一的格式,资源信息的语义存在问题,同时无法实现面向客户的制造资源共享。本章结合 Web 服务和语义网的技术优势,提出基于语义 Web 服务的制造资源发现机制,并对实现基于语义 Web 服务的制造资源发现机制的相关关键技术进行研究。

在制造资源的信息模型表达方面,采用面向对象的建模思想,从制造设备的物理域、状态域和功能域三个方面,建立相应的 EXPRESS-G 图,并研究 XML 与 EXPRESS 语言之间的映射机制。在此基础上,构建制造资源信息的 XML 文档表示,建立相应的数据存储结构。

为实现制造资源的有效发布和发现,对 Web 服务及语义 Web 服务的相关技术进行分析,详细阐述 UDDI 注册模式与语义 Web 服务描述语言 OWL-S 之间的映射关系,通过在 UDDI 注册中心外扩展一层语义信息层,实现了制造资源的语义 Web 服务发布;分析制造资源领域的本体概念,使用 OWL 语言构建本体库,为制造资源的语义发现提供了支持;提出一种双层次的匹配策略,研究语义相似度的计算算法,利用语义相似度定量计算服务的匹配程度,实现制造资源的有效发现。

13.1　基于 XML 的制造资源建模的探讨

13.1.1　制造资源建模的特点及需求

1. 制造资源概述

制造资源贯穿产品生产全过程按其特征可以分为广义制造资源和狭义制造资源。广义制造资源是企业完成产品整个生命周期中所有生产活动的物理元素的总称,是面向虚拟制造和敏捷制造的信息需求的高层次应用的制造资源。按其使用范围可以分为物资资源、信息资源、技术资源、人力资源、财务资源和其他一些辅助资源。其中,物资资源包括设备资源、物料资源等;信息资源是指与制造过程相关的各种信息,如市场信息、客户信息等;技术资源包括的范围非常广,是网络化制造的核心资源,它包括管理技术、设计技术等;人力资源指参与产品生产活动的所有人员;财务资源指企业的固定资金、股份资金等;其他一些辅助资源指不直接参与产品制造生产过程,但对企业同样起着至关重要的作用,如企业的文化、信誉等。狭义的制造资源是广义制造资源的一个子类,是指加工一个零件所需要的物质元素,是面向 CIMS、CAD、CAPP、NC 等制造系统底层的制造资源,它包括机床、工件、刀具、夹具、量具等。

在网络化制造环境下,越来越多的企业成为网络中的节点,形成暂时性、动态的联盟企业,将分散在不同企业的核心竞争力集成起来,实现企业间技能、技术、成本、市场份额、投资风险等的共享。制造资源在保持传统的支撑制造业的基本物理元素外,引进了信息资源、动态联盟、资源优化配置等一些新的概念和元素,以满足网络化制造环境下对制造资源的需求,并赋予制造资源新的特征。由于制造资源隶属于不同企业的不同部门,各个企业的资源管理模式、分布层次、资源形态等方面都存在着差异,有必要为制造资源建立统一的模型,借助于网络技术,加强企业之间的协作,达到资源的高度共享。

2. 制造资源的模型

制造资源的模型是一个通过定义制造资源之间的逻辑关系和制造资源的具体属性,从而描述制造资源的结构及其结构之间的逻辑关系的模型。制造资源建模是一种建立描述制造资源模型的方法与技术,它通过定义制造资源实体及其相互间的关系来描述企业的制造资源结构和制造资源构成。

3. 制造资源建模的需求

目前国内外虽然开展了一些制造资源建模技术的研究,但研究工作还远远不够全面和系统,主要存在如下问题:由于产品设计资源的信息描述还没有非常完善的统一标准,对制造资源活动中具体的工艺信息、资源信息建模涉及较少;不能针对不同层次的信息及不同的应用系统给出制造资源的不同描述,模型的柔性和开放性差。

网络化制造系统是一种动态的生产系统,其重要的特征之一就是能够根据市场的变化,通过网络将不同地域、不同企业的制造资源进行组合,产生新的制造联盟,以最快的方式生产市场所需要的产品。因此,网络化制造系统的制造资源模型应满足以下需求:

(1) 分布式。网络化制造的本质要求制造资源表达模型必然是分布式模型,支持异地制造资源的分散集成。这种分布式要求还体现在同 Web 技术结合上,应利于采用 Web 语言技术标准发布资源,利用 Web 平台,实现拥有制造资源的个体间的松散耦合。

(2) 多样性。网络化制造环境中,企业、组织或个人由于背景、资质、基础等情况的差异,造成了他们之间对于制造资源理解及表达上的差别,这要求制造资源模型引入柔性机制以容纳这种差异。另外,多样性还表现在制造资源本身内容的复杂性上,制造资源具有复杂的体系结构,如何条理清晰地适应这种复杂性也是制造资源模型要面对的挑战之一。

(3) 灵活性。多样性是从资源种类和组织结构的角度出发,而灵活性则是从资源表现形式的角度来考虑,要求制造资源模型可针对不同层次的信息及不同的应用系统给出制造资源模型的不同描述,这将有利于信息的有效表达及在工程中的实际应用。

(4) 共享性。要求资源模型提供一致性较高的描述机制,在个体内部之间以及在协作伙伴之间实现资源的充分共享,避免由于表达不一致引起的冗余、冲突等降低共享程度的问题,提高制造资源的可重用性。

(5) 可发现性。准确有效的资源搜索是建立网络化制造协作的前提,为提高搜索的准确率和查全率,制造资源模型需要提供深层次的语义结构,利于计算机理解,以支持基于语义的搜索,克服关键字检索带来的种种弊端。

(6) 关联性。网络化制造的协作特性使得制造资源的来源分布化,资源模型需要提供关联机制来组织这种分布来源,以及组织各种制造资源的相关性,以更好地服务于资源搜索和资源定位。

(7) 交互性。要求提供友好的交互手段,易于用户浏览并理解资源的形式化内容及深层次语义信息,以及易于实现对于制造资源的管理。

13.1.2 制造资源模型的 EXPRESS-G 图描述

1. 制造资源模型的物理框架

本章的研究对象是网络化制造中的制造资源模型。由于网络化的复杂性所导致的网络化系统中制造资源的复杂性,在研究过程中只能有选择地抽取认为关键的要素,并针对所建模型进行研究和分析,删繁就简,建立能够直观反映制造资源物质元素及结构层次的物理模型以及能够用于计算机处理与存储的数据模型。因此,我们采用面向对象的建模方法来建立制造资源框架。

面向对象的建模方法的基本出发点是把现实世界的复杂实体信息形态的各个方面抽象为对象。一个对象包含若干属性,用来描述对象的形态、组成和特性。除了属性外,对象还包含若干方法,用来描述对象的行为特征,它可以对对象进行操作,从而改变对象的状态。对象描述和操作方法被封装为一个整体,外界只能借助消息与对象通信。

按照面向对象的原理,根据制造资源的特性,制造资源对象属性可划分为静态属性和动态属性两部分。具体包括资源的物理域属性、功能域属性和状态域属性三个子类。其中,物理域属性定义资源的静态属性,如编号、名称、几何形状、尺寸等。功能域属性定义资源能完成的工作项目和程度,如机床的加工精度和加工范围等,代表资源的能力,包括静态和动态两方面的属性。状态域属性用来定义资源是处于使用、等待、空闲状态,还是处于维修状态以及利用率等动态信息,用于指导资源的动态调度。在此模型中物理域、状态域和能力域从三个不同的方面描述了具体的对象资源。其中,物理域是实现资源能力的基础,资源能力的最终实现还取决于资源的当前状态。

2. 制造资源的 EXPRESS-G 图描述

本章应用 EXPRESS 描述方法建立统一的资源模型,并使用 EXPRESS-G 图示法直观地说明标准数据定义。EXPRESS 语言用数据元素、约束、关系、规则和函数来定义资源构件,对资源构件进行了分类,建立层次结构,以满足应用协议的开发要求。EXPRESS-G 图可以直观地表示在 EXPRESS 语言中定义的数据模型。EXPRESS-G 图中常用的资源描述符号说明如表 13-1 所示。

表 13-1　EXPRESS-G 图常用资源描述符号说明

符号	表示内容
———○	(细实线)表示一般属性
━━━●○	表示父子继承关系
实体	表示实体
BINARY	表示简单数据类型,如 STRING、INTEGER 等
枚举类型	表示枚举类型

下面应用 EXPRESS-G 图描述方式,从物理域、能力域和状态域三个方面描述制造设备资源模型。

1) 制造资源的物理域描述

根据上述的制造资源分类法及面向对象的建模思想,本章在资源模型中抽取了两种对象类:资源类型对象类和资源对象类。其中,资源类型对象类是对资源类型特性的抽象,反映同一类型的共有属性。同时,根据面向对象的继承机制,子类类型对象继承其上层父类类型对象的属性。资源对象类是对特定资源属性的描述,并继承其所属的类型对象的属性。

(1) 设备资源的物理域描述。

设备资源的物理域主要描述设备资源对象的属性,其 EXPRESS-G 图描述如图 13-1 所示。由图可以看出,机床资源、刀具资源、夹具资源、量具资源等设备资源具有一些共有的通用属性,如编码、名称、功能描述等,采用面向对象的方法,将设备资源的这些通用属性定义为父类类型对象——制造设备资源对象的属性,子类对象通过父类对象的继承具备父类对象的通用属性。而具体的设备资源对象类如机床、刀具、夹具、量具等,除具有上述设备资源对象的通用属性外还具有各自的专用属性。

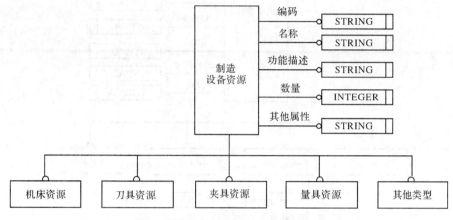

图 13-1　设备资源物理域的 EXPRESS-G 图描述

（2）机床资源的物理域描述。

按功能用途、自动化程度等不同的分类原则,机床可以分成各种不同的类型,对于不同类型的机床,物理域描述相差较大,但同一类机床具有相似的属性。采用面向对象的方法,用继承的关系表达机床的层次关系,避免信息的冗余。其EXPRESS-G 图描述如图 13-2 所示。

（3）刀具资源的物理域描述。

在完成某一制造任务时,机床设备常常需要辅助工具进行协作。对于数控机床来说,经常用到的辅助工具有刀具、夹具和量具。其中,刀具安装在数控机床上,它是保证工件满足加工要求的关键,也是实现机械加工不可缺少的工具。刀具可以从刀具名称、刀具型号、尺寸参数、刀具材料、切削参数等几个方面对它进行描述。刀具资源物理域的 EXPRESS-G 图描述如图 13-3 所示。

2）制造资源的能力域描述

制造能力是资源提供的有关完成某一制造任务、并达到一定要求的性能尺度。制造能力一方面体现在需要有资源提供,如完成切削加工,除必须提供机床设备资源,还必须配备相关的刀具、夹具等辅助资源;另一方面只有将资源合理地组织在一起,才能完成特定的制造任务。在制造资源的物理域建模中,以机床为主体,刀具和夹具等分别在各自独立的资源库中表示。机床作为有自主能力的对象通过检索刀具和夹具等辅助工具对象实例库,判断它们能否被其使用,以此建立机床与刀具、夹具和量具的连接,将它们结合起来。数控机床资源能力域的EXPRESS-G 图描述如图 13-4 所示。

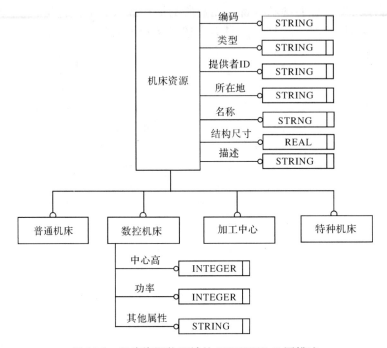

图 13-2 机床资源物理域的 EXPRESS-G 图描述

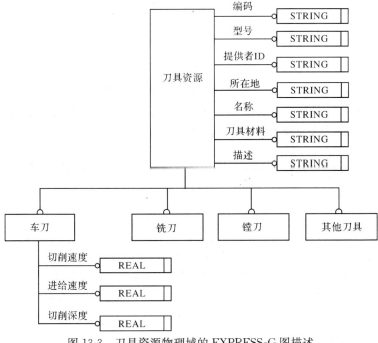

图 13-3 刀具资源物理域的 EXPRESS-G 图描述

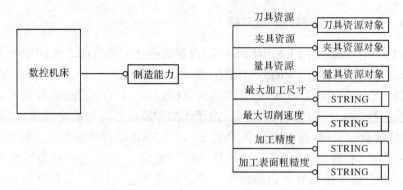

图 13-4　数控机床资源能力域的 EXPRESS-G 图描述

3) 制造资源的状态域描述

资源当前状态是否可用,是由状态域模型决定的。资源的状态域模型主要反映制造环境的动态特性,确定资源在一定计划期内是否可用。状态域属性用来定义资源是处于使用、空闲状态,还是处于维修状态等动态信息,用于指导资源的动态调度。该属性可以简单地定义为一个枚举类型属性。数控机床资源状态域的 EXPRESS-G 图描述如图 13-5 所示。

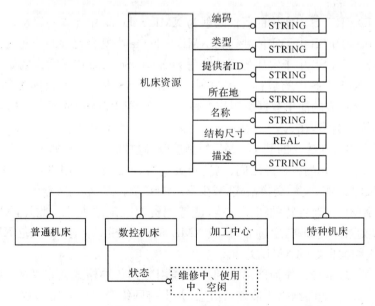

图 13-5　数控机床资源状态域的 EXPRESS-G 图描述

13.1.3　基于 XML 的制造资源建模

如上所述,我们使用 EXPRESS-G 图直观地描述制造资源之间的逻辑关系和制造资源的具体属性,EXPRESS-G 图作为 EXPRESS 语言的图示化表示方法,它可以很好地映射为 EXPRESS 语言描述的数据模型。EXPRESS 具有很丰富的数据结构,包括高级的传递结构。但是,由于 EXPRESS 语言的特定性质,以及它着重于固定的数据交换,而不是共享,因此 EXPRESS 很难在产品数据组织之外被理解、不易扩充,不适合基于 Web 的信息发布与集成。XML 是一种柔性数据描述语言,已成为最为流行和实用的跨平台信息描述方法,也是产品数据交换的一种工具。为此,本章采用 XML 语言描述制造资源的数据模型。通过 EXPRESS 到 XML 的映射,建立 XML 文档,则可以实现基于 Web 的制造资源信息的集成与共享。

EXPRESS 模式向 XML Schema 的映射主要是 EXPRESS 模式中说明的模式、实体、属性和数据类型以及实体引用和继承关系的映射。具体的映射规则如下:

(1) EXPRESS 中表示的实体映射为 XML Schema 中的复合类型的元素,实体名即为元素名;

(2) EXPRESS 中实体的属性映射为 XML Schema 中元素的属性;

(3) EXPRESS 中子实体映射为 XML Schema 中复合元素的子元素;

(4) EXPRESS 中子实体的属性映射为 XML Schema 中子元素的属性;

(5) EXPRESS 中的数据类型映射。EXPRESS 中的简单数据类型在 XML Schema 中有相应的简单数据类型与之映射,而 EXPRESS 中的复杂数据类型本章只使用到枚举类型,在 XML Schema 中也有枚举类型与之映射。

按照上述方法建立的基于 XML 的制造资源数据模型具有如下特点:

(1) 制造单元的各资源之间、制造单元与客户之间均采用 XML 文档交互信息,统一采用 XML 文档交换格式,减少系统的冗余。

(2) XML 具有独特的树型结构,能够把资源准确地表达。此外,XML 将文档数据和文档样式分离,通过 DTD 或 XML Schema 模式文件,来规范 XML 文件格式,形成结构良好的 XML 文档。

(3) XML 本身是作为网络上的一种通用数据传输格式被定义的,可用于现有的 Web 协议,能够结构化地表示信息,并支持网络跨平台应用和数据交换。因此,基于 XML 的资源数据模型非常适合于网络上的资源发布和共享。

13.2 制造资源发现框架的构建

13.2.1 制造资源发现框架的功能需求

网络化制造环境下的制造资源信息由分布在异地的多个企业资源信息聚合而成。只有合理地组织、存储和管理这些分布式的大量数据,才能为广域的资源共享和制造协同提供支持。网络化制造环境中的制造资源的发现需要结合任务管理、资源建模和网络技术等,采用组件化的框架模型,满足整个制造过程对资源发现和资源配置的需求,具体功能需求为:

(1) 制造资源信息的建模技术。制造资源的建模对于资源的发布、发现及共享都是非常重要的。制造资源的模型必须包含资源的属性、可用性及能力等重要信息,以便实现网络制造资源的全局优化利用。同时,制造资源模型对于用户和计算机来说必须是可以理解的,这就意味着制造资源的描述内容和结构要清晰易懂,很容易被计算机程序所处理。上述的基于 XML 的制造资源描述模型能够很好地满足这些需求。

(2) 制造资源的发布。制造资源的发布是制造资源的所有者以一定的形式提供自己的全部或部分资源,允许网络环境下的用户在一定的规则下,通过一定的手段获取和使用这些资源的行为。因此,制造资源的发布是制造资源发现框架的基本环节之一。

(3) 制造资源的发现。制造过程的复杂性决定了其所涉及的资源是多样的,当前的资源发现研究虽然向模糊检索、语义检索的方向发展,但仍无法满足制造资源的自动发现。目前,许多学者提出基于 Web Services 的制造资源集成模式,采用 UDDI 技术实现制造资源的发现,而 UDDI 是基于关键字的发现机制,在查全率和查准率方面存在着明显的不足。

(4) 面向用户的制造资源个性化信息服务。随着网络上制造资源信息的日益膨胀,检索结果中存在着越来越多的非相关信息。实现面向用户的个性化信息服务后,能够根据用户的兴趣偏好提供有针对性的制造资源信息,过滤非相关信息,有效地提高制造资源查询的精度,并能实现主动地发送相关资源信息。

13.2.2 基于语义 Web 服务的制造资源发现框架

1. 总体架构

基于语义 Web 服务的制造资源发现框架的总体架构如图 13-6 所示,主要分为客户层、代理层、应用层、数据层。

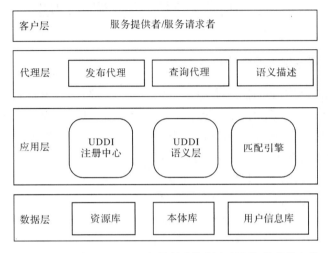

图 13-6　基于语义 Web 服务的制造资源发现框架的总体架构

客户层：为用户提供信息交互平台，实现信息的发送、显示等功能。客户层包含服务提供者和服务请求者两种用户终端。

代理层：发布代理负责接收服务提供者的发布、更新或删除请求，并在 UDDI 注册中心进行相应的发布、更新或删除请求。查询代理负责接收服务请求者的查询请求信息，并根据请求者的查询信息搜索注册中心，返回查询结果。要实现基于语义 Web 服务的资源发现，必须对资源的发布以及请求信息进行语义处理，语义描述代理将完成这一任务。

应用层：由 UDDI 注册中心、UDDI 语义层、匹配引擎组成。UDDI 注册中心用于发布和存储资源的服务描述，并使其他企业能够发现并访问该服务。UDDI 语义层是基于语义的 Web 服务发现的基础，为匹配引擎提供知识保障。由于 UDDI 注册中心不支持基于语义的查找，因此在本框架中，在 UDDI 外增加了一个语义层，通过这个语义层性能查询端口，并结合匹配引擎，可以实现基于语义的资源发现。

数据层：由资源库、本体库和用户信息库组成。资源库提供资源的详细描述信息；本体库提供资源相关的语义知识；用户信息库提供用户注册信息，该信息是实现个性化服务的基础。

2. 制造资源的语义 Web 服务发现模式

资源以服务的形式发布后，由于资源的复杂多样性，这些服务也具有不同的形式，且复杂程度不一样，客户需要以不同方式在这些不同类型的服务中找到其想要的服务,这就是 Web 服务发现要解决的问题。在目前的 Web 服务架构中主要采用 UDDI 技术来实现 Web 服务发现。UDDI 为服务注册和发现提供了一种有效的方法,然而这种基于目录的服务发现方法是不够的,存在仅仅基于关键词的查找、缺乏语义描述机制等局限性。语义 Web 服务将语义网与 Web 服务结合起来,很好地解决了上述问题。语义 Web 服务的发现问题是制造资源的语义 Web 服务发现机制需解决的重要问题之一。

目前国内外已有不少学者提出基于语义的 Web 服务发现解决方案。乔治亚大学的 Speed-R 项目是基于 P2P 的框架,提出保留现有公司的私有 UDDI,运用本体论来管理这些注册点,根据领域本体对所有服务进行逻辑划分,每个注册点对应一个操作节点代理。Paolucci Massimo 等提出了基于 DAML-S 的 augment UDDI 注册系统,使得 UDDI 注册中心增加了服务的语义信息。清华大学提出的 Web 服务模型采用完全分布式的发现架构,没有采用通用的 UDDI 规范,也没有保留获得业界广泛支持的服务描述标准 WSDL。同时在构建 P2P 网络时,以每个 Peer 的相似度为依据进行组的创建。卡耐基梅隆大学(Carnegie Melton University,CMU)的 OWL-S/UDDI matchmaker,它在配有 WSDL 和 UDDI 基础上扩展了一个 OWL-S/UDDI Matchmaker,将 OWL-S 与 UDDI 的 tModel 结合起来,从而在 UDDI 中添加语义信息。

综观现有的研究,不同的服务发现方法都考虑了利用语义信息和本体论来实现服务发现的高效化和自动化,但是各有其局限性。如乔治亚大学 Speed-R 项目对于服务的描述仍然采用 UDDI 的 tModel,没有更高层次的查询和组合。本章提出一种新的语义 Web 服务的发现框架,如图 13-7 所示。该框架保留 UDDI 这一成熟的技术,充分利用和发挥 UDDI 的长处,同时在 UDDI 外增加一个语义层,支持基于语义的查找。在服务发布过程中,代理接收服务提供者的发布信息,并映射成 UDDI 的标准数据结构如 tModel、businessService 等后,调用 UDDI 的 API 完成服务在注册中心的发布。UDDI 注册完成后,得到服务的唯一标识符,并返回给代理。然后代理再将这个服务的标识 ID 结合服务发布信息的语义标注信息存入服务语义信息数据库即 OWL-S 语义库中。这样通过唯一标识符将服务语义信息标识的 Web Service,与在 UDDI 中注册的 Web Service 联系起来。在服务请求的过程中,当代理模块识别出服务请求者的查询请求后,将查询请求发送到服务匹配引擎。服务匹配引擎根据当前服务语义信息库和本体库中的信息,通过匹配算法计算匹配的级别,匹配到符合需求的服务及其标识信息,然后直接通过调用 UDDI 接口,检索 UDDI 注册中心,获取到与服务标识信息相对应的、具体的服务信息,并通过代理返回给服务请求者。

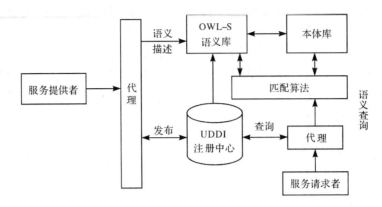

图 13-7　制造资源的语义 Web 服务发现框架

13.3　制造资源发现机制关键技术研究

13.3.1　语义 Web 服务

语义 Web 服务是语义网的一种应用,它将 Web 服务与语义网集成起来,通过 Web 发布、定位和调用,是独立的、自描述的、模块化的应用。

Web 服务的发现、自动组合和互操作,都需要对服务进行一定的语义描述。前面已经提到 Web 服务描述语言 WSDL 只是基于 XML 的 Web 服务描述语言,它不包含语义,研究者们提出专门针对服务语义的 OWL-S 语言。

OWL-S 的前身是美国国防高级研究署代理服务标记语言(DARPA Agent markup language for service,DAML-S),它是 OWL 的应用,是 DAML＋OIL 本体中专用来描述 Web 服务的高层本体语言。OWL-S 规范了一组用来描述服务的知识本体(ontology),使用语义标记使得 Web 服务具备机器可理解性和易用性。OWL-S 的知识本体由三部分组成,分别描述服务是做什么的,服务是如何工作的,以及如何被访问的,如图 13-8 所示。

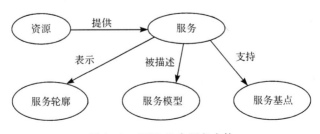

图 13-8　OWL-S 中服务本体

服务轮廓描述了服务是做什么的,提供了搜索服务主体所必需的信息和服务能力的描述。在 OWL-S 语言中表示为类 ServiceProfile。它提供了搜索服务主体所必需的信息和服务的能力描述,从而使智能主体能够决定这个服务是否所需。

服务模型描述了服务是如何工作的。在 OWL-S 语言中表示为类 ServiceModel。它描述了服务是如何运作的。对于简单的服务,它描述服务的输入、输出和执行的前提以及执行后产生的效果;对于复杂的服务,它还要描述服务的过程模型。

服务基点描述了服务是如何被访问的。在 OWL-S 语言中表示为类 ServiceGrounding。它说明如何访问服务的细节,包括通信协议,消息格式及一些其他细节,如通信时用的端口等。另外,服务基点必须详细说明在服务模型中所阐述的每一个抽象类型。

13.3.2　基于语义 Web 服务的制造资源发现机制

1. 基于语义 Web 服务的制造资源发现原理的研究

Web 服务的发现就是研究服务的描述以及在服务描述的基础上服务匹配的问题。服务描述不仅要灵活、有足够的表达能力,而且还要考虑从语义层次上来描述。服务匹配既能在语法层上进行服务匹配,又能在语义层上进行服务匹配,既要考虑服务匹配的质量,又要考虑服务匹配的效率。本章提出一种基于语义 Web 服务的制造资源发现机制,服务请求和服务描述都用 OWL-S 进行描述,根据相关的领域本体添加概念约束以实现语义发现。本框架将语义 Web 与 UDDI 结合,既可以利用 UDDI 扩大 Web 服务发现范围,又有利于查询和发布基于语义描述的服务。

基于语义 Web 服务的制造资源发现框架完成的主要功能是制造资源服务的发布和发现。在服务的发布过程中,代理接收服务提供者的发布信息,将发布信息描述为特定的 UDDI 格式的同时,还需对其进行语义处理,存储于语义信息库中。在服务的语义查询过程中,代理将请求发送给 OWL-S 匹配算法,匹配算法根据本体库和 OWL-S 语义库找到合适的服务并返回给请求者。由此可见,要实现服务的语义匹配,首先必须对服务进行语义描述,然而原有的服务发现体系结构并不能支持和利用这种服务的语义描述进行服务发现。因此,需要对注册中心进行扩展,使其支持服务的语义描述,并能把服务描述中的语义信息嵌入数据结构中,以支持基于语义级别的服务匹配。为了解决该问题,本章在 UDDI 注册中心外增加了一层语义层,当代理接收到发布消息后,进行 OWL-S 和 UDDI 的映射,实现 OWL-S 中的 Profile 和 UDDI 的 tModel 中的每一个属性一一对应,再分别发布到 UDDI 和 OWL-S 语义库。当在查询或发布服务时,便可以到对应的文档所定义的本体中去查询元素所表达的意义。

在 OWL-S 语言中,服务轮廓(service profile)描述了服务是做什么的、提供的详细信息,在基于语义 Web 服务的制造资源的发现机制中,我们主要关心的是制造资源的详细信息。因此,服务的 OWL-S 描述中的服务轮廓部分就能够满足制造资源发现的信息需求。通过服务轮廓将 Web 服务的精确描述提供给服务注册中心,所以服务一旦被选定,服务轮廓就可以确定。下面详细介绍 OWL-S 的服务轮廓和 UDDI 的映射。

描述一个具体的 Web 服务轮廓是用 rdf:ID 赋予一个标识,以便能够被其他本体识别。服务轮廓将服务描述为三类基本信息的函数:服务的提供组织、服务的功能和一组标定服务特点的属性值。

第一部分是用"presents"属性来说明一个 Web 服务是由该轮廓描述的,或者用"presentedBy"属性来说明一个给定的轮廓描述了某个 Web 服务。以此来提供 Web 服务与服务轮廓之间的映射关系和链接信息。

第二部分给出了提供服务的实体的联系信息,这些信息主要是为人所服务的。它们主要由下面给出的属性所提供:

serviceName 用来给出与之链接的 Web 服务的标识名;

TextDescription 给出简短的服务描述,如服务能提供的内容、服务的工作环境等;

ContactInformation 给出可为服务使用者提供联系的人或实体。

第三部分是轮廓的重要组成部分,它提供服务的功能描述。服务的功能描述是根据服务所需的输入(input)参数和服务产生的输出(output)参数来表达的。也就是说 Input 和 Output 属性给出了过程处理的信息转移,从待处理的输入信息到服务操作的结果信息。除了输入输出参数外,功能描述还被两个条件参数来描述,称作前提(precondition)和效果(effect)。前提指在服务能够正确执行前所要求的条件,而效果指在服务成功执行后所导致的事件。也就是 Precondition 和 Effect 给出了服务执行状态的改变,从请求服务必须满足的前提条件到成功执行服务后产生的显现的效果。Profile 为 IOPE(input,output,precondition,effect)列出了如下属性。

hasParameter:它的值域是 OWL-S 中的 Parameter 类。该类通常不被实例化,它的存在只是使领域知识更加清晰;

hasInput:它的值域是 OWL-S 中的 Input 中的类;

hasOutput:包括 ConditionalOutput 实例,UnConditionalOutput 是 ConditionOutput 的子类,因此这个属性包括了无条件限制输出的实例;

hasPrecondition:指明服务的一个前提,包括一个 Precondition 实例,它是根据 Process ontology 中的 schema 来定义的;

hasEffect：指明了服务的一个效果。

第四部分是描述服务轮廓的其他特性，包括：

serviceParameter 是一个属性扩展表，包含对 Web 服务想要描述的附加参数说明。每个服务参数都是 serviceParameter 的实例；

ServiceCategory 是对 Web 服务的分类说明，有可能超出 OWL-S 的类别范畴。该属性的值是 ServiceCategory 的实例；

QualityRating 是在特定级别系统中对 Web 服务的级别划分，这种服务级别的划分有助于用户了解服务质量。质量等级是 QualityRating 的实例。

本章参考 DAML-S Profile 到 UDDL 的映射机制，通过扩展 tModel 类型的方法来实现 OWL-S 到 UDDL 的映射。主要思想是对在 UDDI 中没有相应元素的 OWL-S 元素，在注册中心为其创建新的 tModel 类型，使 OWL-S Profile 元素与该 tModel 产生映射关系。OWL-S Profile 到 UDDI 的映射机制如图 13-9 所示。

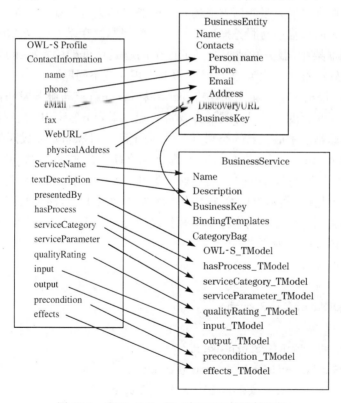

图 13-9　OWL-S Profile 到 UDDI 的映射机制

OWL-S Profile 中的服务提供者信息与 BusinessEntity 的 Contacts 元素映射，几个主要的联系信息 name、phone、email、WebURL、physicalAddress 分别直

接映射到 BusinessEntity 的 personName、phone、email、address；服务基本信息如 serviceName 和 textDescription 与 businessService 中 name 和 description 映射。OWL-S Profile 的 PresentedBy、serviceCategory、input、output、precondition、effect 与新建的 DAML-S_TModel、serviceCategory_TModel、input_TModel、output_TModel、precondetione_TModel、effect_TModel 等映射。通过 businessKey 把 BusinessEntity 和 BusinessService 信息相联系，通过 bindingTemplates 将 Web 服务和相关 tModel 的实例绑定起来。

2. 语义 Web 服务匹配算法

1) 现有匹配算法

在 Web 服务架构中，服务提供者向服务注册中心发布服务描述，服务注册中心负责维护和管理服务描述，服务请求者向服务注册中心发出查询请求时，服务注册中心将请求映射为服务请求描述并与服务描述进行匹配。于是，服务发现的问题就转化为请求描述与服务描述之间的匹配问题。在基于语义 Web 服务的制造资源发现框架中，服务和请求之间的匹配问题是该框架的重要组成部分，服务匹配算法的好坏直接影响到语义 Web 服务发现的效率问题。

Paolucci 提出一个语义匹配算法，能够识别服务请求与服务发布之间一对一的输入输出匹配程度。采用分类的方式将匹配结果划分，不同的类别代表不同的匹配程度。此算法中最主要的类别有四种：完全匹配（Exact）、插拔匹配（Plugin）、包含匹配（Subsume）、匹配失败（Fail），即在完全匹配之外，又增加了三种匹配类别，其中匹配失败类别可以被看成是默认类别，只要不属于前三种类别都归于匹配失败。也就是说，实际上此算法本质上增加了两种类别，即插拔匹配和包含匹配。这两种类别的划分用到本体中类和类之间继承关系，因此这种匹配可以被看成应用本体语义的一种语义匹配。

该经典匹配方法的核心算法表达如下：

```
degreeOfMatch(outR, outA)
{
if(outA = = outR) return exact;
if(outR subclassOf outA) return exact;
else if (outA subsumes outR) return plugIn;
else if (outR subsumes outA) return subsumes;
else return fail;
}
```

这里表达的是服务输出之间的匹配,其中,outR 表示用户请求的输出,outA 表示服务提供的输出,subclassOf 表示子类关系,subsume 表示包含关系。当用户请求输出与服务输出相同时,为完全匹配;当用户请求输出是服务输出的直接子类时,也为完全匹配;当服务输出包含用户请求输出时,为插拔匹配;反之,当用户请求输出包含服务输出时,为包含匹配;否则,为匹配失败。

上述匹配算法存在着一些局限性,如当用户请求需要一台数控机床时,如果 Web 服务恰巧提供数控机床,那么自然就是完全匹配;但当 Web 服务只声称提供机床,没有说明是普通机床还是数控机床时,根据以上算法,数控机床是机床的直接子类,这个匹配仍然是完全匹配,这样得到的结果显然不令人满意。因此本章提出如下的匹配策略。

2) 匹配策略

服务匹配的实质是将服务请求描述与服务发布描述进行比较,如果两者的匹配程度达到服务请求者的要求,则说明服务匹配成功。本章根据 OWL-S Profile 规范对服务请求和服务发布进行描述,每个服务请求描述和服务发布描述都是 Profile 的实例。为使服务请求和服务发布的描述能够更精确地匹配,本章针对 OWL-S Profile 采用双层次匹配,分别为:①服务类别(service category)的匹配;②服务文本描述(service text description)、服务输入输出参数等。匹配引擎接收到请求 Profile 后,首先进行 ServiceCategory 级匹配,把服务请求描述和服务发布描述中的 ServiceCategory 信息进行比较,如果两者不属于同一分类,则排除该候选服务;如果属于同一分类,则进行第二层次的语义匹配,获取服务请求描述和服务广告描述的输入输出参数等功能信息所对应的本体,进行语义相似性的匹配计算。第二层次的匹配度计算是匹配算法中的核心部分。

3) 语义相似度算法

为衡量服务描述与服务请求之间的密切程度,我们引入服务的语义相似度系数,提供一个量化的标准,用于描述供、需服务在语义层次上的相似度。服务是通过一系列概念进行描述的。因此,计算服务的语义相似度系数,可以通过计算概念集合的相似度来获得。如何求出两个概念间的语义相似度,一种比较直观的计算概念间语义相似度的方法是,将两个概念分别映射到本体后,计算本体图上两个概念节点间的最短路径,但计算图上节点间的最短距离复杂度较高。本章提出一种简化的方法来计算概念间相似度,主要是通过概念的上下位关系来进行计算。

概念 C 的上位概念集合包括它的所有祖先概念和自身,用 $CS(C, M)$ 表示,其中 M 表示概念 C 所在的本体。因此,表示概念 C 在所在的本体中的上位概念集合 CS 不会是个空集合。

对于同一本体中的两个概念 C_i 和 C_j 之间的语义相似度是小于等于 1,当两个概念一致时,两者之间的语义相似度等于 1,而当两个概念不存在公共的上位概念元素时,两者之间的语义相似度等于 0。对于介于上面两种情况之间的概念,概念 C_i 和 C_j 之间的语义相似度可以定义为

$$SSD(C_i,C_j,M) = \frac{CS(C_i,M) \bigcap CS(C_j,M)}{CS(C_i,M) \bigcup CS(C_j,M)}$$

其中,$SSD(C_i,C_j,M)$ 表示在本体 M 中概念 C_i 和 C_j 的语义相似度。

如图 13-10 所示是制造资源本体 M 的抽象模型,描述了两大类概念实体,其中概念间的有向边表示概念间的上下位关系。C_1 和 C_7 两类没有公共的上位概念,因此它们的语义相似度为 0。下面主要以 C_1 与 C_2、C_2 与 C_4、C_3 与 C_5 及 C_2 与 C_3 为例进行计算,如下所示:

$$SSD(C_1,C_2,M) = \frac{CS(C_1,M) \bigcap CS(C_2,M)}{CS(C_1,M) \bigcup CS(C_2,M)} = \frac{\{C_1\} \bigcap \{C_1,C_2\}}{\{C_1\} \bigcup \{C_1,C_2\}} = \frac{1}{2} = 0.5$$

$$SSD(C_2,C_4,M) = \frac{CS(C_2,M) \bigcap CS(C_4,M)}{CS(C_2,M) \bigcup CS(C_4,M)} = \frac{\{C_1,C_2\} \bigcap \{C_1,C_2,C_4\}}{\{C_1,C_2\} \bigcup \{C_1,C_2,C_4\}} = \frac{2}{3} = 0.67$$

$$SSD(C_3,C_5,M) = \frac{CS(C_3,M) \bigcap CS(C_5,M)}{CS(C_3,M) \bigcup CS(C_5,M)} = \frac{\{C_1,C_3\} \bigcap \{C_1,C_2,C_5\}}{\{C_1,C_3\} \bigcup \{C_1,C_2,C_5\}} = \frac{1}{4} = 0.25$$

$$SSD(C_2,C_3,M) = \frac{CS(C_2,M) \bigcap CS(C_3,M)}{CS(C_2,M) \bigcup CS(C_3,M)} = \frac{\{C_1,C_2\} \bigcap \{C_1,C_3\}}{\{C_1,C_2\} \bigcup \{C_1,C_3\}} = \frac{1}{3} = 0.33$$

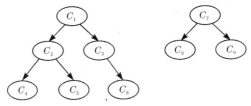

图 13-10　制造资源本体 M 的抽象模型

对于服务发布描述和服务请求描述都可以看成是通过一系列的概念描述的,因此计算服务发布和服务请求的语义相似度,相当于计算服务发布描述和服务请求描述所包含的概念集合的相似度,该概念集合包含服务文本描述、服务输入输出参数所涉及的本体概念。前面讨论了概念的相似度计算,概念集合间的语义相似度,可以通过分别对集合中的概念元素进行语义相似度计算并求算术平均后获得。最后我们给出制造资源服务语义相似度的计算模型,如下:

$$SSR(RS,PS,M) = \frac{1}{n} \times \sum_{i=1}^{n} SSD(RS_i,PS_i,M)$$

其中,RS、PS 分别表示本体 M 中的服务请求描述的概念集合及服务发布描述的概念集合;RS_i、PS_i 分别表示集合 RS、PS 中的概念元素;n 表示概念集合所包含的概念总数;$SSR(RS,PS,M)$ 表示概念集合 RS、PS 在本体 M 中的语义相似度。

第 14 章　数字化设备资源共享系统

随着网络技术的飞速发展,虚拟实验室为大多数实验室较难购置昂贵精密仪器设备的问题提供了解决渠道。作为虚拟实验室的重要基础技术——设备资源网络共享,已经成为该领域的研究热点和前沿技术,呈现出良好的发展前景。

数字化设备资源共享原型系统是一种新的设备资源网络共享方式。该系统能够在 Jini 技术和移动 Agent 技术支持下,代替用户实现设备资源的动态发现、动态发布、自主协商和找到远程操作服务。

本章在深入研究 Jini 技术的发现机制基础上,指出直接使用该技术不适合在整个 Internet 运行的问题实质,独立设计 Jini 查找服务的网络拓扑结构,保证系统不受范围限制的运行;选择 KQML 作为移动 Agents 通信和协商语言,深入研究 Agents 的协商理论,认为轮流出价协商理论能够很好地表现移动 Agent 在本章中的任务;仔细分析现实生活中的轮流出价过程,抽象出基于理性思维的轮流出价一般规律,根据这些规律提出一些新的见解并据此设计了一个实用的协商算法。

14.1　Jini 和移动 Agent 技术分析

14.1.1　Jini 技术及其局限性

1. Jini 技术

Jini 是一个基于由用户群组和用户群组所需资源所结成的联盟思想的分布式系统。系统的总体目标是将网络转变为一个灵活的、易于管理的工具,使资源可以由人或者其他客户发现。系统的资源可以是硬件设备、软件程序或是两者的结合。系统的重点是通过灵活地增加和删除服务,使网络成为一个能更好地反映工作群组动态特性的更加动态的实体。

运行一个 Jini 系统需要三个基本的组成部分:服务、查找服务和客户端。服务既可以是硬件也可以使软件,如打印机、数码相机等;客户端是准备使用服务的用户或服务;而查找服务是作为服务和客户端之间的中介。当然这其中还离不开另外一个实体——网络,由它将这些联在一起如图 14-1 所示。

当一个设备插入网络,它首先通过发现过程(discovery process)来定位查找

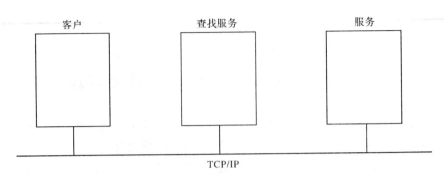

图 14-1　Jini 系统组成

服务,其次通过加入过程(join process)上载一个实现了所有服务接口的服务
proxy 如图 14-2 所示。因此,查找服务不仅知道该服务是否可用,而且还能够唤
醒该服务的可以执行类。发现查找服务的过程可以分为两种类型:单播发现和多
播发现。如果查找服务的位置事先知道,则该服务可以通过 TCP/IP 单播连接到
查找服务。如果查找服务的位置事先不知道,则需要利用多播通信发现查找服
务;而查找服务则通过 4160 端口监听可能有的服务请求,一旦收到请求,将传送
一个对象返回到服务。这个对象称其为注册器(registrar),由它来完成服务在查
找服务上的注册。它将服务对象的 proxy 上载到查找服务中。

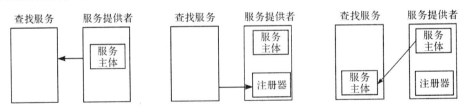

图 14-2　定位查找服务、返回注册器和服务 proxy 上载

　　客户端(client)在通过与服务(service)发现查找服务(lookup service)相似的
方法定位查找服务(lookup service)后,也从查找服务中得到注册器。但此时注册
器所起的作用跟上面有点差别,它将负责从查找服务中获取所需服务的代理对象
(proxy),并下载到客户端所在 Java 虚拟机中。在这里查找服务作为一个连接器
将客户端和它想要的服务连上,之后将不再参与客户端和服务之间的交互如图
14-3 所示。

　　2. Jini 技术的局限性

　　1) 缺乏对服务功能和内容的表现力
　　在 Jini 系统中,服务是根据其接口和捆绑的属性来表示它们的功能和性能。

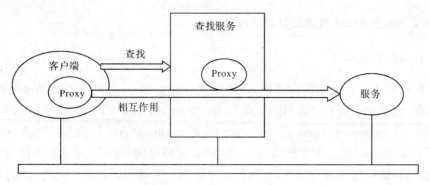

图 14-3　Jini 客户端查找过程示意图

而客户端正是通过这些服务的属性和接口来发现想要的服务。现存的服务发现框架缺少丰富的语言、表现力和工具,不足以表示宽广的服务内容和解释服务的功能和性质。在 Jini 体系中,服务的功能和性质在 Java 对象接口类型里描述的。

2) 缺乏有效的约束和匹配能力

Jini 的发现协议只进行服务描述的精确匹配和简单的约束概念。例如,客户端要寻找一个支持 B/W 的打印机,但是如果不存在 B/W 打印机,将不会返回其他彩色打印机服务。Jini 的发现协议只通过语义上的精确匹配去发现一个服务,因此,它缺乏一种近似匹配的能力去寻找可用的服务。同样,协议允许发现一个给定位置或给定打印队列大小的打印机,但是协议没有足够的能力查找一个既近而且打印队列小的打印机。

3) 缺少一定的社会行为能力

实际上,Jini 的 Client 通过到查找服务中下载 Services 的 Proxy 与 Services 进行通信是对 Java RMI 的一种扩展。这表明 Jini 依然使用 Client-Server 模式来运行在线服务。为了做到更加自然和本能的共享网络资源,我们需要采用更加动态的社会行为,如走出去、思考和协商等,从而达到网上更具有现实社会的合作和竞争的能力。

4) 缺少降低网络流量的方案

虽然 Jini 作为一个动态的分布式系统是一个非常强大的框架,但它依旧采用传统的 Client-Server 分布式计算风格。因此,当客户端和服务器端之间有大量的数据需要传递时,网络带宽被大量占用和网络延时是不可避免的。

作为基于 RPC 的通信方式,即使最简单的事务在 Client 和 Server 之间也需要一些必要的数据流。如果是安全模式的 RPC,那么一个复杂的事务可能需要成千上万的数据流。而这个可以通过一个移动 Agent 来做相应的工作,从而降低带宽阻塞,尤其在低带宽的环境下。

14.1.2　移动 Agent 技术及其局限性

1. 移动 Agent

在展开 Agent 技术研究之前,首先定义什么是 Agent,目前有关 Agent 的定义很多,也不尽一致。在著名的文章"it an Agent,or just a Program？ A Taxonomy for Autonomous Agents"一文中,Stan Franklin 和 Art Graesser 对 Agent 进行了定义:Agent 是一个系统内置于环境中或是环境的一部分,并感知和自动响应所处环境,执行它自身的任务,从而在以后影响它所感知的环境。此外,他们还列出 Agent 应具有的属性,这些属性也可以作为分类的依据。

(1) 响应性(reactivity):Agent 必须对来自环境的影响和信息做出适当的响应。其行为通过触发规则或执行定义好的计划来更新 Agent 的事实库,并发送消息给环境中的其他 Agent。

(2) 自主性(autonomy):一个 Agent 能在没有与环境的相互作用或来自环境的命令的情况下自主执行任务。这是 Agent 区别于普通软件程序的基本属性,也是 Agent 最重要的特性之一,而且任何其他程序单元无法访问其操作,具有更好的封装性,因而也具有更高的安全性。

(3) 主动性(proactivity):Agent 不仅对环境变化做出反应,而且在特定情况下采取主动行为,这种自身采取主动的能力需要 Agent 有严格定义的目标。

(4) 时间连续性(temporal continuity):传统的程序由用户在需要时激活,不需要时在运算结束后终止。Agent 与之不同,它可以至少在"相当长"的时间内连续运行。

(5) 社会性(social ability):可以应用 Agent 通信语言与其他的 Agent 进行交互。

(6) 适应性(adaptively):Agent 应该能够根据自身的经验进行自我调整,以适应新的环境。

(7) 可移动性(mobility):Agent 具有在计算机网络中进行移动的能力。

(8) 伸缩性(flexibility):Agent 的行动不是编写好的。

(9) 个性(character):Agent 可信的个性和情感状态。

按照他们的观点,前四种属性是 Agent 的基本属性,而后面的几种可以作为 Agent 分类的依据。目前正在研究的 Agent 主要集中在以下七类:移动 Agent、协同 Agent、智能 Agent、界面 Agent、信息 Agent、响应 Agent 和混合 Agent。

由于软件 Agent 还是一个处于不断研究更新的技术,因此目前已经实现的 Agent 系统的框架和现实差别很大。这些差异妨碍了各类系统之间的互操作和 Agent 技术的发展,为此强烈需要为软件 Agent 制定一个通用的互操作基准。目前有两个组织在负责 Agent 技术的标准化：智能物理 Agent 基金会（Foundation for Intelligent Physical Agents，FIPA）制定的 FIPA97 Specifications、FIPA98 Specifications、FIPA99 Specifications，对象管理组织（Object Management Group，OMG）的移动 Agent 系统协同工具（mobile Agent system interoperability facility，MASIF）。

　　其中，FIPA 主要进行智能 Agent 基本能力的标准化工作，它从不同方面规定或建议了 Agent 在体系结构、通信、移动、知识表达、管理和安全等方面的内容，对于 Agent 技术起到很大的推动，其中 Agent 管理、ACL、Agent 安全管理和 Agent 移动管理与移动 Agent 技术关系较紧密。

　　OMG 的 MASIF 规范则负责定义异质移动 Agent 平台间的互操作性。它规定了通用概念模型，基本涵盖现有移动 Agent 系统的所有主要抽象，定义了固定 Agent、移动 Agent、Agent 状态、Agent 授权者、Agent 名字、Agent 系统、位置、域、代码库和通信基础等一系列概念。MASIF 最大的贡献是定义了两个标准构架：MAFFinder 和 MAFAgentSystem，通过 IDL 对它们的属性、操作和返回值进行了明确的规定。

　　虽然这两个标准有很大差异，但是人们正在研究它们的互通甚至综合，可望在若干年之后形成一个统一的标准。

2. 移动 Agent 的局限性

1）不同厂商的移动 Agent 系统不兼容

　　目前在工业界和学术界开发了许多移动 Agent 系统，但大多数 API 不相同，这就阻碍了它们之间的互操作。此外，由于移动 Agent 系统都采用不同的通信协议。使得不同提供商的 Agents 之间的基本通信都很困难，更严重的是，还没有一个能够接受多数 Agents 的公认的移动 Agents 系统。

　　总之，我们希望看到一个移动 Agent 系统能够接受其他移动 Agent 系统的 Agent 并与之通信，从而使 Agents 和 Agents 系统之间都能相互作用，从而能够利用其在整个 Internet 移动的优点。为了达到这种目的，Agent 软件提供商必须将 Agent 的基本 API 标准化，使这些 API 既简单又要有足够的可扩展性，允许 Agent 可以移动、持续化（persistent）、安全和互动。迁移和通信协议的定义必须保护互操作性。这些 API 还需要定义一些服务，如用于发现 Agent 系统与服务的目录服务和用于跟踪 Agent 在网络中位置的跟踪服务。

2）移动 Agent 系统与外界不能互操作

　　首先，Agent 系统离开周围环境的支持不可能完成任务。由于移动 Agent 代替用户在 Internet 上工作，因此，与周边环境相互作用，如打印服务、移动电话服务、存储服务等不仅是需要的而且也是不可避免的。目前有些移动 Agent 系统支持 CORBA,因此,从某种意义上它们能够与同样支持 CORBA 的外界对象通信。然而,这种方法并不能保证与代码移动需求有关的可伸缩性、可订制性和可重配置性的水平。因为当前的 CORBA 仅支持固定的 Client-Server 风格的计算,对移动计算支持不够。

其次,由于目前的移动 Agent 系统中没有一个共同的 Agent 平台框架,移动 Agent 和 Agent 平台之间的相互作用依赖于特有的移动 Agent 系统。这就意味着 Agent 平台提供的服务和移动 Agent 提供的服务基本上是私有的。但不管怎么说,一个移动 Agent 可能需要从其他的实体那里得到服务或者提供服务给它们。因此,一个简单的、有效的、通用的相互作用的体系是非常需要的。

3) 缺乏安全机制

安全性问题的解决是移动 Agent 技术被广泛接受的前提。例如,在一个基于移动 Agent 的电子商务系统中,保证系统和代表各种利益的 Agent 安全是进行正常商务活动的前提条件。正如前面所述,如何建立一个高效的安全体系;如何保护主机不受恶意 Agent 攻击而不过多地限制移动 Agent 的访问权限;如何保护 Agent 不受恶意主机的攻击;如何区分 Agent 是善意还是恶意,并避免恶意 Agent 像病毒一样在网络上传播,肆意攻击低层通信网络和其他系统。这些问题到目前为止还没有一个完善的解决方案,仍将是今后研究的关键问题。

4) 缺乏容错机制

系统的可靠性是一个关注的焦点,尤其在一个开放的、不可靠的环境中(如 Internet)。用户高度相信基于 Agent 的应用程序的前提是能够随时监控 Agent。因此,需要为用户提供一种合适的机制来远程监控在网络中遨游的 Agents 状态和所在位置。另外,当 Agent 移到一个不确定的甚至未知的网络上的主机时,它不能保护自己免受异常或失败。可能发生的危险的事件是:移动 Agent 所在的 host 垮台或者 host 断开与网络的联系;移动 Agent 本身垮了;移动 Agent 的 home 所在的主机关闭或与网路断开。

14.1.3　Jini 和移动 Agent 互补

(1) Agents 的移动性融入 Jini 体系中。发挥了两者的优点,实现了支持网络中断下的计算能力,动态部署软件,将 Agent 移到信息源所在地运行,减少了由于大量的数据交换造成的网络阻塞。

(2) Jini 方便了来自不同厂商的 Agents 之间的协同。Jini 提供了一个稳健的基础设施并通过查找服务来整合来自异构系统的 Agents 以及隐藏它们之间的不兼容性。

(3) 通过 Jini,移动 Agent 可以动态的发现 Agent 和服务。Jini 为服务和应用程序定义了一套发现协议,让它们通过查找服务来参与 Jini 联邦体系,并通过加入协议使得服务可用。而且,Jini 还为查找服务定义了一系列标准接口,客户端可以通过它们定位想要的服务。移动 Agent 能够利用这些优点去动态地查找、发现其他实体并可以与之通信。

14.2　基于 IP Internet 的 Jini 分布式体系分析和设计

14.2.1　Jini 分布式体系的实现机制

要研究 Jini 的分布式体系实现机制主要涉及服务的发现,即发现协议的研究;服务的加入,即加入协议的研究;服务的查找,即对 SUN 公司提供的 Reggie 查找服务应用研究。

1. 发现技术的基础:单播和组播

1) 组播请求协议

组播请求协议是服务发起的协议,在服务需要发现所有已在本地网络中运行的查找服务时使用。协议的实现是使用底层的组播功能,因此不需要 Java、RMI 或 CORBA 等各种复杂的协议。通常情况下组播请求协议运行在标准 TCP/IP 环境中,这时组播 UDP 数据报文被作为协议的基础,下面讨论在组播 UDP 上的实现。

2) 通信流程

启动服务(为清楚起见这里称为发现者)把自己设置为可同时发送组播消息和接收单播消息,方法是创建两个套接字,一个用于向外发出 UDP 消息,另一个用于传进来的 TCP 消息。同样,参与到组播请求协议中的查找服务也创建两个套接字,一个用于接收组播 UDP 消息(它加入以特定组播地址标识的组播组),另一个用于向外发送 TCP 消息,这两个套接字与服务方的两个正好对应,如图 14-4 所示。接下来发现者发出组播请求消息,其中包含发现者感兴趣组的集合。这个消息必须能够放置在一个报文中,以使它可被包含在一个 UDP 组播数据报消息中。这个要求的原因在于,UDP 不保证封装在多个报文中的可无丢失地按序到达,而通过简化消息可使 Jini 避免消息丢失。

更进一步,消息只包含简单数据类型(无对象),原因是为易于实现,发现协议只设计了很简便的实体,由于这些实体可能没有可用的 Java 虚拟机,发现请求不能利用 Java 序列化或其他特性。

3) 报文格式

报文由三部分组成:Header、Groups 和 Heard From。

Jini 要求任何通过组播发送的消息,最大只能是 512 字节。由于请求报文中

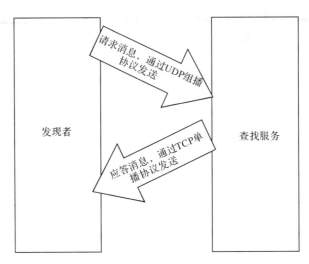

图 14-4　组播请求协议

有两部分是可变长度的,单独的一部分或两者之和都有可能会引起报文的长度超过 512 字节的限制。Jini 发现规范指出,如果是"组"部分使报文超过了 512 字节,则发现者会执行多次请求,每次请求包含组总集合的一个子集,而且各不重叠。

如果是 Heard From(已回复者)部分使报文超过了 512 字节,则那些发现者已接收到的查找服务 ID 必须被去掉一部分。注意这部分作用只是优化,从列表中排除一些查找服务不会带来"故障"。至于发现者如何排除查找服务取决于它自己,但简单地把报文截为 512 字节并不可取,无论用什么方法,报文格式必须正确,Heard length(已回复者的长度)必须与服务 ID 实际数目匹配,并且服务 ID 不能不完整。

在查找服务接收到组播请求后,就可以回复发现者。为完成回复,它首先要创建回复消息的目的地址,端口号可从请求中得到,而主机地址要通过检测请求的来源,使用 java.net.DatagramPacket 上的 getAddress( )方法获得。

它发出的消息基本与单播发现协议中使用的应答相同,这次应答把序列化的查找服务代理传送回发现者,发现者可重建对象并使用查找服务。

4) 使用组播请求协议

在发现者设置好发送请求和接收应答之后,它就定期发送组播请求消息,这个消息被发送到 Jini 查找服务监听的已知地址(IP 地址为 224.0.1.85,端口号为4160)。请求间隔的时间取决于服务,不过 5 秒是比较合适的。在收到应答时,发现者就把所发现的查找服务的服务 ID 加入到已回复的查找服务列表中。一段时间之后,发现者停止使用组播请求,认为它找到已运行的所有活跃的查找服务。

尽管服务使用多点请求的时间取决于自己,Jini 规范还是建议使用 7 次,然后就可以停止发送消息,并关闭用于接收请求的套接字。这时大多数发现者都将切换到监听组播通告消息的模式,用以感知将来启动或重新连入网络的查找服务。

我们在描述加入协议时已经提到,服务在发起组播请求前应该等一段随机的时间,这段时间有助于减弱在停电或其他严重故障后可能出现的"报文风暴",避免对网络的冲击。

5）组播通告协议

组播通告协议供查找服务用来向所有其组播范围内的正在监听的感兴趣方通告其存在。组播请求一般只用于服务的启动阶段或服务希望加入的组集合发生变化时,与之不同,组播通告协议在查找服务的整个生存期都被使用,查找服务将定期向所有接收器通告自己的存在。

6）通信流程

通告协议比请求协议稍简单些。查找服务创建一个组播 UDP 套接字发送消息,并创建一个单播 TCP 套接字,在其上接收来自兴趣方的消息。在这里,仍将希望接收到新查找服务通告的服务或其他应用程序称为发现者,它创建一个套接字用于监听组播 UDP 通告。当发现者接收到不是已回复者查找服务的通告时,它可以创建 TCP 套接字并向查找服务监听请求的 TCP 套接字发送 个消息,与此查找服务建立联系。组播通告协议基本通信流程如图 14-5 所示。

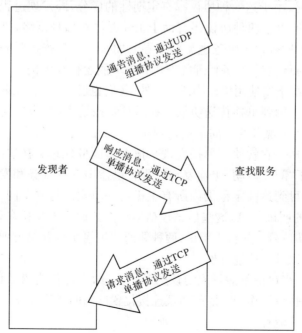

图 14-5　组播通告协议基本通信流程

7）报文格式

报文格式由两部分组成：Header 和 Groups。

8）使用组播通告协议

当查找服务启动时，它创建一个 UDP 组播套接字，用它来发送通告消息，这个套接字被绑定到一个已知的地址，发现者用此地址监听通告（如 IP 地址为 224.0.1.84，端口号为 4160）。同时它还创建一个 TCP 套接字，用于监听发现者传来的单播消息，这里的发现者是指那些已接收到查找服务的声明，希望通过单播发现获取其服务代理的实体。接下来查找服务就定期发送通告消息，发送的间隔时间取决于查找服务，不过 Jini 建议使用 120 秒。希望接收通告的发现者创建一个组播 UDP 套接字，并将此套接字加入到查找服务用于发布通告的已知组播地址。当发现者在此套接字上接收到声明时，它先检查消息中包含的服务 ID 以及组列表，如果服务 ID 是发现者已知的，或者组列表中没有发现者感兴趣的组，则忽略掉这个消息，否则它把此服务 ID 加入到自己的已回复者 ID 列表中，启动单播发现来获取查找服务的代理对象。

和组播请求一样，标准 Jini API 也为组播通告提供了便利的方法。事实上，组播请求和组播通告之间的区别对程序员来说是隐藏的，它们都使用 Listener 形式的接口。

两种组播协议都只适用于需要彼此发现的查找服务和其他 Jini 服务位于同一局域网的情况，由于这两种协议都有定期性的成分，即发现过程在一定时间间隔后继续进行，所以这两种协议还有助于 Jini 群体在出现网络、机器或软件故障时修复自己。不过有时候服务也需要搜寻或加入一些其查找服务不在网络上邻近的组，服务需要获取其服务代理的查找服务可能运行在大楼的另一端或是更远的地方，这种情况下要使用单播协议。另外，我们也已经看到，在两种组播协议运行的过程中，也会用到单播传送协议。在运行组播请求时，服务代理的传送使用了从查找服务到发现者的半向单播发现协议；而在组播通告中，当发现者接收到查找服务的通告时，它就使用单播发现来请求其服务代理。在这两种情况下，组播协议只是用于"间接启动"单播发现过程。组播中查找服务和发现者可彼此找到，是基于组播可到达一定范围内所有主机这一事实。与之不同，单播需要有关查找服务位置的明确信息，这些信息包括运行查找服务的主机名称，以及查找服务监听请求的端口号。从根本上说，两种偶遇的组播协议就是方便地提供查找服务的位置信息，以继续单播发现。

接下来我们来讨论单播发现协议的基本内容，它可作为组播请求、组播通告的一部分使用，也可以作为"独立"协议连接位置已知的查找服务。

9）单播通信流程

单播发现协议十分简单，它包括一个发向查找服务的简单请求和一个返回给发现者的响应,响应中通常包含查找服务的服务代理。起始的请求有很多来源。如果单播发现是作为"独立"协议使用,则发现者已经通过某途径(可能是用户直接配置)获得了查找服务的位置(主机名和端口号),接下来它请求与找服务的连接,查找服务响应其代理。图 14-6 表示了单播发现协议的通信流程。

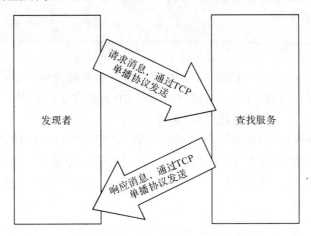

发现者　　　　　　　　　　　　　　　　　查找服务

请求消息,通过TCP单播协议发送

响应消息,通过TCP单播协议发送

图 14-6　单播发现协议的通信流程

如果单播发现是作为组播请求协议的一部分使用,则组播请求消息是单播发现的起始请求,它包含了查找服务以其代理进行响应所需的所有信息。图 14-4 描述了组播请求协议的全过程,协议中的最后一个消息是单播发现的响应。

如果单播发现是作为组播通告协议的一部分使用,则协议工作方式与独立的情况相似。通告过程公布了查找服务的位置,发现者就可以自由使用完整的单播发现过程来获取服务代理。图 14-5 表示了组播通告协议的全过程,第二部分就是单播发现。

在各种情况下,查找服务都能通过获取请求的来源来判断发现者所在的主机(用于传送回其服务代理),不过查找服务还要知道发现者监听其响应的端口号,当单播发现用作"独立"协议或组播通告的一部分时,查找服务总是连接发现者主机的缺省端口(4160),而当单播发现被用作组播请求的一部分时,端口号作为一部分包含在最初的请求消息中。

10) 报文格式

报文由两部分组成:Service proxy 和 Groups。

11) 使用单播发现

前面已提到,单播发现可作为其他协议的一部分使用,发现者可使用多种方式启动单播发现:组播请求、组播通告或直接启动。直接启动发现意味着发现者已经知道查找服务的位置,并向它发送了单播发现请求。这个位置可能由用户提供,或是作为发现者固定配置的一部分。

查找服务按前面介绍的响应格式应答。在发现者接收到响应后,它把其中的 Marshalled Object 取消序列化,然后调用 MarshalledObject 支持的 get( )方法获取真正的服务代理。这个代理实现了 net. Jini. lookup. ServiceRegistrar 接口,可用它与查找服务通信。

2. 发现的概念

发现是 Jini 应用在它们所在的群体寻找查找服务的过程。Jini 群体是网络上可用的(彼此间以及对于应用)一组服务,群体中的所有成员对于其他成员以及可访问群体的任何应用都是可用的,也是可见的。

发现过程的设计使得服务在启动时,不必知道存在什么群体,可以缺省地找到"邻近"的查找服务并在其中注册。广义上发现有两种基本形式:一种形式是用于支持服务和查找服务间偶遇的交互;另一种形式是用于从 Jini 服务到查找服务的硬连接。

1) 偶遇发现

偶遇的交互是指查找服务和 Jini 服务在没有预先配置或事先相互不知道的情况下彼此找到,即没有明确指明要搜寻对方情况下彼此发现。

这种发现形式一方面用于服务在启动并需要找到与其邻近的可能运行的所有查找服务,另一方面用于查找服务在启动并要通知已运行的 Jini 服务它的存在时,以防止这些服务在所有查询服务中注册。新加入服务发起的和查找服务发起的发现,实际使用是不同的协议,但比较相似,主要是基于两种协议:组播请求协议和组播通告协议。

两种偶遇发现协议都使用 IP(Internet protocol)组播功能。组播支持发送一个可被任意多个实体接收的消息。它不是广播,因为它不是到达网络中所有实体,它只发送到那些在明确等待的实体;它也不是单播,单播需要分别向每个接收者发送消息,并且要求发送方事先知道每个接收者的 IP 地址。组播有效地利用网络资源,因为在可能的情况下,发送到多个接收者的消息都是以单个消息在传输(当然,如果两个实体在完全不同的网络中,某处的组播路由器就必须复制一个消息送到第二个网段的接收者)。

Jini 使用的组播方式是基于 UDP/IP 协议的。UDP 提供了无连接、不可靠的传输,即 UDP 不保证发送的报文能正确到达,也不保证报文序列按发送的顺序到达。通常使用的单播 UDP 也具有同样的属性(不过要注意,UDP 在实践中相当可靠)。

在 UDP 组播中,一个特殊范围内的 IP 地址用做组播组,感兴趣的实体可以通过监听发向该 IP 地址的消息来加入一个组,而送向该 IP 地址的任何消息都会被所有接收器接收。

　　每个通过组播的消息都有一个相关联的范围,它用于限制消息被传输的距离。限制范围的好处是,一个被一组主机用做组播组的 IP 地址,对于其他使用相同 IP 地址的一组主机可能是不可见的,如果主机彼此间隔足够远而消息被限定在一定范围,则它们彼此无影响。这样,范围就有效地限制了组播组的"视野",从而使用于组播的地址可以在 Internet 上多次重用,厂商也不必为哪些组播地址为哪个组织占有而协商(这种情况与用于把主机名与 IP 地址联系到一起的域名系统不同,那些地址要在网络上全局可见,必须通过集中的机构注册占有)。限制范围也使得路由更为有效。在发送方向组播地址发送消息时,它不必事先知道哪些实体加入了组中(即监听此地址)。如果路由器必须向 Internet 上所有站点发送消息寻找接收者,则 Internet 会受到影响。而通过发送者设置其消息的范围,使得 Internet 的路由机构只让消息到达一定的区域内。在 UDP 组播中,消息的范围通过指定 IP 的存活期(TTL time-to-live)参数来设置,消息的 TTL 标识它可以走多少步(hop)。当消息在网络中路由时,它每经过一个路由就使其步计数增加 1,当步计数超过了 TTL 时,消息被丢弃。设置 TTL 限制了组播消息到达的范围,TTL 设为 1,则消息只能到达相同网段的机器,而足够大的 TTL 就可使消息遍历 Internet。换句话说,用 TTL 就是设置兴趣方可接收消息的"半径"。网络管理员也可以控制消息的范围。路由器可被配置为把一定"半径"范围外的报文丢弃,以防止恶意的发送者故意制造报文风暴。因此,网络上某个主机"邻近节点"的概念,很大程度上取决于网络的配置。

　　2) 服务发起的发现

　　当新的服务启动并准备加入附近的群体时,它使用组播请求协议来寻找附近所有在运行的查找服务。正如其名称的含义一样,此协议用 IP 组播协议来寻找查找服务。服务向一个已知的组播地址发送组播消息,这个地址事先由所有的 Jini 查找服务和其他服务约定,而消息被限定为只能到达一定的距离内。范围限制了发现请求只能到达与服务运行在相同子网内监听某组播地址的查找服务,这就是 Jini 服务找到邻近查找服务所采用的方式。在查找服务接收到一个组播发现请求时,它直接连到请求的服务并发送一个单播消息(点到点)进行应答,这个消息包含了查找服务的代理对象,服务可通过它访问查找服务。此应答可能要等一小段时间,这和网络延迟以及运行查找服务的机器的速度有关。

　　3) 查找服务发起的发现

　　查找服务定期用组播通告协议,这个协议的工作方式与组播请求协议十分相似,只不过是由查找服务自己发起。在组播通告协议中,网络中感兴趣的各方在一个已知的组播地址上监听有关查找服务存在的通告,所有查找服务都定期向此地址发送组播消息,消息被限定了范围,因此只能到达局域网的兴趣实体。一旦兴趣方接收到查找服务存在的通告,它就可以向查找服务请求服务代理。它使用直接单播连接来访问查找服务,查找服务传回代理对象,客户可使用此对象与查找服务进行通信。那么为什么查找服务不在通告其存在时直接多点发送其代理对象呢? 这样感兴趣的接收者就可以立即得到其代理,而不必再用其他的消息来获取。Jini 不采用这种方式的原因有两个,其一是组播的通告很小——它们可放在一个网络报文中,因为除了服务重启或重新连入网络,大部分情况下的通告都是无用的,所以保持通告消息尽可能小,可以显著减小网络的流量。其二是组播消息必须保持合理的大小,这个原因更重要。组播协议自己规定的最大报文尺寸就相当小,而序列化的代理对象可以任意大,因此没办法保证它会位于组播消息限制的范围内。

4) 直接连接

发现的第二种形式用于从 Jini 服务到查找服务的直接连接。与偶遇形式下服务要找到邻近的任意和所有的查找服务不同,直接的形式允许服务访问它们事先已知道的特殊查找服务,发现的这种形式使用自己的协议,为指定查找服务,它具有基于 URL 的命名机制,与发现的偶遇形式使用的协议不同,它是基于单播发现协议的。这三种协议(两种偶遇的和一种直接的)加到一起,构成了发现的核心。

除了在组播地址上监听来自其他服务的组播发现请求外,每个查找服务还要在一个正常的单播地址上监听,这个协议被称为单播发现协议,任何服务都可以直接连接这个地址访问查找服务,从这个意义上说,此协议不能叫做"发现"协议,它只是访问一个已知的查找服务去下载它的服务代理。客户向查找服务发消息,然后查找服务返回其代理。

单播发现是基于 URL 命名机制的,用 URL 命名查找服务的格式例如:Jini://166.111.180.86:4160/foobar。协议名 Jini 指出此 URL 代表了 Jini 查找服务,第二部分是主机名,上例中是 Jini://166.111.180.86,再后面的冒号和数字是可选的,如果有,它表示查找服务在哪个端口上监听。端口 4160 是 Jini 查找机制的缺省端口。最后一部分 URL 的合法部分,此例中为/foobar,不过通常在 Jini 中并不使用它,所以不能作为 Jini URL 规范的一部分。Jini 查找服务一般不能通过名字寻找,因此 URL 中跟在主机和端口后的部分是多余的。

3. 发现机制的要求

Jini 发现机制有一些重要的要求,在各单独的协议内都有体现。发现应该足够灵活以支持多种群体拓扑。发现应该有助于从网络断连或机器失败的故障中恢复。发现应该足够"轻便"。以能轻松运行在计算能力有限的系统中。灵活性的要求来自于发现所使用的协议,以及应用协议方式的多样性,发现协议支持三种不同形式的交互,服务发起的对查找服务的请求。查找服务发起的向其他服务的通告。在查找服务和其他服务之间直接连接。

前两种方式支持以网络边界自然划分的群体,而最后一种方式支持任意的连通性。Jini 服务可在很远的查找服务上注册,甚至是全世界范围的。恢复(recovery)功能主要靠两种偶遇的协议来完成。如果 Jini 服务从网络断开,然后又连入网络,则它可以向所有邻近的查找服务发出请求,重新加入它所在的群体。在查找服务启动或重新连接到网络时,它可以通告它的存在,以允许其他服务利用它的功能。我们将会看到这些协议本身十分小,它们可运行在十分有限的系统中,这样的系统可能只有很小的网络协议栈和有限的计算能力。

14.2.2　存在的问题

1. 组播限制及原则

前面已经提到,组播协议要求所有组播数据都必须放置在最大长度不超过512 字节的报文中,其原因在于组播是基于 UDP 的,UDP 不能保证一个报文序列能以正确的顺序到达,甚至不能保证全部到达,Jini 不是采取在 UDP 组播基础上建立更复杂控制协议的办法来保证多个数据正确到达,而只是要求每个消息都封装在单独的报文中,从而每个报文都能在无其他上下文的情况下被接收者理解。提出 512 字节的要求原因在于,这是 IP 各种实现所能管理的最小尺寸,这样无论使用什么样的传输介质,IP 都能保证小于这个尺寸的报文能完整地到达。在使用组播协议时,发送方应注意保证限制传输报文的到达范围,以防止大范围"淹没"网络。Jini 规范中并未管理消息的范围问题,不过在 UDP 组播环境中,TTL 值建议使用 15。Jini 采取的方法是用于通信的协议可能运行在不可靠的面向非连接的传输层上,这样的传输不保证报文传送的顺序,通过提供这种对网络的"最低要求",Jini 概念可很好地建立在其他传输方式上。

2. 组播的路由结构

尽管绝大部分新的 IP 路由器都支持组播,但现在的网络上仍然有一些旧的机器不支持。如果连接两个网段的路由器不支持组播,则从一个网段发出的组播数据不能转发到另一个网段(不过在第一个网段中仍有效)。

如果网络是这种情况,有几种可选的方案。第一种办法就是在每个网段都运行同一查找服务,这意味着只有同一网段的服务可彼此找到,除非是为每个查找服务提供其对等体的名称,使用单播发现使它们相互加入,从而组成联邦。第二种办法是即使路由器不支持组播,也可以在两个网段之间"搭桥",使组播数据彼此交流。在 IP 组播中,这个技术被称为组播隧道技术(tunneling),你只需创建一个加入组播组的程序,它把接收到的所有消息都转发到另一网段中某主机,同时它还从一个标准套接字读取数据,把接收的消息中继到组播套接字。通过在两个网段中分别运行这个程序,就可以实段中使用同一地址的组播数据之间的联系了。

14.2.3　设计 Jini 查找服务的网络拓扑结构

1. 可能的拓扑方案

为了使 Jini 服务能够在整个 IP Internet 中使用,改变在当前网络设备、局域网配置和 IP 协议的限制下,基于组播技术的 Jini 服务只能适用于局域网的现状。我们可以从两种途径来解决问题:一是通过大规模地更新整个 Internet 的硬件设备使之适合于组播,但是目前这种途径的可行性几乎为零。不过随着 IPV6 技术的发展和完善,这种途径在不远的将来可能成为现实。二是通过对查找服务分布的网络拓扑进行研究和比较,找到一个实用的拓扑结构实现在整个 IP Internet 上模拟组播的功能。根据 14.2.1 节有关查找服务的论述,查找服务中注册的对象也可以是其他查找服务,通过这种方法可以实现查找服务的层次树结构。由于存在多种可能的拓扑方案,因此需要对这些方案进行比较,找出可行解和最优解。

方案一

在全国范围内,(主要指本章的课题)为提供设备资源共享服务仅创建一个 Jini 群体,并在公网中设立几个有限的查找服务,用于负责所有服务的映射;同时使每个服务都配置有一组 URL,分别指向支持此群体的查找服务。这样,全国仪器资源就是一个大的 Jini 群体(图 14-7)。该方案优缺点如下所述:

(1) 优点。在一个查找服务所在的服务器或网络崩溃的情况下,可以利用其他的查找服务继续维持工作。

(2) 缺点。所有查找服务的负载都很重,因为每个查找服务都持有全部可用的服务。而且系统面对的是全国高校设备资源,因此对查找服务所在服务器的运算能力提出很高的要求。

首先,它违背了资源使用的就近原则,如果某实验室想通过该系统使用一台本校的仪器,但是由于已经被其他单位占用,就不能使用眼前的服务了。其次,一旦这些有限的查找服务所在的网络出现异常,可能造成附近资源不可用的情景。

这种设置也增加了管理的负担,服务提供者启动服务时都需直接配置查找服务的 URL。

方案二

把各群体互联起来创建群集,使其能自然反映工作模式。在这种方案中,每个部门都可能有自己的 Jini 群体,它只支持本地可用的服务。由于这些服务只与

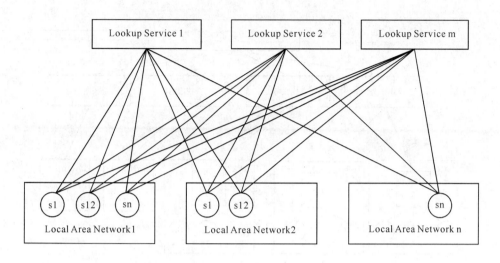

图 14-7　每个服务都配置一组指向一组查找服务的 URL 的拓扑图

s1、s2 等表示局域网中的 Jini 服务

本地的查找服务联系,因此没有多余的管理。同时在全国设定几个分中心查找服务,这些查找服务支持对该中心所辖区域的 Jini 群体的管理,并将所辖区域的所有查找服务的服务通过组播隧道技术映射到对应的分中心查找服务中。为了做到能够共享其他分中心的查找服务中的服务,需要再设立一个全国范围的中心服务器,用于专门映射分中心的查找服务。

　　根据以上描述做出图 14-8,具有查找服务的层次树结构。在该图的根节点和子节点之间,查找服务在层次树的根节点注册;在第二层和第三层的查找服务通过组播隧道技术将各个局域网的服务动态的映射到第二层的查找服务中。因此,客户端不仅可以查看本地的服务,还可以到更高层的查找服务去寻找(通过搜寻)。该方案的优缺点如下所述:

　　(1) 优点。本方案采用层次树的拓扑结构,使得整个体系更加符合目前仪器设备资源共享的组织形式。

　　系统在树的底层和顶层采用不同的技术手段,在树的底层使用组播隧道技术能够将多个 Jini 群体形成一个新的大 Jini 群,使得一个分中心的仪器资源服务的查找与在一个局域网类似,即在分中心的查找服务映射了其下的各个局域网的所有服务,方便查找。

　　在树的顶层只是将各分中心的查找服务的 Proxy 注册到中心服务器。这样做的好处是中心查找服务只提供一个媒介,为客户端通过中心查找服务过渡到其他分中心查找服务提供中介。

　　由于采用该机制,意味着即使到总部的网络连接不通,本地群体中的服务也总是可用,每个群体都能自治地运作,即使与其他群体隔离也不影响内部工作。

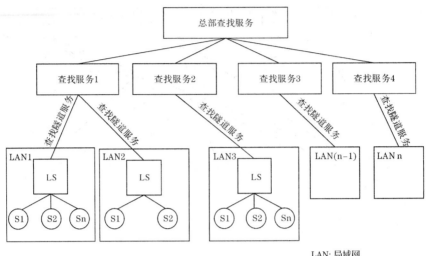

LAN: 局域网
S*：服务
LS：查找服务

图 14-8　查找服务的层次树结构

这种方案使得客户端在寻找服务的时候,只需要在联合的查找服务中设置明确 URL 即可,这种方案也使必要的管理工作量大大减少。

(2) 缺点。随着树层数的增加,人为参与管理的工作量将增加。

方案三

采用星型的拓扑结构(图 14-9),该方案将所有的本地群体都连接到一个集中的群体,该群体的任务就是维护所有其他群体的引用。其实是第二种方案的简化,基本原理是一样的。方案的优缺点如下所述:

(1) 优点。人工维护成本低、管理方便,即使到总部的网络连接不通,本地群体中的服务也总是可用,每个群体都能自行地运作,即使与其他群体隔离也不影响内部工作。

(2) 缺点。存在非常严重的瓶颈,并且中央查找服务的运行性能要求相当得高。

由于该方案能够基本反映方案二的特点而且层次少,对于构建一个实验环境比较合适,因此在本章的原型系统中,采用了方案三作为 Jini 体系的拓扑结构。

2. 分布式框架的重新设计(层次树的算法实现)

由于本章采用了层次树的拓扑结构,为此,需要为客户端提供一个智能搜索服务的算法。以下是算法的伪代码:

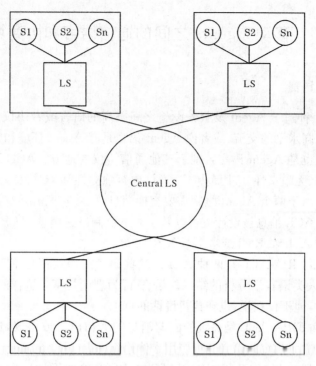

图 14-9　查找服务的星型结构

```
findServiceInTree(The Service)
{if Exist The Available Service in LAN
then return The Proxy of The Available Service;
else if Exist Available Service in Second Layer Ls
then return The Proxy of The Available Service;
else goto Central LS;
for(i = 0;i<NumOfSecondLayerLSInCentralLS;i + + )
{if Exist Service in other SecondLayer LS
then return The Proxy of The Available Service;

}
return null;
}
```

14.3　移动 Agents 之间的通信语言和协商算法

14.3.1　通信语言

ACL 是一种适于 Agent 及服务设施之间协商的语言或者协议。Agent 之间的通信是一个高水平的交流，或者说 Agent 语言是有 Agent 环境和知识的涵义丰富的陈述。这也是 Agent 语言区别于其他通信协议的地方。ACL 语法和语义应该尽可能简洁、无歧义性、应用范围广、通信内容独立性强、支持良好的互操作性、响应迅速等。由于两个 Agent 之间需要交换消息，因此它们需要有共同机制用于消息的传递。ACL 消息被设计成可以基于以下机制发送消息：TCP/IP、OSI 的七层模型、CORBA、Java RMI 或者 UNIX RPC 等。

KQML 和 FIPA-ACL 是两种 ACL。这些语言或协议都是基于语言-行为理论，该理论是人类语言学分析的结果。语言-行为理论是基于这样的一个原则：当一个人讲话时，他不仅在说，也在执行说话的意思。

KQML 和 FIPA-ACL 是高级的面向消息的通信语言或协议，这些用于信息交换的语言独立于内容的语义和可应用本体论（applicable ontology）。因此，它们独立于各种传输协议，如 TCP/IP、SMTP 或 IIOP；独立于消息内容所采用的语言，如 SQL、LISP 等。

1. KQML 简介

KQML 是用于交换信息和知识的语言和协议。它是美国国防高级设计研究署（Defense Advanced Research Projects Agency，DARPA）机构的子部门知识共享小组（knowledge sharing effort，KSE）工作的部分成果。KSE 的目标是开发和研究一些技术或方法论用于建立一套能够被共享和重用的大规模知识集的基础。KSE 的核心概念就是通过基于通用的语言或可翻译的语言通信，达到知识的共享。

KQML 语言可以定义为是一种层次结构型的语言。KQML 可以分为三个层次（图 14-10），从里到外依次为内容层、消息层和通信层。内容层描述的是 Agent 传递消息的真正内容，这些内容可以用实现 Agent 的编程语言来表示。KQML 可以采用任何形式的语言（无论是 ASCII 字符串还是二进制流）来描述，使得 KQML 的语言实现形式与内容层的含义无关，增强了异构 Agent 之间的交互性。消息层是 KQML 结构中最为重要的部分，它确定 Agent 传送消息所使用的协议以及提供消息内涵所对应的行为原语。消息内涵对于 KQML 是完全透明的，因此，消息层还包括对消息内涵的语言、采用的 ontology 等属性的描述。通信层是对参与通信双方（即移动 Agent 之间或移动 Agent 与 facilitator 之间）的通信属性进行编码,如确定发送方或者接收方的身份、此次通信的唯一性标识等。

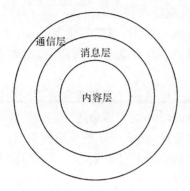

图 14-10　KQML 层次结构

　　KQML 的语法很简单,是由一些基于数据结构的"表"组成,即由一对圆括号括起来的表构成,表的起始处为原语名称,其余部分由一组":关键字值"形式的参数表构成。KQML 中预先定义了一些原语,这些原语并非实现的最小子集,用户可以根据需要进行扩充,但是如果选择了 KQML 中的预留原语就必须遵循 KQML 的标准。一个典型的 KQML 消息包含以下内容:

```
(ask-one
:sender Agent1
:content (meaningful content)
:receiver Agent2
:reply-with id1
:inReplyTo id2
:language jmal
:ontology tricks)
```

　　在这个消息中,KQML 的行为原语(performative)是 ask-one,内容是 meaningful content,在查询中呈现的 ontology 由字符串 tricks 标志,消息的接收者和发送者分别由字符串 Agent2 和 Agent1 标志,查询使用的语言是 jmal。
　　:content 关键词的值是在内容层,:reply-with、:inReplyTo、:sender 和 :receiver关键词的值构成了通信层,而行为原语 ask-one、:language 和:ontology 构成消息层。

　　2. FIPA ACL 简介

FIPA ACL 与 KQML 非常相似。除了对预留原语的命名上有所不同之外,它们有相同的语法结构。外部层语言定义了消息预期的意义,内部层或内容层语言表述了说话者的信念、不确定性和意图。

FIPA 规范中对于 Agent 的心智态度描述为:

(1) 信念。表示一组 Agent 认为是真的命题,如果是假的命题,则 Agent 通过其否定为真表示。

(2) 不确定性。表示一组 Agent 不能确定真假的命题,但更倾向于真。而更倾向于假的命题表示为 Agent 不确定该命题的假。

(3) 意图。表示一种选择,或 Agent 愿望为真但目前非真的一个命题。接受了这种意图的 Agent 将形成一个行动计划,这一行动计划的结果将是它愿望的命题成立。

FIPA ACL 消息由一组核心的通信动作集合产生,FIPA Agent 之间是通过消息来相互影响,消息类型也就体现了通信动作类型。

FIPA ACL 在 Agent 的消息传输服务上定义了如下一组最小需求:

(1) 正常情况下消息服务是可靠、准确、有序的。

(2) 如果消息服务不能保证以上的要求,将通过消息服务界面以某种方式表现出来。

(3) Agent 将能选择是否暂停以等待消息结果,或同步执行其他无关任务。

(4) 传递消息动作参数,如可以指明等待回复消息的最长时间。

(5) 消息传递服务将负责向 Agent 汇报出错情况,如超时或接受 Agent 不存在等。

(6) Agent 之间可以不用关心对方的实际地址,消息传递服务将会根据 Agent 注册的唯一名而找到接受者。

对于兼容 FIPA ACL 的 Agent,FIPA 也规定了一组最小要求:

(1) Agent 在接收到不认识或不能处理的消息内容时,应有能力通知消息发送者 not-understand 消息。同时 Agent 应能处理这种消息。

(2) Agent 可以预先定义将要处理的消息类型和协议种类。

(3) Agent 应该执行与消息的通信动作类型及内容相一致的动作。

(4) Agent 可以扩展核心通信动作集合,但要保证对方能理解动作含义。同时不能与原核心动作集合相冲突。

(5) Agent 必须能在 ACL 消息与传输形式的字符序列之间正确地相互转换。

ACL 的消息结构如下所示:

```
(inform
        :sender  Agent1
        :receiver  ams
```

```
:content
    (register Agent1)
:language sl0
:ontology mas - application
)
```

其中 inform 表示消息动作类型,sender 和 receiver 分别是消息发送者与接受者,content 表示了消息承载的内容,language 是该消息所采用的语言,ontology 用来说明 content 所属的本体论。

3. 通信语言的确定

由于 KQML 在移动 Agent 系统中的广泛使用以及其相对成熟,本章采用 KQML 作为移动 Agents 之间通信的基本语言。

14.3.2　协商算法

由于设备资源服务的提供和使用类似于市场中的卖与买,而为他们提供交易的场所 AgentHost 类似于货品交易市场,因此当移动 Agent 代理用户行使协商机时,就要涉及如何通过使用算法最快地找到均衡点。目前市场中协商类型比较典型的是轮流出价协商模式。为此,以下几节将对现有的协商理论进行研究,并设计或寻找出一条适合于本系统的协商理论。

1. 现有的协商算法或策略

轮流出价协商(含讨价还价协商)的均衡战略研究主要可分为以下三类:

第一类是沿从博弈论的研究方法,即在形式化协商定义的基础上,依据一定的协商公理,加上合理的假设条件,产生协商定理。在这方面代表性的研究是 Nash、Rubinstein 和 Kraus。Rubinstein 研究的是以协商 Agent 的类型和最后期限是共同知识为基础的,且不考虑时间对协商结果的影响。Kraus 的研究是基于竞争对手可以相信的最强类型(the strongest type an opponent can be believe)的假设为前提,因此达成协议需要在固定的阶段。

第二类是主要依据经济理论和哲学理性研究方式来分析协商。上两类研究属于规范分析的范畴。Balakrishnan 模型是以心理学上平衡理论构建约束等式。模型中的协商 Agent 是通过一段时间的延迟后才会做出第一次行动,并且假定协商 Agent 的行动一定暴露其私有信息。

第三类研究者侧重于构建良好定义的收益函数,预定义合理的战略函数,从实证的角度构建协商战略模型。典型的研究有 Fartatin、MIT 的 Kasbah 项目和

Zeus。这类模型的战略是通过预定义合理的策略函数,综合考虑各因素的影响所组建的。

2. 协商算法探讨

比较上面提到的三类协商算法,我们发现前两类相对比较抽象和逻辑上证明更加准确,却与现实的协商过程有一定的差别;而第三类是基于实现角度的协商算法,更强调实用性。由于本章主要是从模拟现实的市场交易过程来实现移动Agent之间的协商,因此更倾向于采用第三类方法实现。

在现实的讨价还价过程一般包含以下几个步骤:首先是卖方在市场上摆摊,并将自己的货品放到架上;买方(即消费者)在该市场上寻找自己想要的货品;如果他看中某家卖方的物品在质量等要求上符合他的要求,则开始与卖主交流;其次进入物品的报价阶段,这里也有可能是卖主直接告诉买主该物品的价格,或者由买主首先询问卖主该物品的价格;最后进入讨价还价阶段,这个阶段双方都经历复杂的思维活动的过程,都在猜测对方的底线,同时由于双方对达成交易的迫切程度的不同,随着时间的推移,各自的让步程度是不一样的;而协商最终的结果可能成功也可能失败,如果成功当然各自完成一项任务,如果失败,则需要寻找其他的协商。

针对上面描述的讨价还价过程,我们可以总结出以下几个要点:协商之前买卖双方购买和销售物品类型和完成任务的时间已经确定。双方对任务的偏好不同,因此时间的推移对双方采取的策略也有类似的偏好。双方基本都是理性的,希望把任务完成。

3. 协商算法的设计

根据上面的阐述,协商的影响参数有价格、时间、资源的品质和任务偏好。以下将具体介绍各参数的含义和作用:

(1) 价格。用户可以设定两种价格:高价和低价。而根据买卖双方的偏好来分可以分为渴望价和底线价。对于买方来讲,高价是他的底线价而低价是他的渴望价;相反,高价是卖方的渴望价而低价是他的底线价。

(2) 时间。由于用户对资源的售出或买入都有一个时间截止期。超过该时刻,资源对于双方都可能没有意义。

(3) 资源的品质。可以从资源的使用时间、折旧率、品牌等方面考核。

(4) 任务偏好。任务偏好一般可以通过用户对交易时间推移产生的心理估价变动曲线表示。本章仅采用三类曲线:线性、二次曲线和三次曲线,它们反映了买入者不同的迫切程度如图 14-11、图 14-12 所示。

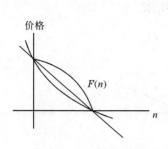

图 14-11 A 的可能曲线图

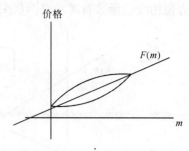

图 14-12 B 的可能曲线

以下定理都建立在人的所有报价行为是理性的。设卖方为 A，买方为 B。A 的高价是 $A_{\max}$，低价是 $A_{\min}$。B 的高价是 $B_{\max}$，B 的低价是 $B_{\min}$。

定理 14-1 无论如何，A 的报价总是在买方报价的基础上加价；相反，B 的报价总是在 A 的基础上减价。

由于谁先报价并不影响定理的结果，所以假设 A 先报价。

$$\text{Offer}B_n = \text{Offer}A_n - \beta_n, \quad \text{Offer}A_n > \beta_n > 0$$
$$\text{Offer}A_n = \text{Offer}B_n + \alpha_n, \quad \alpha_n > 0 \tag{14-1}$$

定理 14-2 在一次协商过程中卖方的报价总会比上次报价要低；相反，买方的价格总比上次要高。

公式表达

$$\text{Offer}A_n < \text{Offer}A_{n-1}, \quad n \geqslant 1, n \in \mathbf{N}$$
$$\text{Offer}B_n > \text{Offer}B_{n-1}, \quad n \geqslant 1, n \in \mathbf{N} \tag{14-2}$$

定理 14-3 在同一等级的报价中，卖方的报价总会高于买方的报价，并且最终双方报价差的绝对值会变小。

公式表达

$$\text{Offer}A_n > \text{Offer}B_n, \quad n \geqslant 1, n \in \mathbf{N}$$
$$\left| \frac{\text{Offer}A_{n-1} - \text{Offer}B_{n-1}}{\text{Offer}A_{n-1}} \right| > \left| \frac{\text{Offer}A_n - \text{Offer}B_n}{\text{Offer}A_n} \right|, \quad n \geqslant 1, n \in \mathbf{N} \tag{14-3}$$

当 n 足够大时，$\forall n$ 使得

$$\left| \frac{\text{Offer}A_n - \text{Offer}B_n}{\text{Offer}A_n} \right| < a$$

成立，$0 \leqslant a < 1$，a 为常数，a 称为协商的均衡点。

如果满足协商时的 $\text{Offer}A_n < A_{\min}$ 或者 $\text{Offer}B_n > B_{\max}$，则协商失败。

举例线性图形说明以上的定理：

根据定理 14-2 可得，当将 $\text{Offer}A_n$ 和 $\text{Offer}B_n$ 的正整数扩展到正实数，$\forall n$ 使得 A 找到一条随 n 的递减曲线（包括直线）$\text{Offer}A_n = f(n)$ 和使得 A 找到一条随 n 的递增曲线 $\text{Offer}B_m = f(m)$。

双方使用线性函数有解示意图如图 14-13 所示。

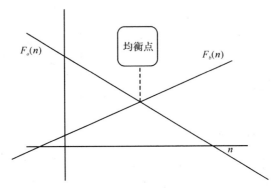

图 14-13 线性函数有解示意图

为此根据图解，我们找到两个一次函数作为 A 和 B 的使用偏好曲线

$$y_b = \frac{1}{4}x + 200$$

其中，$B_{max} = 600$，$B_{min} = 200$，x 是 n 的实数扩展。

$$y_a = -\frac{1}{2}x + 1000$$

其中，$A_{max} = 1000$，$A_{min} = 200$，x 是 n 的实数扩展。

实际上由于 A 出价时肯定要大于 A_{max}，才有可能获得 A_{max}，因此这里将 A_{max} 修整为 $A_{max} = 900$，其中的 100 是虚高值。同样如果 B 出价时，肯定会低于 B_{min}，因此将 B_{min} 修整为 $B_{min} = 100$。

算法实现：

```
set variable equilibrium = a //a 为均衡点
set static firstPrice = 0;   //第一次的价格
set static m = 0;
set static n = 0;

set variable firstFlag = 0;//是否为第一次报价的标志
set float previousPrice = 0.0;//前一次的价格

dealForB(m)
{nextPrice = ¼m + 200;//m 为交易的次数,m≥0,m∈N

  return nextPrice;
```

```
}

dealForA(n)
```
$$\{nextPrice = -\frac{1}{2}n + 1000; //n 为交易的次数 n \geqslant 0, n \in N$$
```
return nextPrice;
}
if(A 报价)then
{   m + + ;
call dealForB(m);
    if(firstFlag = 0)
    {firstPrice = Price;
    firstFlag = 1;
    }
}
else
{   n + + ;
call dealForA(n);
if(firstFlag = 0)
            {firstPrice = Price;
        firstFlag = 1;
            }
}
```
$$if(\frac{previousPrice\text{-}Price}{fiirstPrice} < a)$$
```
{if(PriceA≥Amin and PriceB≤Bmax)
    {return currentPrice;
}
    return failure;
}
else
{previousPrice = Price;
}
if(n>2000)//如果协商不能收敛, 则强行结束
return failure;
```

第 15 章　基于集成的制造资源可重构性技术

随着全球经济竞争越来越激烈,先进的可重构制造模式被提出,其中制造资源的重构是可重构模式实施的基础。制造资源的重构分为物理重构和逻辑重构,本章通过分析制造资源重构的国内外现状和研究背景,结合我国制造业的基本情况,物理重构还不成熟,因此本章主要研究制造资源的逻辑重构:以生成虚拟制造单元的形式,将分散在各个企业的制造资源重构,实现制造资源的优化利用和共享。本章提出基于数控设备的制造资源重构分两个阶段实现,并研究实现重构的网络化制造任务的分配、重构方案实现方法以及系统验证。

在网络化制造任务分配方面,阐述网络化制造任务分配原则,提出两个阶段的网络化制造任务分配,第一阶段的制造任务是面向企业级的制造任务,以生产类型为基础的粗粒度的任务分配;第二阶段的制造任务是面向车间内的设备,以制造特征为核心的细粒度的任务分配,采用面向对象建模方法建立粗细粒度相结合的制造任务的模型。

针对基于数控设备的制造资源重构,提出分两个阶段实现的方案:第一个阶段是候选企业的选择,即子任务的完成;第二个阶段是制造资源的重构,即任务元的完成,并具体分析重构流程;研究基于数控设备的制造资源重构的数学模型,将重构的抽象问题转化为多目标优化的数学问题;最后研究求解数学模型的自适应遗传算法,综合考虑本个体和群体的自应变,动态调节交叉和变异概率,克服早熟现象和在最优解附近收敛较慢的问题。

15.1　网络化制造任务分配方案及其模型

网络化制造任务的分配指导制造资源的建模,制造资源影响工艺路线的制定。制造资源、制造资源建模以及制造任务分配的关系如图 15-1 所示。网络化制造任务的正确、合理、充分的描述和发布是制造资源重构的前提条件,因此本章主要研究网络化制造任务分配方案及其建模。

15.1.1　网络化制造任务分配的概述

在经济全球化的背景下,制造企业面临着越来越多的挑战,独立企业之间的竞争变成群体企业间的优势竞争。在面对一个复杂的制造任务或一个商机时,一个单独企业难以完成时,借助信息技术、网络技术等,通过网络可以寻找合作伙

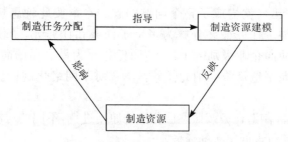

图 15-1　制造任务与制造资源关系

伴,形成动态的网络联盟,共同完成复杂的制造任务,在这个过程也就形成了网络化制造任务。网络化制造任务一般是指一个企业不能独立完成,需要和其他企业共同完成,是对一般制造任务的一个描述、一种映射,反映了一般制造任务的特性。

1. 一般制造任务分配与网络化制造任务分配的区别

(1) 未知性。一般制造任务的分配都是局限于一个企业内部的制造资源,依据本企业的制造资源对制造任务进行分配,分配制造任务时,对本企业的制造资源的种类、数量、特征、状态等了如指掌;网络化制造任务的分配是在网络环境下进行的,对于其他企业的制造资源的种类、数量、状态等是未知的,所以网络化制造任务分配时面对的环境是未知的。

(2) 复杂性。一般制造任务的分配只考虑有利于本企业的生产活动,为本企业获得较大的经济效益,不涉及其他企业的生产活动;网络化制造任务的分配要综合考虑参加此次任务的所有企业的生产活动,涉及多个企业,考虑制造任务之间的合理分配、调度、组织,使参与企业都达到利益最大化,这就使网络化制造任务的分配更复杂。

(3) 抽象性。一般制造任务的分配,即工艺路线的制定详细具体,从工序到工步详细列出,其中涉及所有的加工设备、夹具、刀具、量具;如果网络化制造任务的分配都细分到工步,则涉及的制造资源数量巨大,制造资源重构过程计算复杂,难以实现,所以网络化制造任务的分配不可能面面俱到,针对主要的制造特征考虑其分配过程,网络化制造任务的分配具有一定的抽象性。

2. 网络化制造任务分配原则

基于网络化制造任务的特点,本章从系统工程的角度出发,复杂问题分解的基本思想是:将一个复杂的问题分解成若干个子问题,如果子问题仍然比较复杂,仍很难求出它的解,可将子问题再进一步划分成若干子问题,以此类推,直到把复杂问题分解成若干个相对独立的、比较容易求解的子问题为止,所有子问题的解合并起来就构成了整个问题的解。本章按此种思想对网络化制造任务进行分解,整个任务最终分解为多个子任务和任务元,子任务是任务分解的中间状态,是面向企业级别的子任务,而任务元为最底层的简单任务,是不可分的任务,是面向制造资源级别的任务。本章对于网络化制造任务分配采取以下一些原则:

(1) 层次性。制造任务按照逐层分解的原则进行,不同的层次采用不同的粒度,高层次的任务包含低层次的任务。

(2) 耦合原则。同层次任务上,那些信息依赖较多的强耦合制造任务可以整合为一个子任务;如果子目标集中有同类子目标,可将其合并为一个,合并后的子目标由同一资源类型或者资源对象实现,即分解的过程同时伴随着局部的整合过程。

(3) 动态粒度原则。目标分解的粒度是可以动态调整的,最高层为产品级,最底层的分解粒度为制造特征操作级,即任务元。需要根据具体的任务情况确定任务元的粒度大小。过粗的粒度会导致功能需求层次太高,无法完成资源重构;而过细的粒度会削弱任务单元的整体性,涉及数量巨大的制造资源,制造资源重构过程计算复杂,难以实现。

以上几个原则可以综合运用,例如,首先依据层次分解原则进行制造任务分解,其次将制造任务按照不同粒度大小分解为多个层次的子任务,并对于分解形成的子任务采用耦合原则进行局部的整合。

15.1.2　网络化制造任务的分配

网络化制造任务的正确、合理、充分地描述和发布是制造资源重构的前提条件。网络化制造任务分配的粒度过大,在制造资源重构的过程中,难以匹配到较精确的制造资源,或因任务分配的粒度过大有可能找不到合适的制造资源来完成;网络化制造任务分配的粒度过小,由于网络化制造的资源种类繁多且数量巨大,在制造资源重构的过程中实现比较困难。

1. 网络化制造任务的分配框架

对于网络化的制造资源的重构,本章提出分两个阶段来实现:第一个阶段是候选企业的选择;第二个阶段是制造资源的重构。在已选出的候选企业中选择合适的制造资源而不必搜索所有企业中的制造资源,这样有利于减少制造资源的搜索范围,降低运行的复杂性,从而大大提高重构的效率和敏捷性。因此,制造资源重构的两个过程决定了网络化制造任务的分配也要分为两个级别,第一个级别是面向企业的网络化制造任务的分配,第二个级别是面向制造资源的网络化制造任务的分配,网络化制造任务的分配框架如图 15-2 所示。这样制造任务分配按不同粒度进行分配,然后再相互结合,实现制造资源的重构过程是方便可行的。

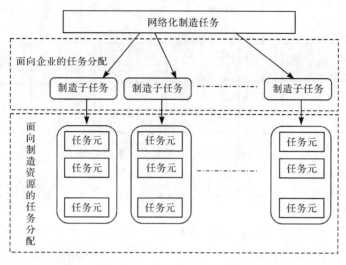

图 15-2　网络化制造任务的分配框架

2. 面向企业的任务分配

从社会与科技的发展趋势来看,专业化分工越来越细,专业化标准越来越高,这加剧了专业领域内的优胜劣汰,制造行业也不例外。现在越来越多的制造企业不再是大而全,向专业化发展是现代制造企业的发展趋势,如生产电机轴、水泵轴、机床主轴等专门生产轴类零件的企业,生产减速器箱体、机床箱体等专门生产箱体类零件的企业。现在这种专业化生产的企业越来越多,它们在其专业范围内,有先进的设备、先进的技术、丰富的经验,较高的生产效率,因此在这些专业化的企业中其生产的产品质量好,价格更低,更具有竞争力,更能符合广大顾客的需求。

结合上面的分析,现在的企业越来越专业化,其优势资源体现在本企业的主要生产的产品类型上。本章提出网络化制造任务的分配第一个级别是面向企业级别的,即子任务(sub-task,ST)。借鉴 Opitz 的分类系统的思想,对于一个复杂的总任务首先把它分解为零件层的子任务,即分解为轴类零件、套类零件、轮盘类零件、板盖类零件、箱体类零件、叉架类零件、齿类零件、异形类零件,面向企业的任务分配的类型如图 15-3 所示。

(1)轴类零件主要包括各种轴、丝杆等零件,其主要由大小不同的圆柱、圆锥等回转体组成,其轴向尺寸一般比径向尺寸大,零件上常有键槽、销孔、螺纹、退刀槽、越程槽、顶尖孔(中心孔)、油槽、倒角、圆角、锥度等结构;

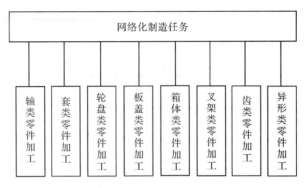

图 15-3　面向企业的任务分配的类型

（2）套类零件主要包括套筒、衬套、套管等零件，零件的主要表面为同轴度要求较高的内外回转面；

（3）轮盘类零件主要包括手轮、飞轮、平带轮、端盖、法兰盘和分度盘等零件，主体部分为回转体，其轴向尺寸小而径向尺寸较大，零件上常有一些沿圆周分布的孔、肋板、槽、轮辐、圆角、倒角、凹坑、凸台等结构；

（4）板盖类零件主要包括各种垫板、固定板、滑板、连接板等，零件上常有凹坑、凸台、销孔、螺纹孔、螺栓孔和成型孔等结构，该类零件的基本形状是高度方向尺寸较小的柱体；

（5）箱体类零件包括液压阀体、机床主轴箱体、减速器箱体等零件，零件的主要特征是平面多，孔多，内部呈腔形，壁厚薄且不均匀，其零件内外结构复杂；

（6）叉架类零件包括各种类型的拨叉、支架、支座、中心架和连杆等，这类零件的结构，一般可分为工作部分和联系部分，工作部分指该零件与其他零件配合或连接的套筒、叉口、支承板、底板等，联系部分指将该零件各工作部分联系起来的薄板、筋板、杆体等，零件上常具有肋板、耳片底板和圆柱形孔、实心杆、圆角、拔模斜度、凸台、凹坑等结构；

（7）齿类零件主要包括圆柱齿轮、圆锥齿轮、蜗杆涡轮、非圆齿轮和链轮零件，主要齿形有渐开线和圆弧形；

（8）异形类零件是指形状不规则的零件。

根据以上对面向企业级的任务分配的分析，本章对面向企业级任务分配（ST）定义为一个六元组，如下：

T∷＝{TaskType，ProductionArea，TotalTime，TotalCost，EnterpiseSize，EnterpiseReputation}

其中，TaskType（指子任务类型集）：对于一个复杂的总任务，首先把它分解为零件层的子任务，即可以分解为轴类零件、套类零件、轮盘类零件、板盖类零件、箱壳体类零件、叉架类零件、齿类零件、异形类零件。

　　ProductionArea(指生产地区):完成生产任务完成所限制的地区。

　　Time(指时间):对完成总任务所需的总时间的要求。

　　Cost(指费用):对完成总任务所需的总费用的要求。

　　EnterpiseSSize(指企业规模):对企业规模的要求。

　　EnterpiseSReputation(指企业信誉):对企业信誉的要求。

　　3.　面向制造资源的任务分配

　　面向制造资源的任务分配是指根据工艺知识、任务的信息对某类零件的典型特征进行合理划分工序,对加工特征、加工尺寸、加工材料、加工毛坯、加工方法、加工精度、加工时间、加工费用的综合描述,它由同一个企业的加工设备、工装附件、计算机软硬件等物理设备完成,本章为了简化称其为任务元(task unit,TU)。任务元是制造资源任务分配的最小单元,具有相对独立性。

　　根据对任务元的定义,把任务元描述为一个六元组,如下:

　　TU::＝{{Feature,Quality,Method},Dimension,Material,Roughcast,Time,Cost}

　　{Feature,Method,Quality}为特征组合元,特征组合元中的元素与具体特征紧密相连,具体如下:

其中,Feature(指加工的主要特征):是在经过零件类别分类后,针对某类零件,分布在零件总体形状上的局部特征。零件的主要加工特征,是零件从毛坯到设计再到制造过程中的一个演变,加工特征主要包括以下特征:①平面类特征(包括外平面、内平面、端面等);②柱轴类特征(包括圆柱面、圆锥面、外方锥面等);③曲面类特征(螺旋面、孔斯面、轮廓回转曲面);④齿类特征(包括各种齿轮的齿面);⑤孔类特征(包括盲孔、通孔、锥孔、沉头孔、阶梯孔等);⑥槽类特征(包括燕尾槽、V 型槽、T 型槽等);⑦键类特征(包括平键、半圆键、楔键等);⑧螺纹(包括内螺纹面、外螺纹面);⑨特殊类(不规则的特征)。

　　Method(指加工方法):完成相应的制造特征所采取的手段。加工类型有很多种,每个加工类型又对应着不同的加工方法。加工类型可以分为机加工方法和非机加工,机加工包括普通机加工和数控机加工(车削、铣削、磨削等);非机加工包括热处理和装配(冲压、锻造、铸造、焊接、电加工等)。加工方法层次结构较为复杂,其相互关系如图 15-4 所示。这里主要研究数控设备的制造资源的重构,所以加工方法主要研究机加工中的数控机加工,主要包括数控车、数控铣、数控磨、加工中心等各种加工方法。

　　Quality(指加工精度):对关键加工特征实施加工方法后,关键加工特征必须达到的精度要求。加工精度体现在多个方面,如为尺寸精度、形位精度、表面粗糙

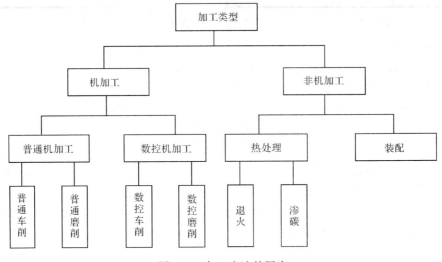

图 15-4　加工方法的层次

度等。

本章将这几个方面综合考虑,定义为四种精度,即超高精度、高精度、中等精度、低精度,并且认为超高精度＞高精度＞中等精度＞低精度。精度等级的确定依据下面的规则判断:

规则 1　如果尺寸精度＜IT5 或粗糙度＜Ra0.1 或形位精度＜6,则加工精度等级为超高等精度。

规则 2　如果 IT5≤尺寸精度＜IT8 或 Ra0.1≤粗糙度＜Ra0.8 或 6≤形位精度＜8,则加工精度等级为高等精度。

规则 3　如果 IT8≤尺寸精度＜IT12 或 Ra0.8≤粗糙度＜Ra6.3 或 6≤形位精度＜10,则加工精度等级为中等精度。

规则 4　如果尺寸精度≥IT12 或粗糙度≥Ra6.3 或形位精度≥10,则加工精度等级为低等精度。

Dimension(指加工尺寸):零件毛坯的尺寸,单位为毫米。

Material(指加工材料):表示零件的材料种类,包括以下几种:①碳素钢;②合金钢;③铸铁;④铝及铝合;⑤铜及铜合金;⑥钛合金;⑦非金属;⑧其他。

Roughcast(指加工毛坯):表示零件的毛坯种类,包括以下几种:①锻件;②铸件;③焊接件;④型材;⑤管材;⑥冷拉材;⑦棒材;⑧板材。

Time(指时间):这里是指完成整个任务元所需的加工时间,单位为小时。

Cost(指费用):这里是指完成整个任务元所需的加工费用,单位为元。

15.2 基于数控设备的制造资源重构的研究

15.2.1 基于数控设备的制造资源重构方案分析

1. 基于数控设备的制造资源重构方案

根据 15.1.2 节中所提出的分两个阶段进行制造资源重构的方法,进行数控设备的制造资源重构,用该方法进行重构优点在于:有利于减少制造资源的搜索范围,降低运行复杂性,从而较大地提高重构的效率。基于数控设备的制造资源重构方案如图 15-5 所示。

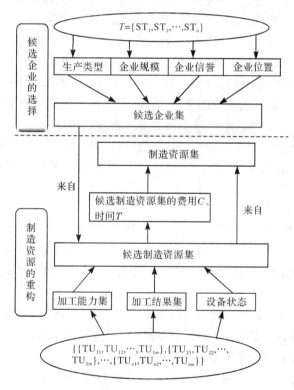

图 15-5 基于数控设备的制造资源重构方案

总任务分解为 n 个子任务,根据子任务的要求与企业的生产类型、企业规模、企业信誉、企业位置进行匹配,实现候选企业的选择,这样就缩小了制造资源的搜索范围;每个子任务又分解成不同的任务元,根据任务元的要求与数控设备的加工能力集、加工结果集、设备状态进行匹配,得出候选制造资源集,再根据候选制

造源集的时间 T、费用 C,利用这些指标最优化选择,最终实现制造资源的重构。

2. 基于数控设备的制造资源重构流程

根据制造资源重构方案,对于一个具体的总任务 T,可以分解为 $T=\{ST_1, ST_2, \cdots, ST_i, \cdots, ST_n\}$,$ST_i=\{TU_{i1}, TU_{i2}, \cdots, TU_{ij}, \cdots, TU_{im}\}$,$n$ 表示总任务 T 分解为子任务 ST 的个数,m 表示对于子任务 ST_i 分解为任务元 TU 的个数。下面给出基于数控设备的制造资源重构流程图如图 15-6 所示。

从图 15-6 可以看出,基于数控设备的制造资源的重构分为两个主要阶段,即候选企业的选择和制造资源的重构,下面对其重构流程进行详细讨论。

1) 候选企业的选择

(1) 根据前面描述的面向企业级的任务分配模型,提取制造子任务 ST_i 的基本信息:任务类型、生产地区、企业规模、企业信誉和已描述过企业信息的生产类型、企业位置、企业规模、企业信誉按规则 1、规则 2、规则 3、规则 4 进行匹配,其中任务模型中对企业规模和企业信誉的要求在匹配的过程中给出,取满足这四个条件的交集,得出能完成子任务 ST_i 的候选企业集 $E_i=\{E_{i1}, E_{i2}, \cdots, E_{ij}, \cdots, E_{ik}\}$,$k$ 表示完成任务 ST_i 的候选企业的个数;若企业集合 E_i 为空集或个数较少,可以降低对企业规模和信誉的要求,已达到所需候选企业的个数;

(2) 对 i 执行 $i=i+1$ 的操作,$i \leqslant n$ 继续(1)的步骤,直到 $i>n$ 时跳出循环停止;最后可得出总任务 T 中的每个子任务 ST_i 所有合适的候选企业集,即完成总任务 T 的候选企业集合为 $E=\{E_1, E_2, \cdots, E_i, \cdots, E_n\}$。

2) 制造资源的重构

(1) 根据前面描述的面向制造资源的任务模型,提取任务元 TU_{ij} 的基本信息:加工特征、毛坯尺寸、毛坯材料、毛坯类型、加工方法、加工精度与数控设备信息模型的信息:可加工特征、可加工尺寸、可加工材料、可加工毛坯、可加工方法、可加工精度分别按照规则 5、规则 6、规则 7、规则 8、规则 9、规则 10 进行匹配,以及数控设备的设备状态按规则 11 确定,取满足这七个条件的交集,得出能完成任务元 TU_{ij} 的数控设备集 $R_{ij}=\{R_{ijcq}, \cdots, R_{ijcp}\}$,$R_{ijcq}$ 表示完成任务元 TU_{ij} 的特征,选中了 E_i 中的第 c 个企业编号为 q 制造资源;

(2) 对 j 执行 $j=i+1$ 的操作,$j \leqslant m$ 继续(3)的步骤,直到 $j>m$ 时跳出此次内部循环,这样可得出 $R_i=\{R_{i1}, R_{i2}, \cdots, R_{im}\}$;

(3) 对 i 执行 $i=i+1$ 的操作,$i \leqslant n$ 继续(4)的步骤,直到 $i>n$ 时跳出外部循环,循环停止;最后可得出总任务 T 中的每个子任务 ST_i 的所有合适的候选数控设备,即候选数控设备的集合 $R'=\{R'_1, R'_2, \cdots, R'_i, \cdots, R'_n\}$。

(4) 根据时间 T 和费用 C 两个指标在候选数控设备的集合中,通过自适应遗传算法进行优化,选择完成任务时间 T 最短和费用 C 最低的数控设备集合,最后

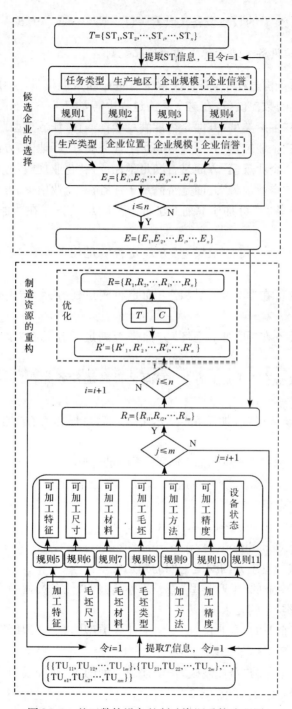

图 15-6　基于数控设备的制造资源重构流程图

重构出完成总任务 T 的数控设备集合 $R=\{R_1,R_2,\cdots,R_i,\cdots,R_n\}$。

3. 基于数控设备制造资源重构的匹配规则

在制造资源重构过程中,需要搜索所有企业和数控设备,从中选择合适的企业以及所属企业的数控设备,在这个重构过程中需要定义一些匹配规则:

(1) 企业在"生产类型"方面是否能满足子任务在"任务类型"方面的要求;

(2) 企业在"企业位置"方面是否满足子任务在"生产地区"方面的要求;

(3) 企业在"企业规模"方面是否满足子任务在"企业规模"方面的要求;

(4) 企业在"企业信誉"方面是否满足子任务在"企业信誉"方面的要求;

(5) 数控设备在"可加工特征"方面是否满足任务元在"加工特征"方面的要求;

(6) 数控设备在"可加工尺寸"方面是否满足任务元在"毛坯尺寸"方面的要求;

(7) 数控设备在"可加工材料"方面是否满足任务元在"毛坯材料"方面的要求;

(8) 数控设备在"可加工毛坯"方面是否满足任务元在"毛坯类型"方面的要求;

(9) 数控设备在"可加工方法"方面是否满足任务元在"加工方法"方面的要求;

(10) 数控设备在"可加工精度"方面是否满足任务元在"加工精度"方面的要求;

(11) 数控设备在"设备状态"方面是否满足要求。

如何判别企业和数控设备在这 11 个方面能否满足任务的要求,本章利用产生式规则的基本思想:

$$\text{Rule-set}_{::}=\{\text{Rule}_{-1}\cdots\text{Rule}_{-i}\cdots\text{Rule}_{-n}\}$$

$$\text{Rule-i}_{::}=\text{if}(\text{Condition}==\text{true})\text{then}(\text{Conclusion})$$

下面根据这种思想分别给出它们的判别规则:

规则 1　if(企业的"生产类型" $\supseteq$ 子任务类型的"任务类型")then 该企业满足子任务在"任务类型"的要求

规则 2　if(企业的"企业位置" == 子任务类型的"生产地区")then 该企业满足子任务在"生产地区"的要求

规则 3　if(企业的"企业规模" $\geqslant$ 子任务类型的"企业规模")then 该企业满足子任务在"企业规模"的要求

规则 4　if(企业的"企业信誉" $\geqslant$ 子任务类型的"企业信誉")then 该企业满足子任务在"企业信誉"的要求

规则 5　if(数控设备的"可加工特征"⊇任务元的"加工特征")then 该企业满足任务元在"加工特征"的要求

规则 6　if(数控设备的"可加工尺寸"≥任务元的"毛坯尺寸")then 该企业满足任务元在"毛坯尺寸"的要求

规则 7　if(数控设备的"可加工材料"⊇任务元的"毛坯材料")then 该企业满足任务元在"毛坯材料"的要求

规则 8　if(数控设备的"可加工毛坯"⊇任务元的"毛坯类型")then 该企业满足任务元在"毛坯类型"的要求

规则 9　if(数控设备的"可加工方法"⊇任务元的"加工方法")then 该企业满足任务元在"加工方法"的要求

规则 10　if(数控设备的"可加工精度等级"≥任务元的"加工精度")then 该企业满足任务元在"加工精度"的要求

规则 11　if(数控设备的"设备状态"＝＝"闲置中")then 该企业满足任务元在"加工精度"的要求

如何判断上述规则的真假,不同的规则有不同的判断方法,本章把这些规则分为以下四类:

(1) 对于规则 2、规则 11 的判断直接通过条件之间的 attributes 判断,即字符串匹配,如果是完全匹配,则条件为 true,结论成立;否则条件为 false,结论不成立。

(2) 对于规则 1、规则 5、规则 7～规则 9 的判断也是通过条件的 attributes 判断,这些条件的 attributes 具有多个,这也是通过字符串的匹配实现的,这是部分匹配的一种体现,所以只要前者条件的多个 attributes 包含后者条件的 attributes,则条件为 true,结论成立;否则条件为 false,结论不成立。

(3) 对于规则 3、规则 4、规则 10 的判断通过条件的 attributes 的逻辑判断来实现,前者的 attributes≥后者的 attributes,则条件为 true 结论成立;否则条件为 false 结论不成立。前者已定义:特大企业＞大企业＞一般性企业＞较小企业＞小型企业;五星级＞四星级＞三星级＞二星级＞一星级;超高精度＞高精度＞中等精度＞低精度。

(4) 对于规则 2 的判断通过可加工尺寸与毛坯尺寸的三个方面进行比较,即左右行程＞X& 前后行程＞Y& 上下行程＞Z,三者的结果全为 true 时,条件为 true,结论成立;否则结论不成立。

15.2.2　基于数控设备的制造资源重构的数学模型

在完成制造任务的定义(即网络化制造任务分解)之后,每一项任务元对应不同的资源,一般来说,有多个分布在不同地理位置的企业具有这样的资源,因此制造资源重构的问题就是资源的选择问题。需要指出的是,一旦任务元的定义完成,要求一个任务元由一个加盟的合作伙伴来完成。

根据制造资源重构方案,对于一个具体的总任务 T,可以分解为 $T=\{ST_1,$ $ST_2,\cdots,ST_i,\cdots,ST_n\}$,$ST_i=\{TU_{i1},TU_{i2},\cdots,TU_{ij},\cdots,TU_{im}\}$,$n$ 表示总任务 T 分解为子任务 ST 的个数,m 表示对于子任务 ST_i 分解为任务元 TU 的个数,TU_{ij} 的所有制造特征由一个企业完成。

1. 单目标函数

通常,影响制造资源选择的因素很多,根据实际情况的不同,其侧重点有所不同。一般认为,在国际市场竞争中,时间(T)、成本(C)质量(Q)、服务(S)是成功的关键因素。网络化制造中的制造资源的重构也离不开这个准则。但是质量和服务这两个因素难以量化,前面在制造资源匹配的过程中,通过加工精度等级的匹配实现质量的要求和评估,服务通过企业规模等级和信誉等级来体现,规模等级越高和信誉等级越高的企业,服务也越好。所以本章在基于数控设备的制造资源重构的数学模型中主要考虑时间和成本这两个因素。

1) 时间目标函数

时间 T 包括两部分:一是在一个企业内的加工时间(T_{man}),二是相邻企业之间的运输时间(T_{tra}),因此总的运行时间 T 可表示为

$$T = T_{man} + T_{tra}$$
$$= \sum_{i=1}^{n}\sum_{j}\delta(E_{ij})T_{man}(ij) + \sum_{i=1}^{n-1}\sum_{j}\delta(E_{ij},E_{(i+1)p})T_{tra}(ij \to (i+1)p)$$

$$(15-1)$$

$$\delta(E_{ij})=\begin{cases}1 & (完成任务元\ TU_{ij},企业集\ E_i\ 中的第\ j\ 个企业被选中)\\0 & (完成任务元\ TU_{ij},企业集\ E_i\ 中的第\ j\ 个企业未被选中)\end{cases}$$

$$(15-2)$$

$$\delta(E_{ij},E_{(i+1)p})=\begin{cases}1, & \delta(E_{ij})=1,\delta(E_{(i+1)p})=1\\0, & 其他\end{cases}$$

$$(15-3)$$

其中,$T_{man}(ij)$ 表示子任务 ST_i 中的任务元 TU_{ij} 由企业集 E_i 中的第 j 个企业完成所需的时间;$T_{tra}(ij\to(i+1)p)$ 表示子任务 ST_i 与下一个子任务 $ST_{(i+1)}$ 之间的运输时间;$\delta(E_{ij})$ 只有两个值 1 或 0,$\delta(E_{ij})=1$ 表示完成任务元 TU_{ij} 企业集 E_i 中的第 j 个企业被选中,$\delta(E_{ij})=0$ 表示完成任务元 TU_{ij} 企业集 E_i 中的第 j 个企业未被选中;只有企业 E_{ij} 和 $E_{(i+1)p}$ 同时被选中时,$\delta(E_{ij},E_{(i+1)p})=1$。

2) 成本目标函数

$$C = C_{man} + C_{tra}$$

$$= \sum_{i=1}^{n} \sum_{j} \delta(E_{ij}) C_{\mathrm{man}}(ij) + \sum_{i=1}^{n-1} \sum_{j} \delta(E_{ij}, E_{(i+1)p}) C_{\mathrm{tra}}(ij \to (i+1)p)$$

$$(15\text{-}4)$$

其中，$C_{\mathrm{man}}(ij)$ 表示子任务 ST_i 中的任务元 TU_{ij} 由企业集 E_i 中的第 j 个企业完成所需的成本；$C_{\mathrm{tra}}(ij \to (i+1)p)$ 表示子任务 ST_i 与下一个子任务 $\mathrm{ST}_{(i+1)}$ 之间的运输成本，$\delta(E_{ij})$、$\delta(E_{ij}, E_{(i+1)p})$ 与上述含义相同。

2. 总目标函数

多目标优化问题中，根据各目标属性或值间能否相互补偿，分为补偿模式和非补偿模式。补偿模式允许目标间的补偿和替换，即允许为优化一个或一些目标而损失其他目标，但以这种模式求解后得到的 Pareto 最优解（pareto optimal solutions）是一个解集，包含着按照各种目标评价所得到的妥协的解集合，难免会存在对于某些目标非常优而对其他目标非常差的解，这种各目标间极端不均衡解的产生，往往不符合要求，也增加了寻找偏好解的难度；非补偿模式不允许目标间的补偿和替换，即不能为优化一个目标而损失其他目标，各目标按照给定的权值进行优化，经典加权求和算法即属这种模式。

本章不允许 T 和 C 目标间的补偿和替换，不允许为优化一个目标而损失另个目标，所以属于非补偿模式。本章在该思想的指导下，以经典加权求和算法将多目标转换为单目标函数。

（1）总目标函数

$$O = \omega_1 \times \left(\sum_{i=1}^{n} \sum_{j} \delta(E_{ij}) T_{\mathrm{man}}(ij) + \sum_{i=1}^{n-1} \sum_{j} \delta(E_{ij}, E_{(i+1)p}) T_{\mathrm{tra}}(ij \to (i+1)p) \right)$$

$$+ \omega_2 \left(\sum_{i=1}^{n} \sum_{j} \delta(E_{ij}) C_{\mathrm{man}}(ij) + \sum_{i=1}^{n-1} \sum_{j} \delta(E_{ij}, E_{(i+1)p}) C_{\mathrm{tra}}(ij \to (i+1)p) \right)$$

$$(15\text{-}5)$$

其中，ω_1 表示时间要求 T 的权重；ω_2 为成本要求 C 的权重。

（2）目标函数的约束

$$T_{\mathrm{man}} + T_{\mathrm{tra}} = \sum_{i=1}^{n} \sum_{j} \delta(E_{ij}) T_{\mathrm{man}}(ij)$$

$$+ \sum_{i=1}^{n-1} \sum_{j} \delta(E_{ij}, E_{(i+1)p}) T_{\mathrm{tra}}(ij \to (i+1)p) \leqslant T_{\text{总}} \qquad (15\text{-}6)$$

$$C_{\mathrm{man}} + C_{\mathrm{tra}} = \sum_{i=1}^{n} \sum_{j} \delta(E_{ij}) C_{\mathrm{man}}(ij)$$

$$+ \sum_{i=1}^{n-1} \sum_{j} \delta(E_{ij}, E_{(i+1)p}) C_{\mathrm{tra}}(ij \to (i+1)p) \leqslant C_{\text{总}} \qquad (15\text{-}7)$$

式(15-6)表明完成所有任务元的加工时间和在企业之间的运输时间要不大于总任务要求的时间 $T_总$;式(15-7)表明完成所有任务元的加工费用和在企业之间的运输费用要不大于总任务要求的费用 $C_总$。

15.2.3　基于数控设备的制造资源重构的遗传算法

基于数控设备的制造资源重构的目标函数是一个非线性整数规则方程,是典型的 NP 问题,采用传统优化技术求得可行解需要较长的时间,有时甚至求不到可行解。遗传算法对于目标函数基本无限制,适合大规模复杂问题的求解,是从许多点开始并行操作,具有并行计算的特点;对搜索空间进行全局搜索;运算简单,功能强大。

1. 遗传算法简介

生物的进化(evolution)过程主要是通过染色体之间的交叉和变异来完成的。基于对自然界中生物遗传与进化机理的模仿,1967 年 Holland 提出遗传算法。遗传算法是一种借鉴生物界自然选择(natural selection)和自然遗传机制的随机搜索算法(random searching algorithms),模拟了自然选择和遗传中发生的复制、交叉和变异等现象,从任一初始种群(population)出发,通过随机选择、交叉和变异操作,产生一群更适应环境的个体,使群体进化到搜索空间中越来越好的区域,这样一代一代地不断繁衍进化,最后收敛到一群最适应环境的个体(individual),求得问题的最优解。

2. 遗传算法的一般结构

遗传算法的常用形式是 Goldberg 提出的。它与传统的搜索算法不同,遗传算法从一组随机产生的初始解(称为种群)开始搜索。种群中的每个个体是问题一个解的编码串(称为个体位串或染色体),染色体是一串符号,如一个二进制字符串。这些染色体在后续迭代中不断进化,称为遗传。在每一代中用适应值来测量染色体的好坏;生成的下一代染色体,称为后代。后代是由前一代染色体通过遗传运算(即交叉和变异运算)形成的。在新一代的形成中,根据适应值的大小选择部分后代,淘汰部分后代,从而保持种群大小是常数,适应值高的染色体被选中的概率较高。这样,经过若干代之后,算法收敛于最好的染色体,它很可能就是问题的最优解或次优解,设 $P(t)$ 和 $C(t)$ 分别表示第 t 代的双亲和后代,遗传算法的一般结构可描述如下:

```
begin
        t = 0;
```

```
initial P(t);
evaluate P(t);
while not finished to
begin
        t = t + 1;
        select P(t) from P (t - 1);
        reproduce pairs in P(t);
        evaluate P(t);
        end;
    end
```

3. 遗传算法的工作流程

遗传算法的工作流程图如图 15-7 所示。

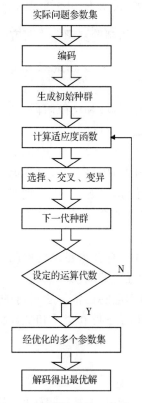

图 15-7   遗传算法的工作流程图

（1）实际问题参数集。将实际要解决的问题转化为可以利用遗传算法解决的形式。

（2）编码。确定编码规则。将问题的解表示为遗传空间中的基因型串结构数据，是实际的解空间到遗传空间的映射。

（3）生成初始群体。随机生成 N 个个体，N 个个体构成了一个群体。遗传算法以初始群体为解，进行迭代。设置最大进化代数 T。

（4）确定适应度函数。适应度函数表明个体的优劣性，适应度函数的合理与否直接影响求解结果，对于不同的问题，适应度函数的定义方式不同。根据具体问题，计算各代群体中个体的适应度。

（5）选择、交叉、变异算子的作用。通过步骤（4）计算的各代群体中个体的适应度，对个体作用选择、交叉、变异的操作，产生新的下一代群体，使新一代的群体向最优解逼近。

（6）终止条件的判断。若进化的代数小于设定的运算代数，则转到步骤（4）；若进化的代数大于设定的运算代数，得到经过优化的多个参数集。

（7）解码。利用解码规则，转换为实际问题的解。

15.2.4　基于自适应遗传算法的制造资源重构研究

一般的遗传算法中，交叉概率和变异概率是固定不变的，这样会造成遗传算法的早熟现象和快要接近最优解时在最优解附近左右摆动，收敛较慢。若将遗传算法的运行分为开始阶段、中间阶段和结束阶段，在实际运行过程中，不同阶段对交叉概率和变异概率的要求是不一样的。

（1）开始阶段。群体中存在大量相异个体，这时不要求再产生大量的新个体，所以交叉概率和变异概率的值要小一些，以避免丢失最优解。

（2）中间阶段。随着遗传算法的运行，这时群体中存在大量局部最优的个体，此时要求群体中产生大量新的个体，需要交叉概率和变异概率的值要大一些，以避免遗传算法的早熟现象。

（3）结束阶段。这时群体中存在大量最优解附近的解，需要交叉概率和变异概率的值要适中，从而保证最优解的出现。

所以，交叉概率和变异概率应随遗传算法运行的三个阶段动态的变化。所以本章采用自适应遗传算法，即动态调节交叉和变异概率，克服早熟现象和在最优解附近收敛较慢的问题。

1. 遗传编码的设计

编码是把一个问题的可行解从其解空间转换到遗传算法所能处理的搜索空间，是应用遗传算法时要解决的首要问题，也是设计遗传算法的一个关键步骤。在遗传算法执行过程中，对不同的具体问题进行编码，编码的好坏直接影响选择、交叉、变异等遗传运算。本章根据数控设备的制造资源重构的特点,受生物界中染色体表示方法的启示,采用自然数编码机制进行编码,采用自然数编码直观、并且便于理解,如图 15-8 所示,具体编码规则如下。

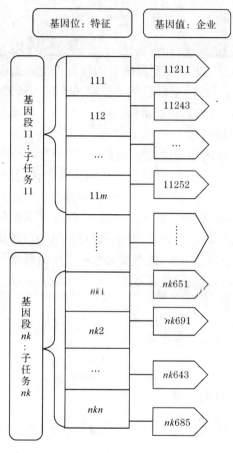

图 15-8 遗传编码的设计图

规则 1 对任务元进行编码,这里分为基因段、基因位,每个基因段代表一个任务元,基因位表示任务元的加工特征,染色体中基因位数与总任务中需要加工的特征数相同。

规则 2 对制造设备进行编码,即基因值,其值表示能完成任务元的特征制造设备的编号,染色体的一个基因值对应一个制造设备。

如图 15-8 所示,一个染色体 $X = [x_{11}, x_{12}, \cdots, x_{1n}, x_{i1}, x_{i2}, \cdots, x_{ij}, \cdots, x_{in}, x_{n1}, \cdots, x_{m}]$,代表一个总任务;基因段 x_{ij} 这一个基因段代表一个子任务 i 中的任务元 j;x_{ijk} 处的基因位表示一个子任务 i 中的任务元 j 的第 k 个制造特征,x_{ijk} 后的基因值表示能完成该任务元中的特征的制造设备的编号,第一位数字表示完成子任务,第二位表示任务元,第三位数字表示完成任务元选中企业的编号,第四位和第五位表示在该企业中的设备编号,这里每一位可以用两位甚至更多位数表示,本章为了简化,仅设备编号用两位数表示。

2. 适应度函数的构造

在遗传算法中使用适应度(fitness)这个概念来度量群体中各个个体在优化计算中能达到或接近于或有助于找到最优解的优良程度。适应度较高的个体遗传到下一代的概率就大;而适应度较低的个体遗传到下一代的概率就相对小一些。度量个体适应度的函数称为适应度函数。

1) 目标函数的无量纲化

在遗传算法中,个体的适应度越大越好,而基于数控设备的制造资源重构的目标函数是越小越好,需要对目标函数进行适当的变化,并且目标函数中指标间由于其量纲不同产生不可比的现象。因此,需要制定统一的标准或规范对指标值进行无量纲化处理,即将指标值映射到[0,1]区间。本章利用目标函数的无量纲化处理以上两个问题。实际上,评价指标一般可归纳为三种类型:成本型(越小越好)、效益型(越大越好)和适中型(既不太大也不太小为好型)。

对于成本型指标,其无量纲化函数为

$$r_{ij} = \frac{\max(r_{ij}) - r_{ij}}{\max(r_{ij}) - \min(r_{ij})} \tag{15-8}$$

对于效益型指标,其无量纲化函数为

$$r_{ij} = \frac{r_{ij} - \min(r_{ij})}{\max(r_{ij}) - \min(r_{ij})} \tag{15-9}$$

对于效益型指标,其无量纲化函数为

$$r_{ij} = \begin{cases} \dfrac{2(\max(r_{ij}) - r_{ij})}{\max(r_{ij}) - \min(r_{ij})}, & \min(r_{ij}) \leqslant r_{ij} \leqslant \dfrac{\max(r_{ij}) + \min(r_{ij})}{2} \\ \dfrac{2(r_{ij} - \min(r_{ij}))}{\max(r_{ij}) - \min(r_{ij})}, & \max(r_{ij}) \geqslant r_{ij} \geqslant \dfrac{\max(r_{ij}) + \min(r_{ij})}{2} \end{cases}$$

$$\tag{15-10}$$

2) 适应度函数的构造
本章的相对适应度函数

$$O = \omega_1 \times \Big(\sum_{i=1}^{n} \sum_{j} \delta(E_{ij}) T_{\text{man}}(ij) + \sum_{i=1}^{n-1} \sum_{j} \delta(E_{ij}, E_{(i+1)p}) T_{\text{tra}}(ij \to (i+1)p) \Big)$$
$$+ \omega_2 \Big(\sum_{i=1}^{n} \sum_{j} \delta(E_{ij}) C_{\text{man}}(ij) + \sum_{i=1}^{n-1} \sum_{j} \delta(E_{ij}, E_{(i+1)p}) C_{\text{tra}}(ij \to (i+1)p) \Big)$$

$$\tag{15-11}$$

本章 T 和 C 指标,越小越好,属于成本型,其中 $T_{\text{man}}(ij)$、$T_{\text{tra}}(ij \to (i+1)p)$、

$C_{man}(ij)$、$C_{tra}(ij \to (i+1)p)$ 是经过式(15-8)无量纲化处理。

3. 遗传算子

在遗传算法中,除了考虑编码原则,目标函数到适应度函数的构造外,还要考虑模拟自然界进化过程中的三个遗传算子:选择算子、交叉算子和变异算子。

1) 选择算子

选择算子是通过适应度从一个旧种群中选择适应度高的个体作为父代种群产生新的种群。本算法根据轮盘赌选择算法选择个体,具体过程如下:

(1) 计算每一个个体的适应度。假设种群中每个个体的适应度为 $O_k(k=1,2,\cdots,M)$ 这个适应度的计算可通过式(15-11)计算。

(2) 计算群体的适应度

$$O = \sum_{k=1}^{M} O_k$$

(3) 第 k 个体被选择的概率为 P_k

$$P_k = \frac{O_k}{\sum_{k}^{M} O_k}, \quad k = 1,2,3,\cdots,M$$

(4) 计算每个个体的累积概率 Q_k

$$Q_k = \sum_{j=1}^{k} P_k, \quad k = 1,2,3,\cdots,M$$

(5) 生成一个 $[0,1]$ 随机数 r。

(6) 如果 $r \geqslant Q_1$,就选择个体;否则,寻找能满足 $Q_{k-1} \leqslant r \leqslant Q_k$ 成立的个体。

(7) 重复进行步骤(5)和(6),直到选择到 M 个个体。

2) 交叉算子

交叉算子是用来产生新个体的主要方法,它是以较大的概率从群体中选择两个个体,交换两个个体的某个或某些位,这样子代继承了父代的特征。交叉操作主要包括单点交叉、两点交叉及多点交叉、均匀交叉等。需要说明的是,单点交叉算子基因重组的速度较慢。一般情况下不使用多点交叉算子,因为它有可能破坏一些好的模式。事实上,随着交叉点数的增多,个体的结构被破坏的可能性也逐渐增大,这样就很难有效地保存较好的模式,从而影响遗传算法的性能。在实际应用中,通常采用两点交叉,本章也选用两点交叉。

本章综合考虑个体和群体的自应变,通过个体和群体的共同作用决定遗传算法中的交叉概率和变异概率,则自适应遗传算法的交叉概率定义如下:

如果下一代的适应度值比其父代的适应值平均增加 10%,这表示这一代群体比上一代优势,可以将算法中的交叉概率的值增加一个 $\alpha(\alpha=0.05)$,同时考虑个

体的适应值 $\overline{P_{h1h2}}$，$\overline{P_{h1h2}}$ 表示选择交叉操作的两个个体被选择概率的平均值，则实际的交叉概率 $p_c = P_c \times \overline{P_{k1k2}} + \alpha$，其中 P_c 是系统规定的交叉概率，个体适应度越大和这代群体的适应值越大，则可以使优势的个体保持更大概率；如果下一代的适应度值比其父代的适应值平均减小 10%，这表示这一代群体比上一代群体差，可以将算法中的交叉概率的值减小一个 $\alpha(\alpha = 0.05)$，同时考虑个体的适应值，则实际的交叉概率 $p_c = P_c \times \overline{P_{k1k2}} - \alpha$；如果下一代的适应值比父代的适应值平均值为 $-10\% \sim 10\%$，则实际的交叉概率 $p_c = P_c \times \overline{P_{k1k2}}$。其具体流程如下：

（1）经过选择操作后，产生新的一代种群，首先计算出该代种群的群体适应度与上代种群群体适应度的比值，可以根据次比值在不同的范围中选用上述不同实际交叉概率的公式。

（2）经过选择后，可以选择两个个体作为父个体，利用随机函数产生 $[0,1]$ 的随机数 r。若 $r < p_c$，则这两个父个体进行交叉操作。

（3）利用随机函数产生两个 $[1,N]$ 的随机整数 i 和 j，这两点即为交叉点，N 表示任务元的总数，则得到两个新个体。

（4）检查新的个体是否满足约束条件，如果满足条件，把新个体放入基因池中，生成后代个体，否则返回步骤（2）重新选择进行交叉操作。

（5）返回步骤（2），直到生成 M 个个体为止。

3）变异算子

尽管交叉操作在遗传算法中的作用是第一位，但是变异算子可以增加个体的多样性，防止过度成熟而丢失重要概念的保险策略。本章编码选用的自然数编码，所以变异时其值要受到约束，要符合问题的实际情况。

变异概率影响系统局部搜索能力，本章对自适应变异概率的定义原理同交叉概率相同，具体定义如下：

如果下一代的适应度值比其父代的适应值平均增加 10%，这表示这一代群体比上一代优势，可以将算法中的变异概率的值减小一个 $\beta(\beta = 0.005)$，同时考虑个体的适应值 P_k，P_k 表示被选择作为变异个体的概率，则实际的变异概率 $p_m = P_m \times P_k - \beta$，其中 P_m 是系统规定的变异概率；如果下一代的适应度值比其父代的适应值平均减小 10%，这表示这一代群体比上一代群体差，可以将算法中的交叉概率的值增加一个 $\beta(\beta = 0.05)$，同时考虑个体的适应值，则实际的变异概率 $p_m = P_m \times P_k + \beta$；如果下一代的适应值比起父代的适应值平均值为 $-10\% \sim 10\%$，则实际的变异概率 $p_m = P_m \times P_k$。其具体流程如下：

（1）经过选择操作后，产生新的一代种群，首先计算出该代种群的群体适应度与上代种群群体适应度的比值，可以根据此比值在不同的范围中选用上述不同实际交叉概率的公式。

（2）经过选择后，利用随机函数产生 $[0,1]$ 的随机数 r，若 $r < p_m$，则进行变异

操作。

（3）利用随机函数产生两个$[1, N]$的随机整数i，这点即为变异点，N表示任务元的总数，则得到新个体。

（4）检查新的个体是否满足约束条件，如果满足条件，把新个体放入基因池中，生成后代个体，否则返回步骤（2）重新选择进行交叉操作。

（5）返回步骤（2），直到生成M个个体为止。

4. 自适应遗传算法的操作流程

（1）问题的输入：输入需要进行制造资源重构的任务模型。

（2）约束的输入：输入完成任务的约束。

（3）搜索匹配：从数据库中检索企业、制造设备，完成子任务与企业集的匹配、制造特征与设备集的匹配。

（4）初始群体的产生：基因段映射为任务元，基因段的个数等于任务元的个数；基因位映射制造设备，基因位的个数等于任务的所有特征个数，从搜索匹配的结果集中选择制造特征与制造设备的匹配。

（5）选择：用赌轮方式从当前群体中选择下一代基因。

（6）交叉：选择一对个体按照通过两点交叉重新组合产生后代个体，再选择另一对个体，按上述方法生成另一对后代个体。以此循环，直到后代个体数目达到预期的数目M。计算新产生后代个体的适应度值，计算经交叉处理后的新代个体的平均适应度值，记录后代群体的适应度值提高或下降的比例。

（7）变异：对新生后代的个体按变异概率进行变异操作处理，变异的基因位的数值要满足制造特征与制造设备的约束，不满足约束条件的重新进行变异。计算新变异后的个体适应度值，计算比较变异操作前后平均适应度的提高或下降比例。

（8）自适应：根据交叉和变异处理后平均适应度值变化的情况，选用不同公式调整新一代遗传处理时的交叉概率和变异概率。

（9）输出优化结果：当满足停止条件时，停止遗传搜索过程，选取最终种群中的最优个体，对染色体进行解码，形成最终的资源配置方案；当不满足条件时，用交叉和变异处理后的后代染色体取代原来的染色体，返回（6），继续遗传算法。

15.2.5　数控设备的重构实例

本节以 CA6140 车床某些部件的加工为例，依据 15.2.2 节已建立的制造资源重构模型，分为轴类零件子任务、齿类零件子任务、箱体类零件子任务。假设已完成零件加工企业与制造设备的匹配，完成轴类零件的候选企业集为$E_1 = \{$镇江轴类零件加工有限公司E_{11}、无锡轴类零件加工有限公司E_{12}、苏州轴类零件加工有

限公司 E_{13}}；完成齿类零件子任务的候选企业集为 E_2={镇江市齿类零件加工有限公司 E_{21}、苏州市齿类零件加工有限公司 E_{22}、徐州市齿类零件加工有限公司 E_{23}}；完成箱体类零件子任务的候选企业集为 E_3={苏州箱体类零件加工有限公司 E_{31}、镇江箱体类零件加工有限公司 E_{32}}。完成任务元制造特征不同企业的设备的加工时间、加工费用如表 15-1 所示。假设一个任务元在同一公司内完成且轴类零件与齿类零件要运输到箱体类零件处完成加工装配，其运输时间与运输费用如表 15-2 所示。

表 15-1　加工时间 T、加工费用 C

任务元	加工特征	加工方法	（加工时间 T/时、加工费用 C/元）
11	柱轴类	数控车削	(0.5,100)(0.4,120)(0.5,100)
	柱轴类	数控磨削	(0.4,200)(0.4,200)(0.5,240)
	槽类	数控铣削	(0.3,60)(0.3,80)(0.3,90)
	平面类	数控车削	(0.2,40)(0.3,40)(0.2,40)
12	柱轴类	数控车削	(0.6,120)(0.5,150)(0.6,120)
	柱轴类	数控磨削	(0.5,250)(0.5,250)(0.6,290)
	孔类	数控钻削	(0.4,70)(0.3,60)(0.4,80)
	孔类	数控车削	(0.3,60)(0.5,150)(0.3,60)
	孔类	数控磨削	(0.3,150)(0.3,150)(0.4,190)
	键类	数控铣削	(0.5,130)(0.5,150)(0.6,160)
	槽类	数控铣削	(0.2,50)(0.3,60)(0.2,40)
	螺纹类	数控车削	(0.4,80)(0.3,60)(0.3,50)
	平面类	数控车削	(0.2,40)(0.2,40)(0.2,40)
21	齿类	数控插齿	(0.6,140)(0.5,100)(0.6,120)
	齿类	数控磨削	(0.3,60)(0.4,90)(0.4,90)
	槽类	数控铣削	(0.2,40)(0.2,40)(0.2,50)
	孔类	数控车削	(0.3,60)(0.2,45)(0.3,50)
	柱轴类	数控车削	(0.3,60)(0.3,50)(0.4,60)
	平面类	数控车削	(0.3,60)(0.3,60)(0.3,60)
22	齿类	数控滚削	(0.3,70)(0.4,80)(0.3,60)
	齿类	数控插削	(0.5,100)(0.5,120)(0.6,100)
	孔类	数控车削	(0.3,60)(0.2,45)(0.3,50)
	柱轴类	数控车削	(0.5,100)(0.4,85)(0.5,100)
	平面类	数控车削	(0.3,60)(0.2,50)(0.3,60)

任务元	加工特征	加工方法	（加工时间 T/时,加工费用 C/元）
31	平面类	数控铣削	(0.8,180)(0.7,180)
	平面类	数控磨削	(0.5,150)(0.6,160)
	孔类	数控镗削	(0.6,130)(0.7,150)
	孔类	数控钻削	(0.4,70)(0.3,60)

表 15-2　运输时间 T、运输费用 C

运输单位	（运输时间/时,运输费用/元）
$E_{11} \rightarrow E_{31}$	(3,200)
$E_{12} \rightarrow E_{31}$	(0.5,50)
$E_{13} \rightarrow E_{31}$	(0.5,50)
$E_{11} \rightarrow E_{32}$	(0.7,80)
$E_{12} \rightarrow E_{32}$	(2.2,160)
$E_{13} \rightarrow E_{32}$	(3.5,250)
$E_{21} \rightarrow E_{31}$	(3,200)
$E_{22} \rightarrow E_{31}$	(0.8,100)
$E_{23} \rightarrow E_{31}$	(6,600)
$E_{21} \rightarrow E_{32}$	(0.9,110)
$E_{22} \rightarrow E_{32}$	(2.8,180)
$E_{23} \rightarrow E_{32}$	(4,400)

除去上述的制造企业与制造资源的相关参数,重构模型中还需要用户输入关于该任务的参数,假设用户参数如表 15-3 所示。

表 15-3　用户参数

时间权重 ω_1	成本权重 ω_2	总时间/小时	总成本/元
0.3	0.7	≤40	≤5500

利用前面所设计的自适应遗传算法,利用 Matlab7.0 的遗传算法工具箱进行求解,并对产生的每一代结果的适应值通过 Matlab 进行仿真,通过图表的直观形式来阐明自适应遗传算法在制造资源重构过程中的有效性。

本节所举例子,符合基本条件的有 $3 \times 3 \times 3 \times 3 \times 2 = 162$。此处确定自适应遗传算法种群数量设为 20,系统规定的交叉概率 $P_c = 0.8$ 系统规定的变异概率 $P_m = 0.05$,算法终止条件为进化代数为 100。

图 15-9 给出了群体进化过程中每代群体平均适应度值的变化曲线图,横坐标

表示染色体进化代数,纵坐标表示每代平均适应度值,从该图中可以得出如下结论:

(1) 随着进化的不断进行,群体的平均适应值逐渐增大,不断向最优方向进行,当程序运行到 60 代左右时,基本上稳定在一个固定值附近,有很小波动,染色体的适应值收敛于最优值。这说明本节所设计的自适应遗传算法的思路正确,能达到设计前所预想的目标,逐渐逼近模型的最优解。

(2) 在进化前期,平均适应值波动较大且不稳定,即进化前期群体中存在大量相异个体,差别较大;在进化后期,目标值波动较小且稳定在一个固定值附近,这说明后期群体中的相异个体少,相差较小,逼近最优解。

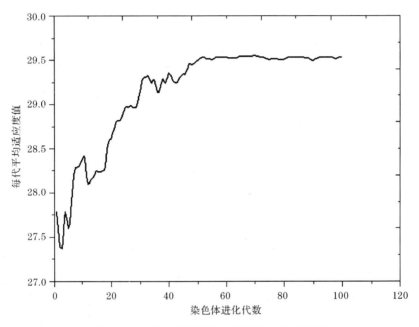

图 15-9　每代种群平均适应度值的变化曲线图

第四篇 基于网络的产品协同商务及竞价系统

产品协同商务是以动态联盟为基础,以协同项目管理为主线的信息化平台。因此企业项目管理在产品协同商务中的作用非常重要。本篇包括 3 章内容,第 16 章基于网络的产品协同商务及其集成技术;第 17 章面向流程制造行业的协同商务模型及体系;第 18 章基于网络的企业竞价系统。

第16章 基于网络的产品协同商务及其集成技术

16.1 基于逐步回归法的流程型企业

现阶段已经存在许多项目管理软件,目前流行的项目管理软件一般分两类。一类是独立的项目管理软件,如微软公司的 Project、Primavera 公司的 P3、ABT 公司的 WorkBench、Scitor 公司的 Projectscheduler 等。另一类是 PDM 厂商开发的基于 PDM 的项目管理软件。这些软件的模型有面向计划与进度管理的,有基于网络环境信息共享的,有围绕时间、费用、质量三坐标控制的,有信息资源系统管理的等,但这些软件在资源限制下的动态多项目任务调度方面存在很多的不足和局限。通常制造业可以分为离散型和流程型两种类型。大多数项目管理软件都是针对离散型制造企业设计。但是,流程型企业有其自身的特点,如何量身定做适合某一个流程型企业的项目管理软件成为流程型企业面临的一个亟待解决的问题。

16.1.1 项目管理

项目管理是指如何在有限的经费、时间、原料、设备或者人力资源条件下,以最有效地管理或者控制来实现某项目既定的计划。项目管理以任务作为管理对象,按照任务间的内在逻辑进行有效地计划、组织、协调及控制。项目管理的内容主要有项目综合管理、范围界定管理、时间管理、成本管理、质量管理、人力资源管理沟通管理、风险管理及采购管理。它主要是从开发的角度对项目管理部分内容进行探讨。

项目管理通常是按照该项目所管理的产品的全生命周期进行。通常具有明确的项目目标→项目任务划分→制定项目计划表→发布计划表→执行项目计划→动态改变项目计划→完成项目计划→项目计划存档几个阶段。通常,项目管理软件应该包括项目分解、进度安排、资源分配和跟踪、项目分析、项目调整等几个功能。

项目目标就是一个项目最终要达到的目的,在制造业企业一般是以产品开发为项目的目标。项目任务划分就是在产品协同商务环境下把一个项目根据产品协同商务的参与企业的不同角色进行任务的分配,一般采用各级项目经理负责制,以确保项目能够按时高效完成。项目计划表的定制是在项目任务划分完成后制定的项目实施的计划表，是项目管理中项目实施的主要依据。动态改变项目计划是在项目管理过程中由于意料之外的情况发生而使项目管理进行相应改变的项目管理的应急措施。

项目管理的核心思想是以项目为管理对象，根据项目的内在规律，对项目生命周期全过程进行有效地计划、组织、指挥、控制和协调，从而最优地实现项目目标。动态联盟项目管理的复杂之处在于：在产品全生命周期的各个阶段，企业管理者不仅要完成单个企业项目管理所涉及的项目计划、资源控制、成本控制以及进度控制，还要完成联盟项目组织结构的组建及重组重构等任务。由于动态联盟中的各个联盟企业在企业决策上都是相对独立的，如何协调不同企业项目间的进度、成本及资源，也是动态联盟项目管理所要解决的难题之一。

由于产品协同商务是建立在企业动态联盟的基础上，整个产品协同商务的企业组织视图是一个复杂的网状结构，这样客观上增加了产品协同商务中项目管理的任务分解和下传的难度，同时由于企业间联系的负责程度增加，以及企业在产品协同商务中的多重角色，也使项目管理对项目进度、项目成本、资源的控制与平衡的难度大大增加。因此，基于产品协同商务的项目管理是一个多层次、多角色的项目管理。它必须在统一的项目管理小组的统一领导下，多企业协同进行。

基于PDM系统的项目管理是PDM的一个重要组成部分，它是在一定约束条件下，以高效率地实现项目业主的目标为目的，以项目经理个人负责制为基础、以项目为独立实体进行经济核算，并按照项目内在的逻辑规律进行有效地计划、组织、协调、控制的系统管理活动。项目管理由于能够有效地制定项目计划、调度项目资源、控制项目成本，在企业中的应用越来越广泛。随着全球网络化经济的发展，世界市场的竞争越来越激烈，企业项目的规模越来越大，对项目管理的要求也越来越高。于是，更多的公司和科研院所投身于项目管理的研究中，在理论研究和软件开发方面都取得了可喜的进步，推动了各种项目的成功。

16.1.2　流程型企业项目管理的功能分析

1. 流程型企业

在制造企业里一类典型的企业就是流程型企业。流程型企业是指被加工对象不间断的通过生产设备进行生产，石化、冶金、电力、轻工、制药、环保等行业的企业属流程型企业，其基本的生产特征是通过一系列的加工装置，使原材料进行规定的化学反应或物理变化，最终得到满意的产品。流程型企业在全球500强企业中大约有70多家，约占15%。根据《财富》杂志1999年数据，流程型企业营业收入占全球500强营业收入的16.5%。1999年的《中国经济统计年鉴》的数据表明，在我国流程型企业年产值占全国企业年产值的66%。流程型企业的发展直接影响着国家的经济基础。

与离散型企业相比,流程型企业有其自身的特点。流程型企业主要是管道式物料输送,其工艺和生产设备能力固定、计划相对稳定、连续生产、需要对产品质量进行监控。同时流程型企业的产品比较单一,原料比较稳定。典型的流程型企业其主导产品大多具有大批量、连续生产、依赖资源的特点。

对于流程型企业来说,它的经营管理的重点应放在保证设备的无故障运行,保证生产计划的连续性,充分发挥设备能力、挖掘企业生产潜能,以及生产能力可以根据市场变化及时进行调整等方面。

2. 流程型企业项目管理的功能分析

结合江苏省 A 集团有限公司的实际情况,按照软件项目开发的一般规范,进行了针对该集团的基于产品协同商务的项目管理系统的开发。该集团是典型的流程型企业,在这个流程型企业的项目管理的主要目的就是控制产品质量,降低产品成本。

结合企业实际及流程型企业的自身特点,首先对系统进行详细的功能设计。该项目管理系统是基于产品协同商务,其中涉及供应商、制造商、销售商、产品协同设计参与企业、个人销售代理、个人客户等。鉴于该系统的复杂程度,项目管理的核心采用三层结构,它的体系结构如图 16-1 所示。

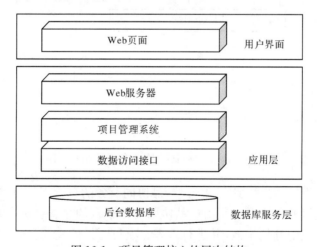

图 16-1　项目管理核心的层次结构

在接下来的功能设计上就遵循上述的三层体系结构。整个系统的功能模块结构如图 16-2 所示。基于流程的项目管理系统的关键技术之一就是工作流的管理。在实现工作流管理时主要是工作流程定义和工作流引擎的设计。结合企业实际情况,在工作流管理时采用简单的工作流程自定法实现。产品协同商务环境下的企业可以自行定义工作流节点,产品开发项目总经理可以自行设计工作流程进行 Word 文档的审核、意见的签署、向上回复、向下流转。

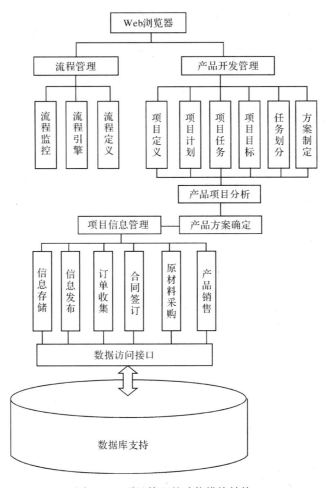

图 16-2　项目管理的功能模块结构

　　该项目管理的用户注册必须经过产品协同商务的总管理员审批,在这个项目管理系统里项目的立项也必须由产品协同商务平台的总管理员审批通过才能在该项目管理系统中开始生效,并进行管理。项目一经确立,就会产生一个在产品协同商务总管理员权限管理下的项目管理的最高用户,这里称为项目总经理。这个用户也必须由产品协同商务总管理员注册或授权才生效。接下去的项目任务划分就是由这个项目总经理来具体操作。

　　在项目立项后就要开始项目的运作,在这个阶段必须明确项目的总的任务、项目的总体要求、项目的最终目标、项目的详细说明。这是整个项目的宗旨、项目的灵魂,是项目能否顺利进行的先决条件。在该阶段项目任务书、项目总体计划书、项目要求、项目检验标准、项目的详细说明书制定要求具有完整性、明确性、可行性,这是项目管理的总纲要。所有这些信息存储在 MS SQL Server 2000 数据里 Project 数据表里,如图 16-3 所示。

	列名	数据类型	长度	允许空
🔑	project_id	int	4	
	project_name	nvarchar	50	
	project_manager	nvarchar	20	
▶	project_manager_pwd	nvarchar	20	
	project_task	text	16	
	project_jihua	text	16	
	project_mubiao	text	16	
	project_biaozhun	text	16	
	project_shuoming	text	16	
	project_beizhu	text	16	

图 16-3　项目立项的数据表 Project 的设计

考虑到在产品协同商务环境下参与的企业多层次复杂企业角色交互,在具体的项目任务划分时采用至少三级的项目经理制(层次多少不确定)。在 MS SQL Server 2000 里项目经理的数据库表格的 ProManager 设计如图 16-4 所示。

	列名	数据类型	长度	允许空
▶🔑	manager_id	int	4	
	manager_name	nvarchar	20	
	manager_pwd	nvarchar	20	
	manager_power	int	4	
	manager_task	text	16	

图 16-4　项目经理的数据库表 ProManager 的设计

接下来的是结合江苏省 A 集团有限公司针对新产品开发设计的项目组织和项目运行的功能模块设计。针对该集团的具体要求,在这个以新产品开发为主要目的项目管理系统中,具体实现了新产品开发的方案管理和质量成本管理。在这个新产品方案管理和质量成本功能模块下主要涉及两个数据库表:存储新产品方案的 ProductPlan 表和与该方案表相关联存储方案相关数据的 PlanDetail 表。在

PlanDetail 数据表里存储的数据是方案中影响新产品性能、成本的所有因素和该因素对产品性能、成本影响情况。在该系统中的具体实现是采用多次试验得到的影响因素、性能指标、产品成本的相关数值表示。这样既有利于试验数据的记录，也有利于后续功能的实现，同时大大增加了项目管理的人性化，更容易对各种方案的优劣进行判断。

为了更加直观地判断各种新产品方案的优劣，在该项目管理系统中设置了可以重复调用的项目目标分析模块。该模块的主要功能是根据项目中定义的产品性能指标结合产品的成本，在各种方案中把抽象的数据以图形的形式直观地反映出来。这样大大改善了系统的人性化。这一功能的实现是依据 JSP 这种动态网页技术和 Applet 技术实现的。

在新产品开发方案确定之后，接下来就是方案的最终提交审批。在经过项目总经理的审批认同后，产品开发阶段的管理算是基本完成。然后系统保存相关的方案信息数据。在新产品开发方案被采纳后就进入项目管理的另一个阶段，产品的发布、订单的收集、合同的制定、原材料的采购、产品的销售等环节。

在该项目管理系统下，项目管理的任何一个环节都有按照企业工作流程制定的严格的审批。在工作流管理功能模块下实现工作流的监控、工作流定义。

16.1.3　基于逐步回归法的流程型企业项目管理

在产品协同商务中的项目管理必须面对两个问题：一个是资源优化调度问题，另一个是多因素影响的项目目标的问题。

在产品协同商务中必须要考虑的是：对于一个工程项目，由于企业资源有限，通常所有可同时执行的任务不可能都按时得到所需的资源。这就导致一些任务因资源缺乏而不能如期进行，这就需要任务调度优化，建立资源约束模型。

在这个资源约束模型中以矩阵 A 表示任务资源，矩阵 A 的每一列表示一个任务，它与任务矩阵 $\{Taski\}$ 中的任务相对应。矩阵 A 中的元素 a_{ij} 代表第 j 个任务的第 i 类资源消耗值。同时以矩阵 X 表示资源调度矩阵，矩阵 X 中的元素 x_i 的值表示任务 i 是否被分配资源。当 $x_i=0$ 时，表示相应的任务 Taski 没有被分配资源；当 $x_i=1$ 时，表示任务 Taski 被分配资源该任务被执行。最后以矩阵 C 表示约束矩阵，矩阵 C 中的元素 c_i 表示每个工作日第 i 类资源的限制值。在多资源约束条件下，各个任务被分配的各类资源总和不应超过各类资源限制，用矩阵不等式表示如下：

$$
\begin{bmatrix}
a_{11} & a_{12} & \cdots & a_{1n} \\
a_{21} & a_{22} & \cdots & a_{2n} \\
\vdots & \vdots & & \vdots \\
a_{m1} & a_{m2} & \cdots & a_{mn}
\end{bmatrix}
\cdot
\begin{bmatrix}
x_1 \\
x_2 \\
\vdots \\
x_n
\end{bmatrix}
=
\begin{bmatrix}
c_1 \\
c_2 \\
\vdots \\
c_n
\end{bmatrix}
$$

即 $AX \leqslant C$。这个矩阵不等式就是多资源约束下的资源约束模型。在这个矩阵不等式的任一行展开为代数不等式为

$$\sum_{j=1}^{n} a_{ij} \cdot x_j \leqslant c_i$$

这个公式表示：各任务被分配的第 i 类资源总合不超过第 i 类资源限制。资源约束模型考虑的是当前工作日可执行任务与其对应的资源约束之间的关系。把当前工作日所有可执行的任务定义为可执行任务集，记为 $\{Task_i\}$，其中，$i=1$，$2,\cdots,n$。由于资源约束，并不是 $\{Task_i\}$ 中的所有任务都能获得资源而执行，这就产生了让哪些任务执行、哪些任务等待的问题。因此，接下来的问题就是如何合理地从可执行任务集 $\{Task_i\}$ 选择任务，为其分配资源以求实现既满足资源约束，又达到工期最短的目的。

一般认为，任务作为项目分解的最小单位，是不允许随意进行再分的。所以，某任务一旦开工，就要为其提供资源以保证施工的连续性，不允许因资源不足而引起任务的中断。这是资源分配首先要考虑的问题。在资源分配上，首先要保证关键路径上的关键任务的资源需求量，将剩余的资源分配给非关键路径上的任务，当剩余的资源不能满足所有非关键路径上的任务时，依任务时差和工期从小到大的先后顺序分配剩余资源，这样做的好处在于尽可能早地将次关键任务排入进度，从而缩短整个项目工期。

其次在产品协同商务中还必须要考虑：在企业角色交互的产品协同商务环境下，影响项目立项中的项目目标的因素往往是多个，这些因素对目标的影响程度是不一样的。同时，在流程型企业的产品加工制造过程是一个复杂的物理化学过程，在这些过程中既有有一定规律可循的量变过程，又有不可预想的质变过程。质变过程可以通过多次试验得到，但是对于有规律可循的量变过程用无数次试验来得到就得不偿失了。在该项目管理中通过逐步回归法来处理有规律可循的量变过程。

1. 逐步回归法概念

逐步回归是回归分析中一种筛选变量的技术。其思想为：根据各个回归变量 $x_i(i=1,2,\cdots,n)$ 对 Y 影响的显著程度，把影响显著的变量逐步选入回归方程；在过程中又将已选进回归方程的变量进行比较，把其中 Y 影响已相形见绌的变量逐步从回归方程中剔除；这样反复选进和剔除，直到回归方程中包含且仅包含达到规定显著水平的变量为止。

为了实现技术预报与控制，往往需要从多因素中挑选变量，以建立批实验数据的最优回归方程。所谓最优回归方程，就是包含所有对 Y 影响显著的变量而不包含对 Y 影响不显著的回归方程。选择最优方程的思路是：从一个变量开始，把

变量逐个引入回归方程。首先,计算各因子与目标 Y 的相关系数,将绝对值最大的一个引入方程。其次在余下的因子中找与 Y 的偏相关系数最大的那个因子引入方程,检验显著性依次进行。

逐步回归分析的基本出发点是按照因子 $x_1,x_2,x_3,\cdots$ 对 Y 作用的大小,即用偏回归平方和的大小来衡量,由大到小逐个将因子引入回归方程。对已被引入方程的因子,由于新因子的引入而变得对 Y 的作用不明显时,可随时从方程中剔除,直到既不能引入也不能剔除因子为止,从而得到最优的回归方程。

逐步回归分析的计算方法如下:

逐步回归分析计算的实质就是用无回代过程的消元法(约当消元法)解正规方程时,把选取重要变量的思想巧妙地叠加进去。在逐步回归分析中无回代过程的消元是很重要的。

假设求解的方程形式如下:

$$r_{11}b_1^* + r_{12}b_2^* + \cdots + r_{1m}b_m^* = r_{1y} \quad r_{21}b_1^* + r_{22}b_2^* + \cdots + r_{2m}b_m^* = r_{2y}$$

$$\cdots\cdots$$

$$r_{m1}b_1^* + r_{m2}b_2^* + \cdots + r_{mn}b_m^* = r_{my}$$

方程的主要元素都在对角线上,保证有唯一解。用约当消元法,当第 $(L+1)$ 消去第 K 个元素的计算公式为

$$r_{kj} = r_{kj}/r_{kk} \quad (\text{第 } k \text{ 行})$$

$$r_{ij}^{(L+1)} = r_{ij}^{(L)} - r_{ik}^{(L)}/r_{kk}^{(L)} \quad (\text{其他行})$$

其中,$r_{ij}^{(L+1)}$ 表示第 $(L+1)$ 次消元后,原来 r_{ij} 位置上的当前值。

显然

$$r_{ij}^{(0)} = r_{ij}$$

为了便于说明这个问题,只讨论三个变量的问题。其正规方程具有如下的形式:

$$r_{11}b_1^* + r_{12}b_2^* + r_{13}b_3^* = r_{1y}$$

$$r_{21}b_1^* + r_{22}b_2^* + r_{23}b_3^* = r_{2y}$$

$$r_{31}b_1^* + r_{32}b_2^* + r_{33}b_3^* = r_{3y}$$

消去运算是将系数矩阵第某列消去变成"0,1"形式。对

$$\boldsymbol{R}_{ii}^{(0)} = \begin{pmatrix} r_{11}^{(0)} & r_{12}^{(0)} & r_{13}^{(0)} & r_{1y}^{(0)} \\ r_{21}^{(0)} & r_{22}^{(0)} & r_{23}^{(0)} & r_{2y}^{(0)} \\ r_{31}^{(0)} & r_{32}^{(0)} & r_{33}^{(0)} & r_{3y}^{(0)} \end{pmatrix}$$

第一步 将矩阵第一列消去成"0,1"的形式

$$\boldsymbol{R}^{(1)} = \begin{pmatrix} 1 & r_{12}^{(1)} & r_{13}^{(1)} & r_{1y}^{(1)} \\ 0 & r_{22}^{(1)} & r_{23}^{(1)} & r_{2y}^{(1)} \\ 0 & r_{32}^{(1)} & r_{33}^{(1)} & r_{3y}^{(1)} \end{pmatrix}$$

其计算公式为

$$r_{1j}^{(1)} = r_{1j}^{(0)} / r_{11}^{(0)}, \quad j = 1, 2, 3, y$$

$$r_{ij}^{(1)} = r_{ij}^{(0)} - r_{i1}^{(0)} r_{1j}^{(0)} / r_{11}^{(0)}, \quad i = 1, 2 \quad j = 1, 2, 3, y$$

第二步 将矩阵第二列消去成"0,1"的形式

$$\boldsymbol{R}^{(2)} = \begin{pmatrix} 1 & 0 & r_{13}^{(2)} & r_{1y}^{(2)} \\ 0 & 1 & r_{23}^{(2)} & r_{2y}^{(2)} \\ 0 & 0 & r_{33}^{(2)} & r_{3y}^{(2)} \end{pmatrix}$$

其计算公式为

$$r_{2j}^{(2)} = r_{2j}^{(1)} / r_{22}^{(1)}, \quad j = 2, 3, y$$

$$r_{ij}^{(2)} = r_{ij}^{(1)} - r_{i2}^{(1)} r_{2j}^{(1)} / r_{22}^{(1)}, \quad i = 1, 3$$

第三步 将矩阵第三列消去成"0,1"的形式

$$\boldsymbol{R}^{(3)} = \begin{pmatrix} 1 & 0 & 0 & r_{1y}^{(3)} \\ 0 & 1 & 0 & r_{2y}^{(3)} \\ 0 & 0 & 1 & r_{3y}^{(3)} \end{pmatrix}$$

其计算公式为

$$r_{3j}^{(3)} = r_{3j}^{(2)} / r_{33}^{(2)}, \quad j = 3, y$$

$$r_{ij}^{(3)} = r_{ij}^{(2)} - r_{i3}^{(2)} r_{3j}^{(2)} / r_{33}^{(2)}, \quad i = 1, 2$$

此时相关矩阵变成为单位矩阵,依次的解

$$b_1{}^* = r_{1y}^{(3)}$$

$$b_2{}^* = r_{2y}^{(3)}$$

$$b_3{}^* = r_{3y}^{(3)}$$

2. 逐步回归法在流程型企业项目管理中的应用研究

逐步回归法在该流程型企业项目管理中的应用主要在产品项目分析模块,针对江苏 A 集团的产品开发的实际情况:新产品的开发主要是一个配方配制过程;在产品开发过程中影响产品性能的因素由于配方元素的多样性而变得非常复杂。这是一个典型的多因素影响同一个目标变量的问题。在兼顾产品性能和成本来决定新产品配方时,在该项目管理系统中就借助逐步回归法进行分析。

在该集团的产品开发中有一个重要的环节就是确定产品的最佳配方,当然这个配方是在保证产品性能基础上,兼顾产品成本。通常该产品的配方由很多种原材料组成,它们发生复杂的物理化学变化。为了找到最佳配方的办法就是进行无数次不同比例组成配方的试验,虽然这种方法能够得到详细的原料比例配方和产品目标性能的准确曲线,但是这种方法是不科学也是不现实的。因此,在产品性能分析时需要一定的推理分析,把产品的配方和产品性能指标的曲线图尽量反映

出来。再通过动态网页技术和 Applet 技术把经过推理得出来的曲线图直观地反映出来。这样通过图形的直观反映和逐步回归的分析法，可以在少量试验数据的基础上再进行有针对性的产品性能试验。

这一功能的实现首先需要一定量的初始试验数据，加上逐步回归法的分析，其次根据初始数据提供的粗略曲线图逐步完善。通过这种分析完善来减少大量人为的试验数据，既降低了成本又大大节约了新产品的开发周期。根据推理后的曲线图再进行试验，再分析再完善曲线图直到满意为止，得到一个最优的新产品配方。然后进入下一个环节——项目信息管理环节。这一模块功能的实现如图16-5 所示。

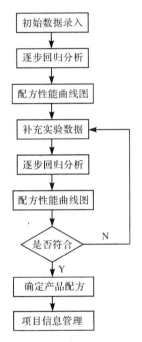

图 16-5　基于逐步回归法的数据分析流程图

可以看出对数据的逐步回归分析是一个复杂的往复过程。根据数据逐步回归分析的计算方法，如何判断选取初始数据进行分析是能否正确完成分析、得出准确的推理曲线图的关键。

实现了数据的采集，接下来就是数据的逐步回归分析。数据的逐步回归分析就是根据逐步回归原理，采用 Java 编程实现计算机的自动数据处理。逐步回归的数据计算也是一个复杂的反复过程。

在确定消元顺序时，根据变量的重要性决定消元的顺序。然而各个变量的重要性是由它降低剩余平方和 Q 的贡献来衡量的，即引入一个变量 Q，每引入一个

变量 Q 值就变得比原来的值更小。可以证明 $Q^{(1)} = r_{yy}^{(1)}$。

假设每引入第一个变量时,应使剩余平方和 Q 下降 V_1。

则

$$V_i = Q^{(L-1)} - Q^{(L)} = [r_{1y}^{(L-1)}]^2 / r_{11}^{(L-1)}$$

若引入某个变量时,计为 V_i,则上式是回归方程有 L 个变量的结果,它与方程中有 $(L-1)$,$(L-2)$,… 个变量时 x_i 的贡献不相等,为此要加上一个上标。即

$$V_i' = [r_{1y}^{(L-1)}]^2 / r_{1L}^{(L-1)}$$

同时,在做逐步回归分析时,引入变量的同时还有可能要把某些变量剔除出去。当然剔除出引入的变量也不是随意进行的,它有自己的剔除标准——F 检验。在数理统计分析中采用 F 检验的方法来解决问题是因为:$F = (Q^{(L-1)} - Q^{(L)}) / (Q^{(L)} / (n-1-1))$ 服从 $F_{(n-L-1)}$ 分布。可以根据事先确定的可信度 (α),从 F 分布表中查出两个临界值 F_1、F_2。

如果计算的 $F_i > F_1$,则应该把相应的变量引入回归方程,否则不应引入回归方程。

如果计算的 $F_i < F_2$,则应该把相应的变量剔除出回归方程,否则不应剔除出回归方程。

在具体的程序开发中参照了一个简单的产品配方(该产品有三种原料组成)。

首先收集部分试验数据。数据如表 16-1 所示。在计算分析过程中首先建立正规方程,其次采用电脑程序的逐步计算来筛选变量,最后得到最优回归方程。

表 16-1　三因素配方试验数据

影响因素(自变量)			性能目标 y(因变量)
x_1	x_2	x_3	
3	0.06	6 000	72.501 0
3	0.1	8 000	88.662 2
3	0.12	10 000	80.980 7
4	0.06	8 000	76.761 7
4	0.1	10 000	84.893 7
4	0.12	6 000	82.613 1
6	0.06	10 000	96.121 8
6	0.1	6 000	97.781 3
6	0.12	8 000	89.248 1

建立正规方程时,首先根据初始试验数据计算均值。根据公式 $X_i = \frac{1}{n}\sum_{k=1}^{n} x_k$。其次计算离差矩阵 L。其计算公式为 $L_{ij} = L_{ji} = \sum_{k}(x_{ki} - x_i)(x_{kj} - x_j)$

最后建立相关矩阵 **R**。其公式为 $R_{ij} = L_{ij} / (\sqrt{L_{ii}} \cdot \sqrt{L_{jj}})$

根据以上的计算公式计算得到均值、离差矩阵、相关矩阵如表 16-2 所示。

表 16-2　均值、离差矩阵、相关矩阵

		x_1	x_2	x_3	y
均值		4.333 33	0.093 3	8 000	85.507
离差矩阵	x_1	14	0	0	19.169 0
	x_2	0	0.005 6	0	0.371 9
	x_3	0	0	24 000 000	18 201.6
L_{yy}					562.158
相关矩阵	x_1	1	0	0	0.762 4
	x_2	0	1	0	0.343 7
	x_3	0	0	1	0.156 65

最后建立的逐步回归方程为

$y = 84.98064 + 0.1203 \times x_1 + 0.05424 \times x_2$

在这里可以看到 x_3 的影响不显著,在局部的改变中可以忽略。

通过上面的计算可以看到,逐步回归分析法只能在局部推理出部分试验数据,对整个产品配方性能曲线图却无能为力。这也是因为产品在生产过程中不仅发生了物理变化,同样发生了化学变化。这里面既有量变的积累,又有质变的飞跃,所以单独靠一个 F 分布是不可能准确推导出整个准确的曲线。但是,不可否认在局部代替大量的试验数据是可行的,在产品配方改进过程中可以提供比较准确的指导作用。在一定程度上减少了试验次数、降低了产品成本、缩短了开发周期。

在把逐步回归法引入数据分析后,我们可以更加直观地得到大量数据的图形曲线反映。这样把抽象的数据变成直观的图形,在项目管理上显得更加直观、更加人性化,是值得借鉴的。同时,针对流程型企业的模块化开发,可以把整个模块与上下游企业功能共享,这也是网络化制造、企业动态联盟、产品协同商务的思想。对于流程型企业他们的供应商也大多属于流程型企业,这样更利于该项目管理模块的共享,同时基于产品协同商务的共享,可以使产品原材料或影响因素的改变能够更快的在整个企业联盟内得到快速响应。这是因为在整个产品开发过程中不可避免的涉及产品原材料的开发,在一个产品协同商务环境下的产品开发可以把原材料的开发、配方改变与最终产品的开发、配方改变有效地融合到一起，真正做到快速响应市场、最大限度地降低成本、提升企业和产品的市场竞争力。

在数据分析时只采用一种方法可能使分析结果产生偏差。毕竟对数据的分析是一个数学上的推理过程，是遵循数理统计的离散分布规律的。这样就很有必要同时采用几种分析方法，在不同方法的结合中尽量消除一些偏差，使推理更准确、科学。当然在涉及化学变化时，还要靠大量的试验为依据，单纯的数学分析只能起到部分指导作用，这在流程型企业里显得尤为突出。因此，只能最大限度地借助于数学分析来指导试验，而不可能完全用数学分析代替最有效的产品试验。

16.2　产品协同商务与 ERP 的集成技术研究

ERP 是企业资源规划（enterprise resource planning）的英文缩写，通过它可以将企业内部各个部门，包括生产、财务、会计、物料管理、品质管理、销售与分销、人力资源等，利用信息科技整合，通过计算机系统连接在一起。

ERP 的发展经历了三个阶段：20 世纪 60 年代初的物料需求计划（MRP）阶段；80 年代的制造资源计划（MRPII）阶段；直到 90 年代才发展到今天的企业资源计划（ERP）阶段。

在现代信息社会，ERP 已经跨越传统 MRP II 以计划为核心的管理思想，着重于以客户为中心的业务流程再造。通过充分利用当代的信息集成技术对企业进行全面的一体化管理。它重视 Back Office 与 Front Office 的结合。形成了企业内部、外部协同工作的更先进的企业信息化管理思想。完整的 ERP 解决方案应用先进的 Internet/Intranet 技术将不同区域、企业的不同部门以及供应商、客户和经销商等的信息集成起来，并利用 ERP 系统进行计划、控制与分析等。使企业不仅能够进行财务管理、采购管理、销售管理、库存管理、生产管理、人力资源管理、物料需求计划、车间排产、项目管理等方面的计划与控制，还可以获得供销渠道、市场营销、客户需求以及竞争对手等最新信息，并进行分析处理快速做出反应，在竞争激烈的市场中生存。这样就为企业提供了更为丰富的经营管理方法和工具。同时，企业外部的供应商、客户和经销商可以与企业员工在一个系统中协同工作，形成一个更为透明的协同工作环境，增强了配合度，提高了工作效率。可以说现在的 ERP 系统在一定程度上大大改善了企业的管理。

16.2.1　CPC 与 ERP 的数据库集成技术

所谓在产品协同商务环境下的系统集成就是要在产品协同商务平台的统一调度下，使各盟员企业里的 ERP 系统能够把数据信息按照要求反馈到协同商务平台。使企业动态联盟下的项目能够快捷有效地完成，增强企业联盟的核心竞争力,从而达到双赢的目的。所以,CPC系统与ERP系统集成的关键就是数据的相互交换。

对于在统一的产品协同商务平台下企业动态联盟里的各个盟员企业间进行ERP与CPC系统的数据库集成一般有以下三种集成技术。

(1) 内部函数调用。这种集成技术是利用各个企业内部的ERP系统各自提供的API函数访问数据库,实现两系统之间信息交换,其实现原理如图16-6所示。这种集成技术需要CPC系统与ERP系统都必须提供访问底层数据库的函数和API接口,并且需要原系统开发人员的支持,开发工作量大、集成成本高,但可以获得较高的效率。

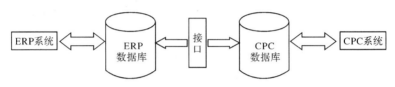

图 16-6　基于内部函数调用的集成技术

(2) 直接数据库访问。这种集成技术是通过对CPC系统与ERP系统数据库的分析,直接对数据库及其属性进行访问来实现两系统之间信息交换,其实现原理如图16-7所示。运用此集成技术是以对CPC系统与ERP系统的数据库结构分析清楚为前提,但大多数CPC系统与ERP系统所使用的数据库系统是经过加密处理,并且数据库中表与表之间存在复杂的关联关系,需要花费大量的时间,才能分析清楚系统的数据库结构。此外,由于CPC系统与ERP系统的版本升级可能会对各自的数据库结构进行调整,因此,以此集成技术实现CPC系统与ERP系统的集成存在着失效的风险。

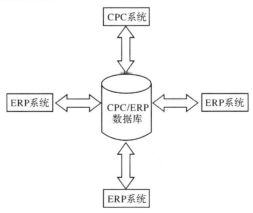

图 16-7　基于直接数据库访问的集成技术

（3）中间文件交换。这种集成技术是将 CPC 系统与 ERP 系统需要交换的信息按照统一的文件格式和接口要求进行存储，CPC 系统与 ERP 系统通过各自编制的数据导入/导出接口来实现两系统的信息交换，其实现原理如图 16-8 所示。与上述两种集成技术相比，此集成技术有开发周期短、集成成本低、容易实施、见效快等特点。

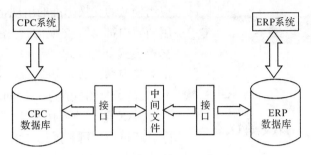

图 16-8　基于中间文件交换的集成技术

由以上分析可知，在产品协同商务中企业动态联盟中的各个盟员企业之间的 ERP 系统的集成，综合考虑最好采用中间件的集成技术进行集成。

16.2.2　中间件、XML 与 SAX 技术

中间件的应用范围十分广泛，对于不同的应用需求涌现出许多各具特色的中间件产品，因此对中间件也有许多不同的定义，但比较权威的定义源于英文"middleware"，是基础软件的一大类，指一大类介于操作系统、网络等底层软件或环境与应用软件之间的独立的基础软件或服务程序，其主要作用是解决"异构"环境（不同硬件/软件平台，不同网络环境，不同数据库系统等）下应用的互联和互操作问题。中间件是一类软件，而非一种软件。它主要解决各种应用之间的互联和互操作问题。可以说中间件是一种应用级的软件，是一种应用集成的关键构件。中间件使应用系统开发简便、开发周期缩短，减少了系统的维护、运行和管理的工作量，以及计算机总体费用的投入。

中间件可分为六类：终端仿真/屏幕转换中间件、数据访问中间件、远程过程调用中间件、消息中间件、交易中间件、对象中间件。中间件系统是指严格按照遵循各种相关的工业标准和规范，综合各类中间件技术的、作为构建分布式多层应用的中间核心平台。它具有可移植性、开放性、快速开发、安全性、面向对象等特性。中间件系统已成为中间件技术的发展方向，其主流标准/规范主要是 J2EE 和.NET 等。目前相关产品有 IBM 的 Web Sphere、金蝶国际的 Apusic 中间件系统等。

中间件的特点是满足大量应用的需要；运行于多种硬件平台；支持分布式计

算,提供跨网络、硬件和操作系统的透明性的应用或服务的交换功能;支持标准的协议;支持标准的接口。

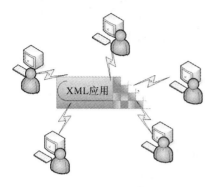

图 16-9　形状交换模式

XML 作为一种数据格式描述的元语言标准,从出现以后就不断地被应用到各种不同的数据交换领域中。使用 XML 制定的应用领域的交换标准的出现,使得在各个应用领域中都形成交换的优化模式——形状交换模式如图 16-9 所示。其中,每个系统都将其内部的数据转化成行业标准的基于 XML 的数据格式用于系统间的交换。

SAX 是一种应用程序接口,它允许程序员解析使用可扩展标志语言的网页,即描述数据集的网页。SAX 可替代 DOM 而解释 XML 文件,它比 DOM 接口简单,适用于需要处理大量或者较大文件的情形。SAX 是一个事件驱动接口。它的基本原理是由接口的用户提供符合定义的处理器,XML 分析时遇到特定的事件,就去调用处理器中特定事件的处理函数。SAX 应用程序接口不但可以读取一个 XML 文档,而且可以处理任意形式的数据源。

SAX 的优点是可以解释任意大小的文件,因为它不需要把整个文档加载到内存;适合创建自己的数据结构,可以在事件发生时保存和组织需要的数据;适合小量信息子集,可以非常容易的忽略不感兴趣的数据;简单高效。

16.2.3　基于中间件与 XML 的 CPC 与 ERP 集成技术的研究

从 16.2.1 节的分析可以看出,通过直接对 CPC 与 ERP 的数据进行分析,让两个系统都直接对数据库的数据进行操作,并交换数据,这种集成方式效率高,但开发难度大,需要对两个系统的数据库结构的分析十分清楚。这种方式对于不同开发商所开发的 CPC 和 ERP 系统之间进行数据交换比较困难。在本节中探讨的是基于中间件的 CPC 与 ERP 系统集成模式。

对原有的盟员企业的 ERP 系统进行分析可以得到 ERP 系统的三层结构:应用层、数据层、转换层。ERP 和 CPC 的数据借助各自的工具和统一格式的中间文件,将 CPC 与 ERP 各自需要交换的数据通过各自的工具转换成统一的文件格式进行存储。其中,转换层要借助于 CPC 系统和原有 ERP 系统的自带工具或开发工具开发的数据导入导出模块。这种集成模式最基本的模型如图 16-10 所示。

图 16-10 已经给出一个基于中间件的系统集成的原始模型,接下来要考虑如何使用 XML 进行数据交换。只要实现数据交换也就实现 CPC 系统与 ERP 系统的集成。要实现利用 XML 作为数据交换格式,在企业动态联盟的盟员企业中的

ERP应用	应用层
CPC数据	数据层
ERP工具	转换层
特定格式中间文件	中间层
CPC工具	转换层
ERP数据	数据层
CPC应用	应用层

图 16-10　基于中间件的系统原始集成模型

ERP 系统与 CPC 系统间进行数据交换,有三个问题需要解决:XML 文档存储方法、数据库文件到 XML 文档转换方法、XML 文档到数据库文件转换方法。

1.　XML 文档存储方法

按照 XML 的语法规则,可以将其看成是树型结构,而在计算机所识别的系统中,具体情况要根据文件的存储方式来决定。有关实现 XML 文档的存储一般有两种方法,第一种为普通的文本格式,它具有良好的层次结构,使人一目了然,而且由于它的文本格式,可以使其在任何计算机系统中被识别,实现跨平台的数据交换。另外,它可以以简单通过 XSL 实施文档格式转换,尤其是在当前 Web 技术盛行的情况下,可将 XML 文档转换为 HTML 格式,这大大提高它的知名度,使得 XML 迅速地在计算机界成为热门话题,兼之有 Oracle、Microsoft、SUN 等许多大公司的技术支持,已有越来越多的计算机系统采纳这种新型的数据格式。第二种为数据库格式,将 XML 文档存在面向对象数据库中,也能较好地体现其树型结构,但是这样存在较低的效率,主要原因是没有有效的工具将其按照既定的目的进行管理,这种方法有待进一步研究。当然还有其他方法。在此考虑利用第一种方法,将 XML 文档存为文本格式,实现计算机应用系统间的数据交换。

2.　数据库文件到 XML 文档转换方法

从数据库文件到 XML 文档转换的目的是将应用系统中的基于数据库的内容转换为 XML 表示。

由于 XML 语法规定的文档可以有多种实现方法,最基本的实现方法有两种:第一种是文本文件的直接写入。我们从数据库中读出内容,按字段结构进行整理,依次将数据库记录加以 XML 标识(注意:这里的标识同数据库字段应该一一对应),直接写成 XML 文档格式。这样处理对于单表数据库简单,但是对于一个复杂数据库,其内容具有许多的关联和连接,在处理时则要复杂得多,需要考虑转换为 XML 文档的嵌套格式,这时数据库到 XML 文档也要一一映射,不同数据库表文件有不同的处理方法,所以这种方法的重用性不是很好。第二种方法是先从数据库文件进行 XML DOM 的映射处理,也为一一映射形式,它是典型的树型结构,将数据库记录标识为同层的节点,具有关联关系的表是其父节点或子节点,如此构造的 XML DOM 数据有树的所有特征,可以对它进行有关树的各种算法运算,在这里我们对它进行遍历,可以前序遍历,也可以逐层遍历,在遍历时进行 XML 文档的构造,所需要的遍历过程可以重用,而且对于多层数结构,只需递归调用就行了,这样,就可以对 XML 文档有一个逻辑上清晰的概念,实现从数据库文件到 XML 文档的转换,具体实现时也比较简单,用 VB、Java 等常用语言就可以实现,无需特别的技术。它的实现如下所示:

第一,首先从数据库读取相关表内容,最先读取最基本的表(系统表),构造一个文档节点;获取数据库的每条记录,分别创建一个节点,添加的根节点的下方作为子节点;其次获取所有相关的表数据,分别构造节点,注意添加到有相关标识的节点下方,直到所需要的表全部处理完毕,至此,XML DOM 树构造结束,最后将其写入 XML 文档。

第二,构造一个递归的树前遍历程序,将 XML DOM 树中的结构取出,直接利用或者按照预先规定的格式名称转换为 XML 文档的标识,然后取出树中的数据直接转换为字符串,写入标识括号内,至于数据类型,可以用标识的属性来表示,以区分不同的数据类型。

第三,关闭数据库文件,释放 XML DOM 占据的内存,关闭 XML 格式文件。

3. XML 文档到数据库文件转换方法

XML 文档到数据库文件的转换也就是解析 XML 文档,并将其保存到数据中的过程。这里使用 SAX 技术来实现,而不用 DOM。具体的 SAX 转换如图 16-11 所示。

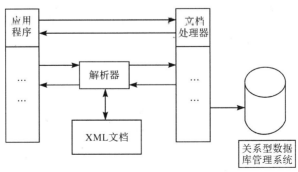

图 16-11　XML 文档的解释

首先,应用程序是主程序,它用来编写开始整个处理的代码。

其次,文档处理器是用来编写处理文档内容的代码。

再次,解析器是符合 SAX 的标准的 XML 解析器。

最后,RDBMS 是关系数据库。

在这个 XML 文档解析过程里采用 SAX 的目的是为了后续工作。因为在一般情况下,在应用系统交换数据时,其格式固定,这里文档处理器的作用是处理这些通报以获取应用程序需要的所有内容,这种处理的 SAX 不适合于一般情况下的所有 XML 文档到数据库的转换。对于上述提到 SAX 实现方法,Java 已经提供足够的类对其进行操作,然而有一点例外就是对于 Oracle 和 SQL Server 以及另外一些实现 XML 和其进行直接转换的数据库,它们几乎不需要编程,仅调用命令即可完成转换。

产品协同商务是建立在网络化制造、基于 Internet 基础上的,在企业动态联盟中,建立如图 16-12 所示的基于中间件系统的应用系统集成框架,把企业动态联盟中的各盟员企业的 ERP 系统集成起来。

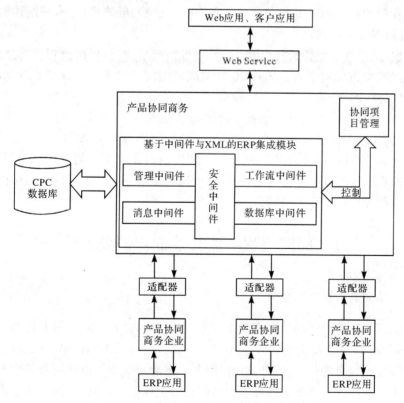

图 16-12　基于中间件系统的应用系统集成框架

第 17 章　面向流程制造行业的协同商务模型及体系

协同商务是电子商务发展的最高阶段,其本质是资源优化的过程。流程制造行业具有产品固定、供应商与销售商都是紧耦合关系的特点,其实施协同商务实际上就是产品商务活动的协同。本章研究面向流程制造行业的协同商务模型及体系,分析协同商务系统环境,建立基于多视图的协同商务主体模型和基于成熟度模型的流程型企业模型,设计基于 SOA 的协同商务集成平台和基于成熟度模型的企业级协同商务系统,阐述构建协同商务集成平台的关键技术,开发了协同商务集成平台,并在企业中顺利实施。

首先,针对流程制造行业环境下的协同商务主体环境和流程型企业特性进行分析,从功能视图、工作流视图、组织视图和资源视图分别建立模型,为了确定流程型企业参与协同商务的角色和方式,建立了五级的成熟度模型,并阐述模型的指标、计算方式和结构。

其次,采用基于服务的架构设计协同商务集成平台,从层次模式、结构模式和物理布局三个方面对平台进行说明,针对成熟度模型中的五个级别的企业,分别设计不同等级的模型。

最后,针对构建协同商务集成平台的众多技术,本章提出采用分布式计算技术、工作流技术和集成技术三项关键技术,对基于 EJB-CORBA 和 Web Service 的分布式计算进行阐述,认为二者的结合是最佳选择;设计平台的工作流引擎,并对其工作原理和过程进行详细讨论;研究流程型企业三层信息系统层间和层内的集成技术。研究工作丰富了协同商务的内涵。

17.1　面向流程制造行业的协同商务模型

17.1.1　协同商务系统环境分析

面向流程制造行业的协同商务是以流程型企业群为主体,多种实体共同参与的商务活动,其目的是实现优势互补、资源优化,强调以市场订单为驱动,以成员企业资源优化组合为核心,以计算机网络和面向动态联盟的协同商务集成平台为支撑。本节对协同商务的主体环境以及流程型企业的特性进行分析,为后面建立面向流程制造行业的协同商务模型奠定了基础。

1. 协同商务主体环境分析

协同商务主体环境分析是指对开展协同商务的动态联盟所处的应用环境进行探讨。面向流程制造行业的动态联盟在技术构成、资源形态、组织结构和运作模式等方面主要表现在以下几个方面。

1) 动态性

开展协同商务的动态联盟首要的特征就是其动态性,这种动态性体现在:

(1) 参与者数量与组成。参与协同商务的企业和其他实体在数量上与组成上是不固定的,并且实时都在变化,考虑到在选择合作伙伴、确定协作关系,并在企业运行过程中经常会根据需要对协作关系做出相应的调整,同时在产品生命的不同周期会调用不同的协作实体。所以,动态联盟企业中参与者数量与组成在整个产品生命周期过程中是动态变化的。

(2) 组织结构。协同商务为了实现资源的快速重组,就要求动态联盟建立更具有灵活性、开放性和自主性的组织结构,传统的树型金字塔结构肯定不适合动态联盟,只能采用扁平的网状管理结构,在动态联盟组织中人与人之间的关系将更强调具有较强自主性的协调与合作,而不是行政性命令。

(3) 业务类型。协同商务动态联盟是以市场订单为驱动,而市场是瞬息万变的,因此市场的订单也在时刻变化,这种变化不仅仅体现在订单的数量与规模上,更多表现在业务类型的变化上,协同商务动态联盟的资源优化可以满足任何市场的要求和个性化需求。

2) 固定性

面向流程制造行业的协同商务动态联盟有着其相对固定的部分,因为流程型企业和它的供应商与销售商之间是一种相对稳定的紧耦合关系,这就构成了协同商务联盟中的局部固定结构,在这一关系中,上下游企业可以建立更为开放和灵活的联盟关系,以取得更多的经济效益,这也是面向流程制造行业协同商务的特性。

3) 分散性

首先,参与协同商务动态联盟的实体群在地理上是分散的,由于动态联盟各实体在地理上较为分散,因此他们之间的协作需要快速畅通的信息传递,即其信息系统要满足及时有效的分布性要求;其次,在地理位置上一起的资源在参与协同商务的过程中在逻辑上也可能是分散的,因为协同商务的本质就是资源优化,因此一个实体的资源不一定被看成是一个资源整体,极有可能被分为几个部分,而这几部分资源尽管属于同一个实体,但在协同商务集成平台上却被看成是相对独立的资源模块。

4）异构性

参与联盟的实体（部门）运作的信息基础结构是根据实体在不同的时期陆续自主开发或者外购的一些信息系统，这些系统所用到的开发语言、运行平台都不完全一致，可能有不同的数据库和操作系统，联盟企业的企业文化和管理模式也不一样，这就造成协同商务动态联盟资源的异构性；参与协同商务的实体在参与协同商务以前都有自己的市场和商务伙伴，并且处于不同发展阶段的实体对应不一致的目标市场和客户群，这就导致市场资源的异构性，如何有效地描述这些异构的市场资源，并对其优化协同，是协同商务平台必须要解决的问题。

5）协同性

协同商务的三层协同含义，一是企业内部的协同；二是企业之间的协同；三是企业与其他的协同。

6）集成性

协同商务是电子商务发展到一定阶段的必然产物，也是信息技术发展的推动结果，尤其是集成技术的发展直接促进协同商务的实现，按照协同商务的理论，企业内部集成是协同商务的基础和必要条件，只有企业在实现了内部的集成才有可能参与协同商务，企业之间的协同同样也离不开集成。

7）竞争性

协同商务的出发点是实现利益的最大化，达到多赢的结果，看起来好像参与协同商务的实体之间已经消除了竞争，实际上竞争依然存在，不过竞争已经转换为两个层面的竞争：一是协同商务集群之间的竞争，出现了市场需求，全球的多个协同商务集群可能同时都在竞争获得市场订单；二是集群内部的类似资源之间的竞争，这就造成协同商务集成平台的内部优化算法的冲突问题，类似资源的优化选择的冲突决定了协同商务依然存在激烈的竞争。

8）知识性

协同商务的发展方向之一就是协同商务链研究，而协同商务链最重要特征就是除了传统的物流、信息流和资金流外，还多了一层双向的知识流，协同商务中的企业与其他实体的协同包括与知识机构的协同，如高校、研究机构等，知识的描述、建模、使用和优化同样是协同商务集成平台必须要考虑的问题。

以上八个方面基本上概括了协同商务主体环境的特点，还有其他如灵活性和临时性等特点，都是一般的现代管理信息系统所要求具备的，这里就不作为主要特点进行阐述。

2. 流程型企业特性分析

流程型企业的共同特性可以概括如下。

1）物料的特性

流程型企业的物料虽然种类不多,但大多数需要几种物料组合起来作为可以直接使用的物料,纵观整个加工过程,又具有加工层次少的特点。另外,离散型企业的物料可以用树型结构表示,但是对于流程型企业物料的结构不能用树状的层次型结构来描述,特别是复杂的物料则需要用链式结构来表示。

2）生产过程的特性

流程型企业的生产过程一般是在高温、高压、低温、真空、易燃、易爆、有毒等苛刻的环境下运行,也是一个动态的连续过程,受到原材料成分、加工技能、设备等波动的影响,因此需要实时采集生产过程中的相关参数,来跟踪、控制纠偏、动态调整。

3）产品的特性

流程型企业的产品一般分为主产品和副产品,不同的物料比例、工艺过程等都会影响主副产品的比例,即产品质量会有一个波动范围。因此,许多产品被分成不同等级。流程型生产的产品状态可以是固态、液态或者气态,可能还有腐蚀性、挥发性等物理性质,因此都具有一定的保质期要求。

4）设备管理的特性

在流程型企业中,设备种类繁多,设备数据、报表不尽相同,数据分量关系复杂,产品部、车间、仓库等业务流程相互联系,设备及设备相关信息独立分散,每台设备都有自己的参数类别、主要备件、图纸文档、安装试车、维修改造等信息;同一生产线设备互相关联,具有较大的车间设备耦合性。

5）质量控制的特性

流程型企业的质量控制涵盖从物料到成品的整个过程,更为关键的是生产过程中的质量控制。流程型企业的工艺或环境影响到产品质量,需严格控制每个工艺步骤。重视过程质量数据的实时采集和化验分析是防止生产中产生较多的等级品,甚至废品的重要的控制手段。

6）销售管理的特性

第三条中分析的流程型企业产品的特性,可知产品具有一定的保质期限,容易发生化学变化,及时出库是非常必要的。流程型企业并不是严格按照销售订单安排生产计划,因此离散型企业的零库存在流程型企业中是不适用的,企业必定会有一部分库存。

7）动力与能耗的特性

流程型企业是能耗大户,在整个生产周期中,都伴随着能量流的流动。据统计动力与能耗成本在总生产成本中占有较大比例,准确地了解各级能耗对象(部门、设备)的能耗(水、电、气等)数据,对加强能源管理,节约能源,提高成本核算的准确性,降低产品成本十分重要。

8）物流与包装的特性

流程型企业的物料与产品由于其自身的特点，决定了在物流和包装上的不同。根据物料与产品的状态不同，运输方式也大相径庭，可以是冷藏、罐装、专用管道等方式运输，对容器有时也有抗腐蚀性等要求，在运输过程中，也时常伴随物理参数的变化。

9）环保管理的特性

流程型企业大多属于污染性质的企业，因此必须加强自身安全的保护，避免对环境的破坏。例如，化工行业属于典型的流程型企业，对空气、水资源的保护就要格外小心。

17.1.2　协同商务建模

协同商务的应用环境十分复杂，它是以多个流程型企业为核心的实体群。这个实体群具有动态性，当有共同的商业利益时，实体群被迅速组建，随着商业的发展而发展，商业结束时，也就解体，因此实体群依托商业周期有着完整的生命周期。协同商务系统通常十分复杂，很难直接对它进行分析设计，要借助模型来设计分析系统。

模型是现实世界中某些事务的一种抽象表示。模型的含义是抽取事物的本质特征，忽略事物的其他次要因素。模型能更好地理解企业的生产经营，有效地控制企业业务过程，实现面向业务过程的企业组织结构的转变，是企业集成和企业性能优化的重要前提和基础。

下面对面向流程制造行业的协同商务应用环境进行建模，采取基于多视图的方法建立模型。将协同商务应用环境用四个视图来描述，功能视图、工作流视图、组织视图和资源视图。功能视图采用 IDEF0 来表达，工作流视图采用基于工作流来描述，弥补 IDEF0 不能清楚列出活动顺序的缺陷，组织视图和资源视图采用简单易懂的图形符号来表达。

1. 基于多视图的协同商务主体建模

1）功能视图

功能视图是以功能活动为视角对整个协同商务应用环境进行描述的，它不仅有助于实施协同商务，还有助于改进协同商务、促进协同商务的发展。实体之间的协同更离不开功能视图的建立，功能视图描述了各实体之间的关系。功能视图是从信息的角度对应用环境进行描述。本章采用 IDEF0 系统建模方法完成功能视图。

IDEF 是 ICAM DEFinition method 的缩写，包括 IDEF0 功能模型、IDEF1X 信息模型、IDEF3 过程模型和 IDEF4 面向对象建模方法。IDEF0 是一种基于功能分解的单元建模技术,IDEF0 图形中同时考虑活动、信息及接口条件。IDEF0 能同时表达系统的活动(用盒子表示)和数据流(用箭头表示)以及它们之间的联系,所以 IDEF0 模型能使人们全面描述系统。

IDEF0 模型是由一系列活动图形组成,活动图即描述功能的图形。图形中的基本元素包括盒子和与之相连的箭头。IDEF0 的基本图形用盒子代表功能活动,用与之相连的箭头表示数据流和与活动相关联的各种事物,如图 17-1 所示。

图 17-1　IDEF0 基本元素　　　　　图 17-2　IDEF0 模型层次结构

采用 IDEF0 对面向流程制造行业的协同商务应用环境进行建模,共分为三个层次,层次结构如图 17-2 所示。

首先建立内外关系图(A-0 图),如图 17-3 所示。

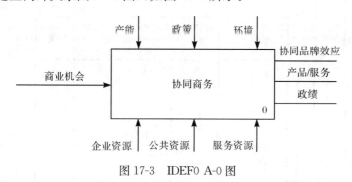

图 17-3　IDEF0 A-0 图

模型说明:

(1) 协同商务的驱动力来源于商业机会。一旦协同商务实体群中某一个或者几个实体获得商业机会,协同联盟就迅速组织起来,这是协同商务的必要条件。商业机会预示了潜在的商业利益,单独的一个企业可能无法完成或者不能从中获取最大的商业利益,这就需要有利益相关的实体共同协同起来,一起开展商务活动。

(2) 开展协同商务,需要从多方面进行考虑,如产能、政策、环境等。产能反映了企业的生产能力,由前面介绍的流程型企业的特点可知,流程型企业工艺柔性比较小,产量在短时期内是保持稳定的,这就决定参与协同商务的企业的总产能在一定时期内是一定的;政策反映了政府的远景规划,有政府重点扶持的产业,如环保,可能会获得政策上的优惠,而如化工、钢铁等,政府可能就会限制其发展,相应的政策就会很苛刻;环境是指环境保护,大部分流程型企业是严重污染环境的,要充分考虑当地环境的承受能力。

(3) 协同商务的产出包括协同品牌效应、产品/服务和政绩。协同品牌效应是指参与协同商务的实体成功地完成某个商业周期,所获得的外界的认可和肯定,是实体群所共有的非物质财富;产品/服务是协同商务的直接目的;政绩是参与协同商务的当地政府所表现出来的执政能力。

(4) 完成协同商务所需的资源可分为三类,企业资源、公共资源、服务资源。企业资源是所有资源的基础,它涵盖了企业的人力资源、物质资源、信息资源等;公共资源指公共交通资源、水资源等;服务资源主要指政府部门和服务部门的资源。

其次将 A-0 图分解成三个主要部分得到 A0 图。A0 图表示了 A-0 图同样的信息范围。A0 图是模型真正的顶层图,也开始从结构上反映模型的观点。所分解的 A0 图如图 17-4 所示。

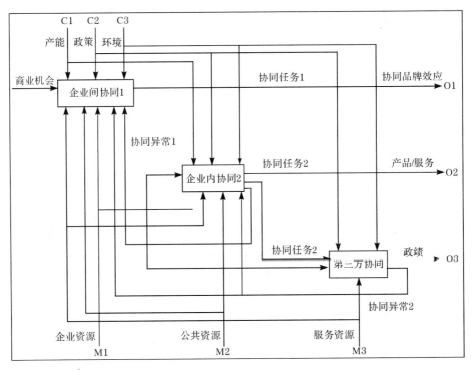

图 17-4　IDEF0 A0 图

模型说明:

(1) A0 图共包含三个活动,企业间协同、企业内协同和第三方协同,这与协同商务的三层含义是一致的。A0 图与 A-0 图的输入、输出、控制和机制都是一致的,不同的是具体指出了哪一个活动对应哪一类事物,并进行了编号。

(2) 企业间协同将商业机会处理成协同任务 1,并由此产生协同品牌效应 O1,C1、C2、C3 都对企业间协同进行约束,M1、M2、M3 提供企业间协同的资源,同时此活动接受企业内协同和第三方协同反馈的协同异常 1 和 2。

(3) 企业内协同处理协同任务 1,如果成功,则将生成产品/服务,或者继续向第三方协同派发协同任务 2;如果协同不成功,则将协同异常 1 反馈给企业间协同,同企业间协同一致,C1、C2、C3 都对企业间协同进行约束,M1、M2、M3 提供企业间协同的资源。

(4) 第三方协同接受企业间协同任务 1 和企业内协同任务 2,如果处理成功输出政绩,反之生成协同异常 2,分别反馈给企业间协同和企业内协同,C2、C3 都对第三方协同进行约束,M3 提供了第三方协同的资源。

最后,将 A0 图分解成一系列底层图形,本章将每个活动又分解成三个活动,从而得到了 A1、A2、A3 三张分解图。下面将依次分别介绍。

A1 图是对企业间协同进行分解,如图 17-5 所示。

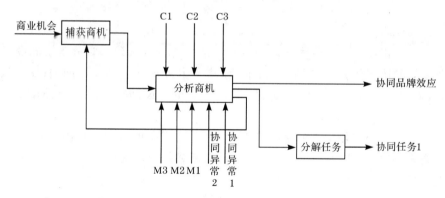

图 17-5　IDEF0 A1 图

模型说明:

(1) 企业间协同可以分为三个活动,捕获商机、分析商机和分解任务。商机是协同商务的原始驱动力,经过这一活动,输出协同品牌效应和协同任务 1。

(2) 捕获商机活动可以有多种方式,如老客户的新订单、网络订单、竞标成功等方式,一旦确认商机的可行性,就将它传递给协同商务实体群,同时这一活动接受分析商机活动反馈的结果。

(3) 分析商机是企业间协同最核心的活动。它的主要任务是对协同实体群对商机进行分析处理,如果认为不合理,将反馈给商机提供方;如果合理,将输出协同品牌效应,同时筛选参与的实体,最终确定参与实体,在这一活动中,知识伙伴的选取将成为一个重要标准。

（4）分解任务是指具体确定参与协同商务主体的任务，并以契约或者合同的方式固定下来，这一活动将最终生成协同任务1。

A2图是对企业内部协同进行分解，企业内部协同由于是同一个单位内部协同，难度相对于企业间协同要小，将其简化成三个活动，如图17-6所示。

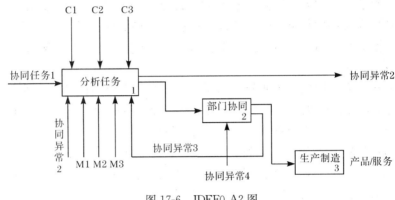

图 17-6　IDEF0 A2 图

模型说明：

（1）分析任务是企业内部协同活动中的核心活动模块。它分析协同商务主体分配给的协同任务1，如果认为不合理，将产生协同异常2，反馈回去；如果认为合理，将在企业内部分配任务，受到 C1、C2、C3 的约束，同时依托 M1、M2、M3 的资源，也将协同异常2考虑进去。

（2）部门协同是一个企业日常经营活动都会发生的协同。它接收部门任务，如果合理，就安排本部门工作；如果不合理，就将结果反馈给分析任务活动，重新分配任务，直至合理为止。

（3）生产制造将达到协同商务的直接目的，输出产品/服务。对于流程型企业，一般都是管控一体化，管道式物料输送，生产连续性强，生产量大，流程比较规范，工艺大多固定。如果出现异常就反馈给部门协同活动。

A3图是对第三方协同进行分解，第三方协同参与的单位众多，单位性质也有很大差别，大多数属于国家部门或者政府垄断行业，受过去计划经济的影响，还没有完成转变成市场竞争模式，协同起来难度相当大，也将其简化成三个活动，如图17-7所示。

模型说明：

（1）政府支持主要指税收部门、财政部门和工商部门等的支持，协同任务1、协同任务2输入此活动，输出政绩，同时也给服务部门、公共部门政府提供保证。

（2）服务支持主要指电力部门、通信部门、银行、水电部门等的支持，有了政

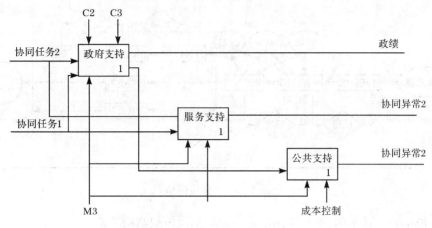

图 17-7　IDEF0 A3 图

府保证,如银行,才可能提供资金支持服务,输出协同异常 2。

（3）公共支持主要指仓储、物流等的支持,输出协同异常 2。

2）工作流视图

协同商务应用环境的建模,必然要结合协同商务的工作流程。协同商务要真正有效地实施,必然要认真研究协同商务的业务流程,只有基于工作流的协同商务才能真正发挥效益。协同商务是按照企业业务模式和经营管理思想,合理地将企业应用通过一个公共平台在市场上进行合作,以帮助企业快速、敏捷的对市场做出反应,提高经济效益。

工作流的发展是由业务过程的自动化演变而成的。工作流（workflow）就是工作流程的计算模型,即将工作流程中的工作如何前后组织在一起的逻辑和规则在计算机中以恰当的模型进行表示并对其实施计算。协同商务中引入工作流管理可以实现分配角色、辅助活动的执行、监视和警告和定制模板等目的。

在面向流程制造行业的协同商务中,协同业务包括如下三个主要环节:企业间协同（捕获商机、分析商机、分解任务）;企业内协同（分析任务、部门协同、生产制造）;第三方协同（政府支持、服务支持、公共支持）。这些过程全部可以用工作流技术来实现管理。工作流的设计即工作流模型,是对工作流的抽象表示,也是对经营过程的抽象表示。

如图 17-8 所示,为所设计的面向流程制造行业的协同商务工作流模型。

3）组织视图

组织视图描述组织结构树、团队、能力、角色和权限等,也反映了不同的组织单元间的关系。这些组织单元负责执行协同商务的各种功能活动,即一个组织视图描述了参与协同商务实体的组织结构。由于协同商务有着完整的生命周期,因

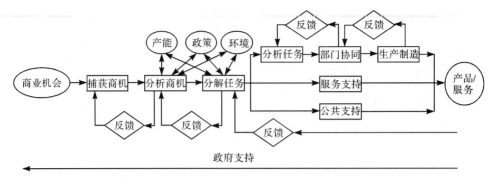

图 17-8　工作流模型

此组织单元是动态的,组织视图反映一定时期内组织结构关系。

面向流程制造行业的协同商务实体组织视图如图 17-9 所示。

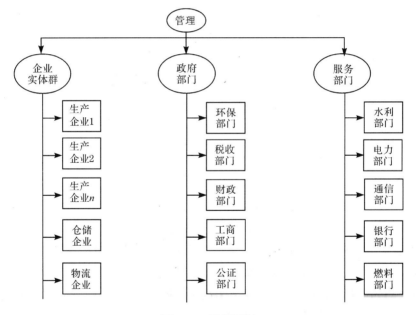

图 17-9　组织视图

"管理"可以是协同商务的发起者、商机的发现者、行业协会、政府等,协同商务的参与实体群包含三类大组织,企业实体群、政府部门和服务部门。其中,企业实体群包括众多的生产企业、仓储企业和物流企业,这些企业之间是平行的组织关系;政府部门重点包含环保部门,这是因为大部分流程性企业是带有严重污染性质的企业,由于众多的实体共同完成某个商业活动,协议或者合同的权威性就需要政府公证部门证明有效;服务部门重点提到燃料部门和电力部门,这是因为大部分流程型企业是高耗能的。图 17-9 所列举的组织单元为与流程型企业相关度比较大的实体,是协同商务实体群的重点组织单元,连同其他组织单元,共同构成了协同商务的基本单元。

4) 资源视图

资源视图描述参与协同商务的实体群所具有的各种资源实体、资源类型、资源池、资源分类树、资源活动矩阵等。协同商务实体群资源共包括知识资源、物理资源、信息资源、行政资源、资金和人力资源等六类资源。知识资源为一种隐式资源,包括人的经验、技能、行业标准等,只有在协同商务开展时,才能充分显示出来;行政资源包括税收优惠、政策优惠、财政担保等,特指政府部门的资源;资金除了传统的企业资金、银行贷款外,还包括政府资助,如政府专项资金等。物理资源是各企业实现生产、加工、仓储等功能的物质基础,包括厂房、设备、仓库等。人力资源是按一定时期内组织中的人的脑力与体力总和以及相应的组织构成形式,包括组织才能、人际关系、激励等。

信息资源是企业生产与管理过程中所涉及的一切文件、资料、图表、数据等信息的总称,它包括产品库、实例库、模型库等。

参与面向流程制造行业的协同商务实体群资源视图如图 17-10 所示。

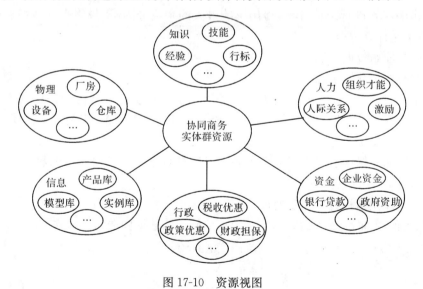

图 17-10　资源视图

2. 基于成熟度模型的流程型企业建模

笔者认为,流程型企业成熟度模型可以参考《制造业信息化指数构成方案》(试行)的设计原则:①目的性。为流程型企业协同商务的实施及模式建立基础参考数据。②简约性。尽量选取较少的指标反映较全面的情况,为此,所选指标需具有一定的综合性,指标之间的逻辑关联要强。③可操作性。所选取的指标应该尽量与企业现有数据衔接,必要的新指标应定义明确,便于数据采集。

1) 成熟度模型的指标

参考《制造业信息化指数构成方案》(试行)中的制造业信息化企业指数,通过对具有典型意义的流程型企业样本的考察,对指数进行裁剪和添加,使其反映流程型企业信息化状况和趋势,包括战略地位、基础建设、状况、效益、人力资源、信息安全共六个一级指标,其中四个保持不变,基础建设和应用状况的增删情况如下:

基础建设增加了生产过程自动化系统和制造执行系统两个二级指标;应用状况去除了决策信息化水平一项,增加了生产层集成程度、制造层集成程度、管理层集成程度、三层集成程度共四项二级指标。这样流程型企业的成熟度模型一级指标包括六项,二级指标包括了 26 项,共同构成了流程型企业成熟度模型的指标。

2) 成熟度模型指标值的计算

运用主成分分析方法进行成熟度模型各指标的估算,其最基本的思想就是将各种影响因素进行统计分析,得出影响最大的主成分因子,最终得到各指标的权重,以下是计算过程:

(1) 原始数据来源。

共有两种数据来源方式:

①自我评估。由企业相关人员对照指标检测表及评分标准,客观、如实地填写。②专家评估。企业外部人员组成专家组,通过问卷调查、相关人员访谈、查看相关文档和系统等方式对企业评分。

去除明显错误或者主观性强的数据得到有效数据。我们的指标数量 $p=26$,共进行 $n(n>p)$ 份有效数据。

(2) 原始指标数据初步处理。

p 维随机向量 $x=(x_1,x_2,\cdots,x_p)^{\mathrm{T}}$,原始指标数据构造的样本阵

$$X=\begin{pmatrix} X_{11} & X_{12} & \cdots & X_{1p} \\ X_{21} & X_{22} & \cdots & X_{2p} \\ \vdots & \vdots & & \vdots \\ X_{n1} & X_{n2} & \cdots & X_{np} \end{pmatrix}$$

(3) 对样本矩阵进行标准化变换

$$Z_{ij} = \frac{x_{ij} - \overline{x}_j}{s_j}, \quad i=1,2,\cdots,n, \quad j=1,2,\cdots,p$$

其中

$$\overline{x}_j = \frac{\sum\limits_{i=1}^{n} x_{ij}}{n}, \quad s_j = \sqrt{\frac{\sum\limits_{i=1}^{n} (x_{ij} - \overline{x}_j)^2}{n-1}}$$

得到标准矩阵

$$\boldsymbol{Z} = \begin{bmatrix} Z_{11} & Z_{12} & \cdots & Z_{1p} \\ Z_{21} & Z_{22} & \cdots & Z_{2p} \\ \vdots & \vdots & & \vdots \\ Z_{n1} & Z_{n2} & \cdots & Z_{np} \end{bmatrix}$$

（4）对标准矩阵 $\boldsymbol{Z}$ 求相关系数矩阵

$$\boldsymbol{R} = \frac{\boldsymbol{Z}^{\mathrm{T}} \boldsymbol{Z}}{n-1}$$

（5）计算相关矩阵 $\boldsymbol{R}$ 的特征值和对应的特征向量。

由特征方程式 $|\lambda - \boldsymbol{R}| = 0$，求出 p 个特征根 $\lambda_1 \geqslant \lambda_2 \geqslant \cdots \geqslant \lambda_p \geqslant 0$ 和对应的特征向量 $e_1, e_2, \cdots, e_p$。

（6）确定主成分的个数 m

第 i 个主成分的方差贡献率

$$a_1 = \frac{\lambda_i}{\sum\limits_{i=1}^{p} \lambda_i}, \quad l = 1, 2, \cdots, p$$

当 $\sum\limits_{i=1}^{m} a_i \geqslant 85\%$ 时，确定主成分的个数 m。

（7）计算各主成分分因子方差值

$$H_j = \sum_{i=1}^{m} \lambda_i e_{ji}^2, \quad j = 1, 2, \cdots, p$$

（8）将 H_j 归一化就得到各个指标的权重。

一级指标的权重

$$X_i : \alpha_i = \frac{\sum\limits_{j=1}^{n} H_j}{\sum\limits_{j=1}^{p} H_j},\, n\ 为\ X_i\ 的二级指标的个数；p\ 为二级指标的总个数；i = 1, 2,$$

$3, \cdots, 6$。

二级指标的权重

$$x_{ij} : \beta_{ij} = \frac{H_k}{\sum\limits_{k=1}^{n} H_k},\, H_k\ 为\ x_{ij}\ 对应的分因子方差值；n\ 为\ X_i\ 的二级指标的数目。$$

（9）计算各个一级指标的指标值

$$X_i = x_i \sum_{j=1}^{n} (x_{ij} * \beta_{ij})$$

其中，n 为 X_i 的二级指标的数目。

由以上的计算可以得到每个一级指标的指标值。

3）成熟度模型的结构

确定业内一批标杆企业的各项指标值并修正后，作为标准，再针对具体的企业确定与标杆企业的差距。图 17-11 是本章设计的面向流程型企业的信息化成熟度模型。

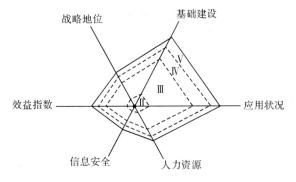

图 17-11　企业信息化成熟度模型

我们将流程型企业信息化成熟度模型分为Ⅰ、Ⅱ、Ⅲ、Ⅳ、Ⅴ五个等级，各等级之间为递进、累加的关系，如图 17-12 所示。

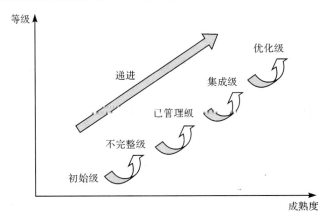

图 17-12　成熟度模型的递进结构

（1）初始级Ⅰ。

位置：图 17-11 中圆点位置或者附近。

描述:企业基本没有自动化设备,应用于企业管理的 IT 设备基本没有,企业的全部活动基本靠手工完成,没有有关信息化策略和远景规划,没有专门的 IT 人员。

(2) 不完整级Ⅱ。

位置:图 17-11 中Ⅱ的圆环区域。

描述:企业的部分生产实现了自动化,有零星的 IT 设备,实现了企业管理的部分计算机辅助化,如单独的财务系统,有兼职的 IT 人员,有模糊的信息化策略和远景规划。

(3) 已管理级Ⅲ。

位置:图 17-11 中Ⅲ的圆环区域。

描述:企业的生产基本实现自动化,即由控制单元控制生产的进行,企业内部的管理完全由信息化软件完成,如 ERP、CRM、SCM 和办公自动化(office auto-mation,OA),有自己的门户网站,有明确的信息化策略和远景规划。

(4) 集成级Ⅳ。

位置:图 17-11 中Ⅳ的圆环区域。

描述:企业的过程控制系统(process control system,PCS)层实现了集成、具有 MES 层、管理层集成和三层之间的集成,数据可以实现 PCS->MES->ERP 和 ERP->MES->PCS,有专门的 IT 部门,企业员工素质高,信息化对企业的经济效益的增加作用明显,有量化的信息化策略和远景规划。

(5) 优化级Ⅴ。

位置:图 17-11 中Ⅴ的圆环区域。

描述:企业内部实现了资源的优化与协同,具有开放的与外界集成的接口,有健全的安全体系。

17.2　面向流程制造行业的协同商务集成平台体系

协同商务集成平台包含三个层次的信息系统,一是支撑协同商务集群的信息系统,不同的协同商务群彼此之间根据不同的业务关系进行交互,实现全球规模的协同商务;二是支撑单个协同商务的信息系统,本章设计的是面向流程制造行业的协同商务信息系统;三是企业级协同商务系统,即协同商务主体单元的信息系统。本章就从这三个层面来设计面向流程制造行业的协同商务集成平台。

17.2.1　协同商务集成平台设计

1. 集成平台设计准则

将前两个层面的信息系统一起考虑,这是因为组成协同商务集群的单个协同商务在结构上都是类似的,根据 17.1 节的协同商务系统需求分析,协同商务平台要满足敏捷性、扩展性、异构性和安全性的要求,因此平台的设计准则可以表述如下。

1) 模块化设计

模块化设计协同商务集成平台,可以保证平台中模块的重用性,这对于平台的扩展性提供支持,也易于组成分层的系统结构,便于对软件各个构件进行控制,安全性也得到了保证。

2) 接口设计

采用标准的或者广泛使用的描述来设计接口,隐藏实现接口的细节,允许独立于实现接口所基于的硬件或软件平台和编写借口所用的编程语言,这样不同的平台和用户可以通过该接口参与到协同商务,满足协同商务异构资源的需求。

3) 松散耦合设计

应尽量减少模块之间和与外部环境之间接口的复杂性,单个模块的改变不会影响到平台功能,这样平台就具备了敏捷性的需求。

2. 基于服务的集成平台设计

1) SOA 特征及优势

SOA 是一个组件模型,它将应用程序的不同功能单元(称为服务),通过服务之间定义良好的接口和契约联系起来。接口是采用中立的方式进行定义的,它应该独立于实现服务的硬件平台、操作系统和编程语言,这使得构建在各种这样的系统中的服务可以以一种统一和通用的方式进行交互。SOA 不同于其他的架构体现在以下几点:①提供了一个方法论;②提供了一个松散的双向通信的环境;③提供了供外部和内部调用的标准接口;④具有定义良好的和方便实用的功能。

SOA 是一种粗粒度、松耦合的服务架构,其服务之间通过简单、精确定义的接口进行通信,不涉及底层编程接口和通信模型。这种架构具有松散耦合、粗粒度服务和标准化接口的特征,且具有屏蔽业务逻辑组件的复杂性、跨平台、重用性、易维护、良好的伸缩性和保护现有投资等优势。

2) 集成平台适应性

从对面向流程制造行业的协同商务系统环境分析出发,得出对协同商务系统的需求,进而由需求得出协同商务集成平台的设计准则,下面分析 SOA 是如何满足平台需求的,如图 17-13 所示描述了它们之间的关系。

由图 17-13 可以看出,SOA 是完全可以满足平台要求的。

3. 基于 SOA 的协同商务集成平台设计

协同商务集成平台是支撑协同商务的信息系统,协同商务活动依托协同商务

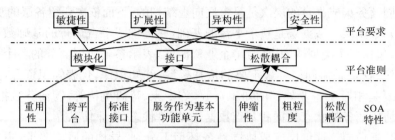

图 17-13　集成平台适应性

集成平台开展。平台包含各种类型的元素，概括起来主要有两大部分：一是企业原有的企业应用，包括底层的生产过程自动化系统、管理信息系统等；二是支持企业间协同的信息系统，如平台的服务注册系统、平台的工作流管理系统等。下面我们从层次模式、结构模式和物理布局三个方面来描述设计的平台。

1）层次模式

协同商务集成平台采用模块化的设计准则，这样平台易构成层次模式，有利于平台的扩展和安全控制，如图 17-14 所示，平台由数据层、通信层、中间层、服务层和应用层等五个层次组成。

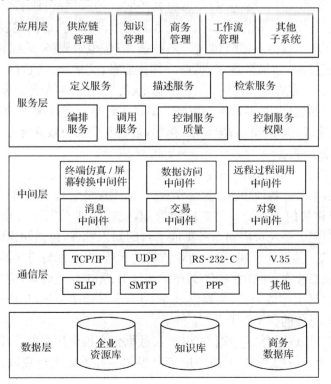

图 17-14　层次模式

协同商务集成平台的层次是呈自底向上结构的,下面依次介绍各层的功能:

(1) 数据层。数据层是整个平台的基础,它提供了平台运行的基础数据和实时数据,包括三个类型的库资源:①企业资源库,表示参与协同商务的各个企业实体的资源,这也是协同商务最重要的依托资源;②知识库,代表知识资源,这里所指的主要是相对于企业外部的知识资源,如专家、科研机构等;③商务数据库,包括开展协同商务的状态数据和基础数据,如订单状态、企业信息等。

(2) 通信层。通信层完成协同商务环境下分别、异构的通信要求,主要包括各种网络通信协议,既有生产自动化控制的工业局域网网络通信协议,又有 Web的通信协议,如 TCP/IP、UDP、RS-232-C(recommended standard,推荐标准,串行物理接口标准)、V.35(通用终端接口)、SLIP(serial line Internet protocol,串行线路互联协议)、SMTP、PPP(point to point protocol,点到点协议)和其他。

(3) 中间层。中间层是整个平台的核心,起承上启下的作用,它将下层的数据经过中间层的中间件的封装和处理,传给服务层,再进一步用"服务"来处理,所有的数据都要经过中间层。这一层包括所有类型的中间件,主要有终端仿真/屏幕转换中间件、数据访问中间件、远程过程调用中间件、消息中间件、交易中间件和对象中间件等。

(4) 服务层。服务层是 SOA 思想具体实现的一层,包括七个部分的内容:①定义服务,完成对服务的定义,包括服务的类型、规模等;②描述服务,完成对服务功能和接口(接口类型、接口参数等)的描述;③检索服务,完成注册服务的检索,包括检索算法、结果呈现等内容;④编排服务,完成服务执行顺序的设定、变更;⑤调用服务,完成服务与其他服务的绑定、解散;⑥控制服务质量,完成对服务质量的评定、筛选,并对不合格的服务备案供平台进一步处理;⑦控制服务权限,对权限设定等级,满足不同权限要求,例如,某企业提供的服务对紧密耦合合作伙伴开放的权限要高。

(5) 应用层。应用层是平台用户与平台交互的一层,也是整个平台最能体现价值的一层,平台的各种功能在这层实现,包括供应链管理、知识管理、商务管理、工作流管理和其他子系统。①供应链管理,完成企业对上下游企业群的管理;②知识管理,完成平台对协同商务集成平台的知识管理,包括知识的定义、描述、使用和维护等;③商务管理,完成商业活动的有效控制,如对订单的管理,包括订单的生成、状态改变、订单的完成、订单的统计等;④工作流管理,完成商业流程的管理,同样包括工作流定义、流程设定等工作;⑤其他子系统,如协同商务的人力资源的管理、财务的管理等子系统。

协同商务集成平台的层次模式从底层数据到高层应用进行了详细的描述,上面三层是平台运行的基础,下面两层可以根据实际需要进行裁减以适应不同的需求。

2) 结构模式

结构模式从逻辑上来说明协同商务集成平台,所设计基于 SOA 的面向流程型企业的协同商务集成平台总体架构结构模式如图 17-15 所示。

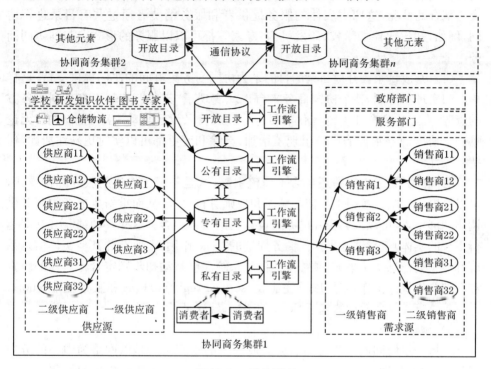

图 17-15　结构模式

整个协同商务集成平台是由多个协同商务集群组成的,每个协同商务集群中包含四级目录,即开放目录、公有目录、专有目录和私有目录,开放级别依次降低,所需要的权限依次提高,当然所提供的服务种类和数量也就相应的依次提高,不同级别的目录对应不同的协同实体,也对应不同的工作流引擎,下面具体阐述:

(1) 私有目录。私有目录是运行平台的服务目录,只有平台内部才可以访问,平台内部的服务提供者和服务消费者通过私有目录进行协同。这是目录开放级别最低的,目的是保证平台的顺利安全运行。

(2) 专有目录。专有目录提供给在同一个紧密供应链上的合作伙伴访问,由于流程型企业的特点,原料和产品都基本稳定,为面向库存的刚性生产,因此其供应商和销售商一般都是固定的,是流程型企业最重要的商业伙伴,是一种紧密协同的关系。同样,需求源和供应源的服务提供者和服务消费者可以通过专有目录进行协同,也可以如二级供应商(销售商)或者多级供应商(销售商)通过上下游实体的专有目录进行协同,这样整个供应链通过平台就组成了紧密的联盟,为开展协同商务提供了必要的条件。

（3）公有目录。公有目录主要面向知识伙伴、仓储物流、政府部门和服务部门，这些实体只有在协同商务周期内才与之进行商业活动，因此是一种典型的适合松耦合的情况，这四类实体的服务提供者和服务消费者通过共有目录进行协同，例如，知识伙伴如学校、研发机构、专家等都可以以服务的形式参与到协同商务中来。

（4）开放目录。开放目录的目的是为协同商务集群间的协同提供支持，这样集群间实现了协同，整个协同商务平台也就实现了"集成"，有利于充分利用各方的资源，真正达到全球资源优化的目标。开放目录设计自动跟踪更新功能，无论哪一个协同商务集群的服务出现了增加、删除和变更都可以实时更新注册库，保持一致性。

协同商务集成平台中还包含工作流引擎，这是基于工作流的服务编排模式，可以将提供的服务按照工作流的顺序和规则进行排列，从而重新生成新的服务供调用和绑定，也可以人为交互的方式设计新的服务组合。这样，"领袖"实体（即运行平台的实体）就能够起到协同商务周期的"bus"作用，即所有的其他实体信息系统都与领袖信息系统集成；领袖实体信息系统能够自动初步判定合作伙伴的级别和筛选合作伙伴工作，采用服务注册表（service registry）模式和服务编排（choreography）模式混合设计的基于 SOA 的架构，就满足了需求。

3）物理布局

支持开展协同商务的协同商务集成平台的物理布局是以网络为中心的分布式信息系统，如图 17-16 所示，整个协同商务集成平台由服务器与存储、平台管理和平台客户端三部分组成，下面进行详细讨论。

（1）服务器与存储。服务器与存储是平台的服务器端，基本架构由服务器集群组成，对外开放的服务器是负载均衡器，提供外部访问的唯一入口，负载均衡器将外来访问分发到应用服务器集群上，起到负载均衡的作用；服务器集群可以保证某一台应用服务器出现故障，其他应用服务器承担起受损服务器的功能，实际上就是互为备份，对客户端的访问丝毫没有影响，后台的数据库服务器通过磁盘阵列实时备份，最大限度地保证数据的安全。

（2）平台管理。完成平台的日常维护和业务处理，平台维护保证平台的顺利运行，有三个方面的维护：系统监控完成对平台的运行状态的监控，分析、预测、评估平台的运行情况，为维护提供基础；网络管理保证平台网络的畅通，平台是基于网络的分布系统，网络管理的重要性不言而喻；数据管理完成平台数据的维护，包括数据的搜索、内容管理和文本挖掘；业务处理完成平台的业务，如订单的处理。

（3）平台客户端。平台客户端包含个人用户、企业用户、其他协同实体和其他协同商务集群等四个类型的用户。个人用户是平台最基本的用户类型，技术人

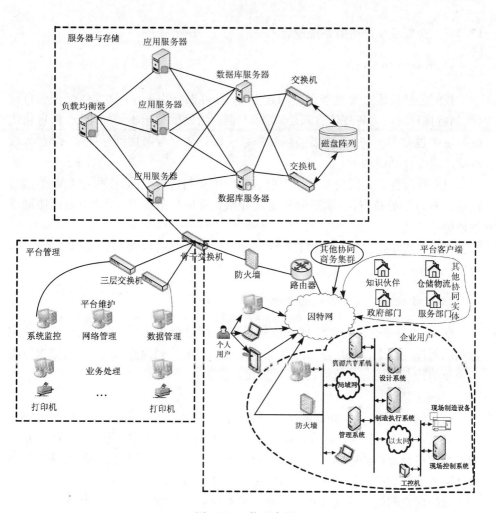

图 17-16　物理布局

员、专家、小型企业等都可以作为个人用户参与到协同商务,平台既提供了有线网络也提供了无线网络的接入;企业用户是平台最关键的用户类型,在这里,客户端不仅仅是个人,也包括企业的应用系统,这些企业应用包括从最底层的生产控制系统到高层的管理系统的整个企业应用,这样平台的数据可以直接到达底层,指导生产;其他协同实体包括知识伙伴、仓储物流、政府部门和服务部门,这些也是平台的不可缺少的客户端,由于这些实体的类型和信息化建设的不同,参与协同商务的形式也是多种多样,可以作为个人用户或者企业用户,也可以依据自身的应用,如政府部门的电子政务系统、银行公布的支付接口等完成协同商务;其他协同商务集群作为客户端完成全球跨行业、跨区域、跨时间的协同商务系统。

17.2.2　企业级协同商务系统设计

1. 系统设计准则

我们已经分析过流程型企业的企业应用,可以分为三个层次,生产过程自动化、制造执行系统和管理信息系统,实际上企业的发展处于不同的阶段,信息化建设的水平也参差不齐,企业级协同商务系统设计要充分考虑到这些实际情况,故本章认为设计准则如下:

(1) 针对性。协同商务集成平台是面向流程制造行业的,流程型企业的信息化建设有自己的特点,必须充分考虑流程型企业应用的特点,设计企业级协同商务系统。

(2) 分级结构。分级结构有利于不同层次企业都可以参与到协同商务当中,充分整合不同资源的优势,达到利益最大化的目的。

2. 基于成熟度模型的系统设计

在17.1.2节介绍过基于成熟度模型的流程型企业建模,建模的目的是确定企业以何种适合于自己企业实际情况的方式来开展协同商务,结合不同等级流程型企业的特点采用分级结构,满足系统设计准则。

1) 一级模型

一级模型,即处于初始级的企业,属于作坊式的生产方式,自己本身并不能生产完备的产品,只是为其他成熟度级别的企业做一些配套的工作,并不能真正作为流程制造行业产业链的一个完整节点。因此,它们参与协同商务的形式以参与到其服务的企业商务活动为主。具体来说,有以下几种形式:

(1) 门户网站。其他成熟级企业一般都拥有自己的门户网站,作为对外宣传企业、展示企业形象的窗口,初始级企业可以在为其服务的企业门户网站上注册用户,这样就可以查看企业的最新需求,把握先机,同时可以通过电子邮件与企业通信,完成一些简单的事务。

(2) 无线应用。如果为其服务的企业具有无线系统服务器,初始级企业可以把移动通信设备作为终端实现与企业交互,或者登录企业的 Wap 网站。

(3) 传统方式。通过固定电话、传真和书信获取企业信息。

一级模型的协同商务模式如图17-17所示。

2) 二级模型

二级模型,即处于不完整级的企业,它们已经具备初步的生产自动化和管理信息化,因此可以作为协同商务中具有平等地位的协同商务集群中的一个实体,但是由于所处的成熟度等级,还需要大量的手工操作才能完成企业的日常工作,

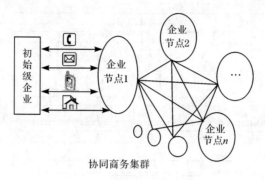

图 17-17　初始级企业协同商务模式

因此企业参与协同商务主要体现在有专门的人员要从协同商务集成平台中获取信息,再输入企业自身分散的系统应用中。二级模型协同商务模式如图 17-18 所示。

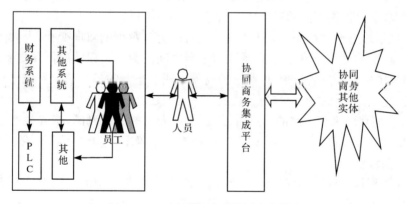

图 17-18　不完整级企业协同商务模式

　　企业人员在协同商务集成平台中注册,经审核后,成为平台用户,享有平台提供的一定级别的服务,此人员根据平台提供的服务,选取适合于自己企业的部分,向平台提出申请,通过后,输入到企业的专门的系统中,并通知企业生产人员进行相应的生产,同时把自身企业可以提供的信息发布到平台中,供平台备案。

　　企业人员除了注册用户的方式外,还可以采取与初始级企业类似的方式获取协同商务的有关信息。很明显,这一阶段的企业在参与协同商务活动中,是处于被动地位的,所获取的信息也不是实时的,从而限制了协同商务的应用。

　　3）三级模型

　　三级模型,即处于已管理级的企业,无论是在生产上还是企业管理上都实现了信息化、自动化,因此对协同商务的反应也就更加灵活和主动性。三级模型的协同商务模式如图 17-19 所示。

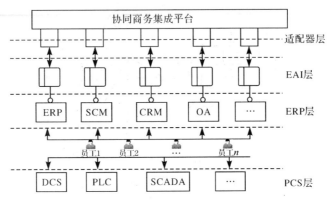

图 17-19　已管理级企业协同商务模式

由于处于已管理级的企业在企业管理上已基本上实现信息化,而大多数管理软件都提供企业应用接口,因此可以充分利用这些 EAI,实现与协同商务集成平台的集成,平台提供不同的适配器,来满足不同的接口。

信息系统与平台在少量人工干涉下就可以完成数据的双向交换,大大降低了劳动强度,更重要的是企业信息系统与平台之间的数据可以实时同步更新,这就极大满足了协同商务的需求,但是这种商务模式下企业的各个信息系统之间还是孤立的,企业内部数据的同步更新造成了一定的延迟。

ERP 层获取来自平台的信息后,经过企业人员的分析判断,指导生产层的生产,ERP 层和 PCS 层的连接还要靠手工完成,在准确度、速度方面明显存在不足。

4) 四级模型

四级模型,即处于集成级的企业,这一级别的企业典型的三层架构都实现了集成,达到了数据流从上到下、从下到上的无阻碍流通,真正实现了企业的集成。采用基本企业服务总线(enterprise service bus,ESB)模式设计流程型企业级协同商务架构,四级模型的协同商务模式如图 17-20 所示。

对于这些信息系统,也可以采用同样的方法,抽象出需要外露的业务模块或者功能模块进行封装成一个个标准的服务,实现发布和调用。通过标准的服务接口也可以调用其他信息系统发布的服务和功能。

私有目录实现对发布的服务的管理,并负责与外部实体的协同。整个流程制造行业协同商务平台架构还要考虑安全机制,如各层之间的通信安全、与外部协同的防火墙设置、服务的调用权限等。

企业应用之间的集成方式包括封装(wrappers)、适配器(adapters)和代理(proxies)。这三种方式都可以作为不同通信方式的应用之间的接口,区别就在于封装不需要知道调用它的客户端。封装还具有平台独立性、语言无关性和异构网络无关性的优势。

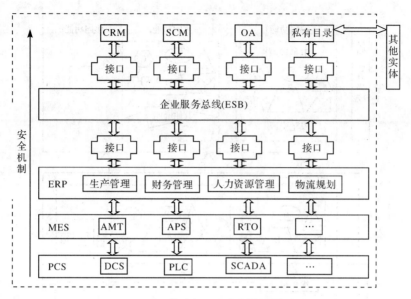

图 17-20　集成级企业协同商务模式

处于集成级的企业具备运行集成平台的能力。

5）五级模型

五级模型,即处于优化级的企业,这类企业最显著的特征是具有强大的灵活性,可以根据需要重新对企业的资源进行重组,以适应不同的外界需求,在这样的企业里,已经没有部门之隔,企业的扁平化管理使企业具有柔性,且资源在信息系统的支持下重组速度快,企业以资源模块的形式构成,图 17-21 是参与协同商务的模式。

企业的资源按照协同商务的使用范围可以划分为六类:物资资源、技术资源、信息资源、人力资源、财力资源和辅助资源。因此,企业的资源构成结构也就以这六种形式呈现,每种资源又有几种类型的最小资源单位,这是不可分割的最小单位,具有原子性;企业信息平台根据协同商务的具体需求,优化组合企业的资源,首先确定组合的约束条件和优化算法,其次计算得到初步组合结果,最后回归测试,是否满足协同的需求,反复回归,直到最终满足协同商务的要求,得到最终的优化组合结果;资源优化组合后得到 n 个组合实例,实例中最基本资源单元可以重复使用,也并不一定包含所有类型的最小资源单位;最终优化组合实例被应用到协同商务中,如协同商务功能 1 种应用了组合实例 1,组合实例和其他企业提供的资源一起完成协同功能 1。

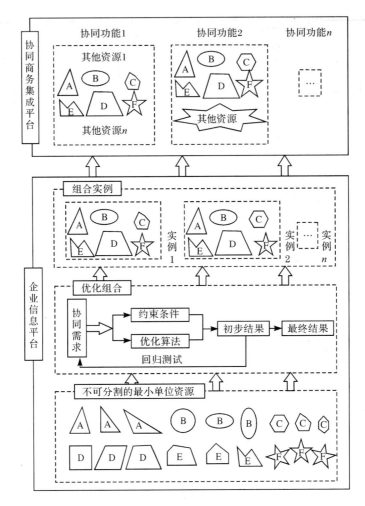

图 17-21　优化级企业协同商务模式

A 代表物资资源；B 代表技术资源；C 代表信息资源；

D 代表人力资源；E 代表财力资源；F 代表辅助资源

17.3　协同商务集成平台的技术架构

17.3.1　协同商务集成平台分布式计算技术

协同商务集成平台是将具有共同利益的实体通过网络进行协同的分布式服务平台。平台的构建需要分布式计算技术，而实现分布式计算的方式很多，如中间件和 Web Service 等，因此可以根据实际需要选择合适的分布式计算技术或者将其进行组合。

1. 基于中间件构建集成平台的关键技术

分布计算环境的中间件,有三类主流技术:CORBA、EJB、DCOM。CORBA 体系结构是对象管理组织为解决分布式处理环境中,硬件和软件系统的互联而提出的一种解决方案,它定义应用程序间的统一接口,这使得在任何环境下,采用任何语言开发的软件只要符合接口规范的定义,均能集成到 CORBA 系统中;EJB 是 J2EE 的核心技术之一,它是建立基于 Java 的服务器端组件的标准,以部件为基础框架,其中每个部件都是分布式对象,可以扩展,不局限于一种特定的操作系统,也不局限于任何一种特别的机构、服务器解决方案、中间件或者通信协议,是一种可重用的具有高度可移植性的组件;DCOM 是 Microsoft 软件组件标准,是构造二进制兼容软件组件的规范,具有语言无关性、可重用性、位置透明性等优点。

三种中间件各有其优势,对于异构环境下的应用开发,CORBA 和 EJB 有明显的优势,并且 CORBA 和 EJB 所依赖 Java 技术可以很好地互补,CORBA 处理网络透明性,EJB 处理实现透明性。本章采用基于 EJB-CORBA 实现协同商务集成平台的分布式计算。

EJB 必须在支持 EJB 的应用服务器上运行,EJB 规范提供了可以解决安全性、资源共享、持续运行、并行处理、事务完整性等复杂问题的服务,从而简化商业应用系统。EJB 可以分为三类,分别是会话 Bean(session Bean)、实体 Bean(entity Bean)和消息驱动 Bean(message driven Bean),Session Bean 用于实现业务逻辑,它可以是有状态的,也可以是无状态的,在 SOA 中,继承了 EJBObject 类的接口,就是服务的接口;Entity Bean 是域模型对象,用于实现 O/R 映射,负责将数据库中的表记录映射为内存中的 Entity 对象;Message Driven Bean 基于 JMS 消息,只能接收客户端发送的 JMS 消息然后处理,实际上是一个异步的无状态 Session Bean。

EJB 可以作为 SOA 中分布式计算的基本单位,封装服务的基本信息和内容,Session Bean 封装与客户会话的信息,Entity Bean 封装数据持久层,Message Driven Bean 封装外部通信过程,并且提供 Home(本地)和 Remote(远程)接口,这样通过这些接口实现分布式 EJB 之间的通信,通信方式采用 RMI。协同商务集成平台实体内或者实体间不同 EJB 通过这种方式实现了协同,但是 EJB 组件只能用 Java 语言编写,并只能被使用 Java 语言编写的客户端程序直接访问,因而也就不能成为广泛的服务提供者,这是一个很大的限制,这与 SOA 的思想也是不符的,SOA 要求服务的实现与技术无关。所以,单独的 EJB 规范不能实现真正意义上的 SOA,EJB 和 CORBA 的结合,可以解决这个问题。

CORBA 的核心是 ORB,它提供对象定位、对象激活和对象通信的透明机制。客户发出要求服务的请求,而对象则提供服务,ORB 把请求发送给对象、把输出值返回给客户。ORB 的服务对客户而言是透明的,客户不知道对象驻留在网络中何处、对象是如何通信、如何实现以及如何执行的,只要它持有对某对象的对象引用,就可以向该对象发出服务请求。CORBA 之间的通信协议采用 IIOP 进行交互。

CORBA 用 IDL 来描述对象接口,CORBA IDL 定义的对象可以使用任何支持 IDL 映射的程序语言来实现。IDL 将不同技术实现的对象的接口使用同一种公共语言进行封装,这些对象就可以彼此理解对方。EJB 可以与 CORBA 对象直接进行交互,就是因为 CORBA 对象通过 IDL 映射,可以被包含 Java 在内的很多程序语言直接访问。但非 Java 语言却不能直接使用 EJB 对象,因为 EJB 在设计时考虑的是 Java 环境。

有些应用服务器(即 EJB 容器)支持完全的 EJB-to-CORBA 映射,如 Iona Orbix 公司提供的 E2A 平台和 Borland 公司提供的 VisiBroker 企业中间件。部署在这类服务器上的 EJB 对象自动转化为 CORBA 对象。实际上,应用服务器为我们做一些必要的工作,产生 EJB remote 接口的 IDL 接口;JNDI 命名服务映射到 CORBA 命名空间服务,这样一来,非 Java 客户端程序就可以在 CORBA 名称空间服务中找到 EJBHOME 对象来创建 EJB Object。如果 EJB 容器不支持 EJB-to-CORBA 的自动映射,需要手动完成以下工作:

(1) 使用 RMI 编译器 EJB 的 remote 接口产生 IDL 接口;

(2) 用 CORBAIDL 编译器为特定客户程序语言,产生供客户端使用的 Stub 代理类,并使客户端程序在编译时包含这个类文件。这个代理类继承自 org. omg. CORBA. portable. Objectimpl,这样,客户端程序可以继承使用 CORBA 对象的所有方法;

(3) 配置 EJB 容器,将 CORBA 的 CosNaming 命名服务作为 JNDI 服务的提供者;

(4) 客户端程序通过 CORBA 命名空间服务查找到 EJB HOME 对象;

(5) 客户端使用 EJB Object 来使用对象提供的服务。

基于 EJB CORBA 的协同商务集成平台 SOA 结构如图 17-22 所示。

如图 17-22 所示,整个平台的分布式组件只要由 EJB 和 CORBA 组成,EJB 运行在 J2EE 容器内,包含三类 Bean,这是平台的组件、服务的载体,各个分布组件之间通过 RMI 进行通信;J2EE 的客户端既有各种基于 JAVA 的图形化客户端如 Applet 等,又有 Web 服务器,实现基于 HTTP 的访问;CORBA 服务器也可以看成是 J2EE 的客户端,或者反过来,这是相对的,J2EE 容器提供了 CORBA 适配器,和 CORBA 服务器通过 IIOP 协议进行通信,满足非 Java 语言编写的客户端访问 EJB 的需求。

使用 EJB-CORBA 可以实现 SOA,但是 CORBA 的一些特点,决定了 EJB-

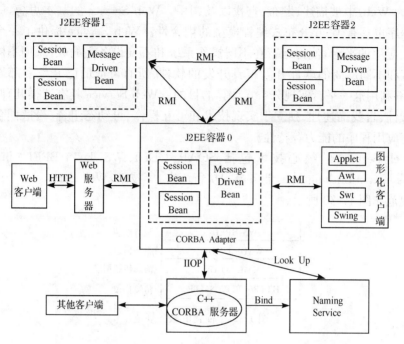

图 17-22　基于 EJB-CORBA 的协同商务集成平台 SOA 结构

CORBA 并不是实现 SOA 的最佳技术，CORBA 具有以下几点不足：

（1）防火墙问题。为了支持来自浏览器的请求，防火墙一般被配置为允许 HTTP 协议。为了通过 Internet 和 ORB 通信，就需要使用 IIOP 协议，然而该协议却被防火墙所阻塞。在这种情形下，使用现有的框架和 Internet 做骨干网和 ORB 通信是不可能的。

（2）效率问题。CORBA 的配置十分复杂，要求为每一类不同语言开发的系统都定义一个 Stub 代理类，导致开发集成效率低下。

（3）与其他系统集成问题。CORBA 客户端与系统提供的服务之间必须进行紧密耦合，即要求一个同类基本结构，这就限制了更多的系统纳入到这种分布式计算环境中，以至于难以在 Web 上提供完整的服务。

上述问题限制了 CORBA 的应用，使其服务无法扩展到 Internet 上去。而协同商务集成平台恰恰又要求企业间协同与集成，因此不适合作为协同商务集成平台的主要分布式组件技术，但是可以作为平台局部信息集成的技术，如集团公司的各个子公司之间。

2. 基于 Web Service 构建集成平台的关键技术

Web Service 又称 Web 服务，是自包含的、模块化的应用程序，它可以在网络

（通常为 Web）中被描述、发布、查找以及调用。Web Service 的基本思想，就是使应用程序也具有 Web 分布式编程模型的耦合性。Web Service 提供了一个建立分布式应用的平台，使得运行在不同操作系统和不同设备上的软件、用不同的程序语言和不同厂商的软件开发工具开发的软件、所有可能的已开发和部署的软件，能够利用这一平台实现分布式计算的目的。Web Service 具有这样几种特性，自包含性、自我描述性、独立于实现技术和可互操作、可动态组合、松散耦合和打包现有应用程序的能力等特性。

Web Service 的核心技术包括 SOAP、UDDI、WSDL 和 BPEL（business process execution language，业务流程执行语言）等技术，Web Service 一个简化的服务规范如图 17-23 所示。

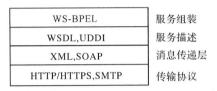

WS-BPEL	服务组装
WSDL,UDDI	服务描述
XML,SOAP	消息传递层
HTTP/HTTPS,SMTP	传输协议

图 17-23　简化的服务规范

本章根据 Web Service 的特性及协同商务的需求，尤其是流程型企业对安全性的特殊要求，提出两个关键技术，即数据的表示方式与传输机制、安全验证与加密机制，下面分别具体阐述。

1）数据的表示方式与传输机制

协同商务集成平台中的数据包括结构化数据、非结构化数据和半结构化数据。结构化数据是指可以数字化的数据信息，可以方便地通过计算机和数据库技术进行管理的数据，如关系数据库和面向对象数据库中的数据；非结构化数据是指无法完全数字化的信息，如文档文件、图片、图纸资料、缩微胶片等；半结构化数据是介于结构化数据和非结构数据之间的一种数据类型，它虽然有一定的结构，但却是不严格、多变和不完整的，如 Web 上的数据。

基于 Web Service 构建协同商务集成平台，从图 17-23 可以看出消息传递层采用 XML(eXtensible markup language，可扩展标记语言)作为数据传递的载体语言。XML 是一种自描述语言，它允许使用者对特定的案例自己定义标签和属性，具有易扩展、交互性好、语义性强等特点，更好地适用 Web 应用要求，在编写 XML 文档时必须遵守共同的规则，用统一的文档方式发布信息。XML 模式就是用来规范 XML 文件格式的语言，比较常用的 XML 模式有 DTD 和 XML Schema。本章采用 XML Schema 作为描述协同商务数据的统一模式。

协同商务集成平台作为支持协同商务的信息系统，其数据层多采用关系数据库，这些数据库中包含平台的大部分结构化数据。大多数关系数据库集成了对

XML 的支持。另外,许多技术如 ASP、DOM、SOAP 等支持 XML 与关系数据库连接,实现数据库和 XML 的信息相互交换。首先利用 XML 对平台数据进行描述,使其满足一个固定的 XML 模式,其次将 XML 模式按照一定的映射规则转化为关系模式,并把满足这一模式的 XML 文档,加载到关系数据库中,当对存储在关系数据库中的 XML 数据进行查询时,需进行数据格式转换,以 XML 文档的形式发布查询结果。

对于平台的半结构化数据可以指定适合流程制造行业开展协同商务的 XML 规范(采用 XML Schema),将其用 XML 数据表示,并存储在文件系统中,实现交互性和数据共享。

图 17-23 中,平台采用 SOAP 作为传输机制。SOAP 就是为了解决 Internet 中分布式计算所存在的互操作性问题而出现的。SOAP 采用已经广泛使用的两个协议:HTTP、XML。HTTP 用于 SOAP 消息传输,XML 用于 SOAP 的编码模式。SOAP 方便地解决了 Internet 中消息互联互通的需求。因此,它是 SOA 应用中最理想的通信协议,与其他 Web Service 协议构建起 SOA 应用的技术基础。

协同商务集成平台中不仅包含实体内部协同,还包含实体间协同,这就要求平台搭建在 Internet 上,而首要解决的问题就是互操作性问题,HTTP 和 XML 是 Internet 中最基础的、常用的通信协议,基于 HTTP 和 XML 的 SOAP 无疑成为最佳选择,解决了 CORBA 不能突破企业防火墙的问题。因此,SOAP 的出现标志 Web Service 的诞生。SOAP 的消息格式如图 17-24 所示。

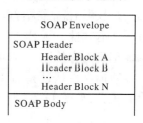

图 17-24　SOAP 消息格式

SOAP 消息包含三个元素的 XML 文档信息项,〈Envelope〉〈Header〉〈Body〉。Envelope 是 SOAP 消息的根元素,包含一个可选的 Header 元素和一个必须的 Body 元素。Header 元素是一种以非集中的方式增加 SOAP 消息功能的通用手法,其每个子元素都被称为一个 Header Block。Header 元素总是 Envelope 的第一个子元素;相应的 Body 元素总是 Envelope 的最后一个子元素,也是供最终消息接收者使用的有用的信息载体。

2) 安全验证与加密机制

面向流程制造行业的协同商务集成平台之所以对安全性要求很高,一方面是由于流程型企业的特性,一般流程型企业的生产都要求连续性并且生产环境多为易爆、易燃等非常恶劣的场合,都把停机作为重大事故,如果发生爆炸或者失火事故,那将是一场灾难,对企业本身、对环境都有不可低估的后果,因此流程型企业对底层的生产控制非常严密,一般不轻易对外暴露;另一方面是协同商务是通过网络进行的,是分布式的,且协同商务所涉及的资源权限也不一样,基于 Web

Service 方式保证了松耦合性,但其带来的动态性和临时性也是系统必须考虑的问题。综合各个方面考虑,安全性怎么强调都不为过,本章从安全验证和加密机制两个方面来阐述保证系统安全性。

安全验证就是要保证登录用户的合法性,防止未授权用户非法使用平台资源或者进行破坏,是网络安全的第一道防线。安全验证可以有多种方式,如身份认证、客户端验证、基本验证等,本平台主要采用身份认证方式。

平台所用的身份认证主要有两种模式,即单向身份认证和双向身份认证。

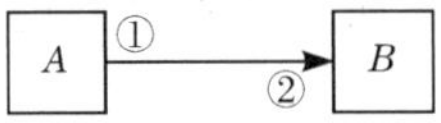

如图 17-25 所示,单向身份认证是指消息从一个用户 A 到另一个用户 B 的单向传送,单向身份认证包括以下几个实现步骤。

图 17-25　单向身份认证示意图

A 生成一个非重复的随机数 r 用来抗重放攻击,接着向 B 发送消息:$A\{tA, rA, B\}$;其中,t 表示时间戳,用来防止信息传递的延迟及抗重放攻击。$A\{\ \}$ 表示对 A 对 $\{\ \}$ 里的信息利用 A 的私有密钥进行加密,B 表示消息的接收者为 B。

B 收到消息后执行以下动作:获取 A 的 X.509(数字证书标准)证书,并验证证书的有效性。从 A 的证书中提取 A 的公开密钥,验证 A 的身份是否属实,同时检验消息的完整性,检查 B 是否是消息的接收者。

双向身份认证是对单向身份认证中的第二步进行确认,如图 17-26 所示。

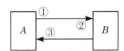

图 17-26　双向身份认证示意图

双向身份认证比单向认证多了以下步骤:B 对 A 验证完毕后,B 生成一个非重复的随机数 rB,并向 A 发送消息:$B\{tB, rA, A, rB\}$。A 收到消息后执行以下动作:获取 B 的 X.509 证书,验证证书的有效性,接着从 B 的证书中提取 B 的公开密钥,验证 B 的公开密钥,验证 B 的身份,同时检验消息的完整性;检查 A 是否是消息的接收者;验证时间戳 t 是否为当前时间,验证 rA 是否为先前的 rA。

口令方式采用一次性口令方式,当服务器收到登录请求后即产生一个挑战信息发送给客户,用户在客户端输入只有自己知道的通行密语给予应答,并由一次性口令计算器产生一个一次性口令(one time password,OTP)。此 OTP 通过网络送到服务器,服务器再校验此口令。若此 OTP 被认证成功,则客户被授权访问服务器,而此 OTP 将不再被使用。由于客户端用户用以产生 OTP 口令的通行密语不在网上传输,也不存储在服务器端及客户端的任何地方,只有使用者本人知道,故此秘密口令不会被窃取,即使此 OTP 在网络传输过程中被捕获,也无法再次使用。

双向身份认证安全性更高,但过程复杂,效率低,平台设计中在重要场合采用双向身份认证,如上层数据传入生产层等,在一般场合采用单向身份认证,如平台资源的浏览。

平台基于 Web Service 作为主要分布式计算技术,Web Service 的通信协议为 SOAP,因此采用 SOAP 的加密机制。SOAP 消息格式中包含⟨Envelope⟩⟨Header⟩⟨Body⟩三个元素,⟨Envelope⟩描述内容、发送方和接受方等信息,⟨Header⟩说明与消息相关的信息,⟨Body⟩描述 Web Service 调用的相关信息。具体加密过程如下:

服务提供者可以在 SOAP 的⟨Header⟩元素中为特定的消息添加安全消息。由于 SOAP 在网络中以流的形式传送,因此采用对称加密。服务消费者收到消息后,根据 SOAP 的⟨Header⟩元素中的信息采用合适的安全机制,并检查消息是否被修改。对于一个 SOAP 消息,可以在其 SOAP 的⟨Header⟩元素中添加签名、加密以及安全令牌等安全信息。还可对 SOAP 消息的某个部分进行签名,通常是对整个⟨Body⟩元素进行签名,生成的签名信息存放在⟨Header⟩元素中。在最底层 SOAP 消息可通过 HTTPS(secure hypertext transfer protocol,安全超文本传输协议)传递,通用 SSL 传输信息。当使用 XML 签名验证时,Web 服务消费者必须有一个由可信认证中心签署的数字证书。请求者使用这个证书来表明它们的身份,并对 SOAP 消息进行数字签名,保证了服务消费者的不可抵赖性。

图 17-27 为 Web Service 安全验证与加密机制示意图,服务提供者提供的 Web Service 在传输之前先要进行数字签名和数据加密,并符合安全性断言标记语言(security assertion markup language,SAML)规范用来传输安全申明,在传输层方面采用双向或者单向身份认证和 SSL 加密方式,最后符合认证条件的服务消费者才能够调用 Web Service。

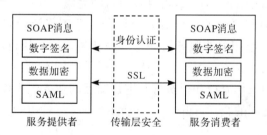

图 17-27　Web Service 安全验证与加密机制示意图

17.3.2　协同商务集成平台的工作流技术

协同商务集成平台中包含众多的信息系统,既有企业原有的应用系统,又有为了支持协同商务新开发的系统,还有支持实体间协同的各种平台,每一种信息系统都有自己的工作流管理。本节针对基于 Web Service 的分布式计算技术构建了相关的信息系统。前面介绍了 Web Service 的数据表示方式、传输机制和安全机制,可是如何将这些发布的 Web Service 组合成有效的业务流程,是本节探讨的主要问题。

1. 工作流技术的相关概念

下面对工作流的基本概念之间相互关系进行阐述,如图 17-28 所示。

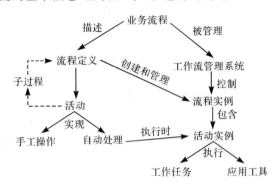

图 17-28　工作流基本概念间关系

业务流程指能够实现业务目标和策略的相互连接的过程和活动集,如协同商务集成平台中的订单管理、企业应用中的库存管理等都是业务流程;业务流程的描述,称为流程定义,其目的是为能够被计算机方便识别和管理,过程可分解为一系列子过程和活动,其定义主要包括过程起始、终止的活动关系网络,以及关于个体行为的信息,如订单管理的开始等;活动是过程执行中可被工作流引擎调度的最小工作单元,它的执行由手工或者计算机自动完成。

平台按业务流程之间的协作方式可以分为单工作流模式和多工作流模式。单工作流模式把一组相关的服务按一定顺序和条件组合执行,完成某项业务,流程执行过程中涉及的服务不属于其他业务流程,如图 17-29 所示;多工作流模式是两个或两个以上的工作流程并行执行并进行交互的业务流程模式,多工作流模式侧重于业务流程之间的交互,如图 17 30 所示。

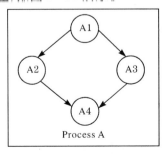

图 17-29　单工作流模式

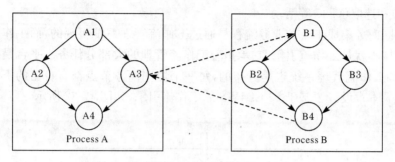

图 17-30　多工作流模式

2. 基于 BPEL4WS 的工作流引擎设计

本章设计的协同商务集成平台的主要分布式计算技术采用 Web Service,因此本章研究针对 Web Service 的工作流语言——商业流程执行语言(business process execution language for Web services,BPEL4WS)。BPEL4WS 是专为整合 Web Service 而制定的一项规范标准。2002 年 8 月,IBM、Microsoft 等企业联合提交并发布了 BPEL4W1.0 规范。BPEL4WS 基于 IBM 的网络服务流程语言(Web services flow language,WSFL)和 Microsoft 的网络服务商业流程设计(Web services for business process design,XLANG)建立。BPEL4WS 用于建模两种类型的流程,可执行业务流程和抽象业务流程。

从图 17-23 中可以看出,BPEL 位于 Web Service 服务规范的第四层,图 17-31 描述了 BPEL 模型。

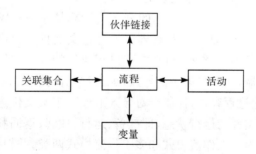

图 17-31　BPEL 模型示意

流程(process)由一系列活动(activity)组成;流程通过伙伴链接(partner link)来定义一些变量(variable);流程可以是有状态的长时间运行过程,流程引擎可以通过关联集合(correlation set)将一条消息关联到特定的流程实例。

BPEL 的基本活动包括了接收(receive)/回答(reply)、请求(invoke)、赋值(assign)、等待(wait)、顺序(sequence)、流程(flow)、分支(switch)、While 循环

(while)和选取(pick)等活动。

　　协同商务集成平台的业务流程是通过工作流管理系统实现的,而工作流管理系统的核心就是工作流引擎,它承担着工作流管理的大部分任务。平台是分布式的平台,工作流管理系统也是分布的,每一个协同商务节点都有自己的工作流管理系统。本章设计了基于 BPEL4WS 的工作流引擎,如图 17-32 所示。

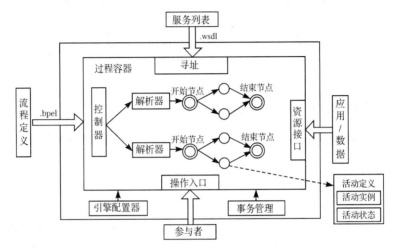

图 17-32　工作流引擎体系结构

　　从图 17-32 可以看出,工作流引擎的核心是过程容器,引擎共有四个对外的接口,分别是流程定义文件入口、参与者的操作接口、运行过程容器的资源接口和服务列表的寻址接口,下面对整个管理的过程进行描述。

　　流程定义文件,主要指平台采用的分布式计算技术——Web Service 的流程文件,即各种. bpel 文件,通过过程容器的流程定义文件入口进入工作流引擎;过程容器提供了过程管理的场所,自动完成过程执行的控制和辅助工作,流程定义文件首先进入控制器,如果是第一次导入,那么控制器读取引擎配置器,引擎开始真正工作,并初始化过程容器,控制器对导入的流程定义文件进行优化分发处理,确定每个流程定义文件的运行状态,即准备、运行、挂起、返回和结束,其次依据工作流模式将过程分为单工作流模式和多工作流模式两类,并根据解析器的解析作用,确定过程的执行顺序和所需的外部服务;外部服务通过服务列表的寻址接口调用所需的服务,即. wsdl 文件,过程正式开始执行;在执行过程中,需要通过操作接口连接过程的外部参与者,共有两类,即平台系统和平台用户,每一个活动节点又包含活动定义,即活动实例和活动状态;引擎还提供了过程容器的事务管理机制,这样用户可以专注于处理业务逻辑和定义事务机制,而不用编写具体的实现过程,全部交给引擎容器完成;引擎的资源接口连接运行引擎的资源,包括各种应用和各种数据两大类,这是引擎自动完成的,用户可以不用关心。

17.3.3　协同商务集成平台的集成技术

协同商务集成平台不仅要求企业间、企业与其他实体间实现协同与集成,还需要实体内部的协同与集成,并且后者的集成是前者集成的基础,否则不能称为真正的协同商务。我们研究的是面向流程制造行业的协同商务集成平台,17.1.1节已经介绍了流程型企业的特性和信息化需求,对于流程型企业而言,企业内部的协同与集成就是三层信息化系统之间的集成问题。下面具体分析流程型企业各层信息系统之间的集成方法。

1. 企业 PCS、MES 与信息系统的集成技术研究

流程型企业的生产过程自动化系统主要通过 PCS 层实现,PCS 主要包括 DCS、PLC 等控制系统。对于 PCS 层的集成与整合,可以基于现场总线控制系统(field bus control system,FCS)来实现。

现场总线是指在生产现场的测量控制设备之间实现双向串行多节点数字通信、完成测量控制任务的系统,这种开放型的工厂底层控制网络构造了新一代的网络集成式全分布控制系统,因而又被誉为自控领域的局域网。现场总线使自控系统与设备加入到信息网络的行列,成为企业信息网络的底层,使企业信息沟通的覆盖范围一直延伸到生产现场。基于 FCS 实现 PCS 层的集成可以从以下三方面进行:

(1) 在 I/O 层次进行集成,即将 FCS 的硬件设备作为 PCS 中的 I/O 卡件功能出现,如连接在 PLC 的输出节点,得到控制信号。这种集成方式大多数需要有专门的接口转换装置,因为不同的系统的 I/O 所要求的信号类型和信号强度不同。

(2) 在通信网络层次进行集成,即现场总线通过一个现场总线接口单元挂在 PCS 的通信网络上。这种方式相当于 PCS 通信网络开放某些节点,现场总线的接口单元充当这些节点,实现数据的双向交流。

(3) 基于网关实现通信协议的数据互换。这种方式主要针对不同现场总线网络之间和现场总线与 DCS 之间的集成。

以上阐述的是生产过程自动化系统的集成,对于不同的信息系统层次之间,同样需要进行集成。首先分析各层之间传递的信息,流程型企业三类信息化系统之间的信息传递可以表述如下。

从 ERP->MES->FCS 的信息传递:ERP 经过 MES 运算后,需要将产品的生产需求、BOM、企业生产资源、工作日历、加工指令、库存状态等信息加工处理后,将工序和生产调度、零件清单、生产分析报告、物料短缺信息、生产优化运行参数

等传递给 FCS 层,FCS 层根据获得的数据进行和相应的操作。

从 FCS->MES->ERP 的信息传递:FCS 接受到 MES 下达的工作指令完成相应工作,在 FCS 层工作的同时将底层信息实时反馈给 MES,此信息包括:工序进展信息、设备运行参数、物料使用状态、工件装夹时间、实际工作时间、产品完成数量、废品数量、作业状态、任务状态以及设备状态等,MES 层对这些信息进行处理后,将资源状态、工作信息、物料消耗情况、实际的生产工艺信息、废品信息、实际的库存、状态人员分配信息等反馈给 ERP。

流程型企业三类信息化系统之间的集成,即 MES 与 ERP、PCS 之间的整合可以采用基于过程控制对象链接嵌入技术(OLE for process control,OPC)的控制网络、基于实时数据平台、基于 XML 文档交换等方式进行。

(1) 基于 OPC 的控制网络。协同商务依赖企业内部集成、开放的控制与管理系统,这就需要工业现场的数据能从各个现场设备直接读入企业与商务管理层软件。现场总线作为开放的控制网络,能实现现场设备之间、现场设备与控制室之间的信号通道。当这些信号到达计算机时,如何与应用程序发生关系就需要OPC,OPC 作为自动化、现场设备与管理程序之间的有效工具,实现了办公室与生产部门的数据交换简捷化、标准化。OPC 标准有五种数据类型:OPC 数据访问(data access,DA)、OPC 历史数据访问(historical date access,HDA)、OPC 报警与事件(A&E)、OPC 批处理(batch)、OPC 安全(security),还有扩展的 OPC XML、OPC 以太网数据交换(DX);OPC 规范中共有三类服务器,分别为 OPC Data Access服务器、OPC Alarm & Event Access 服务器和 OPC Historical Data Access服务器。基于 OPC 的集成框架如图 17-33 所示。

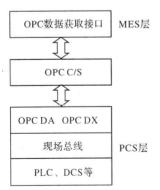

图 17-33　基于 OPC 的集成框架

如图 17-33 所示,OPC DA 和 OPC DX 技术将多种现场总线集成在一个可以互操作的系统里,OPC DA 在单一的网络环境中取代了不同厂商众多的驱动程序;OPC DX 在多种网络协议环境下取代了传统的网关,同时向需要跨网络访问的用户提供系统的互操作性。OPC C/S 起到承上启下的作用,将底层数据放在服务器上,供 MES 的 OPC 数据获取接口,即 OPC 客户端请求数据。

(2) 基于实时数据平台。分布式实时数据库系统能够提供高速、及时的实时数据服务,能够有效地集成异构控制系统,它可以在 PCS 层与 ERP 之间建立实时的数据连接,使企业生产控制系统和管理系统相联系。实时数据库是数据和事务都有定时特性或定时限制的数据库。它和关系数据库一起构成企业的数据平台,对企业生产信息集成起着极其重要的作用。

实时数据库和关系数据库之间的集成,即两大分布式数据库之间的数据共享和同步操作,也是流程型企业信息系统集成的一个重要方式。实时数据库中收集大部分生产数据,但有一些在先进控制中必不可少的数据(如化验数据等),必须首先输入关系数据库,其次转入实时数据库;而另一些在决策、计划和调度中必不可少的数据(如主要产品的产量等),必须从实时数据库中转移到关系数据库中,供相应的子系统使用。基于实时数据平台的集成框架如图 17-34 所示。

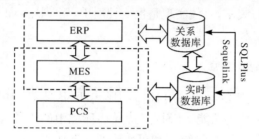

图 17-34　基于实时数据平台的集成框架

实时数据库主要对 PCS 层和 MES 层提供支持,而关系数据库主要应用于 ERP 层和 MES 层。实时数据库通过 Sequelink 与关系数据库进行双向数据交换,实时数据库本身虽然不是严格关系型的,但通过 SQL Plus 程序,用户可以使用标准的 SQL 语句对实时数据库和关系数据库同时进行操作,从而将关系数据库和实时数据库两大系统集成起来。

(3) 基于 XML 文档交换。流程型企业内部 ERP 层和 MES 层之间的集成可以采用基于 XML 文档交换的方式完成。ERP 层和 MES 层将首先各自需要交换的数据借助各自的工具生成统一格式的 XML 文档,其次存储在硬盘或者数据库中,供对方通过各自接口完成数据的共享。基于 XML 文档交换的基本模型如图 17-35 所示。

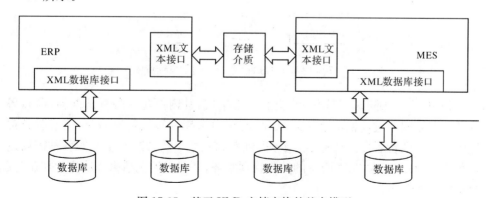

图 17-35　基于 XML 文档交换的基本模型

ERP 层和 MES 层之间的基于 XML 文档交换可以有两种途径，一是通过存储介质，大部分信息系统都有自己的 XML 文本接口，可以将 XML 文档导出存储在特定介质上，如硬盘上，其他系统可以通过读取存储介质上的 XML 文档获取所需的数据；二是通过数据库，信息系统如 ERP 将 XML 文档存储成数据库文件，Oracle 和 SQL Server 以及另外一些实现 XML 和其进行直接转换的数据库，它们几乎不需要编程，仅调用它们的命令即可完成转换，其他系统如 MES 将数据库中的内容转换为 XML 表示，具体实现是也比较简单，用 VB、Java 等常用语言就可以实现，无需特别的技术。

2. 基于 ESB 的企业应用集成研究

管理信息系统之间的集成采用 ESB 的形式，ESB 是基于中间件技术实现并支持 SOA 的一组基础架构功能。ESB 支持异构环境中的服务、消息以及基于事件的交互，并且具有适当的服务级别和可管理性。ESB 中的一个关键元素就是接口，由于 ESB 要集成不同的企业应用，而这些企业应用又是在不同时期不同工具开发的，因此 ESB 必须能够兼容不同类型的接口，这必然要有一套适配机制，满足不同的接口通过适配机制接入到总线中，也就是要有适配器（adapters）。适配器一般包括 SQL 适配器、FTP 适配器、Web Service 适配器、Socket 适配器、HTTP适配器等。笔者设计的 ESB 模型如图 17-36 所示。

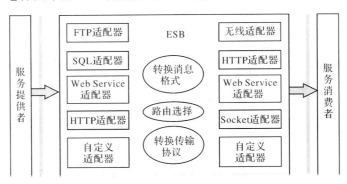

图 17-36　基于 ESB 的企业应用集成示意图

如图 17-36 所示基于 ESB 的企业应用集成，其内部包含各种适配器接口，各种适配器之间通过转换消息格式、ESB 的路由选择和转换传输协议，完成服务提供者和服务消费者之间的通信；服务提供者和服务消费者既有企业的各种需要进行集成的应用，又包括对 ESB 的控制管理服务，一般来说包括服务质量的控制、安全机制的控制等。

第18章 基于网络的企业竞价系统

随着信息技术和计算机网络技术的迅速发展,世界经济正经历着一场深刻的革命。这场革命极大地改变着世界经济面貌,塑造出一种"新经济"——网络经济。面对网络经济时代制造环境的变化,需要建立一种按市场需求驱动的、具有快速响应机制的网络化制造系统模式。网络化制造是指制造企业利用 Internet 进行产品的协同设计、制造、销售、采购、管理等一系列活动,通过企业之间的信息和知识的集成与共享,对企业开展异地协同的设计与制造、网上营销、供应链管理等活动提供技术支撑环境和手段,从而减少产品的研制周期和费用,提高整个产业链和制造群体的竞争力。网络化制造将成为制造企业在 21 世纪的重要制造战略。

采购作为网络化制造中必不可少的一个环节,是最终产品的重要组成部分,采购价格和成本的高低直接影响最终产品的成本。传统采购过程比较复杂,信息流通不畅,造成产品价格偏高,极大地增加了产品的总成本。

基于这一背景,本章分析比较了网络化制造模式卜传统采购和网络采购特点,提出一种新的产品采购流程;在指出现存的网络采购系统不足的基础上,提出并分析面向网络化制造的企业竞价系统的体系结构、网络架构和总体功能结构;探讨和实现系统安全管理控制技术,研究企业竞价系统关键技术和竞价模式。

18.1 面向网络化制造的企业竞价系统的系统分析

现在的企业,尤其是制造企业,在网络化制造环境下,其产品的更新换代周期逐渐缩短,面对用户小批量、多品种的需求,提高产品的生产效率、降低生产成本成为企业能否在同行或整个制造业竞争和生存的关键。众所周知,纯粹的"制造"始于采购,制造总是在采购物品上进行的。采购品的品质在相当大的程度上决定制成品的质量,采购品的成本在相当大的比例上(通常 60% 以上)决定成品的成本;采购物在时间空间中运动的精准有序状况,在相当多的情况下决定着制造过程的精准有序状况。因此,要抓好制造必先抓好采购,没有好的采购便没有好的制造。所以,制造业信息化也应从采购信息化这个环节抓起,没有很好的采购信息化工具就不可能有很好的企业管理信息化系统。因此,建立一个面向网络化制造的企业采购系统势在必行。

18.1.1　网络化制造模式下企业采购特点的分析

1. 传统采购方式及其弊端

采购是一种非常典型的商业行为。传统采购模式下,企业采购流程包括采购申请,信息查询发布,招标投标评标,洽谈签约结算,物流配送交割、协调相关部门等在内环节全部手工操作,浪费了极大的成本,过程效率低下。图 18-1 为传统采购方式示意图。

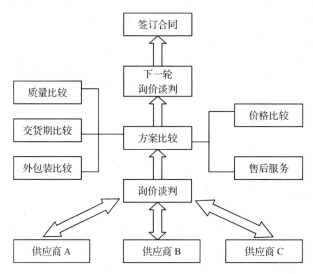

图 18-1　传统采购方式示意图

传统采购方式存在如下的弊端:

(1) 采购成本居高不下。在一般性的工业企业中,物资采购的成本占到企业生产总成本的 60％以上,企业的采购成本水平对企业产品的总成本有直接的影响,进而影响企业产品的市场竞争力和企业的盈利水平。

(2) 采购周期冗长。一是因为企业在采购过程中选择合适的商品及其供应商很不容易,如果要到企业实地考察,更要花费较长的时间;二是因为企业采购是一项跨部门和组织的工作,每一个环节都有复杂的处理程序。

(3) 采购信息缺乏沟通与共享。由于各业务部门"各自为政",导致采购信息在企业内部不能得到及时畅通,影响采购效率的提高。在与外部供应商沟通的过程中,采购部门一般处于主导地位,设计、制造部门很少有机会与供应商直接接触,对缺乏经验的采购人员或有较高技术要求的采购物资来说,经常会产生所采购物资与实际需要不符,从而造成资源的浪费。

(4) 采购文档处理费时费力。传统的采购是建立在大量的纸质文件的基础上的,从生产部门采购需求的提出,到采购部门与供应商的各种联系,再到交货及资金的结算,整个过程产生了大量的纸质文件,再加上复杂的采购流程,势必导致采购活动的过程烦琐、效率低下。

(5) 采购范围受地理限制。在传统的采购业务中,采购部门选择供应商很大程度上受到地理位置的限制,一方面,与外地的供应商联系,差旅费用、通信费用都较高,无形中会增加企业负担;另一方面,与外地供应商发生业务联系,往往在资信、运输等方面加大风险。

(6) 采购环节监控困难。传统的采购活动,对采购活动的监控有很多困难,因为有许多权力和关系在采购过程中发挥作用。

2. 反拍卖采购技术及其特点

1) 反拍卖采购技术概念

反拍卖采购技术(reverse auction technology,RAT),有时又被称为拍购或拍买,是网络化制造模式下一种典型的采购方式。之所以称为反拍卖,是因为它在很多方面是与拍卖反向展开的。二者是一对多的商务过程,但是,操作主体、服务对象、叫价方向、成交价格等都正好相反。相同点是二者都具有比较好的竞争性。而反拍卖因为采用 Internet,为各供货商提供了独立不受干扰的竞价平台使得竞价更加充分,更加激烈。图 18-2 为反拍卖采购技术模式。

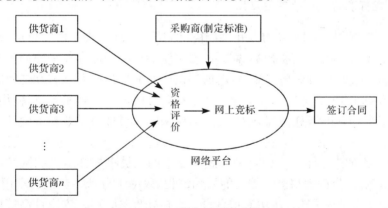

图 18-2　反拍卖采购技术模式

反拍卖采购技术是一种在采购方法上具有革命性和划时代意义的技术。该技术很好地改变了传统采购过程中信息不充分、不对称、不透明带来的种种问题,可以最大限度地帮助采购者充分地发现卖主,并通过引发卖主之间的激烈竞争有效地发现卖方集体的成本区间,同时有力地变革采购流程,减少采购中的腐败行为,让采购的决策权真正回到决策层手中,从而极大地降低采购物品的价格,降低买卖双方的市场交易成本,有效地消除经济泡沫,促进技术、管理和制度的创新。

2) 反拍卖采购技术的特点和价值

（1）过程保密性高，程序更公平、公正、透明。在 Internet 上的整个集中竞价过程中，采购方清楚地知道各卖主的所有报价信息，而各供应商只知道其他竞争者的企业代号，而不知道具体是谁，他们看到的只是一个个迎面而来不断降低的竞争价格，这样就避免了供应商形成竞价同盟。

（2）竞价速度快、费用低。采购方和供应商都足不出户，招投标业务都通过网络来进行，因而具有速度快、效率高、费用低的显著特点。对采购双方来说，采购过程可以直接面对决策高层。因此，可以精简采购队伍，节省大量人工业务环节，省人、省时间、省工作量。

（3）提高作业质量，激发管理创新。反拍卖采购技术基于 Internet、数据库技术，大大减少了人工操作的复杂劳动和作业失误，提高了作业质量。同时，通过使用现代通信与网络技术，使得企业重组传统业务流程、激发企业进行管理创新，增强员工队伍素质，进而增强整个企业的竞争力。

（4）能产生巨大的价值。有关分析表明，约有四成以上的进口商品采购、五成以上的工业品采购、七成以上的政府采购可以采用反拍卖采购技术。若这些采购平均节约 10%，则我国全面推广反拍卖采购的年节约额将超过 2000 亿元人民币。

3. 现有采购系统的不适应性

在传统采购模式下，采购方和供应商之间缺乏合作，缺乏柔性和对需求快速响应的能力，准时化思想提出后，需要改变传统的单纯为库存而采购的管理模式，提高采购的柔性和市场响应能力，增加和供应商的信息联系和相互之间的合作，建立新的需求合作模式。近年来出现了各种各样的网上采购系统，但使用较多的是半人工半计算机浏览查询方式，也就是说采购人员登录某些相关网站，查询相关产品信息，并记录下来，然后进行分析得出最佳采购方案。这种方式技术成本低，适合广大的中小企业。但这种方式需要采购人员事先知道采购网站，并且逐个收集信息，其流程大都遵守传统的采购流程，效率十分低下。还有利用 EDI 方式的。EDI 方式在采购过程中有信息自动交换处理、速度快、安全性高等优势，然而建设 EDI 系统需要专用的网络，无法有效利用 Internet 信息量多的特点。同时，其高额的使用费用和维护费用也阻碍了广大中小企业的使用，目前 EDI 方式主要在大型企业间使用。EDI 使用的专有数据格式，因此在进行交易的双方必须使用相应的软件，这就造成 EDI 系统的数据无法与企业其他信息系统的数据自由交换，降低数据的共享性。EDI 系统是一种紧密耦合的系统，使用者无法自动发现对方系统新增功能，需双方进行协商编写相应处理程序才能实现，因此是一种被动的网上采购系统。同时也出现了一些竞价采购系统，但数据交换与传输方式还是以文本文件为主，竞价过程很不直观。而且针对同一项目不能使得供应商之间进行面对面的竞争，竞价的过程和结果不能及时显示给用户。同时，对系统的安全性控制也没有做太多的管理。以上所提出的问题正是本章研究的出发点。

18.1.2　系统的体系结构

建立可行、有效的竞价采购系统是一项复杂的系统工程，必须首先建立良好的系统体系结构。

系统体系结构是指表达系统的各组成部分及其相互关系的框架。本系统是面向网络化制造的信息系统，为了较好地支持企业动态联盟的优化运行，客观上要求竞价系统具有良好的动态性、集成性和开放性。动态性是指系统能快速适应产品、市场及企业联盟组织形态变化的能力；集成性是指系统能在参与竞价的各供应商与采购商之间以及系统与其他信息系统之间，实现信息共享与功能互操作的支持能力；开放性是指系统能独立于特定的实现环境（特定的计算机硬件、系统软件、网络协议等）及融合新技术的能力。

1. 对信息基础结构的需求

由于面向网络化制造的企业竞价系统中采购企业与供应企业在地理上的分散性和组织管理上的分布性，其信息基础结构应该是开放的和基于标准的，即使用标准的或通用的通信协议，通信机制能提供必要的安全保障措施；使用通用的信息、知识描述方法易于实现信息共享；应用标准的分布式对象技术，继承异构、分布的过程、数据和计算环境，以便各竞价企业能在不同的数据结构、过程及计算机环境中进行协作；此外，这种结构还能提供最新的支持经营过程的环境与方法，如 Internet、电子商务等，以适应信息技术的发展趋势。

2. 面向网络化制造的企业竞价采购系统的体系结构

根据竞价系统对体系结构的需求，以 Internet、标准协议、电子商务等信息技术及相关标准为基础，面向网络化制造的企业竞价系统的体系结构如图 18-3 所示。该系统结构由信息基础结构、用户接口、系统集成机制等组成。

18.1.3　系统的网络架构

传统的管理信息系统一般采用 C/S 架构方式来完成。在这一架构中，业务逻辑位于客户端，每完成一项事务，都要频繁地访问数据库，使得网络上数据流量非常大，对于慢速连接的用户，甚至无法使用。

在本系统中，采用 C/S 和 B/S 交叉的三层架构，即客户机—中间件（应用服务

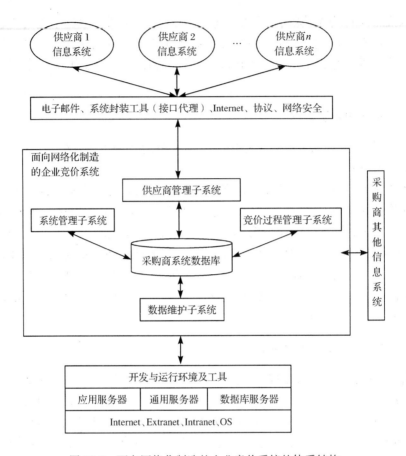

图 18-3 面向网络化制造的企业竞价系统的体系结构

器)—数据库服务器,如图 18-4 所示。在这种架构中,业务逻辑放置于中间件服务器上,大量的数据流也位于中间件和数据库之间,而客户机只是简单地发出请求,中间件接受请求后进行事务处理并将处理的结果返回给客户机,这一类型的客户机也称其为"瘦客户"机。

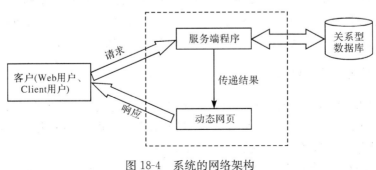

图 18-4 系统的网络架构

与 C/S 架构相比,采用三层体系架构具备如下优点。

1. 面向电子商务时代的技术

将来所有的应用系统几乎都在 Internet 或企业内部广域网上运行,发展电子商务成为企业不可避免的信息化道路。三层架构的软件是电子商务的基石,它使得移动办公和分布式协同工作真正成为现实。无论在世界的哪个角落,只需要一台可以联网的设备(计算机、PDA 甚至手机)就可以方便地与客户联系、与他人协同工作。

2. 软件操作、维护和升级方式的革命

软件系统的改进和升级越来越频繁,三层架构的产品在维护和升级方面具备显著的优势。无论用户的规模有多大,有多少分支机构都不会增加任何维护升级的工作量,所有的操作只对服务器进行,通过远程连接服务器,异地的维护人员甚至可以做到远程维护和升级,这对人力、时间、费用的节省是相当惊人的。所有的客户端只是浏览器,所有的操作都与上网浏览网页类似,使用者接受的培训也仅限于业务逻辑,而无需将大量精力浪费在学习软件操作上。

3. 系统整合

无论是办公自动化(office automation,OA)系统、人力资源(human resource,HR)系统、客户关系管理(customer relation ship management,CRM)系统、PDM、ERP 等,发展的趋势是不断融合。而采用统一结构开发的产品无论是现在还是将来都是最好的选择,它真正意义上提供了无缝地与其他系统进行整合的方案。

18.1.4 系统网上处理流程

参与竞价的采购商和供应商主要是通过 Internet 来进行产品竞价采购的,图 18-5 为竞价系统大体的网上处理流程。

采购商会先通过对供应商进行资格的评价,选定部分资质合格的供应商,关于供应商的资格评价将在 18.1.6 节中作简要介绍。在确定采购项目后,会通知这些供应商,在约定的时间内,通过搭建好的 Internet 平台,进行竞价采购。供应商登录 Internet,运用竞价系统,实现异地的集中竞价。

18.1.5 系统的功能结构

通过对该制造企业需求分析的归纳与抽象,面向网络化制造的企业竞价系统的总体功能结构如图 18-6 所示。

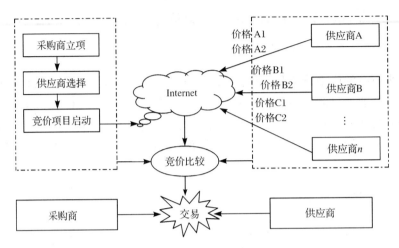

图 18-5　竞价系统网上运作流程

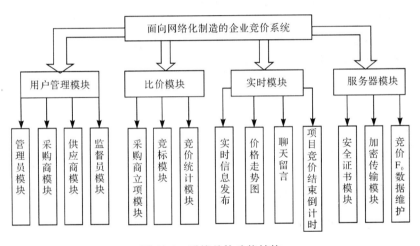

图 18-6　系统总体功能结构

1. 用户管理模块

（1）管理员模块，主要功能包括：系统管理员登陆、修改密码、添加采购商、查看采购商信息、编辑采购商信息、删除采购商信息。

（2）采购商模块，主要功能包括：采购商登陆、添加比价项目、编辑项目信息、删除项目、查看项目详细信息、添加供应商、删除供应商、添加监督员、启动项目、进入比价区。

（3）供应商模块，主要功能包括：供应商登陆、供应商竞价。

（4）监督员模块，主要功能包括：监督员登陆、监督员察看竞价过程。

2. 比价模块

比价模块包括采购商立项模块、竞标模块以及竞价统计模块。

3. 实时模块

实时模块包括实时信息发布、价格走势图、聊天留言以及项目竞价结束倒计时模块。

4. 服务器模块

服务器模块包括安全证书模块、加密传输模块以及竞价后数据维护模块。

18.1.6　竞价采购流程的研究

在满足功能结构的基础上,系统竞价采购流程设计的好坏关系到系统运行的效率和操作人员操作的繁简。经过深入地研究分析,本系统设计了以下的竞价流程,如图 18-7 所示。

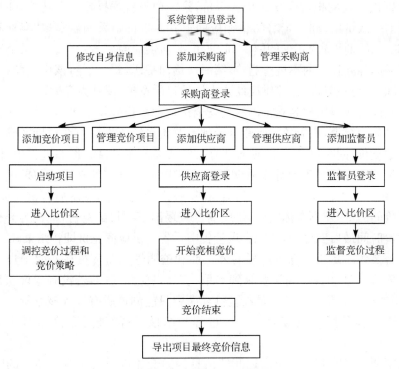

图 18-7　系统竞价采购流程

为了方便统一管理和权限的集中性,在本系统研究过程中,设置了一个系统管理员,系统管理员拥有最高的权限,系统管理员经安全验证、身份确认后进入系统,系统管理员主要负责添加采购商,查看、编辑采购商信息以及删除采购商纪录。

接着采购商在获取用户名和密码后经过安全认证和身份确认后登录竞价系统,开始添加比价项目,包括设置企业代号、项目的名称、竞价开始日期和时间、项目底价和走势图底线,同时能编辑、删除、查看比价项目信息,也可以管理以前添加过的项目,项目建好以后采购商添加供应商或选择以前添加的供应商,同时能删除、编辑供应商,接着添加监督员。然后采购商启动一个先前添加的项目后,系统会自动判断该项目当前竞价状态,在这里只能启动未竞价的项目,否则将给出告警提示。项目启动后,采购商、供应商、监督员进入竞价区。在竞价界面中,显示当前项目报价价格和报价的倒计时。考虑到供应商可能在项目快结束时才进入比价区,或者供应商竞价的延时,采购商能在竞价界面中设置竞价项目的延时时间,这时竞价间隔和项目倒计时自动延时相应的时间,同时供应商和监督员的时间都会自动延迟。采购商也可以在竞价中重新设置该项目的竞价时间。为了防止个别供应商的报价失误或恶意报价,采购商设置误操作回退功能,使得价格回退到前一次价格,同时走势图也相应回退。在报价中采购商实现"弃标间隔时间"功能,采购商设置"弃标间隔时间"防止个别供应商恶意竞价。如果个别供应商在"弃标间隔时间"内不进行竞价,第一次给出提示,提示后若该供应商在"弃标间隔时间"中还不竞标,将该供应商踢出该项目的竞价,视其为弃标。

供应商在获取用户名和密码后经安全认证和身份确认登录本系统,注意若当前项目已竞价结束,供应商将不能登录到本竞价系统。供应商在竞价区输入竞价价格开始竞价,同时浏览所有供应商的竞价结果。在项目竞价的过程中,供应商前后竞价差额必须大于或等于采购商在新建项目时设定的梯度。如果供应商在采购商"供应商报价间隔"内不进行竞价,第一次给出提示,提示后若供应商在"供应商报价间隔"内还不竞标的话,供应商将被踢出该项目的竞价,被视为弃标。在项目竞价时间最后五分钟,系统出现警告图标告知供应商竞价即将结束。

监督员作用是监督竞价过程的公正性和透明性。监督员在获取用户名和密码后经安全认证和身份确认登录到本系统,和供应商一样,若没有竞价项目的存在,则不能进入竞价区。监督员在竞价界面中只能浏览所有进入该竞价系统中人员的聊天内容和所有供应商的竞价过程和结果,不能进行竞价和聊天等其他操作。

为了便于采购商与供应商之间的信息沟通交流以及关于竞价项目的临时信息的发布和改动,在整个竞价界面中,采购商可以对一个或多个供应商发送聊天信息,反之供应商也可以和采购商进行聊天。

在竞价项目结束后,所有进入本系统的用户包括采购商、供应商和监督员都可以导出最终项目竞价结果信息,包括最终竞价获胜的供应商的代号、竞价结果以及日期时间,使得竞价结果能够快速传递和方便相关人员的存档。

18.2　面向网络化制造的企业竞价系统的关键技术

结合本系统的开发背景,本章将专门讨论面向网络化制造的企业竞价系统开发过程当中应用到的关键技术,包括多线程技术、图形用户界面技术、系统安全控制技术以及数据库访问技术。

18.2.1　多线程技术

随着 IT 技术的迅速发展以及 Internet 的普及,人们对计算机软件的要求日益多元化、完善化。人们通常希望一台计算机可以同时执行多个任务,使得计算机的并发工作能力日益重要。过去的大部分程序设计语言不支持这种并发任务,而多线程程序设计技术正好满足了这种要求。线程是程序进程里单一而连续的控制程序,它是一种新颖而有力的设计方法,由于多处理器技术和主从结构计算机的日渐普及而受到重视。

在面向网络化制造的企业竞价系统中,由于采购商选择的供应商有很多家,针对同一个采购项目,供应商在竞价的过程是并发竞价的,同时为了方便采购商和供应商之间的信息沟通与交流,设计了一个在线聊天留言系统,这里也是一个并发处理过程,为了更好地把竞价过程中的各种竞价信息显示给相对应的客户端,也用到了多线程技术。

多线程就是同时执行一个以上的线程,一个线程的执行不必等待另一个线程执行完才执行,所有线程都可以发生在同一时刻。但操作系统并没有将多个线程看成是多个独立的应用,来实现进程的调度和管理以及资源分配,这就是进程和线程的重要区别。使用多线程进行程序设计能更好地表达和解决现实世界的具体问题,是计算机应用开发和程序设计的一个必然发展趋势。

Java 中实现多线程的方法有两种,一是继承 Java. lang 包中的 Thread 类,二是用户自己的类实现 Runnable 接口。

Runnable 接口只有一个方法 run(),用户定义的类必须实现这个方法。run()方法是一个比较特殊的方法,它可以被运行系统自动识别并执行。

在 Java 语言中创建线程对象,使用实现接口 Runnable 的方法与创建 Thread 类的子类的方法并没有本质区别,但由于 Java 不支持多重继承,任何类只能继承一个类,所以当已经继承某一类时,就无法再继承 Thread 类,特别是小应用程序 Applet,在这种情况下只能通过实现 Runnable 接口的方法来实现程序的多线程。

如图 18-8 所示,一般来说,线程要经历下面的生命周期:首先是线程类被实例化的出生(born)状态,这时线程对象被分配了内存空间,其成员变量也被实例化。其次调用 start()方法进入开始(start)状态,然后到达就绪状态等待系统分配处理器资源;获得处理器资源后就进入了运行状态,最后到达死亡状态。线程在运行的时候,如果有输入输出请求,线程将进入阻塞状态;如果调用了线程的 wait()方法,线程将进入等待状态,直到调用 notify()或 notifyAll()方法,线程又回到就绪状态;如果调用了线程的 sleep()方法,就进入休眠状态,直到休眠时间到后,又回到就绪状态。

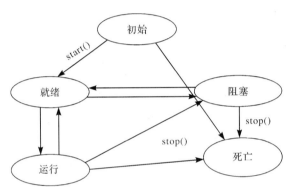

图 18-8   线程所处状态的转换

18.2.2   图形用户界面技术

GUI,即图形化的人机界面,是软件最终向用户表现的接口,良好的用户图形界面对于软件产品意义重大,新的用户界面方案的出现甚至会推动软件走向一个崭新的领域。图形用户界面不仅仅是人机交互界面(human machine interfaces, HMI),而是一种图形化、直观化、形象化的人机接口,是实现操作者与计算机之间良好的信息沟通的桥梁,以满足日趋复杂的信息处理输入输出需要,一般来说,图形用户界面的设计应当以用户为中心,符合人机工程学,好的设计需要遵循一些基本的原则,如简洁明了、自由支配、控制直观、进退自如、容错机制、亲和力强等。

Java 开发工具包(Java development kit,JDK)包含一个复杂的图形 API 和用户接口 API 的集合,该集合的核心软件被称为 Java 的基础类(Jave foundation classes,JFC)。Java Swing 是 JFC 中的一个重要的技术,其组合了大量的可用于构建复杂用户界面的轻量级组件,但它又不完全取代 AWT 组件,这两种组件可以用在同一个界面上。本系统选择 Java Swing 组件进行开发,是由于 Swing 组件具有两个显著的特点:轻量级和可插入外观。

(1) 轻量级组件并不是指其体积小,而是指组件不依赖于对等类(peer clas-

ses),而由 Java 的其他类所支持。所谓对等类是指本机系统类。因为 Java Swing 中的大多数组件都有其自己的由 Java 外观类所支持的视图,而并不依赖于本机系统类。所以,Swing 组件集都为轻量级组件。

(2) 可插入外观组件(pluggable look-and-feel)允许应用程序能够在不重新启动的情况下看到 Swing 组件的外观效果。通常,本机外观效果是针对程序所运行的特定系统平台来确定的(如 Windows 和 Motif 等)。而由于 Swing 库支持跨平台的外观(也称为 Java 外观),应用程序不论在哪个操作系统平台上运行都具有同样的效果。

Swing 组件完全采用 Java 编写,是纯 Java 组件,与操作系统平台 GUI 功能无关,AWT 组件虽然在功能上与 Swing 组件相似,但是与平台联系紧密,一般称其为重量级组件。而且大部分 Swing 组件的构建是基于 MVC 模式的。MVC 使应用程序开发变得更清晰、更易维护和管理。

在本系统中,供应商的竞价界面采用 Java Swing 技术,下面给出了供应商竞价界面部分程序实现:

```
//导入 Swing 包
import javax. swing. * ;
… …
public class LoginFram extends JApplet{
    private LoginPanel superPanel = null;
    //定义竞价项目信息
public static String itemName = "";
    … …
    public static double grads = 0;
    Thread df = null;
    public void init() {
    //初始化
    super. init();
    itemName = this. getParameter("itemname");
        … …
    //供应商登录竞价界面
    this. superPanel = new LoginPanel();
    Container container = super. getContentPane();
    container. add(this. superPanel);
    }
```

```
//停止
    public void stop() {
        … …
    }
//开始
    public void start()
    {
        … …
    }
//死亡
    public void destroy() {
        super.destroy();
        System.exit(0);
    }
}
```

18.2.3　系统安全控制技术

由于本系统采用 B/S 架构,所有参与竞价的用户都是通过 Internet 来完成交易处理过程的,所以系统的安全控制问题非常重要,必须提升到一个特定的高度去考虑,主要包括以下几个方面:

(1) 系统拥有不同类型的角色,非法用户冒充合法用户,非法访问和使用网上的信息资源,访问控制安全十分必要。

(2) 系统主要运行于企业外部,因此对用户身份的合法性以及对竞价的不可抵赖性也提出了严格的要求。

(3) 企业竞价系统中的数据直接关系到企业部门的实际采购、设计和生产,所以系统数据的保密性、完整性也十分重要。

一般来说,系统的访问控制可以分为四个层次:网络层、系统层、应用层和数据库层。图 18-9 给出了面向网络化制造的企业竞价系统的安全控制模型。

根据以上所提出的问题,本系统决定采用 SSL 协议和 Servlet 过滤器技术,可以有效地解决企业竞价系统所面临的一些安全性问题。

1. SSL 协议

1) SSL 基本概念

SSL 是由 Netscape 公司开发的网络安全传输协议,应用于 Netscape Naviga-

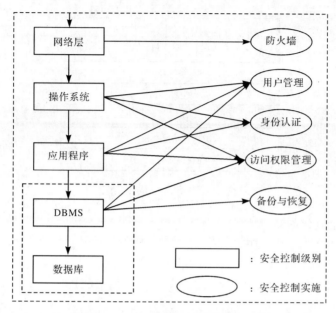

图 18-9　系统安全控制模型

tor3.0 以及 Microsoft Internet Explorer 3.0 以上版本的浏览器。该协议向基于 TCP/IP 的客户/服务器应用程序提供了客户和服务器的鉴别、数据完整性及信息机密性等安全措施。它是目前 Internet 上点到点之间,尤其是 Web 浏览器与服务器之间进行安全数据通信采用的最主要的协议。

2) SSL 协议构成及其实现

SSL 协议由两层组成,最底层是 SSL 记录协议(SSL record protocol),它基于可靠的传输层协议(如 TCP/IP),用于封装各种高层协议。高层协议主要包括 SSL 握手协议(SSL handshake protocol)、更换加密算法协议(change cipher spec protocol)、报警协议(alert protocol)、应用数据协议(application data protocol)等。SSL 的优点之一是它独立于应用层协议,高层协议可基于 SSL 进行透明的传输。其结构如图 18-10 所示。

A. SSL 握手协议

握手协议用于在通信双方建立安全传输通道,具体实现功能:

(1) 在客户端验证服务器,SSL 采用公钥方式进行身份认证;

(2) 在服务器端验证客户(可选的);

(3) 客户端和服务器之间协商双方都支持的加密算法和压缩算法,可选用的加密算法包括:IDEA、RSA、DSS、3DES 等;

(4) 产生对称加密算法的会话密钥;

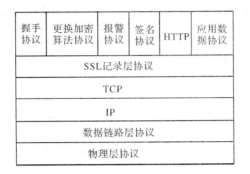

图 18-10　SSL 结构体系图

（5）建立加密 SSL 连接。

握手流程如图 18-11 所示。

图 18-11　SSL 协议的握手流程

这里要注意：①带 * 的命令是可选的或依据状态而发的消息；②更换加密算法协议（ChangeCipherSpec）并不包含在 SSL 握手协议内，而是 SSL 数据包协议的一部分。它的作用是 Client 和 Server 协商加密 SSL 数据包的算法。

握手过程：

（1）Client 发 1 个 Client Hello 消息给 Server，Server 回应 1 个 Server Hello，这个过程在 C/S 之间建立的安全属性包括：协议版本、会话标识、加密算法、压缩方法。另外，还交换一个随机数：Client-Hello. random 和 ServerHello. random 用以计算会话主密钥。

（2）Hello 消息过后，Server 会发它的证书或 key 交换消息，如果 Server 被认证，它会要 Client 的证书，然后 Server 发 Hello-done 消息以示握手协议完成。

（3）Server 发证书交换要求时，Client 要返回证书或没有证书的提示，然后

Client 发出 key 交换消息。

（4）Server 回答握手完成消息。

（5）握手协议完成后，Client 和 Server 就可以传输应用层的数据了。

B.　SSL 记录协议

SSL 记录协议根据 SSL 握手协议协商的参数，对应用层送来的数据进行加密、压缩、计算消息认证代码（message authentication code，MAC），然后经网络传输层发送给通信对方，见图 18-12。

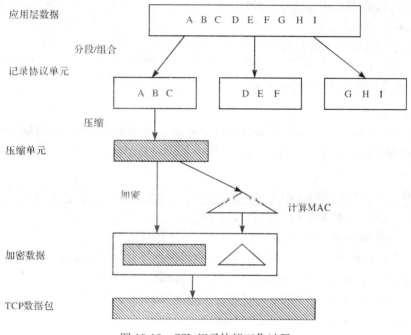

图 18-12　SSL 记录协议工作过程

3）SSL 在本系统的实现

因为企业竞价系统所采用的 Web 服务器是 Tomcat/5.5 版本，支持 SSL 协议。下面简单介绍一下实现 Tomcat 使用 SSL 的连接。如果要获得可靠的数字证书，申请人要向发证机构申请，发证机构核实申请人的信息后在上面加上自己的数字签名形成了一份数字证书。发证机构相当于 Internet 上的公证处，实际上是以自己的信誉向外界担保证书上信息的可靠性，这样的机构有 VeriSign、SecureNet等。

＊创建 SSL 的证书

% JAVA_HOME %\bin>keytool - genkey - alias tomcat-keyalg RSA

输入 keystore 密码：changeit

您的名字与姓氏是什么?

[Unknown]：hongwei sun

您的组织单位名称是什么?

[Unknown]：mie

您的组织名称是什么?

[Unknown]：www.mie.com.cn

您所在的城市或区域名称是什么?

[Unknown]：zhenjiang

您所在的州或省份名称是什么?

[Unknown]：jiangsu

该单位的两字母国家代码是什么

[Unknown]：cn

CN = hongwei sun,OU = mie,O = www.mie.com.cn,L = zhenjiang,ST = jiangsu,C = cn 正确吗?

[否]：y

    输入<CidSoftKey>的主密码

    (如果和 keystore 密码相同,按回车):

    * 修改 Server.xml 文件

    <Connector port = "8443"minProcessors = "5"maxProcessors = "75"

enableLookups = "true"　disableUploadTimeout = "true"

    acceptCount = "100"debug = "0"scheme = "https"secure = "true"

clientAuth = "false"protocol = "TLS"

keystoreFile = "C:\Documents and Settings\Administrator\.keystore"

keystorePass = "changeit"

    />

注：如果配置 Tomcat 不验证客户身份,可以设置 clientAuth＝"false"。

    访问方法：

    因为本系统使用的浏览器是 Microsoft Internet Explorer 6.0,支持 SSL 协议,所以在浏览器中输入以下的内容 https://localhost:8443/nmebs,浏览器将显示一个指示器,以表示正进行安全的通信。在 IE 底部的状态栏中,会显示一把已合上小锁,表示进行 SSL 连接成功。

2.　Servlet 过滤器

在当前的许多 Web 应用程序中,我们经常需要处理以下几种情况:

(1) 访问特定资源(Web 页、JSP 页)时的身份认证。

(2) 应用程序级的访问资源的审核和记录。

(3) 应用程序范围内对资源的加密访问,它建立在定制的加密方案基础上。

碰到这些情况后我们该怎么去做,如果在每个页面中都写检查权限的代码,那么工作量很大,不算是一个好方法,且程序的可重用性降低,对比设计模式截获过滤(Intercepting Filter)正好符合我们的要求,且在 Servlet2.4 中通过使用过滤器使得 Web Application 开发者能够在请求到达 Web 资源之前截取请求,在处理请求之后修改应答,其结构图如图 18-13 所示。

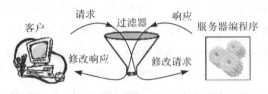

图 18-13　Servlet 过滤器

一个执行过滤器的 Java 类必须实现 Javax. Servlet. Filter 接口。这一接口含有以下三个方法:

(1) init(FilterConfig)。这是容器所调用的初始化方法。它保证了在第一次 doFilter()调用前由容器调用。它能获取在 Web. xml 文件中指定的 filter 初始化参数。

(2) doFilter(ServletRequest,ServletResponse,FilterChain)。这是一个完成过滤行为的方法。它同样是上一个过滤器调用的方法。引入的 FilterChain 对象提供了后续过滤器所要调用的信息。

(3) destroy()。容器在销毁过滤器实例前,doFilter()中的所有活动都被该实例终止后,调用该方法。

本章中,用户对 Web 页面的访问就是通过 Servlet 过滤器来控制其访问权限的,包括系统管理员、采购商、供应商,以采购商权限控制为例,其部分源代码如下:

```
import javax. servlet. * ;
import javax. servlet. http. * ;
public class StockFilter extends HttpServlet implements Filter {
```

```java
        private FilterConfig filterConfig = null;
    //初始化
        public void init(FilterConfig filterConfig) throws ServletExcep-
tion {
            super.init();
            if (this.filterConfig == null) {
                this.filterConfig = filterConfig;
            }
        }
    //完成过滤行为,不合法的用户和等级全部过滤掉
        public void doFilter(ServletRequest request, ServletResponse re-
sponse, FilterChain filterChain) {
            HttpServletRequest hreq = (HttpServletRequest)request;
            HttpServletResponse hres = (HttpServletResponse)response;
            HttpSession session = hreq.getSession(true);
            String name = session.getAttribute("name") + "";
            if (name.equalsIgnoreCase("null") || name == null) {
                name = "";
            }
            String Level = session.getAttribute("level") + "";
            if (Level.equalsIgnoreCase("null") || Level == null) {
                Level = "";
            }
            try {
                if ((name != "" || name.length() > 0) && (Level.equals("
stock")))
{
                    filterChain.doFilter(request, response);
                }else{
                    hres.sendRedirect("index.htm");
                }
            }
        }
        public void destroy(){
            super.destroy();
```

```
        if (this.filterConfig! = null)
        this.filterConfig = null;
    }
}
```

容器通过 Web 应用程序中的配置描述符 web.xml 文件解析过滤器配置信息。有两个新的标记与过滤器相关:⟨filter⟩和⟨filter-mapping⟩。⟨filter⟩标记是一个过滤器定义,它必定有一个⟨filter-name⟩和⟨filter-class⟩子元素。⟨filter-name⟩子元素给出了一个与过滤器实例相关的名字。⟨filter-class⟩指定了由容器载入的实现类。你能随意地包含一个⟨init-param⟩子元素为过滤器实例提供初始化参数。⟨filter-mapping⟩标记代表了一个过滤器的映射,指定了过滤器会对其产生作用的 URL 的子集。

```
<filter>
    <filter-name>StockFilter</filter-name>
<filter-class>StockFilter</filter-class>
</filter>
<filter-mapping>
    <filter-name>StockFilter</filter-name>
    <url-pattern>/portal/stock/ * </url-pattern>
</filter-mapping>
```

18.2.4 数据库访问技术

1. JDBC 技术

SQL 是一种用来管理关系数据库的 ANSI 标准语言,然而各数据库系统之间还具有细微的差距,因此需要一个桥来将通用的数据库调用方式转换成各数据库特殊的调用方式。最普遍的桥是 MS 的 ODBC,ODBC 是用纯 C 语言开发的,用于访问多种格式的数据库的应用程序 API,然而 ODBC 的效率较差且其驱动程序并非跨平台。为了解决这个问题,就有了 JDBC,JDBC 就是 Java 语言与 SQL 结合的一个很好的编程接口。

JDBC 是一组由 Java 类、接口组成的 API。其设计的目的是以平台独立的方式实现 Java 应用程序和小应用程序(applet)对不同类型的数据库进行访问。简单来说,通过使用 JDBC,能完成下面三件事:与一个数据库建立连接、向数据库发送 SQL 语句、处理数据库返回的结果。

JDBC 大致被分成三个部分,即 JDBC API、JDBC 驱动程序和 JDBC 驱动程序管理器。JDBC 在体系结构中与 ODBC 有相似之处,如图 18-14 所示。

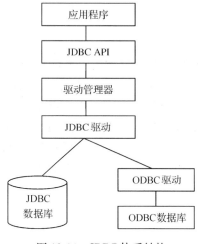

图 18-14 JDBC 体系结构

1) JDBC API

JDBC API 通过 Java. sql 这个包来提供。Java. sql 包在 JDK 里面作为基本配置提供。JDBC API 提供独立于数据库的接口类。在 JDBC API 上只涉及为利用数据库而提供的类的接口,而这个接口是由提供 JDBC 驱动的软件商来完成的。图 18-15 描述了 JDBC API 的结构层次。

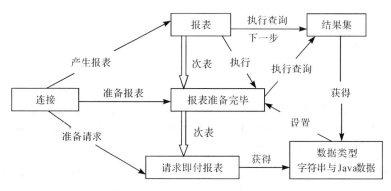

图 18-15 JDBC API 的结构层次

2) JDBC 驱动程序

JDBC 驱动程序的作用是当 JDBC API 制作的程序进行数据调用时,实际地连接数据库并进行相应的处理。JDBC 驱动提供 JDBC API 的接口类。JDBC 驱动一般来说都包含在数据库当中,也有一些由软件商个别提供的,而其中也有免费提供的。

　　3）JDBC 驱动程序管理器

　　JDBC 驱动程序管理器的作用是在 JDBC 运行结构上提供最基本的指引功能，即当一个 JDBC API 程序进行数据库调用时，它会选择一个正确的 JDBC 驱动程序进行连接。

2. JDBC 驱动程序的类型

　　JDBC 的驱动程序可分为四种类型：JDBC-ODBC 桥、Java 到本地 API、Java 到网络协议、Java 到数据库协议。后两种驱动程序是纯 Java 的驱动程序，因此适合于 Internet 上执行的程序，避免了跨平台的问题。篇幅有限，有关 JDBC 驱动程序的类型详细信息请参考相关文献。

参 考 文 献

蔡铭,林兰芬,董金祥.2004.制造资源智能检索系统研究与实现.计算机辅助设计与图形学学报,(4):542—548

曹锐,陈刚,蔡铭.2004.基于本体的网络化制造资源检索.计算机工程,30(3):143—145

陈晓川,刘晓冰,张暴暴,等.1999.分布式网络化研究中心及其在敏捷制造中的应用.机械与电子,(5):15—18

陈晓燕,顾寄南.2007.基于语义网面向机械领域的信息检索技术研究.制造业自动化,(6):9—11

程涛,吴波,杨叔子.1999.分布式网络化制造系统构想.中国机械工程,10(11):1234—1236

崔京朋,顾寄南,王瑞盘,等.2005.基于ASP的数控设备共享的研究和实现.机械设计与制造,(10):150—152

代亚荣,顾寄南,谢俊,等.2008.基于语义Web服务的制造资源发现机制的研究.机械设计与制造,(9):111—112

邓志鸿,唐世渭,杨冬青,等.2002.基于XML的本体表示和检索技术的研究.计算机工程与应用,(3):14—15

范文慧,葛正宇,何山,等.2002.基于Windchill的PDM系统的研究与实现.计算机集成制造系统-CIMS,(9):715—719

范玉顺.2003.网络化制造的内涵与关键技术问题.计算机集成制造系统-CIMS,9(7):577

高明霞,董赢斌,陈福荣.2003.一种XML Schema到关系数据库模式的转换算法及实现.计算机应用研究,(6):154—157

顾寄南,陈晓燕.2007.面向网络化制造的资源智能集成理论与技术.全国制造业信息化高层论坛暨网络制造与智能制造学术研讨会

顾寄南,牛金奇,王瑞盘,等.2005.面向网络化制造的机械资源库及其管理系统.工程图学学报,(6):16—21

顾寄南,周小青.2006.基于机械资源库的零部件相似性的研究和实现.中国机械工程,17(12):1257—1260

顾寄南.2005.基于网络化制造的机械资源库的构建.2005年全国网络化制造高级学术研讨会

顾寄南,高传玉,戈晓岚,等.2004.网络化制造技术.北京:化学工业出版社

郭永明.2003.XML文档检索技术研究.太原:太原理工大学硕士学位论文

过承,罗亚波,季思思,等.2003.基于产品协同商务工具的分析与评述.计算机工程与应用,(29):70—74

哈罗德(Harold E R).2003.Java语言与XML处理教程:SAX,DOM,JDOM与TrAX指南.刘文红,赵伟明译.北京:电子工业出版社

郝春辉,邹静.2006.基于XML Schema的XML存储.计算机工程与应用,11:173—175

侯永涛,顾寄南.2004.网络化制造环境下软件工具共享技术的研究综述.中国制造业信息化,(9):86—88

贾慧,李伟生.2006.基于关系的XML存储.电脑与信息技术,14(3):15—18

赖成瑜,王坚,凌卫青. 2006. 网络化制造环境下的资源分类方法研究. 武汉科技大学学报,
　29(1):44—46

李健. 2000. 加强技术创新,实施技术跨越. 中国机械工程,11(1—2):6—9

李荣彬,林发荣,马永军. 1998. 分散网络化制造——香港制造业再发展的模式. 机械工程学报,
　34(6):102—108

廖守亿,戴金海. 2004. 复杂适应系统及基于 Agent 的建模与仿真方法. 系统仿真学报,(1):
　115—119

柳群英. 2005. 网络信息检索技术现状及发展趋势. 情报检索,14:66—68

鲁建厦,兰秀菊,谢建东,等. 2003. 产品协同商务及其结构体系研究. 机械工程师,(9):7—10

鲁仁魁. 2003. 产品协同商务中工作流管理技术的研究. 计算机研究与应用,(11):24—27

吕晓凤,顾寄南,张庆峰,等. 2009. 基于综合竞争力指标的制造资源重构数学模型的研究. 制造
　业自动化,(8):13—14

孟亮,汤兵勇. 2004. 协同商务下工作流技术研究. 科学技术与工程,(11):105—108

苗剑,刘飞,宋豫川. 2003. 网络化制造平台的系统构成及功能应用. 中国制造业信息化,
　32(1):62

潘善亮. 2004. 动态环境下的项目管理模型研究. 计算机工程与应用,(8):22—27

潘晓辉. 2005. 基于 ASP 模式的网络化制造资源建模及优化配置方法的研究. 大连:大连理工大
　学硕士论文

沈兆阳. 2002. Java 与 XML 数据库整合应用. 北京:清华大学出版社

宋玲,马军,莫正波,等. 2004. 基于 XML 的智能信息检索与聚类研究. 山东建筑工程学院学报,
　19(2):1—5

宋善德,肖必强. 2004. 关系模式下的 XML 数据存取技术研究. 计算机工程与科学,26(8):
　63—65

宋玉银,褚秀萍,蔡复之. 1999. 基于 STEP 的制造资源能力建模及其应用研究. 计算机集成制造
　系统,5(4):46—50

孙大涌. 2000. 先进制造技术. 北京:机械工业出版社

谭支鹏,易宝林,冯玉才,等. 2003. 基于 Agent 的工作流管理系统的研究. 华中科技大学学报(自
　然科学版),(3):50—52

唐敏,顾寄南,陈树人,等. 2007. 基于 XML 的网络化制造资源智能检索技术的研究. 机械设计
　与制造,12(7):186—188

涂晓斌,蒋先刚. 2004. 产品协同商务技术与应用. 华东交通大学学报,(2):141—144

万常选. 2004. XML 数据库技术. 北京:清华大学出版

王海波,姜吉发,耿晖,等. 2001. XML 搜索引擎研究. 计算机应用研究,(4):68—71

王佳青. 2004. 把 XML Schema 模式转化为关系数据库模式的研究. 上海:复旦大学硕士学位
　论文

王瑞盘,顾寄南,侯永涛. 2006a. 基于 Java 的 CAD 资源共享和标准件参数化系统的设计与实
　现. 机械设计与制造,(2):58—60

王瑞盘,顾寄南,肖田元等. 2006b. 基于 Jini/MA 的分布式动态服务发现和协商的研究. 计算机

工程与应用,(24):226—229

问晓先,王刚,徐晓飞,等. 1997. 敏捷虚拟企业组织形态及描述方法. 高技术通信,(7):30—35

吴华鹏,陈大融. 2001. XML 在机械工程中的应用. 机械设计,(11):6—9

吴洁. 2005. XML 应用教程. 北京:清华大学出版社

谢新洲. 2005. 网络信息检索技术与案例. 北京:北京图书馆出版社

徐克付,游步东. 2005. CPC 组成和使能技术分析研究. 制造业信息化,(2):84—86

杨海波,黄逸生. 2005. 关系模式下的 XML 存储技术研究. 浙江工业大学学报,33(5):503—506

杨楠,杨涛,韩向利. 2001. 敏捷企业合作环境下的企业注册代理. 计算机集成制造系统-CIMS,
　　7(7):62—66

杨叔子,吴波,胡春华,等. 2000. 网络化制造与企业集成. 中国机械工程,11(1):45—48

叶天勇,严隽薇,凌卫青. 2004. 网络化制造环境下的资源分类管理研究. 制造业自动化,
　　26(12):1—3

印鉴,陈忆群,张钢. 2005. 搜索引擎技术研究与发展. 计算机工程,31(14):54—56

战德臣,叶丹,徐晓飞,等. 1999. 动态联盟企业模型. 计算机集成制造系统 CIMS,(3):12—16

郑立斌,顾寄南,代亚荣等. 2009. 基于本体的制造资源建模. 机械设计与研究,(5):65—67

Aberdeen Group. 2000. Beating the Competition with Collaborative Product Commerce:Levera-
　　ging the Internet for New Product Innovation. Bo ston:Aberdeen Group Inc

Bohannon P,Freire J,Ray P,et al. 2002. From XML schema to relations:a cost-baesd approach to
　　XML storage. Proceedings of the 18th International Conference on Data Engineering(ICDE'
　　02):64—75

Brown S M,Wright P K. 1998. Progress report on the manufacturing analysis service, an Inter-
　　net-based reference tool. Journal of Manufacturing Systems,17(5):389—398

Dietz P F. 1982. Maintaining order in a linked list. Proceedings of the 14th Annual ACM Symposi-
　　um on Theory of Computing (STOC'82). New York:ACM Press:122—127

Florescu D,Kossmann D. 1999. Storing and querying XML data using an RDBMS. IEEE Data
　　Engineering Bulletin,22(3):27—34

Fuhr N,Johann K G. 2001. XIRQL:a query language for information retrieval in XML docu-
　　ment. Proceedings of SIGIR2001,New Orlean,LA

Grust T. 2002. Accelerating XPath location steps. Proceedings of the ACM SIGMOD International
　　Conference on Management of Data:109—120.

Guo L,Shao F,Botev C,et al. 2003. Xrank:ranked keyword search over XML documents. SIG-
　　MOD:16—27

Jee H J,Ian C R. 2003. Internet-based design visualization for layered manufacturing. Concurrent
　　Engineering Research and Applications,11(2):151—158

Jiang H F,Lu H J,Wang W,et al. 2002. XParent:an efficient RDBMS-based XML database sys-
　　tem. Proceedings-International Conference on Data Engineering:335—336

Kotsakis E. 2002. Structured information retrieval in XML documents. Proceedings of the ACM
　　Symposium on Applied Computing:663—667

Lau H. 1998. new role of intranet/Internet technology for manufacturing. Engineering with Computers,14(2):150—155

Liu F, Yin C, Liu S. 2000. Regional networked manufacturing system. Chinese Journal of Mechanical Engineering,13(Supplement):97—103

Liu S,Zou Q,Chu W W. 2004. Configurable indexing and ranking for XML information retrieval. Proceedings of the 27th Annual International Conference on Research and Development in Information Retrieval:88—95

Montreuil B,Jean-Marc F,Amours S D. 2000. A strategic framework for networked manufacturing. Computers in Industry,42:229—317

Neches R,Fikes R,Finin T, et al. 1991. Enabling technology for knowledge sharing. AI Magazine,12(3):16—36

Schlider T,Meuss H. 2002. Querying and ranking XML document. JASISS,53 (6):489—503

Shanmugasundaram J,Tufte K,Kiernan J,et al. 1999. Relational database for querying xml documents: limitations and opportunities. Proceeding of the 25th VLDB Conference:302—314

Song L G. 1997. Design and implementation of a virtual information system for agile manufacturing. IIE Transactions,29:839—857

Tan P N,Kumar V,Kuno H. 2001. Using SAS for mining indirect associations in data. Proc of the Western Users of SAS Software Conference

Taurai T C,Nicholas K. 2002. An expressive and efficient language for XML information retrieval. JASIS,53(6):415—437

Uschold M, Cruninger M. 1998. Outologies: principles methods and application. knowledge Engneering Review,11(2):93

Yoshikawa M,Amagara T,Shimura T,et al. 2001. XREL:a path-based approach to storage and retrieval of XML document using relational databases. Transaction on Internet Technology (TOIT),1(1):110—141

Zhang Y, Zhang C, Wang H P. 2000. An Internet-based STEP data exchange framework for virtual enterprises. Computers in Industry,41(1):51—63